21 世纪复旦大学研究生教学用书

微分几何十六讲

黄宣国 编著

复旦大学出版社

内 容 提 要

本书内容大多取自20世纪七八十年代国际上著名微分几何专家的论文。全书分三章,共16小节(即16讲)。第一章为子流形的第二基本形式长度的若干空隙性定理,第二章为常曲率空间内超曲面的若干唯一性定理,第三章为给定曲率的超曲面的几个存在性定理。本书的阅读起点较低,公式的推导尽可能详细,极少量不加证明的结论也尽可能指明出处。

本书是青年学生微分几何方向研究的一本入门书,可作为基础数学专业二年级硕士生或直博生的一学年的教材,也可作为研究生讨论班的材料。

编辑出版说明

21世纪，随着科学技术的突飞猛进和知识经济的迅速发展，世界将发生深刻变化，国际间的竞争日趋激烈，高层次人才的教育正面临空前的发展机遇与巨大挑战.

研究生教育是教育结构中高层次的教育，肩负着为国家现代化建设培养高素质、高层次创造性人才的重任，是我国增强综合国力、增强国际竞争力的重要支撑.为了提高研究生的培养质量和研究生教学的整体水平，必须加强研究生的教材建设，更新教学内容，把创新能力和创新精神的培养放到突出位置上，必须建立适应新的教学和科研要求的有复旦特色的研究生教学用书.

"21世纪复旦大学研究生教学用书"正是为适应这一新形势而编辑出版的."21世纪复旦大学研究生教学用书"分文科、理科和医科三大类，主要出版硕士研究生学位基础课和学位专业课的教材，同时酌情出版一些使用面广、质量较高的选修课及博士研究生学位基础课教材.这些教材除可作为相关学科的研究生教学用书外，还可以供有关学者和人员参考.

收入"21世纪复旦大学研究生教学用书"的教材，大都是作者在编写成讲义后，经过多年教学实践、反复修改后才定稿的.这些作者大都治学严谨，教学实践经验丰富，教学效果也比较显著.由于我们对编辑工作尚缺乏经验，不足之处，敬请读者指正，以便我们在将来再版时加以更正和提高.

复旦大学研究生院

前　言

我十多年来对基础数学专业微分几何方向的多届硕士研究生、直博生讲课，内容大多取自 20 世纪七八十年代国际上著名微分几何专家的论文. 最近，利用半年多的空闲时段，整理讲课材料，成本册书.

我自认为阅读论文是件苦事，经常为了文中一个引理的证明、一段文字的叙述，查阅文献，思索多日. 为此，本书的阅读起点很低，公式的推导尽可能详细，极少量不加证明的结论也尽可能指明其出处. 本书是青年学生微分几何方向研究的一本入门书.

本书可以作为基础数学专业二年级硕士生或直博生的一学年的教材，也可以作为研究生讨论班的材料，供学生自己阅读、报告.

"西北望，射天狼"，希望青年学子茁壮成长，作出好的研究成果.

编著者

2016 年 9 月

目　录

第 1 章　子流形的第二基本形式长度的若干空隙性定理 …… 1

第 1 讲　子流形的基本方程 …… 1

第 2 讲　欧氏空间内子流形的基本定理 …… 13

第 3 讲　球面内极小闭子流形的第二基本形式长度平方的第一空隙性定理 …… 20

第 4 讲　一个改进的定理 …… 50

第 5 讲　完备 Riemann 流形的广义最大值原理 …… 66

第 6 讲　4 维球面内闭极小超曲面的第二基本形式长度平方的第二空隙性定理 …… 78

第 7 讲　R^4 内完备常平均曲率和常数量曲率超曲面 …… 102

第 2 章　常曲率空间内超曲面的若干唯一性定理 …… 119

第 1 讲　欧氏空间内常平均曲率或常数量曲率的嵌入闭超曲面是球面 …… 119

第 2 讲　欧氏空间内带边界的极小曲面的等周不等式 …… 134

第 3 讲　极小子流形的体积的第一、第二变分公式 …… 144

第 4 讲　Bernstein 定理 …… 161

第 5 讲　具有非负 Ricci 曲率的闭 Riemann 流形的 Laplace 算子的第一特征值 …… 170

第 6 讲　球面内闭极小嵌入超曲面的 Laplace 算子的第一特征值 …… 188

第 3 章　给定曲率的超曲面的几个存在性定理 …… 195

第 1 讲　给定平均曲率函数的 R^{n+1} 内同胚于 $S^n(1)$ 的闭超曲面存在性 …… 195

第 2 讲　欧氏空间内给定 Gauss 曲率的凸闭超曲面的存在性定理…………………………………………………… 220
第 3 讲　欧氏空间内给定第 s 阶平均曲率的凸闭超曲面的存在性定理…………………………………………………… 265

第 1 章　子流形的第二基本形式长度的若干空隙性定理

第 1 讲　子流形的基本方程

设 M 和 N 依次是 n 维和 $n+p$ 维的 Riemann 流形. 又设 $f: M \to N$ 是(局部) 等距浸入(或等距嵌入),在局部范围内等距浸入可看作等距嵌入. 设(U, φ) 是 M 的一个坐标图,设在 U 上,f 是单射(即 1—1 的),那么开集 U 和对应像集 $f(U)$ 往往不区分. 即对于 U 内任一点 P,也用同一字母 P 表示点 $f(P) \in f(U)$. 下面用$\langle,\rangle$ 表示 N 的 Riemann 内积. 设 $x_1, x_2, \cdots, x_{n+p}$ 是 N 内含点 P 的坐标图(U, φ) 的局部坐标. 取这坐标图的局部 C^∞ 正交标架场 $e_1, e_2, \cdots, e_{n+p}$,即

$$e_C = \sum_{B=1}^{n+p} a_{CB} \frac{\partial}{\partial x_B},\text{满足}\langle e_B, e_C\rangle = \delta_{BC}, \tag{1.1.1}$$

这里 a_{CB} 是局部 C^∞ 函数.

记

$$\nabla_{e_A} e_B = \sum_{C=1}^{n+p} \Gamma_{BC}^A e_C, \tag{1.1.2}$$

这里∇是 N 的协变导数. 由于 $e_A\langle e_B, e_C\rangle = 0$,则

$$\langle \nabla_{e_A} e_B, e_C\rangle + \langle e_B, \nabla_{e_A} e_C\rangle = 0. \tag{1.1.3}$$

由上式,有

$$\Gamma_{BC}^A + \Gamma_{CB}^A = 0. \tag{1.1.4}$$

设 $\omega_A, \omega_{AB}(1 \leqslant A, B \leqslant n+p)$ 是 U 上的 C^∞ 的 1 形式,它们由

$$\omega_A(e_B) = \delta_{AB}, \ \omega_{AB} = \sum_{C=1}^{n+p} \Gamma_{AB}^C \omega_C \tag{1.1.5}$$

定义.

由 Cartan 结构方程,有

$$d\omega_A = \sum_{B=1}^{n+p} \omega_B \wedge \omega_{BA},\ \omega_{AB} + \omega_{BA} = 0, \tag{1.1.6}$$

$$d\omega_{AB} = \sum_{C=1}^{n+p} \omega_{AC} \wedge \omega_{CB} + \frac{1}{2} \sum_{C,\ D=1}^{n+p} K_{ABCD} \omega_C \wedge \omega_D, \tag{1.1.7}$$

这里K_{ABCD}是N的曲率张量. 本讲下标$A,\ B,\ C,\ D,\ E,\ \cdots \in \{1,\ 2,\ \cdots,\ n+p\}$. 可以知道

$$K_{BACD} + K_{BADC} = 0. \tag{1.1.8}$$

定义曲率K_{BACD}关于方向e_E的协变导数$K_{BACD,\ E}$如下:

$$dK_{BACD} = \sum_{E=1}^{n+p} K_{BACD,\ E}\omega_E + \sum_{E=1}^{n+p} K_{EACD}\omega_{BE} + \sum_{E=1}^{n+p} K_{BECD}\omega_{AE} + \sum_{E=1}^{n+p} K_{BAED}\omega_{CE} + \sum_{E=1}^{n+p} K_{BACE}\omega_{DE}. \tag{1.1.9}$$

如果所有的$K_{BACD,\ E}$都等于零, 则 Riemann 流形N称为局部对称的 Riemann 流形. 当

$$K_{BACD} = C^* (\delta_{BD}\delta_{AC} - \delta_{BC}\delta_{AD}) \tag{1.1.10}$$

时,这里C^*是一个实常数,称N是具有常曲率C^*的空间. 请读者自己证明常曲率空间是局部对称的 Riemann 流形.

在N内,选择一个局部正交标架场$e_1,\ e_2,\ \cdots,\ e_n,\ e_{n+1},\ \cdots,\ e_{n+p}$,使得限制于$M$,向量$e_1,\ e_2,\ \cdots,\ e_n$切于$M$,那么,$e_{n+1},\ \cdots,\ e_{n+p}$垂直于$M$. 下述下标$i,\ j,\ k,\ l,\ \cdots \in \{1,\ 2,\ \cdots,\ n\}$.

限制$\omega_A,\ \omega_{AB}$于M,首先有

$$\omega_\alpha = 0 \quad (n+1 \leqslant \alpha \leqslant n+p). \tag{1.1.11}$$

由 Frobenius 定理,由于子流形M(即$f(M)$)的存在, $d\omega_\alpha = 0$是$\omega_\alpha = 0$的代数推论($n+1 \leqslant \alpha \leqslant n+p$),限制于$M$,利用(1.1.6) 第一式及(1.1.11),有

$$0 = d\omega_\alpha = \sum_{j=1}^{n} \omega_j \wedge \omega_{j\alpha}. \tag{1.1.12}$$

限制于M,记

$$\omega_{j\alpha} = \sum_{k=1}^{n} h_{jk}^{\alpha} \omega_k,\ \omega_{\alpha j} = -\omega_{j\alpha}\text{(由(1.1.6) 的第二式)}. \tag{1.1.13}$$

将(1.1.13)代入(1.1.12),有

$$0=\sum_{j,k=1}^{n}h_{jk}^{\alpha}\omega_j\wedge\omega_k=\sum_{1\leqslant j<k\leqslant n}h_{jk}^{\alpha}\omega_j\wedge\omega_k+\sum_{1\leqslant k<j\leqslant n}h_{jk}^{\alpha}\omega_j\wedge\omega_k. \tag{1.1.14}$$

在上式右端第二项中,交换下标 j 与 k,有

$$0=\sum_{1\leqslant j<k\leqslant n}(h_{jk}^{\alpha}-h_{kj}^{\alpha})\omega_j\wedge\omega_k. \tag{1.1.15}$$

由于 $\omega_j\wedge\omega_k(1\leqslant j<k\leqslant n)$ 是 M 上 C^{∞} 的 2 形式的基,由(1.1.15),在 M 上,有

$$h_{jk}^{\alpha}=h_{kj}^{\alpha}. \tag{1.1.16}$$

h_{jk}^{α} 称为 N 内子流形 M 沿单位法向量 e_{α} 的第二基本形式分量.

由上面叙述知,限制于 M,有

$$d\omega_i=\sum_{j=1}^{n}\omega_j\wedge\omega_{ji}\text{(利用(1.1.6)和(1.1.11))},$$

$$\omega_{ji}+\omega_{ij}=0\text{(利用(1.1.6)的第二式)}, \tag{1.1.17}$$

$$\begin{aligned}d\omega_{ji}&=\sum_{l=1}^{n}\omega_{jl}\wedge\omega_{li}+\sum_{\alpha=n+1}^{n+p}\omega_{j\alpha}\wedge\omega_{\alpha i}+\frac{1}{2}\sum_{k,l=1}^{n}K_{jikl}\omega_k\wedge\omega_l\text{(利用(1.1.7)和(1.1.11))}\\&=\sum_{l=1}^{n}\omega_{jl}\wedge\omega_{li}+\sum_{\alpha=n+1}^{n+p}\sum_{k,l=1}^{n}(h_{jk}^{\alpha}\omega_k)\wedge(-h_{il}^{\alpha}\omega_l)+\frac{1}{2}\sum_{k,l=1}^{n}K_{jikl}\omega_k\wedge\omega_l\\&=\sum_{l=1}^{n}\omega_{jl}\wedge\omega_{li}+\frac{1}{2}\sum_{k,l=1}^{n}\sum_{\alpha=n+1}^{n+p}(h_{jl}^{\alpha}h_{ik}^{\alpha}-h_{jk}^{\alpha}h_{il}^{\alpha})\omega_k\wedge\omega_l+\frac{1}{2}\sum_{k,l=1}^{n}K_{jikl}\omega_k\wedge\omega_l.\end{aligned} \tag{1.1.18}$$

在上式第二个等式右端第二大项中,交换下标 k, l,等于第三个等式右端第二大项.令

$$R_{jikl}=K_{jikl}+\sum_{\alpha=n+1}^{n+p}(h_{jl}^{\alpha}h_{ik}^{\alpha}-h_{jk}^{\alpha}h_{il}^{\alpha}). \tag{1.1.19}$$

将(1.1.19)代入(1.1.18)有

$$d\omega_{ji}=\sum_{l=1}^{n}\omega_{jl}\wedge\omega_{li}+\frac{1}{2}\sum_{k,l=1}^{n}R_{jikl}\omega_k\wedge\omega_l. \tag{1.1.20}$$

公式(1.1.19)称为在局部正交标架下,Riemann 流形 N 内等距浸入子流形 M 的 Gauss 方程组,(1.1.20)同时也称为 Gauss 方程组.

利用(1.1.7),又有

$$d\omega_{\alpha\beta}=\sum_{B=1}^{n+p}\omega_{\alpha B}\wedge\omega_{B\beta}+\frac{1}{2}\sum_{C,D=1}^{n+p}K_{\alpha\beta CD}\omega_C\wedge\omega_D. \tag{1.1.21}$$

限制上式于M,利用(1.1.11),(1.1.13)和(1.1.16),有

$$\begin{aligned}d\omega_{\alpha\beta}&=\sum_{i=1}^{n}\omega_{\alpha i}\wedge\omega_{i\beta}+\sum_{\gamma=n+1}^{n+p}\omega_{\alpha\gamma}\wedge\omega_{\gamma\beta}+\frac{1}{2}\sum_{k,l=1}^{n}K_{\alpha\beta kl}\omega_k\wedge\omega_l\\&=\frac{1}{2}\sum_{i,k,l=1}^{n}(h_{ik}^{\alpha}h_{il}^{\beta}-h_{il}^{\alpha}h_{ik}^{\beta})\omega_l\wedge\omega_k+\sum_{\gamma=n+1}^{n+p}\omega_{\alpha\gamma}\wedge\omega_{\gamma\beta}+\frac{1}{2}\sum_{k,l=1}^{n}K_{\alpha\beta kl}\omega_k\wedge\omega_l\end{aligned}$$

(完全类似(1.1.18),处理上式第一个等式右端第一大项). (1.1.22)

令

$$R_{\alpha\beta kl}=K_{\alpha\beta kl}+\sum_{i=1}^{n}(h_{il}^{\alpha}h_{ik}^{\beta}-h_{ik}^{\alpha}h_{il}^{\beta}). \tag{1.1.23}$$

由(1.1.22)和(1.1.23),有

$$d\omega_{\alpha\beta}=\sum_{\gamma=n+1}^{n+p}\omega_{\alpha\gamma}\wedge\omega_{\gamma\beta}+\frac{1}{2}\sum_{k,l=1}^{n}R_{\alpha\beta kl}\omega_k\wedge\omega_l. \tag{1.1.24}$$

公式(1.1.23)称为 Riemann 流形 N 内等距浸入子流形 M 的 Ricci 方程组,(1.1.24)也同时称为 Ricci 方程组.

称 $\sum_{\alpha=n+1}^{n+p}\sum_{i,j=1}^{n}h_{ij}^{\alpha}\omega_i\omega_j e_\alpha$ 为子流形 M 的第二基本形式,令

$$S=\sum_{\alpha=n+1}^{n+p}\sum_{i,j=1}^{n}(h_{ij}^{\alpha})^2. \tag{1.1.25}$$

S 称为 Riemann 流形 N 内等距浸入子流形 M 的第二基本形式长度平方.

令

$$H=\frac{1}{n}\sum_{\alpha=n+1}^{n+p}\sum_{i=1}^{n}h_{ii}^{\alpha}e_\alpha. \tag{1.1.26}$$

法向量 H 称为 Riemann 流形 N 内等距浸入子流形 M 的平均曲率向量. 一个等距浸入称为极小的,如果 H 始终是零向量,即对所有 α,在 M 上,有

$$\sum_{i=1}^{n}h_{ii}^{\alpha}=0. \tag{1.1.27}$$

向量 H 的长度称为 M 的平均曲率.

定义 h_{ij}^{α} 沿方向 e_k 的协变导数 h_{ijk}^{α} 如下：

$$\sum_{k=1}^{n} h_{ijk}^{\alpha}\omega_k = \mathrm{d}h_{ij}^{\alpha} - \sum_{l=1}^{n} h_{il}^{\alpha}\omega_{jl} - \sum_{l=1}^{n} h_{lj}^{\alpha}\omega_{il} + \sum_{\beta=n+1}^{n+p} h_{ij}^{\beta}\omega_{\beta\alpha}. \tag{1.1.28}$$

对(1.1.13)的第一式两端外微分，在 M 上，有

$$\mathrm{d}\omega_{j\alpha} = \sum_{i=1}^{n} \mathrm{d}h_{ji}^{\alpha} \wedge \omega_i + \sum_{i=1}^{n} h_{ji}^{\alpha}\mathrm{d}\omega_i. \tag{1.1.29}$$

利用(1.1.7)和(1.1.11)，在 M 上，有

$$\begin{aligned}\mathrm{d}\omega_{j\alpha} &= \sum_{k=1}^{n}\omega_{jk} \wedge \omega_{k\alpha} + \sum_{\beta=n+1}^{n+p}\omega_{j\beta} \wedge \omega_{\beta\alpha} + \frac{1}{2}\sum_{i,\ l=1}^{n} K_{j\alpha il}\omega_i \wedge \omega_l \\ &= \sum_{k=1}^{n}\omega_{jk} \wedge \left(\sum_{l=1}^{n} h_{kl}^{\alpha}\omega_l\right) + \sum_{\beta=n+1}^{n+p}\left(\sum_{l=1}^{n} h_{jl}^{\beta}\omega_l\right) \wedge \omega_{\beta\alpha} + \frac{1}{2}\sum_{i,\ l=1}^{n} K_{j\alpha il}\omega_i \wedge \omega_l \\ &\quad (\text{利用(1.1.13)第一式}).\end{aligned} \tag{1.1.30}$$

由(1.1.17)第一式及(1.1.28)，有

$$\begin{aligned}&\sum_{i=1}^{n}\mathrm{d}h_{ji}^{\alpha} \wedge \omega_i + \sum_{i=1}^{n} h_{ji}^{\alpha}\mathrm{d}\omega_i \\ =& \sum_{i=1}^{n}\left(\sum_{k=1}^{n} h_{ijk}^{\alpha}\omega_k + \sum_{l=1}^{n} h_{li}^{\alpha}\omega_{jl} + \sum_{l=1}^{n} h_{jl}^{\alpha}\omega_{il} - \sum_{\beta=n+1}^{n+p} h_{ji}^{\beta}\omega_{\beta\alpha}\right) \wedge \omega_i + \sum_{i,\ l=1}^{n} h_{ji}^{\alpha}\omega_l \wedge \omega_{li}.\end{aligned} \tag{1.1.31}$$

观察(1.1.30)右端第二大项与(1.1.31)右端第四大项，将这第四大项的下标 i 改为 l，可以看到这两项是相等的. 观察(1.1.30)右端第一大项，将下标 k 换成 l，l 换成 i，这一项等于(1.1.31)右端第二大项. 在(1.1.31)右端最后一大项中将下标 i，l 互换，它与(1.1.31)右端第三大项之和恰为零. 从(1.1.29)，(1.1.30)，(1.1.31)及上面的叙述，有

$$\begin{aligned}\frac{1}{2}\sum_{i,\ l=1}^{n} K_{j\alpha il}\omega_i \wedge \omega_l &= \sum_{i,\ k=1}^{n} h_{ijk}^{\alpha}\omega_k \wedge \omega_i \\ &= \frac{1}{2}\sum_{i,\ l=1}^{n}(h_{jli}^{\alpha} - h_{jil}^{\alpha})\omega_i \wedge \omega_l (\text{将下标 } k \text{ 换成 } l\text{，且利用(1.1.16)} \\ &\quad \text{及(1.1.28)，有 } h_{ijl}^{\alpha} = h_{jil}^{\alpha}).\end{aligned} \tag{1.1.32}$$

由上式，有

$$h_{jli}^{\alpha} - h_{jil}^{\alpha} = K_{j\alpha il}. \tag{1.1.33}$$

公式(1.1.33)称为 Riemann 流形 N 内等距浸入子流形 M 的 Codazzi 方程组.

特别地,当 N 是常曲率 C^* 的空间时,利用(1.1.10),有 $K_{j\alpha il}=0$(注意 i, j, $l\in\{1, 2, \cdots, n\}$, $\alpha\in\{n+1, \cdots, n+p\}$),从而(1.1.33) 简化为

$$h_{jli}^{\alpha}=h_{jil}^{\alpha}. \tag{1.1.34}$$

对(1.1.28)两端外微分,有

$$\begin{aligned}&\sum_{k=1}^{n}\mathrm{d}h_{ijk}^{\alpha}\wedge\omega_k+\sum_{k=1}^{n}h_{ijk}^{\alpha}\mathrm{d}\omega_k\\=&-\sum_{l=1}^{n}\mathrm{d}h_{il}^{\alpha}\wedge\omega_{jl}-\sum_{l=1}^{n}h_{il}^{\alpha}\mathrm{d}\omega_{jl}-\sum_{l=1}^{n}\mathrm{d}h_{lj}^{\alpha}\wedge\omega_{il}-\\&\sum_{l=1}^{n}h_{lj}^{\alpha}\mathrm{d}\omega_{il}+\sum_{\beta=n+1}^{n+p}\mathrm{d}h_{ij}^{\beta}\wedge\omega_{\beta\alpha}+\sum_{\beta=n+1}^{n+p}h_{ij}^{\beta}\mathrm{d}\omega_{\beta\alpha}.\end{aligned} \tag{1.1.35}$$

定义 h_{ijk}^{α} 沿 e_l 方向的协变导数 h_{ijkl}^{α} 如下:

$$\sum_{l=1}^{n}h_{ijkl}^{\alpha}\omega_l=\mathrm{d}h_{ijk}^{\alpha}-\sum_{l=1}^{n}h_{ljk}^{\alpha}\omega_{il}-\sum_{l=1}^{n}h_{ilk}^{\alpha}\omega_{jl}-\sum_{l=1}^{n}h_{ijl}^{\alpha}\omega_{kl}+\sum_{\beta=n+1}^{n+p}h_{ijk}^{\beta}\omega_{\beta\alpha}. \tag{1.1.36}$$

利用(1.1.17)第一式,(1.1.20),(1.1.24),(1.1.28),(1.1.35)和(1.1.36),有

$$\begin{aligned}&\sum_{k=1}^{n}\Big[\sum_{l=1}^{n}h_{ijkl}^{\alpha}\omega_l+\sum_{l=1}^{n}h_{ljk}^{\alpha}\omega_{il}+\sum_{l=1}^{n}h_{ilk}^{\alpha}\omega_{jl}+\sum_{l=1}^{n}h_{ijl}^{\alpha}\omega_{kl}-\sum_{\beta=n+1}^{n+p}h_{ijk}^{\beta}\omega_{\beta\alpha}\Big]\wedge\omega_k+\sum_{k,\,l=1}^{n}h_{ijk}^{\alpha}\omega_l\wedge\omega_{lk}\\=&-\sum_{l=1}^{n}\Big[\sum_{k=1}^{n}h_{ilk}^{\alpha}\omega_k+\sum_{k=1}^{n}h_{ik}^{\alpha}\omega_{lk}+\sum_{k=1}^{n}h_{kl}^{\alpha}\omega_{ik}-\sum_{\beta=n+1}^{n+p}h_{il}^{\beta}\omega_{\beta\alpha}\Big]\wedge\omega_{jl}-\\&\sum_{l=1}^{n}h_{il}^{\alpha}\Big[\sum_{k=1}^{n}\omega_{jk}\wedge\omega_{kl}+\frac{1}{2}\sum_{k,\,s=1}^{n}R_{jlks}\omega_k\wedge\omega_s\Big]-\\&\sum_{l=1}^{n}\Big[\sum_{k=1}^{n}h_{ljk}^{\alpha}\omega_k+\sum_{k=1}^{n}h_{kj}^{\alpha}\omega_{lk}+\sum_{k=1}^{n}h_{lk}^{\alpha}\omega_{jk}-\sum_{\beta=n+1}^{n+p}h_{lj}^{\beta}\omega_{\beta\alpha}\Big]\wedge\omega_{il}-\\&\sum_{l=1}^{n}h_{lj}^{\alpha}\Big[\sum_{k=1}^{n}\omega_{ik}\wedge\omega_{kl}+\frac{1}{2}\sum_{k,\,s=1}^{n}R_{ilks}\omega_k\wedge\omega_s\Big]+\\&\sum_{\beta=n+1}^{n+p}\Big[\sum_{k=1}^{n}h_{ijk}^{\beta}\omega_k+\sum_{k=1}^{n}h_{kj}^{\beta}\omega_{ik}+\sum_{k=1}^{n}h_{ik}^{\beta}\omega_{jk}-\sum_{\gamma=n+1}^{n+p}h_{ij}^{\gamma}\omega_{\gamma\beta}\Big]\wedge\omega_{\beta\alpha}+\\&\sum_{\beta=n+1}^{n+p}h_{ij}^{\beta}\Big[\sum_{\gamma=n+1}^{n+p}\omega_{\beta\gamma}\wedge\omega_{\gamma\alpha}+\frac{1}{2}\sum_{k,\,l=1}^{n}R_{\beta\alpha kl}\omega_k\wedge\omega_l\Big].\end{aligned} \tag{1.1.37}$$

上式左端第三大项与上式右端第一大项相等,将上式右端第五大项中的下标k与l互换,与上式右端第二大项之和为零.将上式右端第九大项中的下标k,l互换,与上式右端第三大项之和为零.将上式右端倒数第四大项中的下标k与l互换,与上式右端第四大项之和为零.上式左端第二大项与上式右端第七大项相等.将上式左端最后一大项中的下标k与l互换,与上式左端第四大项之和为零.上式左端第五大项与上式右端倒数第六大项相等.将上式右端第十一大项中的下标k与l互换,与上式右端第八大项之和为零.将上式右端倒数第五大项中的下标k换成l,与上式右端第十大项之和为零.将上式右端倒数第二大项中的下标β与γ互换,与上式右端倒数第三大项之和为零.

于是,化简(1.1.37),有

$$\sum_{k,\,l=1}^{n} h_{ijkl}^{\alpha}\omega_l \wedge \omega_k = -\frac{1}{2}\sum_{k,\,l,\,s=1}^{n} h_{il}^{\alpha}R_{jlks}\omega_k \wedge \omega_s - \frac{1}{2}\sum_{l,\,k,\,s=1}^{n} h_{lj}^{\alpha}R_{ilks}\omega_k \wedge \omega_s + \frac{1}{2}\sum_{\beta=n+1}^{n+p} h_{ij}^{\beta}\sum_{k,\,l=1}^{n} R_{\beta\alpha kl}\omega_k \wedge \omega_l. \tag{1.1.38}$$

将上式右端第一大项中下标s,l互换,第二大项中下标s,l也互换,那么由下标反称化后,有

$$\frac{1}{2}\sum_{k,\,l=1}^{n}(h_{ijkl}^{\alpha} - h_{ijlk}^{\alpha})\omega_l \wedge \omega_k = \frac{1}{2}\sum_{k,\,l,\,s=1}^{n} h_{is}^{\alpha}R_{jskl}\omega_l \wedge \omega_k + \frac{1}{2}\sum_{k,\,l,\,s=1}^{n} h_{sj}^{\alpha}R_{iskl}\omega_l \wedge \omega_k - \frac{1}{2}\sum_{k,\,l=1}^{n}\Big(\sum_{\beta=n+1}^{n+p} h_{ij}^{\beta}R_{\beta\alpha kl}\Big)\omega_l \wedge \omega_k. \tag{1.1.39}$$

由上式,有

$$h_{ijkl}^{\alpha} - h_{ijlk}^{\alpha} = \sum_{s=1}^{n} h_{sj}^{\alpha}R_{iskl} + \sum_{s=1}^{n} h_{is}^{\alpha}R_{jskl} - \sum_{\beta=n+1}^{n+p} h_{ij}^{\beta}R_{\beta\alpha kl}. \tag{1.1.40}$$

上述公式称为Ricci公式.

限制在M上,定义

$$\mathrm{d}K_{i\alpha kj} = \sum_{l=1}^{n} K_{i\alpha kjl}\omega_l + \sum_{l=1}^{n} K_{l\alpha kj}\omega_{il} + \sum_{l=1}^{n} K_{i\alpha lj}\omega_{kl} + \sum_{l=1}^{n} K_{i\alpha kl}\omega_{jl} - \sum_{\beta=n+1}^{n+p} K_{i\beta kj}\omega_{\beta\alpha}. \tag{1.1.41}$$

对公式(1.1.33)两端微分,并且利用(1.1.36),有

$$\mathrm{d}h_{ijk}^{\alpha} - \mathrm{d}h_{ikj}^{\alpha} = \Big(\sum_{l=1}^{n} h_{ijkl}^{\alpha}\omega_l + \sum_{l=1}^{n} h_{ljk}^{\alpha}\omega_{il} + \sum_{l=1}^{n} h_{ilk}^{\alpha}\omega_{jl} + \sum_{l=1}^{n} h_{ijl}^{\alpha}\omega_{kl} - \sum_{\beta=n+1}^{n+p} h_{ijk}^{\beta}\omega_{\beta\alpha}\Big) -$$

$$\left(\sum_{l=1}^{n} h_{ikjl}^{\alpha}\omega_{l} + \sum_{l=1}^{n} h_{lkj}^{\alpha}\omega_{il} + \sum_{l=1}^{n} h_{ilj}^{\alpha}\omega_{kl} + \sum_{l=1}^{n} h_{ikl}^{\alpha}\omega_{jl} - \sum_{\beta=n+1}^{n+p} h_{ikj}^{\beta}\omega_{\beta\alpha}\right). \tag{1.1.42}$$

利用(1.1.33),可以看到(1.1.41)与(1.1.42)的左端应相等,于是(1.1.41)和(1.1.42)的两右端也应相等.(1.1.42)右端第二大项与第七大项之和恰等于(1.1.41)第二大项.(1.1.42)右端第三大项与(1.1.42)右端倒数第二大项之和恰等于(1.1.41)右端第四大项.(1.1.42)右端第四大项与(1.1.42)右端倒数第三大项之和恰等于(1.1.41)右端第三大项.(1.1.42)右端第五大项与(1.1.42)右端倒数第一大项之和恰等于(1.1.41)右端倒数第一大项.因而,利用 ω_1, ω_2, …, ω_n 是对偶基,可以得到

$$h_{ijkl}^{\alpha} - h_{ikjl}^{\alpha} = K_{i\alpha kjl}. \tag{1.1.43}$$

定义第二基本形式分量 h_{ij}^{α} 的 Laplace 算子 Δh_{ij}^{α} 如下:

$$\Delta h_{ij}^{\alpha} = \sum_{k=1}^{n} h_{ijkk}^{\alpha} = \sum_{k=1}^{n}(h_{ikjk}^{\alpha} + K_{i\alpha kjk}), \tag{1.1.44}$$

这里后一个等式是利用(1.1.43).

当 N 是局部对称空间时,由(1.1.9),有

$$\mathrm{d}K_{i\alpha kj} = \sum_{E=1}^{n+p} K_{E\alpha kj}\omega_{iE} + \sum_{E=1}^{n+p} K_{iEkj}\omega_{\alpha E} + \sum_{E=1}^{n+p} K_{i\alpha Ej}\omega_{kE} + \sum_{E=1}^{n+p} K_{i\alpha kE}\omega_{jE}. \tag{1.1.45}$$

(1.1.41)左端和(1.1.45)左端相同,因而(1.1.41)右端与(1.1.45)右端应相等.(1.1.41)右端第二大项恰等于(1.1.45)右端第一大项下标 E 从 1 到 n 的部分和.(1.1.41)右端第三大项恰等于(1.1.45)右端倒数第二大项下标 E 从 1 到 n 的部分和.(1.1.41)右端第四大项恰等于(1.1.45)右端倒数第一大项下标 E 从 1 到 n 的部分和.(1.1.41)右端倒数第一大项恰等于(1.1.45)右端第二大项下标 E 从 $n+1$ 到 $n+p$ 的部分和.

于是,可以得到

$$\begin{aligned}\sum_{l=1}^{n} K_{i\alpha kjl}\omega_{l} &= \sum_{\beta=n+1}^{n+p} K_{\beta\alpha kj}\omega_{i\beta} + \sum_{l=1}^{n} K_{ilkj}\omega_{\alpha l} + \sum_{\beta=n+1}^{n+p} K_{i\alpha\beta j}\omega_{k\beta} + \sum_{\beta=n+1}^{n+p} K_{i\alpha k\beta}\omega_{j\beta} \\ &= \sum_{\beta=n+1}^{n+p} K_{\beta\alpha kj}\sum_{l=1}^{n} h_{il}^{\beta}\omega_{l} - \sum_{s=1}^{n} K_{iskj}\sum_{l=1}^{n} h_{sl}^{\alpha}\omega_{l} + \sum_{\beta=n+1}^{n+p} K_{i\alpha\beta j}\sum_{l=1}^{n} h_{lk}^{\beta}\omega_{l} + \\ &\quad \sum_{\beta=n+1}^{n+p} K_{i\alpha k\beta}\sum_{l=1}^{n} h_{jl}^{\beta}\omega_{l}\ (\text{这里应用}(1.1.13)).\end{aligned} \tag{1.1.46}$$

由上式,利用 $\omega_1, \omega_2, \cdots, \omega_n$ 是对偶基,有

$$K_{i\alpha kjl} = \sum_{\beta=n+1}^{n+p} K_{\beta\alpha kj} h_{il}^{\beta} - \sum_{s=1}^{n} K_{iskj} h_{sl}^{\alpha} + \sum_{\beta=n+1}^{n+p} K_{i\alpha\beta j} h_{kl}^{\beta} + \sum_{\beta=n+1}^{n+p} K_{i\alpha k\beta} h_{jl}^{\beta}. \tag{1.1.47}$$

利用(1.1.44)和(1.1.47),有

$$\begin{aligned}\Delta h_{ij}^{\alpha} &= \sum_{k=1}^{n} h_{ikjk}^{\alpha} + \sum_{k=1}^{n}\left(\sum_{\beta=n+1}^{n+p} K_{\beta\alpha kj} h_{ik}^{\beta} - \sum_{s=1}^{n} K_{iskj} h_{sk}^{\alpha} + \sum_{\beta=n+1}^{n+p} K_{i\alpha\beta j} h_{kk}^{\beta} + \sum_{\beta=n+1}^{n+p} K_{i\alpha k\beta} h_{jk}^{\beta}\right) \\ &= \sum_{k=1}^{n}\left(h_{ikkj}^{\alpha} + \sum_{s=1}^{n} h_{sk}^{\alpha} R_{isjk} + \sum_{s=1}^{n} h_{is}^{\alpha} R_{ksjk} - \sum_{\beta=n+1}^{n+p} h_{ik}^{\beta} R_{\beta\alpha jk}\right) + \\ &\quad \sum_{k=1}^{n}\left(\sum_{\beta=n+1}^{n+p} K_{\beta\alpha kj} h_{ik}^{\beta} - \sum_{s=1}^{n} K_{iskj} h_{sk}^{\alpha} + \sum_{\beta=n+1}^{n+p} K_{i\alpha\beta j} h_{kk}^{\beta} + \sum_{\beta=n+1}^{n+p} K_{i\alpha k\beta} h_{jk}^{\beta}\right)(\text{这里利用} \\ &\quad (1.1.40)).\end{aligned} \tag{1.1.48}$$

由于

$$\begin{aligned}h_{ikkj}^{\alpha} &= h_{kikj}^{\alpha}(\text{利用}(1.1.16)) = h_{kkij}^{\alpha} + K_{k\alpha kij}(\text{利用}(1.1.43)) = \sum_{\beta=n+1}^{n+p} K_{\beta\alpha ki} h_{kj}^{\beta} - \\ &\quad \sum_{s=1}^{n} K_{kski} h_{sj}^{\alpha} + \sum_{\beta=n+1}^{n+p} K_{k\alpha\beta i} h_{kj}^{\beta} + \sum_{\beta=n+1}^{n+p} K_{k\alpha k\beta} h_{ij}^{\beta} + h_{kkij}^{\alpha}(\text{利用}(1.1.47)),\end{aligned} \tag{1.1.49}$$

将(1.1.49)代入(1.1.48),有

$$\begin{aligned}\Delta h_{ij}^{\alpha} = &\sum_{k=1}^{n} h_{kkij}^{\alpha} - \sum_{k=1}^{n}\sum_{\beta=n+1}^{n+p} K_{i\alpha j\beta} h_{kk}^{\beta} + \sum_{k=1}^{n}\left(\sum_{\beta=n+1}^{n+p} K_{\beta\alpha ki} h_{kj}^{\beta} - \sum_{s=1}^{n} K_{kski} h_{sj}^{\alpha} + \right. \\ &\left.\sum_{\beta=n+1}^{n+p} K_{k\alpha\beta i} h_{kj}^{\beta} + \sum_{\beta=n+1}^{n+p} K_{k\alpha k\beta} h_{ij}^{\beta}\right) + \\ &\sum_{k,\,s=1}^{n} h_{sk}^{\alpha}\left[K_{isjk} + \sum_{\beta=n+1}^{n+p}(h_{ik}^{\beta} h_{sj}^{\beta} - h_{ij}^{\beta} h_{sk}^{\beta})\right] + \\ &\sum_{k,\,s=1}^{n} h_{is}^{\alpha}\left[K_{ksjk} + \sum_{\beta=n+1}^{n+p}(h_{kk}^{\beta} h_{sj}^{\beta} - h_{kj}^{\beta} h_{sk}^{\beta})\right] - \\ &\sum_{k=1}^{n}\sum_{\beta=n+1}^{n+p} h_{ik}^{\beta}\left[K_{\beta\alpha jk} + \sum_{l=1}^{n}(h_{lk}^{\beta} h_{lj}^{\alpha} - h_{lj}^{\beta} h_{lk}^{\alpha})\right] + \\ &\sum_{k=1}^{n}\left(\sum_{\beta=n+1}^{n+p} K_{\beta\alpha kj} h_{ik}^{\beta} - \sum_{s=1}^{n} K_{iskj} h_{sk}^{\alpha} + \sum_{\beta=n+1}^{n+p} K_{i\alpha k\beta} h_{jk}^{\beta}\right)(\text{这里利用}(1.1.19) \\ &\text{和}(1.1.23)).\end{aligned} \tag{1.1.50}$$

上式右端倒数第六大项与倒数第三大项相等. 上式右端第七大项与倒数第二大项相等. 上式右端第八大项与倒数第四大项相等. 因此,初步化简上式,可以看到

$$\begin{aligned}\Delta h_{ij}^{\alpha}=&\sum_{k=1}^{n}h_{kkij}^{\alpha}-\sum_{k=1}^{n}\sum_{\beta=n+1}^{n+p}K_{i\alpha j\beta}h_{kk}^{\beta}+\sum_{k=1}^{n}\sum_{\beta=n+1}^{n+p}K_{k\alpha k\beta}h_{ij}^{\beta}-2\sum_{\beta=n+1}^{n+p}\sum_{k=1}^{n}h_{ik}^{\beta}K_{\beta\alpha jk}+\sum_{k,\,s=1}^{n}K_{ksik}h_{sj}^{\alpha}+\\&\sum_{k,\,l=1}^{n}h_{il}^{\alpha}K_{kljk}+2\sum_{k,\,l=1}^{n}K_{iljk}h_{lk}^{\alpha}+\sum_{k=1}^{n}\sum_{\beta=n+1}^{n+p}(K_{\beta\alpha ki}+K_{k\alpha\beta i}+K_{i\alpha k\beta})h_{kj}^{\beta}+\\&\sum_{k,\,l=1}^{n}\sum_{\beta=n+1}^{n+p}h_{il}^{\alpha}h_{lj}^{\beta}h_{kk}^{\beta}+2\sum_{k,\,l=1}^{n}\sum_{\beta=n+1}^{n+p}h_{lk}^{\alpha}h_{ik}^{\beta}h_{lj}^{\beta}-\sum_{k,\,l=1}^{n}\sum_{\beta=n+1}^{n+p}h_{lk}^{\alpha}h_{ij}^{\beta}h_{lk}^{\beta}-\\&\sum_{k,\,l=1}^{n}\sum_{\beta=n+1}^{n+p}h_{il}^{\alpha}h_{kj}^{\beta}h_{lk}^{\beta}-\sum_{k,\,l=1}^{n}\sum_{\beta=n+1}^{n+p}h_{ik}^{\beta}h_{lk}^{\beta}h_{lj}^{\alpha}.\end{aligned}\tag{1.1.51}$$

由于曲率张量有下述关系式

$$K_{k\alpha i\beta}+K_{\alpha ik\beta}+K_{ik\alpha\beta}=0,\tag{1.1.52}$$

则

$$K_{k\alpha\beta i}=-K_{k\alpha i\beta}=K_{\alpha ik\beta}+K_{ik\alpha\beta}.\tag{1.1.53}$$

利用上式,可以看到

$$\begin{aligned}K_{k\alpha\beta i}+K_{i\alpha k\beta}&=K_{\alpha ik\beta}+K_{ik\alpha\beta}+K_{i\alpha k\beta}\\&=K_{ik\alpha\beta}(\text{第一个等号右端第一、第三项之和是零})\\&=K_{\alpha\beta ik}=K_{\beta\alpha ki}.\end{aligned}\tag{1.1.54}$$

应用(1.1.54),(1.1.51)的右端第八大项可化简:

$$\sum_{k=1}^{n}\sum_{\beta=n+1}^{n+p}(K_{\beta\alpha ki}+K_{k\alpha\beta i}+K_{i\alpha k\beta})h_{kj}^{\beta}=2\sum_{k=1}^{n}\sum_{\beta=n+1}^{n+p}K_{\beta\alpha ki}h_{kj}^{\beta}.\tag{1.1.55}$$

编者的话

这一讲内容的基本材料来自陈省身先生文集中的一篇文章的开始部分. 这篇文章的作者是 S. S. Chern, M. Do. Carmo 和 S. Kobayashi 三人,文章题目是 *Minimal Submanifolds of a Sphere with Second Fundamental Form of Constant Length*.

在公式(1.1.25)和(1.1.26)中,引入了等距浸入子流形的第二基本形式长度平方 S 和平均曲率向量 H,下面证明这两个量与局部正交标架选择无关.

当局部正交标架变换时,设

$$e_k^* = \sum_{l=1}^{n} a_{kl} e_l,\ 1 \leqslant k \leqslant n;\ e_\alpha^* = \sum_{\beta=n+1}^{n+p} a_{\alpha\beta} e_\beta,\ n+1 \leqslant \alpha \leqslant n+p. \tag{1.1.56}$$

设矩阵$(\tilde{a}_{lj})$是正交(函数)矩阵(a_{kl})的逆矩阵,矩阵$(\tilde{a}_{\beta\gamma})$是正交(函数)矩阵$(a_{\alpha\beta})$的逆矩阵. 于是,有

$$\sum_{l=1}^{n} \tilde{a}_{kl} a_{lj} = \sum_{l=1}^{n} a_{kl} \tilde{a}_{lj} = \delta_{kj},\ 1 \leqslant j,\ k \leqslant n.$$

$$\sum_{\beta=n+1}^{n+p} \tilde{a}_{\alpha\beta} a_{\beta\gamma} = \sum_{\beta=n+1}^{n+p} a_{\alpha\beta} \tilde{a}_{\beta\gamma} = \delta_{\alpha\gamma},\ n+1 \leqslant \alpha,\ \gamma \leqslant n+p. \tag{1.1.57}$$

由(1.1.56)和(1.1.57),有

$$\sum_{k=1}^{n} \tilde{a}_{jk} e_k^* = e_j,\ 1 \leqslant j \leqslant n;\ \sum_{\alpha=n+1}^{n+p} \tilde{a}_{\beta\alpha} e_\alpha^* = e_\beta,\ n+1 \leqslant \beta \leqslant n+p. \tag{1.1.58}$$

设 $\omega_B^*\ (1 \leqslant B \leqslant n+p)$ 是 $e_A^*\ (1 \leqslant A \leqslant n+p)$ 的对偶基,利用

$$\omega_j^*(e_k^*) = \delta_{jk},\ \omega_k(e_l) = \delta_{kl};\ \omega_\beta^*(e_\alpha^*) = \delta_{\beta\alpha},\ \omega_\beta(e_\alpha) = \delta_{\beta\alpha}, \tag{1.1.59}$$

立即可以得到

$$\omega_j^* = \sum_{k=1}^{n} \tilde{a}_{kj} \omega_k,\ \omega_\alpha^* = \sum_{\beta=n+1}^{n+p} \tilde{a}_{\beta\alpha} \omega_\beta. \tag{1.1.60}$$

由上式,有

$$\sum_{j=1}^{n} a_{jl} \omega_j^* = \omega_l,\ \sum_{\alpha=n+1}^{n+p} a_{\alpha\beta} \omega_\alpha^* = \omega_\beta. \tag{1.1.61}$$

引入协变微分 D,可以知道

$$\mathrm{D}e_A = \sum_{C=1}^{n+p} \omega_{AC} e_C. \tag{1.1.62}$$

对(1.1.56)第二式求协变微分,有

$$\mathrm{D}e_\alpha^* = \sum_{\beta=n+1}^{n+p} \mathrm{d}a_{\alpha\beta} e_\beta + \sum_{\beta=n+1}^{n+p} a_{\alpha\beta} \mathrm{D}e_\beta. \tag{1.1.63}$$

由上式,有

$$\sum_{j=1}^{n}\omega_{\alpha j}^{*}e_{j}^{*}+\sum_{\gamma=n+1}^{n+p}\omega_{\alpha\gamma}^{*}e_{\gamma}^{*}=\sum_{\beta=n+1}^{n+p}\mathrm{d}a_{\alpha\beta}e_{\beta}+\sum_{\beta=n+1}^{n+p}a_{\alpha\beta}\left(\sum_{k=1}^{n}\omega_{\beta k}e_{k}+\sum_{\gamma=n+1}^{n+p}\omega_{\beta\gamma}e_{\gamma}\right).\tag{1.1.64}$$

上式两端切向量部分应相等,于是,有

$$\sum_{j=1}^{n}\omega_{\alpha j}^{*}e_{j}^{*}=\sum_{\beta=n+1}^{n+p}a_{\alpha\beta}\sum_{k=1}^{n}\omega_{\beta k}e_{k}=\sum_{\beta=n+1}^{n+p}a_{\alpha\beta}\sum_{k=1}^{n}\omega_{\beta k}\left(\sum_{j=1}^{n}\widetilde{a}_{kj}e_{j}^{*}\right),\tag{1.1.65}$$

这里利用了(1.1.58)的第一式.

由上式,有

$$\omega_{\alpha j}^{*}=\sum_{k=1}^{n}\sum_{\beta=n+1}^{n+p}a_{\alpha\beta}\omega_{\beta k}\widetilde{a}_{kj}.\tag{1.1.66}$$

利用(1.1.13)及上式,有

$$\begin{aligned}\sum_{k=1}^{n}h_{jk}^{*\alpha}\omega_{k}^{*}=\omega_{j\alpha}^{*}&=\sum_{k=1}^{n}\sum_{\beta=n+1}^{n+p}a_{\alpha\beta}\sum_{l=1}^{n}h_{kl}^{\beta}\omega_{l}\widetilde{a}_{kj}\\&=\sum_{k,\,l=1}^{n}\sum_{\beta=n+1}^{n+p}a_{\alpha\beta}h_{kl}^{\beta}\widetilde{a}_{kj}\left(\sum_{s=1}^{n}a_{sl}\omega_{s}^{*}\right),\end{aligned}\tag{1.1.67}$$

这里利用了(1.1.61)的第一式.

由上式,立即有

$$h_{js}^{*\alpha}=\sum_{k,\,l=1}^{n}\sum_{\beta=n+1}^{n+p}a_{\alpha\beta}h_{kl}^{\beta}\widetilde{a}_{kj}\widetilde{a}_{ls}.\tag{1.1.68}$$

这里利用正交矩阵性质,有 $a_{sl}=\widetilde{a}_{ls}$.

利用(1.1.68),有

$$\begin{aligned}\sum_{\alpha=n+1}^{n+p}\sum_{j,\,s=1}^{n}(h_{js}^{*\alpha})^{2}&=\sum_{\alpha=n+1}^{n+p}\sum_{j,\,s=1}^{n}\left(\sum_{k,\,l=1}^{n}\sum_{\beta=n+1}^{n+p}a_{\alpha\beta}h_{lk}^{\beta}\widetilde{a}_{kj}\widetilde{a}_{ls}\right)\left(\sum_{i,\,t=1}^{n}\sum_{\gamma=n+1}^{n+p}a_{\alpha\gamma}h_{it}^{\gamma}\widetilde{a}_{ij}\widetilde{a}_{ts}\right)\\&=\sum_{\beta,\,\gamma=n+1}^{n+p}\sum_{i,\,k,\,l,\,t=1}^{n}\delta_{\beta\gamma}\delta_{ik}\delta_{lt}h_{kl}^{\beta}h_{it}^{\gamma}(\text{利用 }a_{jk}=\widetilde{a}_{kj},\widetilde{a}_{ts}=a_{st})\\&=\sum_{\beta=n+1}^{n+p}\sum_{k,\,l=1}^{n}(h_{kl}^{\beta})^{2}.\end{aligned}\tag{1.1.69}$$

类似地,有

$$\begin{aligned}\frac{1}{n}\sum_{\alpha=n+1}^{n+p}\sum_{i=1}^{n}h_{ii}^{*\alpha}e_{\alpha}^{*}&=\frac{1}{n}\sum_{\alpha=n+1}^{n+p}\sum_{i=1}^{n}\left(\sum_{k,\,l=1}^{n}\sum_{\beta=n+1}^{n+p}a_{\alpha\beta}h_{kl}^{\beta}\widetilde{a}_{ki}\widetilde{a}_{li}\right)\sum_{\gamma=n+1}^{n+p}a_{\alpha\gamma}e_{r}(\text{利用(1.1.56) 第二式})\\&=\frac{1}{n}\sum_{\alpha=n+1}^{n+p}\sum_{i=1}^{n}\left(\sum_{k,\,l=1}^{n}\sum_{\beta=n+1}^{n+p}a_{\alpha\beta}h_{kl}^{\beta}a_{ik}\widetilde{a}_{li}\right)\sum_{\gamma=n+1}^{n+p}a_{\alpha\gamma}e_{r}(\text{利用 }\widetilde{a}_{ki}=a_{ik})\end{aligned}$$

$$= \frac{1}{n}\sum_{\alpha,\beta,\gamma=1}^{n+p}\sum_{k=1}^{n} a_{\alpha\beta}h_{kk}^{\beta}a_{\alpha\gamma}e_{\gamma} = \frac{1}{n}\sum_{\alpha,\beta,\gamma=1}^{n+p}\sum_{k=1}^{n}\tilde{a}_{\beta\alpha}h_{kk}^{\beta}a_{\alpha\gamma}e_{\gamma} = \frac{1}{n}\sum_{\beta=n+1}^{n+p}\sum_{k=1}^{n}h_{kk}^{\beta}e_{\beta}. \tag{1.1.70}$$

从(1.1.69)和(1.1.70)知道：$\sum_{\beta=n+1}^{n+p}\sum_{k,l=1}^{n}(h_{kl}^{\beta})^2$ 是M上点的函数，既不依赖M上局部切向量场$e_1, e_2, \cdots, e_n$的选择，也不依赖M上局部法向量场$e_{n+1}, \cdots, e_{n+p}$的选择；而平均曲率向量H也是如此.

第2讲 欧氏空间内子流形的基本定理

设M是欧氏空间R^{n+p}内一个n维(局部)等距浸入(或等距嵌入)子流形.

记M在R^{n+p}内的位置向量场为X，有

$$\mathrm{d}X = \sum_{i=1}^{n}\omega_i e_i. \tag{1.2.1}$$

M的第一基本形式

$$\mathrm{I} = \langle \mathrm{d}X, \mathrm{d}X\rangle = \langle \sum_{i=1}^{n}\omega_i e_i, \sum_{j=1}^{n}\omega_j e_j\rangle = \sum_{i=1}^{n}\omega_i^2, \tag{1.2.2}$$

这里$\langle, \rangle$表示R^{n+p}的内积，$\langle e_i, e_j\rangle = \delta_{ij}$.

M沿单位法向量$e_\alpha(n+1\leqslant \alpha\leqslant n+p)$的第二基本形式

$$\mathrm{II}_\alpha = -\langle \mathrm{d}e_\alpha, \mathrm{d}X\rangle = \langle \sum_{j,k=1}^{n}h_{jk}^{\alpha}\omega_k e_j - \sum_{\beta=n+1}^{n+p}\omega_{\alpha\beta}e_\beta, \sum_{i=1}^{n}\omega_i e_i\rangle = \sum_{j,k=1}^{n}h_{jk}^{\alpha}\omega_j\omega_k, \tag{1.2.3}$$

这里利用了 Weingarten 公式. 本讲的下标$i, j, k, l, \cdots \in \{1, 2, \cdots, n\}$；$\alpha, \beta, \gamma, \cdots \in \{n+1, \cdots, n+p\}$；$A, B, C \in \{1, 2, \cdots, n+p\}$.

由于M在R^{n+p}内，利用第1讲公式(1.1.19)，(1.1.20)，(1.1.23)，(1.1.24)和(1.1.34)，有 Gauss 方程组、Ricci 方程组和 Codazzi 方程组. 反之，如果有一些函数在形式上满足上一讲的 Gauss 方程组、Ricci 方程组和 Codazzi 方程组，会有什么情况呢？

下面的定理回答了这个问题.

定理1 设M是一个n维 Riemann 流形，对于$\alpha, \beta \in \{n+1, n+2, \cdots, n+p\}$，设$\mathrm{II}_\alpha = (h_{ij}^{\alpha})$是$M$上$p$个2阶协变对称张量组成的(函数)矩阵，这里$i, j \in \{1, 2, \cdots, n\}$，另外有$C^\infty$的1形式组$\omega_{\alpha\beta}$，设它们满足 Gauss 方程组、Codazzi

方程组和 Ricci 方程组,那么,对于 M 内每点,存在含这点的 R^n 的一个邻域 U 和一个等距嵌入 $F: U \to R^{n+p}$,使得对于 R^{n+p} 内 $F(U)$ 的 C^∞ 正交单位法向量 $e_{n+1}, \cdots, e_{n+p}$,存在 $F(U)$ 上对应的第二基本形式和法向量基本形式 $\widetilde{\mathrm{II}}_\alpha$, $\widetilde{\omega}_{\alpha\beta}$,满足 $F^* \widetilde{\mathrm{II}}_\alpha = \mathrm{II}_\alpha$, $F^* \widetilde{\omega}_{\alpha\beta} = \omega_{\alpha\beta}$.

注: 为了简便符号,本讲用同一字母 II_α 表示沿 e_α 的第二基本形式及其系数矩阵.

证明 这是一个局部存在性定理. 取 M 的一个坐标图,即叠合 M 的局部与 R^n 的局部. 设 $e_1, e_2, \cdots, e_n$ 是 R^n 内关于 M 的 Riemann 内积$\langle , \rangle$的局部正交标架场,$\omega_1, \omega_2, \cdots, \omega_n$ 是其对偶基. 设 M 的联络形式是 ω_{ij}. 定义 M 上反称的 1 形式 $\psi_{AB}(A, B = 1, 2, \cdots, n+p)$ 如下:

$$\psi_{ij} = \omega_{ij}, 1 \leqslant i, j \leqslant n. \ \psi_{j\alpha}(e_i) = h^\alpha_{ij}, 1 \leqslant i, j \leqslant n < \alpha \leqslant n+p.$$
$$\psi_{\alpha\beta} = \omega_{\alpha\beta}, n+1 \leqslant \alpha, \beta \leqslant n+p. \tag{1.2.4}$$

注: 本定理中条件蕴含着在 M 上存在 C^∞ 的 1 形式 $\omega_{\alpha\beta}$,满足第 1 讲公式(1.1.24).

先证明上述 1 形式 ψ_{AB} 满足下述方程组:

$$\sum_{j=1}^n \psi_{j\alpha} \wedge \omega_j = 0, \text{这里 } n+1 \leqslant \alpha \leqslant n+p; \tag{1.2.5}$$

$$\mathrm{d}\psi_{AB} = \sum_{C=1}^{n+p} \psi_{AC} \wedge \psi_{CB}. \tag{1.2.6}$$

利用(1.2.4)的第二式,有

$$\psi_{j\alpha} = \sum_{i=1}^n h^\alpha_{ji} \omega_i. \tag{1.2.7}$$

于是,可以看到

$$\sum_{j=1}^n \psi_{j\alpha} \wedge \omega_j = \sum_{i,j=1}^n h^\alpha_{ji}\omega_i \wedge \omega_j = \frac{1}{2}\sum_{i,j=1}^n h^\alpha_{ji}\omega_i \wedge \omega_j + \frac{1}{2}\sum_{i,j=1}^n h^\alpha_{ij}\omega_j \wedge \omega_i$$
$$= \frac{1}{2}\sum_{i,j=1}^n (h^\alpha_{ji} - h^\alpha_{ij})\omega_i \wedge \omega_j = 0, \tag{1.2.8}$$

于是(1.2.5)成立.

现证明公式(1.2.6). 对于下标分段证明. 当下标 $A = i$, $B = j$ 时,利用(1.2.4) 第一式,有

$$\begin{aligned}
& d\omega_{ij} - \sum_{C=1}^{n+p}\psi_{iC}\wedge\psi_{Cj} \\
= {} & d\omega_{ij} - \sum_{l=1}^{n}\omega_{il}\wedge\omega_{lj} - \sum_{\alpha=n+1}^{n+p}\psi_{i\alpha}\wedge\psi_{\alpha j}\text{(对下标 }C\text{ 分段)} \\
= {} & d\omega_{ij} - \sum_{l=1}^{n}\omega_{il}\wedge\omega_{lj} - \sum_{\alpha=n+1}^{n+p}\left(\sum_{k=1}^{n}h_{ik}^{\alpha}\omega_k\right)\wedge\left(-\sum_{l=1}^{n}h_{jl}^{\alpha}\omega_l\right)\text{(利用(1.2.7)及 }\psi_{\alpha j}=-\psi_{j\alpha}\text{)} \\
= {} & d\omega_{ij} - \sum_{l=1}^{n}\omega_{il}\wedge\omega_{lj} + \sum_{\alpha=n+1}^{n+p}\sum_{k,\,l=1}^{n}h_{ik}^{\alpha}h_{jl}^{\alpha}\omega_k\wedge\omega_l \\
= {} & d\omega_{ij} - \sum_{l=1}^{n}\omega_{il}\wedge\omega_{lj} + \frac{1}{2}\sum_{k,\,l=1}^{n}\sum_{\alpha=n+1}^{n+p}(h_{ik}^{\alpha}h_{jl}^{\alpha} - h_{il}^{\alpha}h_{jk}^{\alpha})\omega_k\wedge\omega_l \\
= {} & d\omega_{ij} - \sum_{l=1}^{n}\omega_{il}\wedge\omega_{lj} - \frac{1}{2}\sum_{k,\,l=1}^{n}R_{ijkl}\omega_k\wedge\omega_l = 0\text{(利用 Gauss 方程组及 Riemann 流形 }M\text{ 的结构方程).} \qquad (1.2.9)
\end{aligned}$$

当下标 $A=i,\ B=\alpha$ 时,有

$$\begin{aligned}
& d\psi_{i\alpha} - \sum_{C=1}^{n+p}\psi_{iC}\wedge\psi_{C\alpha} = d\left(\sum_{j=1}^{n}h_{ij}^{\alpha}\omega_j\right) - \sum_{k=1}^{n}\psi_{ik}\wedge\psi_{k\alpha} - \sum_{\beta=n+1}^{n+p}\psi_{i\beta}\wedge\psi_{\beta\alpha}\text{(利用(1.2.7),并将下标 }C\text{ 分段)} \\
= {} & \sum_{j=1}^{n}dh_{ij}^{\alpha}\wedge\omega_j + \sum_{j=1}^{n}h_{ij}^{\alpha}d\omega_j - \sum_{k=1}^{n}\omega_{ik}\wedge\left(\sum_{j=1}^{n}h_{kj}^{\alpha}\omega_j\right) - \sum_{\beta=n+1}^{n+p}\left(\sum_{k=1}^{n}h_{ik}^{\beta}\omega_k\right)\wedge\omega_{\beta\alpha}\text{(利用(1.2.7)及(1.2.4)的第三个公式)} \\
= {} & \sum_{j=1}^{n}\left[\sum_{k=1}^{n}h_{ijk}^{\alpha}\omega_k + \sum_{l=1}^{n}h_{lj}^{\alpha}\omega_{il} + \sum_{l=1}^{n}h_{il}^{\alpha}\omega_{jl} - \sum_{\beta=n+1}^{n+p}h_{ij}^{\beta}\omega_{\beta\alpha}\right]\wedge\omega_j + {} \\
& \sum_{j,\,k=1}^{n}h_{ij}^{\alpha}\omega_k\wedge\omega_{kj} - \sum_{j,\,k=1}^{n}h_{kj}^{\alpha}\omega_{ik}\wedge\omega_j - \sum_{\beta=n+1}^{n+p}\sum_{k=1}^{n}h_{ik}^{\beta}\omega_k\wedge\omega_{\beta\alpha} \qquad (1.2.10)
\end{aligned}$$

(由第 1 讲公式(1.1.28),由于矩阵(h_{ij}^{α})及 $\omega_{\beta\alpha}$ 已知,可形式定义 h_{ijk}^{α}, Codazzi 方程组成立,这里也利用了第 1 讲公式(1.1.17)的第一式).

将(1.2.10)右端最后一项中的下标 k 换成 j 后,它与右端第四大项之和是零. 将右端倒数第二大项中的下标 k 换成 l 后,与第二大项之和是零. 将右端倒数第三大项中的下标 k 换成 j,下标 j 换成 l 后,与右端第三大项之和是零. 于是,在化简(1.2.10)后,有

$$d\psi_{i\alpha} - \sum_{C=1}^{n+p}\psi_{iC}\wedge\psi_{C\alpha} = \sum_{j,\,k=1}^{n}h_{ijk}^{\alpha}\omega_k\wedge\omega_j = \frac{1}{2}\sum_{j,\,k=1}^{n}(h_{ijk}^{\alpha} - h_{ikj}^{\alpha})\omega_k\wedge\omega_j = 0\text{(利用 Codazzi 方程组).} \qquad (1.2.11)$$

当下标 $A=\alpha,\ B=\beta$ 时，有

$$\begin{aligned}
& d\psi_{\beta\alpha}-\sum_{C=1}^{n+p}\psi_{\beta C}\wedge\psi_{C\alpha} \\
&= d\omega_{\beta\alpha}-\sum_{k=1}^{n}\psi_{\beta k}\wedge\psi_{k\alpha}-\sum_{\gamma=n+1}^{n+p}\psi_{\beta\gamma}\wedge\psi_{\gamma\alpha}\text{（利用(1.2.4)的第三式，并将下标}C\text{分段）} \\
&= d\omega_{\beta\alpha}-\sum_{k=1}^{n}\Big(-\sum_{l=1}^{n}h_{kl}^{\beta}\omega_l\Big)\wedge\Big(\sum_{j=1}^{n}h_{kj}^{\alpha}\omega_j\Big)-\sum_{\gamma=n+1}^{n+p}\omega_{\beta\gamma}\wedge\omega_{\gamma\alpha}\text{（利用(1.2.7)及(1.2.4)的第三式）} \\
&= d\omega_{\beta\alpha}-\sum_{\gamma=n+1}^{n+p}\omega_{\beta\gamma}\wedge\omega_{\gamma\alpha}+\sum_{j,k,l=1}^{n}h_{kj}^{\alpha}h_{kl}^{\beta}\omega_l\wedge\omega_j \\
&= d\omega_{\beta\alpha}-\sum_{\gamma=n+1}^{n+p}\omega_{\beta\gamma}\wedge\omega_{\gamma\alpha}+\frac{1}{2}\sum_{j,l=1}^{n}\sum_{k=1}^{n}(h_{kj}^{\alpha}h_{kl}^{\beta}-h_{kl}^{\alpha}h_{kj}^{\beta})\omega_l\wedge\omega_j \\
&= d\omega_{\beta\alpha}-\sum_{\gamma=n+1}^{n+p}\omega_{\beta\gamma}\wedge\omega_{\gamma\alpha}+\frac{1}{2}\sum_{j,l=1}^{n}R_{\alpha\beta lj}\omega_l\wedge\omega_j\text{（利用 Ricci 方程组(1.1.23)）} \\
&= 0\text{（利用形式上成立的 Ricci 方程组(1.2.24)），}
\end{aligned}\tag{1.2.12}$$

从而公式(1.2.6)成立.

现在开始第二部分的证明. 设存在一个等距嵌入 $F: U\rightarrow R^{n+p}$，这里 U 是 R^n 内一个开集. $F(U)$ 在 R^{n+p} 内的单位法向量场记为 $e_{n+1},\ \cdots,\ e_{n+p}$. 在映射 F 存在的前提下，有一个映射 G，$\forall\, x\in U$，

$$G(x)=(dF(e_1(x)),\ dF(e_2(x)),\ \cdots,\ dF(e_n(x)),\ e_{n+1}(F(x)),\ \cdots,\ e_{n+p}(F(x))).\tag{1.2.13}$$

因为上式右端每个向量都是 R^{n+p} 内一向量，所以这里映射 G 是 U 到 $R^{(n+p)^2}$ 内一个映射. 如果映射 F 是一个等距映射，则(1.2.13)右端是 $n+p$ 个互相正交的单位向量场. 记

$$\begin{aligned}
e_j^*(x)&=dF(e_j(x))=(v_{j1}(x),\ v_{j2}(x),\ \cdots,\ v_{jn+p}(x)),\ 1\leqslant j\leqslant n; \\
e_\alpha^*(x)&=e_\alpha(F(x))=(v_{\alpha 1}(x),\ v_{\alpha 2}(x),\ \cdots,\ v_{\alpha n+p}(x)),\ n+1\leqslant\alpha\leqslant n+p.
\end{aligned}\tag{1.2.14}$$

我们希望存在 U 上 $(n+p)^2$ 个含 n 个自变量的光滑函数 $v_{AB}(1\leqslant A,\ B\leqslant n+p)$，满足

$$dv_{AB}=\sum_{C=1}^{n+p}\psi_{AC}v_{CB}\text{，即 }dv_{AB}-\sum_{C=1}^{n+p}\psi_{AC}v_{CB}=0.\tag{1.2.15}$$

方程组(1.2.15)可视为 $R^n\times R^{(n+p)^2}$ 内局部一开集上 $(n+p)^2$ 个独立的 Pfaff

方程组.

$$\begin{aligned}
&\mathrm{d}\Big(\mathrm{d}v_{AB}-\sum_{C=1}^{n+p}\psi_{AC}v_{CB}\Big)\\
&=-\sum_{C=1}^{n+p}\mathrm{d}\psi_{AC}v_{CB}+\sum_{C=1}^{n+p}\psi_{AC}\wedge \mathrm{d}v_{CB}\\
&=-\sum_{C,\,D=1}^{n+p}\psi_{AD}\wedge\psi_{DC}v_{CB}+\sum_{C=1}^{n+p}\psi_{AC}\wedge\Big(\sum_{D=1}^{n+p}\psi_{CD}v_{DB}\Big)(\text{利用}(1.2.6)\text{及}(1.2.15))\\
&=\sum_{C,\,D=1}^{n+p}(\psi_{AC}\wedge\psi_{CD}-\psi_{AC}\wedge\psi_{CD})v_{DB}(\text{右端第一大项中交换下标}C,\,D)=0.
\end{aligned} \tag{1.2.16}$$

利用 Frobenius 定理,方程组(1.2.15)是完全可积的. 因此,给定 R^{n+p} 内互相垂直的 $n+p$ 个单位向量 $v_1^0,\cdots,v_{n+p}^0$,一定存在 U 内(必要时缩小 U)依赖 n 个变元的局部 C^∞ 向量场 $e_1^*,e_2^*,\cdots,e_{n+p}^*$,满足

$$e_A^*(x)=(v_{A1}(x),\,v_{A2}(x),\,\cdots,\,v_{A,\,n+p}(x)),\ e_A^*(O)=v_A^0, \tag{1.2.17}$$

这里 O 是 U 内某一给定点.

下面证明: $e_1^*,e_2^*,\cdots,e_{n+p}^*$ 是互相正交的,而且都是单位向量场.

首先,由(1.2.15)和(1.2.17),可以知道

$$\mathrm{d}e_A^*=\sum_{C=1}^{n+p}\psi_{AC}e_C^*. \tag{1.2.18}$$

于是,

$$\begin{aligned}
\mathrm{d}\langle e_A^*,\,e_B^*\rangle&=\langle \mathrm{d}e_A^*,\,e_B^*\rangle+\langle e_A^*,\,\mathrm{d}e_B^*\rangle\\
&=\langle\sum_{C=1}^{n+p}\psi_{AC}e_C^*,\,e_B^*\rangle+\langle e_A^*,\,\sum_{C=1}^{n+p}\psi_{BC}e_C^*\rangle.
\end{aligned} \tag{1.2.19}$$

在 U 内取任何以点 O 为起点的局部光滑曲线 $L(t)$, $0\leqslant t\leqslant L^*$,这里 L^* 是曲线长.

记

$$f_{AB}(t)=\langle e_A^*(L(t)),\,e_B^*(L(t))\rangle. \tag{1.2.20}$$

设

$$\psi_{AC}(L(t))=\sum_{j=1}^{n}a_{AC}^j(L(t))\mathrm{d}x_j, \tag{1.2.21}$$

从而有

$$\frac{\mathrm{d}f_{AB}(t)}{\mathrm{d}t}=\sum_{j=1}^{n}\sum_{C=1}^{n+p}a^j_{AC}(L(t))\frac{\mathrm{d}x_j}{\mathrm{d}t}f_{CB}(t)+\sum_{j=1}^{n}\sum_{C=1}^{n+p}a^j_{BC}(L(t))\frac{\mathrm{d}x_j}{\mathrm{d}t}f_{AC}(t)$$

(利用(1.2.18)—(1.2.21))

$$=\sum_{j=1}^{n}\sum_{C=1}^{n+p}(a^j_{AC}(L(t))f_{CB}(t)+a^j_{BC}(L(t))f_{AC}(t))\frac{\mathrm{d}x_j}{\mathrm{d}t}. \quad (1.2.22)$$

由(1.2.17)第二式,有

$$f_{AB}(0)=\delta_{AB}. \quad (1.2.23)$$

再令

$$f^*_{AB}(t)=\delta_{AB}. \quad (1.2.24)$$

一方面,

$$\frac{\mathrm{d}f^*_{AB}(t)}{\mathrm{d}t}=0. \quad (1.2.25)$$

另一方面,利用(1.2.24),有

$$\sum_{j=1}^{n}\sum_{C=1}^{n+p}(a^j_{AC}(L(t))f^*_{CB}(t)+a^j_{BC}(L(t))f^*_{AC}(t))\frac{\mathrm{d}x_j}{\mathrm{d}t}$$

$$=\sum_{j=1}^{n}(a^j_{AB}(L(t))+a^j_{BA}(L(t)))\frac{\mathrm{d}x_j}{\mathrm{d}t}=0$$(利用 $\psi_{AB}=-\psi_{BA}$ 及(1.2.21),有 $a^j_{AB}(L(t))=-a^j_{BA}(L(t))$). (1.2.26)

利用一阶常微分方程组 Cauchy 问题解的唯一性,有

$$f_{AB}(t)=f^*_{AB}(t)=\delta_{AB}. \quad (1.2.27)$$

于是,由(1.2.20)和(1.2.27)知道, e^*_1, e^*_2, …, e^*_{n+p} 是一组互相正交的局部单位向量场.

现在开始第三部分,即最后一部分的证明. 需要证明存在一个映射 $F: U\to R^{n+p}$,使得 $\mathrm{d}F(e_i)=e^*_i$, $i=1, 2, \cdots, n$. 记

$$F=(F_1, F_2, \cdots, F_{n+p}). \quad (1.2.28)$$

利用(1.2.17)的第一式,要证明

$$\mathrm{d}F_A(e_i)=v_{iA}. \quad (1.2.29)$$

由于

$$\mathrm{d}F_A=\sum_{i=1}^{n}\mathrm{d}F_A(e_i)\omega_i=\sum_{i=1}^{n}v_{iA}\omega_i\text{(利用上式)}. \quad (1.2.30)$$

考虑方程组

$$dF_A - \sum_{i=1}^{n} v_{iA}\omega_i = 0. \tag{1.2.31}$$

(1.2.31)是 $R^n \times R^{n+p}$ 的一个开集内的 $n+p$ 个独立的 Pfaff 方程组,即在局部是含 $dx_1, dx_2, \cdots, dx_n, dF_1, dF_2, \cdots, dF_{n+p}$ 的一组独立的 Pfaff 方程组.

$$d\Big(dF_A - \sum_{i=1}^{n} v_{iA}\omega_i\Big)$$

$$= -\sum_{i=1}^{n} dv_{iA} \wedge \omega_i - \sum_{i=1}^{n} v_{iA} d\omega_i$$

$$= -\sum_{i=1}^{n}\sum_{C=1}^{n+p} \psi_{iC} v_{CA} \wedge \omega_i - \sum_{i=1}^{n} v_{iA} \sum_{j=1}^{n} \omega_j \wedge \omega_{ji}$$ (利用(1.1.17) 第一式及(1.2.15) 第一式)

$$= -\sum_{i,j=1}^{n} \psi_{ij} v_{jA} \wedge \omega_i - \sum_{i=1}^{n}\sum_{\beta=n+1}^{n+p} \psi_{i\beta} v_{\beta A} \wedge \omega_i - \sum_{i,j=1}^{n} v_{iA}\omega_j \wedge \omega_{ji}$$ (将右端第一大项的下标 C 分段)

$$= -\sum_{i,j=1}^{n} \omega_{ij} v_{jA} \wedge \omega_i - \sum_{\beta=n+1}^{n+p}\sum_{i,j=1}^{n} h_{ij}^{\beta}\omega_j v_{\beta A} \wedge \omega_i - \sum_{i,j=1}^{n} v_{iA}\omega_j \wedge \omega_{ji}$$ (利用(1.2.4) 第一式及(1.2.7))

$$= -\sum_{\beta=n+1}^{n}\sum_{i,j=1}^{n} h_{ij}^{\beta} v_{\beta A}\omega_j \wedge \omega_i$$ (将上式右端最后一大项中下标 i 与 j 互换后,它与右端第一大项之和为零)

$$= 0 \text{(利用 } h_{ij}^{\beta} = h_{ji}^{\beta}\text{,以及 } \omega_j \wedge \omega_i = -\omega_i \wedge \omega_j\text{)}. \tag{1.2.32}$$

利用 Frobenius 定理,方程组(1.2.31)是完全可积的. 给定一组实数$(x_1^0, \cdots, x_n^0, F_1^0, \cdots, F_{n+p}^0)$,有 $n+p$ 个独立的初积分 $F_1^*(x_1, \cdots, x_n, F_1, \cdots, F_{n+p})$, $F_2^*(x_1, \cdots, x_n, F_1, \cdots, F_{n+p})$, $\cdots$, $F_{n+p}^*(x_1, \cdots, x_n, F_1, \cdots, F_{n+p})$,取 $n+p$ 个实常数

$$C_A = F_A^*(x_1^0, \cdots, x_n^0, F_1^0, \cdots, F_{n+p}^0). \tag{1.2.33}$$

令

$$F_A^*(x_1, \cdots, x_n, F_1, \cdots, F_{n+p}) = C_A. \tag{1.2.34}$$

由上式,有

$$0 = dF_A^* = \sum_{i=1}^{n} \frac{\partial F_A^*}{\partial x_i} dx_i + \sum_{B=1}^{n+p} \frac{\partial F_A^*}{\partial F_B} dF_B. \tag{1.2.35}$$

由于在上式中,$dF_1, \cdots, dF_{n+p}$与原方程组(1.2.31)中 $dF_1, \cdots, dF_{n+p}$可以互相

线性表出,因此矩阵 $\left(\frac{\partial F_A^*}{\partial F_B}\right)$是$(n+p)\times(n+p)$ 的可逆矩阵. 于是,在局部有 C^∞ 解

$$F_A = F_A(x_1, \cdots, x_n), \tag{1.2.36}$$

而且满足(1.2.28)及 $\mathrm{d}F(e_i)=e_i^*$, $i=1, 2, \cdots, n$. 由于 $\mathrm{d}F$ 将一组 n 个互相垂直的单位正交向量场映成一组 n 个互相垂直的单位正交向量场,则 F 是一个局部等距映射. 定理中的其余结论至此已一目了然.

编者的话

本讲是根据 1979 年出版的 M. Spivak 一书(第四卷)的第 7 章相关内容改写而成的([1]). 另外,关于外微分形式的 Frobenius 定理,可参考我编的一本教材的第三章中的定理 18(在 § 7, [2]).

参考文献

[1] M. Spivak. *A Comprehensive Introduction to Differential Geometry*, Vol. 4. Publish or Perish Inc. Berkeley, 1979.
[2] 黄宣国. 李群基础(第二版). 复旦大学出版社, 2007.

第 3 讲　球面内极小闭子流形的第二基本形式长度平方的第一空隙性定理

当 N 是具有常曲率 C^* 的空间时(见第 1 讲公式(1.1.10)),首先有

引理 1　当 N 是具有常曲率 C^* 的空间时, N 必是局部对称空间.

证明　利用第 1 讲公式(1.1.10),有 $\mathrm{d}K_{ABCD}=0$, 再由第 1 讲的公式(1.1.9)及(1.1.10),有

$$\sum_{E=1}^{n+p} K_{EACD}\omega_{BE} = C^* \sum_{E=1}^{n+p} (\delta_{ED}\delta_{AC} - \delta_{EC}\delta_{AD})\omega_{BE} = C^*(\omega_{BD}\delta_{AC} - \omega_{BC}\delta_{AD}). \tag{1.3.1}$$

类似上式,有

$$\sum_{E=1}^{n+p} K_{BECD}\omega_{AE} = C^*(\omega_{AC}\delta_{BD} - \omega_{AD}\delta_{BC}), \tag{1.3.2}$$

$$\sum_{E=1}^{n+p} K_{BAED}\omega_{CE} = C^*(\omega_{CA}\delta_{BD} - \omega_{CB}\delta_{AD}), \tag{1.3.3}$$

$$\sum_{E=1}^{n+p} K_{BACE}\omega_{DE} = C^*(\omega_{DB}\delta_{AC} - \omega_{DA}\delta_{BC}). \tag{1.3.4}$$

公式(1.3.1)的右端第一项与(1.3.4)的右端第一项之和是零.公式(1.3.1)的右端第二项与(1.3.3)的右端第二项之和是零.公式(1.3.2)的右端第一项与(1.3.3)的右端第一项之和是零.公式(1.3.2)的右端第二项与(1.3.4)的右端第二项之和是零.

利用(1.3.1)—(1.3.4),以及以上叙述,兼顾第 1 讲内的公式(1.1.9),有

$$\sum_{E=1}^{n+p} K_{BACD,E}\omega_E = 0,\ K_{BACD,E} = 0, \tag{1.3.5}$$

引理 1 的结论成立.

在 N 是具有常曲率 C^* 的空间时,下面仔细计算第 1 讲内公式(1.1.51)的右端各大项.

$$-\sum_{k=1}^{n}\sum_{\beta=n+1}^{n+p} K_{i\alpha j\beta}h_{kk}^{\beta} = -C^*\sum_{k=1}^{n}\sum_{\beta=n+1}^{n+p}(\delta_{i\beta}\delta_{\alpha j} - \delta_{ij}\delta_{\alpha\beta})h_{kk}^{\beta} = C^*\delta_{ij}\sum_{k=1}^{n}h_{kk}^{\alpha}. \tag{1.3.6}$$

$$\sum_{k=1}^{n}\sum_{\beta=n+1}^{n+p} K_{k\alpha k\beta}h_{ij}^{\beta} = -C^*\sum_{k=1}^{n}\sum_{\beta=n+1}^{n+p}(\delta_{k\beta}\delta_{\alpha k} - \delta_{kk}\delta_{\alpha\beta})h_{ij}^{\beta} = -nC^*h_{ij}^{\alpha}. \tag{1.3.7}$$

$$-2\sum_{\beta=n+1}^{n+p}\sum_{k=1}^{n} h_{ik}^{\beta}K_{\beta\alpha jk} = -2C^*\sum_{\beta=n+1}^{n+p}\sum_{k=1}^{n} h_{ik}^{\beta}(\delta_{\beta k}\delta_{\alpha j} - \delta_{\beta j}\delta_{\alpha k}) = 0. \tag{1.3.8}$$

$$\sum_{k,s=1}^{n} K_{ksik}h_{sj}^{\alpha} = C^*\sum_{k,s=1}^{n} h_{sj}^{\alpha}(\delta_{kk}\delta_{si} - \delta_{ki}\delta_{sk}) = (n-1)C^*h_{ij}^{\alpha}. \tag{1.3.9}$$

$$\sum_{k,l=1}^{n} h_{il}^{\alpha}K_{kljk} = C^*\sum_{k,l=1}^{n} h_{il}^{\alpha}(\delta_{kk}\delta_{lj} - \delta_{kj}\delta_{lk}) = (n-1)C^*h_{ij}^{\alpha}. \tag{1.3.10}$$

$$2\sum_{k,l=1}^{n} K_{iljk}h_{lk}^{\alpha} = 2C^*\sum_{k,l=1}^{n}(\delta_{ik}\delta_{lj} - \delta_{ij}\delta_{lk})h_{lk}^{\alpha} = 2C^*h_{ij}^{\alpha} - 2C^*\delta_{ij}\sum_{k=1}^{n}h_{kk}^{\alpha}. \tag{1.3.11}$$

$$\begin{aligned}&\sum_{k=1}^{n}\sum_{\beta=n+1}^{n+p}(K_{\beta\alpha ki} + K_{k\alpha\beta i} + K_{i\alpha k\beta})h_{kj}^{\beta}\\ =\ &2\sum_{k=1}^{n}\sum_{\beta=n+1}^{n+p}K_{\beta\alpha ki}h_{kj}^{\beta}\text{(利用第 1 讲的公式(1.1.55))} = 0\text{(利用 }K_{\beta\alpha ki} = 0\text{)}.\end{aligned} \tag{1.3.12}$$

将上述(1.3.6)—(1.3.12)的相关公式代入第 1 讲的公式(1.1.51),有

$$\Delta h_{ij}^{\alpha}=\sum_{k=1}^{n}h_{kkij}^{\alpha}+C^{*}\delta_{ij}\sum_{k=1}^{n}h_{kk}^{\alpha}-nC^{*}h_{ij}^{\alpha}+2(n-1)C^{*}h_{ij}^{\alpha}+2C^{*}h_{ij}^{\alpha}-$$
$$2C^{*}\delta_{ij}\sum_{k=1}^{n}h_{kk}^{\alpha}+\sum_{k,l=1}^{n}\sum_{\beta=n+1}^{n+p}h_{il}^{\alpha}h_{lj}^{\beta}h_{kk}^{\beta}+2\sum_{k,l=1}^{n}\sum_{\beta=n+1}^{n+p}h_{lk}^{\alpha}h_{ik}^{\beta}h_{lj}^{\beta}-\sum_{k,l=1}^{n}\sum_{\beta=n+1}^{n+p}h_{lk}^{\alpha}h_{ij}^{\beta}h_{lk}^{\beta}-$$
$$\sum_{k,l=1}^{n}\sum_{\beta=n+1}^{n+p}h_{il}^{\alpha}h_{kj}^{\beta}h_{lk}^{\beta}-\sum_{k,l=1}^{n}\sum_{\beta=n+1}^{n+p}h_{ik}^{\beta}h_{lk}^{\beta}h_{lj}^{\alpha}. \tag{1.3.13}$$

公式(1.3.13)的右端第二大项与第六大项之和是 $-C^{*}\delta_{ij}\sum_{k=1}^{n}h_{kk}^{\alpha}$. 公式(1.3.13)的右端第三项、第四项与第五项之和是 $nC^{*}h_{ij}^{\alpha}$. 于是,公式(1.3.13)可化简为下述公式

$$\Delta h_{ij}^{\alpha}=\sum_{k=1}^{n}h_{kkij}^{\alpha}-C^{*}\delta_{ij}\sum_{k=1}^{n}h_{kk}^{\alpha}+nC^{*}h_{ij}^{\alpha}+\sum_{k,l=1}^{n}\sum_{\beta=n+1}^{n+p}h_{il}^{\alpha}h_{lj}^{\beta}h_{kk}^{\beta}+2\sum_{k,l=1}^{n}\sum_{\beta=n+1}^{n+p}h_{lk}^{\alpha}h_{ik}^{\beta}h_{lj}^{\beta}-$$
$$\sum_{k,l=1}^{n}\sum_{\beta=n+1}^{n+p}h_{lk}^{\alpha}h_{ij}^{\beta}h_{lk}^{\beta}-\sum_{k,l=1}^{n}\sum_{\beta=n+1}^{n+p}h_{il}^{\alpha}h_{kj}^{\beta}h_{lk}^{\beta}-\sum_{k,l=1}^{n}\sum_{\beta=n+1}^{n+p}h_{ik}^{\beta}h_{lk}^{\beta}h_{lj}^{\alpha}. \tag{1.3.14}$$

上式两端乘以 h_{ij}^{α},并且关于下标 i,j 从 1 到 n 求和,关于 α 从 $n+1$ 到 $n+p$ 求和,有

$$\sum_{\alpha=n+1}^{n+p}\sum_{i,j=1}^{n}h_{ij}^{\alpha}\Delta h_{ij}^{\alpha}=\sum_{\alpha=n+1}^{n+p}\sum_{i,j,k=1}^{n}h_{ij}^{\alpha}h_{kkij}^{\alpha}-C^{*}\sum_{\alpha=n+1}^{n+p}\left(\sum_{k=1}^{n}h_{kk}^{\alpha}\right)^{2}+nC^{*}\sum_{\alpha=n+1}^{n+p}\sum_{i,j=1}^{n}(h_{ij}^{\alpha})^{2}+$$
$$\sum_{i,j,k,l=1}^{n}\sum_{\alpha,\beta=n+1}^{n+p}h_{ij}^{\alpha}h_{il}^{\alpha}h_{lj}^{\beta}h_{kk}^{\beta}+2\sum_{i,j,k,l=1}^{n}\sum_{\alpha,\beta=n+1}^{n+p}h_{ij}^{\alpha}h_{lk}^{\alpha}h_{ik}^{\beta}h_{lj}^{\beta}-$$
$$\sum_{i,j,k,l=1}^{n}\sum_{\alpha,\beta=n+1}^{n+p}h_{ij}^{\alpha}h_{lk}^{\alpha}h_{ij}^{\beta}h_{lk}^{\beta}-\sum_{i,j,k,l=1}^{n}\sum_{\alpha,\beta=n+1}^{n+p}h_{ij}^{\alpha}h_{il}^{\alpha}h_{kj}^{\beta}h_{lk}^{\beta}-$$
$$\sum_{i,j,k,l=1}^{n}\sum_{\alpha,\beta=n+1}^{n+p}h_{ij}^{\alpha}h_{ik}^{\beta}h_{lk}^{\beta}h_{lj}^{\alpha}. \tag{1.3.15}$$

将公式(1.3.15)右端第五大项的下标 l 换成 j,下标 j 换成 k,下标 k 换成 l,可以看到

$$\sum_{i,j,k,l=1}^{n}\sum_{\alpha,\beta=n+1}^{n+p}h_{ij}^{\alpha}h_{lk}^{\alpha}h_{ik}^{\beta}h_{lj}^{\beta}=\sum_{i,j,k,l=1}^{n}\sum_{\alpha,\beta=n+1}^{n+p}h_{ik}^{\alpha}h_{jl}^{\alpha}h_{il}^{\beta}h_{jk}^{\beta}. \tag{1.3.16}$$

将公式(1.3.15)右端最后一大项的下标 i 与 k 互换,有

$$-\sum_{i,j,k,l=1}^{n}\sum_{\alpha,\beta=n+1}^{n+p}h_{ij}^{\alpha}h_{ik}^{\beta}h_{lk}^{\beta}h_{lj}^{\alpha}=-\sum_{i,j,k,l=1}^{n}\sum_{\alpha,\beta=n+1}^{n+p}h_{kj}^{\alpha}h_{ki}^{\beta}h_{li}^{\beta}h_{lj}^{\alpha}. \tag{1.3.17}$$

将公式(1.3.15)右端倒数第二大项的下标 j 与 k 互换,有

$$-\sum_{i,j,k,l=1}^{n}\sum_{\alpha,\beta=n+1}^{n+p}h_{ij}^{\alpha}h_{il}^{\alpha}h_{kj}^{\beta}h_{lk}^{\beta}=-\sum_{i,j,k,l=1}^{n}\sum_{\alpha,\beta=n+1}^{n+p}h_{ik}^{\alpha}h_{il}^{\alpha}h_{jk}^{\beta}h_{lj}^{\beta}. \quad (1.3.18)$$

公式(1.3.15)右端第五项的系数是2,公式(1.3.16)已经变形了其中的一半,对于另一半,将下标 l 与 j 互换,有

$$\sum_{i,j,k,l=1}^{n}\sum_{\alpha,\beta=n+1}^{n+p}h_{ij}^{\alpha}h_{lk}^{\alpha}h_{ik}^{\beta}h_{lj}^{\beta}=\sum_{i,j,k,l=1}^{n}\sum_{\alpha,\beta=n+1}^{n+p}h_{il}^{\alpha}h_{jk}^{\alpha}h_{ik}^{\beta}h_{jl}^{\beta}. \quad (1.3.19)$$

将上述公式(1.3.16)—(1.3.19)应用于公式(1.3.15),可以得到

$$\begin{aligned}\sum_{\alpha=n+1}^{n+p}\sum_{i,j=1}^{n}h_{ij}^{\alpha}\Delta h_{ij}^{\alpha}=&\sum_{\alpha=n+1}^{n+p}\sum_{i,j,k=1}^{n}h_{ij}^{\alpha}h_{kkij}^{\alpha}-C^{*}\sum_{\alpha=n+1}^{n+p}\left(\sum_{k=1}^{n}h_{kk}^{\alpha}\right)^{2}+nC^{*}\sum_{\alpha=n+1}^{n+p}\sum_{i,j=1}^{n}(h_{ij}^{\alpha})^{2}+\\&\sum_{\alpha,\beta=n+1}^{n+p}\sum_{i,j,k,l=1}^{n}h_{ij}^{\alpha}h_{il}^{\alpha}h_{lj}^{\beta}h_{kk}^{\beta}-\sum_{\alpha,\beta=n+1}^{n+p}\sum_{i,j,k,l=1}^{n}(h_{ik}^{\alpha}h_{kj}^{\beta}-h_{ik}^{\beta}h_{kj}^{\alpha})\\&(h_{il}^{\alpha}h_{lj}^{\beta}-h_{il}^{\beta}h_{lj}^{\alpha})-\sum_{\alpha,\beta=n+1}^{n+p}\sum_{i,j,k,l=1}^{n}h_{ij}^{\alpha}h_{lk}^{\alpha}h_{ij}^{\beta}h_{lk}^{\beta}.\end{aligned} \quad (1.3.20)$$

公式(1.3.20)是一个很重要的公式.

特别地,当 M 是极小子流形时,在 M 上处处有

$$\sum_{k=1}^{n}h_{kk}^{\alpha}=0,\quad \forall\alpha\in\{n+1,\cdots,n+k\}. \quad (1.3.21)$$

在本讲,下标表示及范围同第1讲.

由上式以及第1讲的公式(1.1.28)和(1.1.36),立即有

$$\sum_{k=1}^{n}h_{kki}^{\alpha}=0,\ \sum_{k=1}^{n}h_{kkij}^{\alpha}=0,\quad \forall i,j\in\{1,2,\cdots,n\}. \quad (1.3.22)$$

将(1.3.21)和(1.3.22)代入(1.3.20),有

$$\begin{aligned}\sum_{\alpha=n+1}^{n+p}\sum_{i,j=1}^{n}h_{ij}^{\alpha}\Delta h_{ij}^{\alpha}=&nC^{*}\sum_{\alpha=n+1}^{n+p}\sum_{i,j=1}^{n}(h_{ij}^{\alpha})^{2}-\sum_{\alpha,\beta=n+1}^{n+p}\sum_{i,j,k,l=1}^{n}(h_{ik}^{\alpha}h_{kj}^{\beta}-h_{ik}^{\beta}h_{kj}^{\alpha})(h_{il}^{\alpha}h_{lj}^{\beta}-h_{il}^{\beta}h_{lj}^{\alpha})-\\&\sum_{\alpha,\beta=n+1}^{n+p}\sum_{i,j,k,l=1}^{n}h_{ij}^{\alpha}h_{lk}^{\alpha}h_{ij}^{\beta}h_{lk}^{\beta}.\end{aligned} \quad (1.3.23)$$

公式(1.3.23)也是一个很重要的公式.

当 N 是 $n+p$ 维单位球面 $S^{n+p}(1)$ 时,$C^{*}=1$,记

$$S_{\alpha\beta}=\sum_{i,j=1}^{n}h_{ij}^{\alpha}h_{ij}^{\beta}, \quad (1.3.24)$$

这里 $\alpha,\beta\in\{n+1,\cdots,n+p\}$.

又由第1讲公式(1.1.25)可以知道 S. 于是,公式(1.3.23)可以改写为

$$\sum_{\alpha=n+1}^{n+p}\sum_{i,j=1}^{n}h_{ij}^{\alpha}\Delta h_{ij}^{\alpha}=nS-\sum_{\alpha,\beta=n+1}^{n+p}(S_{\alpha\beta})^2-\sum_{\alpha,\beta=n+1}^{n+p}\sum_{i,j,k,l=1}^{n}(h_{ik}^{\alpha}h_{kj}^{\beta}-h_{ik}^{\beta}h_{kj}^{\alpha})(h_{il}^{\alpha}h_{lj}^{\beta}-h_{il}^{\beta}h_{lj}^{\alpha}).\tag{1.3.25}$$

$p\times p$ 矩阵$(S_{\alpha\beta})$显然是一个实对称矩阵,在M的任意一点,利用线性代数知识知道,可选择 $e_{n+1}, \cdots, e_{n+p}$,使得当 $\alpha\neq\beta$ 时,$S_{\alpha\beta}=0$. 这时记

$$S_{\alpha}=S_{\alpha\alpha},\text{则}\sum_{\alpha=n+1}^{n+p}S_{\alpha}=S.\tag{1.3.26}$$

对于一个 $n\times n$ 实矩阵 $A=(a_{ij})$, 令 $N(A)=\sum\limits_{i,j=1}^{n}a_{ij}^2$, 即 $N(A)=\mathrm{trace}(AA^{\mathrm{T}})$,这里 A^{T} 表示矩阵 A 的转置. $N(A)$ 是乘积矩阵 AA^{T} 的追迹. 显然,对任何 $n\times n$ 实正交矩阵 T,有

$$N(A)=N(T^{-1}AT).\tag{1.3.27}$$

记 $n\times n$ 实对称矩阵 $H_{\alpha}=(h_{ij}^{\alpha})$(当 α 固定时), 利用上面的叙述, 公式(1.3.25) 可简记为下述形式

$$\sum_{\alpha=n+1}^{n+p}\sum_{i,j=1}^{n}h_{ij}^{\alpha}\Delta h_{ij}^{\alpha}=nS-\sum_{\alpha=n+1}^{n+p}S_{\alpha}^2-\sum_{\alpha,\beta=n+1}^{n+p}N(H_{\alpha}H_{\beta}-H_{\beta}H_{\alpha}).\tag{1.3.28}$$

下面证明一个引理.

引理 2 设 A, B 是两个实对称 $n\times n$ 矩阵(正整数 $n\geqslant 2$),则 $N(AB-BA)\leqslant 2N(A)N(B)$. 对于非零矩阵 A 和 B,上式等号成立当且仅当存在一个实正交 $n\times n$ 矩阵 T,满足

$$T^{-1}AT=\begin{pmatrix} & b & & \\ b & & & \\ & & & \\ & & & \end{pmatrix},\ T^{-1}BT=\begin{pmatrix} d & & & \\ & -d & & \\ & & & \\ & & & \end{pmatrix}\text{(矩阵空白处皆为零,下同)}.$$

而且,如果 A_1, A_2 和 A_3 是实对称的 $n\times n$ 矩阵,并且始终有 $N(A_{\alpha}A_{\beta}-A_{\beta}A_{\alpha})=2N(A_{\alpha})N(A_{\beta})$, $1\leqslant\alpha,\beta\leqslant 3$,那么,其中至少有一个矩阵 A_{α} 是零矩阵.

证明 由于 B 为实对称 $n\times n$ 矩阵,利用线性代数知识可以知道,存在一个实 $n\times n$ 正交矩阵 T,使得

$$T^{-1}BT=\begin{pmatrix} b_1 & & & \\ & b_2 & & \\ & & \ddots & \\ & & & b_n \end{pmatrix},\text{记 } T^{-1}AT=(a_{ij}). \quad (1.3.29)$$

于是,利用(1.3.27),有

$$N(AB-BA)=N(T^{-1}(AB-BA)T)=N((T^{-1}AT)(T^{-1}BT)-(T^{-1}BT)(T^{-1}AT))$$

$$=N\left(\begin{pmatrix} a_{11} & a_{12} & \cdots & a_{1n} \\ a_{21} & a_{22} & \cdots & a_{2n} \\ \vdots & \vdots & & \vdots \\ a_{n1} & a_{n2} & \cdots & a_{nn} \end{pmatrix}\begin{pmatrix} b_1 & & & \\ & b_2 & & \\ & & \ddots & \\ & & & b_n \end{pmatrix}-\begin{pmatrix} b_1 & & & \\ & b_2 & & \\ & & \ddots & \\ & & & b_n \end{pmatrix}\begin{pmatrix} a_{11} & a_{12} & \cdots & a_{1n} \\ a_{21} & a_{22} & \cdots & a_{2n} \\ \vdots & \vdots & & \vdots \\ a_{n1} & a_{n2} & \cdots & a_{nn} \end{pmatrix}\right)$$

$$=N\left(\begin{pmatrix} 0 & (b_2-b_1)a_{12} & \cdots & (b_n-b_1)a_{1n} \\ (b_1-b_2)a_{21} & 0 & \cdots & (b_n-b_2)a_{2n} \\ \vdots & \vdots & & \vdots \\ (b_1-b_n)a_{n1} & (b_2-b_n)a_{n2} & \cdots & 0 \end{pmatrix}\right)\text{(仅主对角线上元素确定为零)}$$

$$=\sum_{i\neq k}(b_i-b_k)^2a_{ik}^2\leqslant 2\sum_{i\neq k}(b_i^2+b_k^2)a_{ik}^2\leqslant 2\sum_{i,\,k=1}^{n}a_{ik}^2\sum_{j=1}^{n}b_j^2=2N(A)N(B). \quad (1.3.30)$$

现在假设 A 和 B 都是非零矩阵,而且满足

$$N(AB-BA)=2N(A)N(B), \quad (1.3.31)$$

则(1.3.30)公式推导中等号处处成立. 因而有

$$a_{11}=a_{22}=\cdots=a_{nn}=0, \quad (1.3.32)$$

以及如果某些 $a_{ik}\neq 0$,则对应有

$$(b_i-b_k)^2=2(b_i^2+b_k^2). \quad (1.3.33)$$

由上式,有

$$b_i+b_k=0. \quad (1.3.34)$$

由于 A 是非零矩阵,又由于(1.3.32),不失一般性,假设

$$a_{12}=b\neq 0, \quad (1.3.35)$$

从而有

$$b_1 = -b_2 = d. \tag{1.3.36}$$

由公式(1.3.30)的最后一个不等式取等号,又有

$$2(b_1^2 + b_2^2)a_{12}^2 + 2(b_2^2 + b_1^2)a_{21}^2 = 2(a_{12}^2 + a_{21}^2)\sum_{j=1}^n b_j^2. \tag{1.3.37}$$

由上式,立即有

$$b_3 = \cdots = b_n = 0. \tag{1.3.38}$$

由于 B 不是零矩阵,由(1.3.29)的第一式,以及(1.3.36),有

$$d \neq 0. \tag{1.3.39}$$

当下标集合 $(i, k) \neq$ 集合$(1, 2)$ 时,利用公式(1.3.30)的最后一个不等式取等号,以及(1.3.38),有

$$2(b_i^2 + b_k^2)a_{ik}^2 = 2a_{ik}^2\sum_{j=1}^n b_j^2 = 2a_{ik}^2(b_1^2 + b_2^2). \tag{1.3.40}$$

然而 b_i, b_k 中至少有一个是零(由于(1.3.38)),利用(1.3.36)和(1.3.39),有

$$a_{ik} = 0. \tag{1.3.41}$$

再由(1.3.29),有

$$T^{-1}AT = \begin{pmatrix} & b & & \\ b & & & \\ & & & \\ & & & \end{pmatrix}, T^{-1}BT = \begin{pmatrix} d & & & \\ & -d & & \\ & & & \\ & & & \end{pmatrix}. \tag{1.3.42}$$

为了证明引理 2 的最后一个结论,用反证法,设 A_1, A_2, A_3 全是非零实对称矩阵,利用上述证明,首先存在一个实 $n\times n$ 正交矩阵 T,使得

$$T^{-1}A_1T = \begin{pmatrix} & b & & \\ b & & & \\ & & & \\ & & & \end{pmatrix}, T^{-1}A_2T = \begin{pmatrix} d & & & \\ & -d & & \\ & & & \\ & & & \end{pmatrix}. \tag{1.3.43}$$

而

$$N(A_2A_3 - A_3A_2) = N((T^{-1}A_2T)(T^{-1}A_3T) - (T^{-1}A_3T)(T^{-1}A_2T))$$

$$= N\left(\begin{pmatrix} d & \\ & -d \\ & & \end{pmatrix}(T^{-1}A_3T) - (T^{-1}A_3T)\begin{pmatrix} d & \\ & -d \\ & & \end{pmatrix}\right),$$

(1.3.44)

$$2N(A_2)N(A_3) = 2N(T^{-1}A_2T)N(A_3) = 4d^2N(A_3). \qquad (1.3.45)$$

利用(1.3.43)的第二式,以及(1.3.42),将矩阵 B 改为 A_2,矩阵 A 改为 A_3,应当有

$$T^{-1}A_3T = \begin{pmatrix} & b^* & \\ b^* & & \\ & & \end{pmatrix},\ b^* \neq 0, \qquad (1.3.46)$$

$$N(A_3) = N(T^{-1}A_3T) = 2(b^*)^2 \neq 0. \qquad (1.3.47)$$

又利用

$$N(A_3A_1 - A_1A_3) = 2N(A_1)N(A_3) \neq 0, \qquad (1.3.48)$$

以及

$$\begin{aligned} N(A_3A_1 - A_1A_3) &= N((T^{-1}A_3T)(T^{-1}A_1T) - (T^{-1}A_1T)(T^{-1}A_3T)) \\ &= N\left(\begin{pmatrix} & b^* & \\ b^* & & \\ & & \end{pmatrix}\begin{pmatrix} & b & \\ b & & \\ & & \end{pmatrix} - \begin{pmatrix} & b & \\ b & & \\ & & \end{pmatrix}\begin{pmatrix} & b^* & \\ b^* & & \\ & & \end{pmatrix}\right) \\ &= N\left(\begin{pmatrix} bb^* & \\ & bb^* \\ & & \end{pmatrix} - \begin{pmatrix} bb^* & \\ & bb^* \\ & & \end{pmatrix}\right) = 0, \end{aligned}$$

(1.3.49)

公式(1.3.48)和(1.3.49)是一对矛盾.

利用上述引理,以及公式(1.3.28),有

$$\begin{aligned} -\sum_{\alpha=n+1}^{n+p}\sum_{i,j=1}^{n} h_{ij}^{\alpha}\Delta h_{ij}^{\alpha} &= \sum_{\alpha=n+1}^{n+p} S_{\alpha}^2 - nS + \sum_{\alpha\neq\beta} N(H_{\alpha}H_{\beta} - H_{\beta}H_{\alpha}) \\ &\leqslant \sum_{\alpha=n+1}^{n+p} S_{\alpha}^2 - nS + 2\sum_{\alpha\neq\beta} N(H_{\alpha})N(H_{\beta}) = \sum_{\alpha=n+1}^{n+p} S_{\alpha}^2 - nS + \end{aligned}$$

$$2\sum_{\alpha\neq\beta}S_\alpha S_\beta(\text{利用}(1.3.24)\text{ 和}(1.3.26)) = \Big(\sum_{\alpha=n+1}^{n+p}S_\alpha\Big)^2 +$$

$$2\sum_{n+1\leqslant\alpha<\beta\leqslant n+p}S_\alpha S_\beta - nS\Big(\text{利用 }2\sum_{\alpha\neq\beta}S_\alpha S_\beta = 4\sum_{n+1\leqslant\alpha<\beta\leqslant n+p}S_\alpha S_\beta\Big)$$

$$= S^2 + 2\sum_{n+1\leqslant\alpha<\beta\leqslant n+p}S_\alpha S_\beta - nS. \qquad (1.3.50)$$

由于

$$(p-1)S^2 - 2p\sum_{n+1\leqslant\alpha<\beta\leqslant n+p}S_\alpha S_\beta = (p-1)\Big(\sum_{\alpha=n+1}^{n+p}S_\alpha\Big)^2 - 2p\sum_{n+1\leqslant\alpha<\beta\leqslant n+p}S_\alpha S_\beta$$

$$= (p-1)\sum_{\alpha=n+1}^{n+p}S_\alpha^2 - 2\sum_{n+1\leqslant\alpha<\beta\leqslant n+p}S_\alpha S_\beta$$

$$= \sum_{n+1\leqslant\alpha<\beta\leqslant n+p}(S_\alpha - S_\beta)^2 \geqslant 0, \qquad (1.3.51)$$

由上式,有

$$2p\sum_{n+1\leqslant\alpha<\beta\leqslant n+p}S_\alpha S_\beta \leqslant (p-1)S^2, \qquad (1.3.52)$$

即

$$2\sum_{n+1\leqslant\alpha<\beta\leqslant n+p}S_\alpha S_\beta \leqslant \Big(1-\frac{1}{p}\Big)S^2. \qquad (1.3.53)$$

将(1.3.53)代入(1.3.50),有

$$-\sum_{\alpha=n+1}^{n+p}\sum_{i,j=1}^{n}h_{ij}^\alpha \Delta h_{ij}^\alpha \leqslant \Big(2-\frac{1}{p}\Big)S^2 - nS. \qquad (1.3.54)$$

上式是一个很重要的不等式.

另外,由于

$$\mathrm{d}\Big(\sum_{\alpha=n+1}^{n+p}\sum_{i,j=1}^{n}(h_{ij}^\alpha)^2\Big)$$

$$= \sum_{\alpha=n+1}^{n+p}\sum_{i,j=1}^{n}2h_{ij}^\alpha\,\mathrm{d}h_{ij}^\alpha$$

$$= 2\sum_{\alpha=n+1}^{n+p}\sum_{i,j=1}^{n}h_{ij}^\alpha\Big(\sum_{k=1}^{n}h_{ijk}^\alpha\omega_k + \sum_{k=1}^{n}h_{kj}^\alpha\omega_{ik} + \sum_{k=1}^{n}h_{ik}^\alpha\omega_{jk} - \sum_{\beta=n+1}^{n+p}h_{ij}^\beta\omega_{\beta\alpha}\Big)\text{(利用第 1 讲的公式(1.1.28))}$$

$= 2\sum_{\alpha=n+1}^{n+p}\sum_{i,j=1}^{n}h_{ij}^\alpha h_{ijk}^\alpha\omega_k$(由于上式右端第二、第三、第四大项都是零,例如$\sum_{j=1}^{n}h_{ij}^\alpha h_{kj}^\alpha$关于下标$i$, k对称,而ω_{ik}关于下标i, k反称,交换下标i, k,可知上式右端第

二大项是零. 其余类似), (1.3.55)

又由于

$$\mathrm{d}\Big(\sum_{\alpha=n+1}^{n+p}\sum_{i,j=1}^{n}(h_{ij}^{\alpha})^2\Big)=\sum_{\alpha=n+1}^{n+p}\sum_{i,j=1}^{n}((h_{ij}^{\alpha})^2)_k\omega_k, \tag{1.3.56}$$

比较上面两式,有

$$\sum_{\alpha=n+1}^{n+p}\sum_{i,j=1}^{n}((h_{ij}^{\alpha})^2)_k=2\sum_{\alpha=n+1}^{n+p}\sum_{i,j=1}^{n}h_{ij}^{\alpha}h_{ijk}^{\alpha}. \tag{1.3.57}$$

上式两端再微分一次. 一方面, $\sum_{\alpha=n+1}^{n+p}\sum_{i,j=1}^{n}(h_{ij}^{\alpha})^2$ 作为M上一个光滑函数f,由(1.3.56) 知 f 沿 e_k 方向的导数

$$f_k=\sum_{\alpha=n+1}^{n+p}\sum_{i,j=1}^{n}((h_{ij}^{\alpha})^2)_k. \tag{1.3.58}$$

于是,有

$$\begin{aligned}
&\mathrm{d}\Big(\sum_{\alpha=n+1}^{n+p}\sum_{i,j=1}^{n}((h_{ij}^{\alpha})^2)_k\Big)\\
&=\sum_{l=1}^{n}\Big(\sum_{\alpha=n+1}^{n+p}\sum_{i,j=1}^{n}((h_{ij}^{\alpha})^2)_k\Big)_l\omega_l+\sum_{l=1}^{n}\sum_{\alpha=n+1}^{n+p}\sum_{i,j=1}^{n}((h_{ij}^{\alpha})^2)_l\omega_{kl}\\
&=\sum_{l=1}^{n}\Big(\sum_{\alpha=n+1}^{n+p}\sum_{i,j=1}^{n}((h_{ij}^{\alpha})^2)_k\Big)_l\omega_l+2\sum_{l=1}^{n}\sum_{\alpha=n+1}^{n+p}\sum_{i,j=1}^{n}h_{ij}^{\alpha}h_{ijl}^{\alpha}\omega_{kl}
\end{aligned}$$

(利用(1.3.57)). (1.3.59)

另一方面,

$$\begin{aligned}
&\mathrm{d}\Big[2\sum_{\alpha=n+1}^{n+p}\sum_{i,j=1}^{n}h_{ij}^{\alpha}h_{ijk}^{\alpha}\Big]\\
&=2\sum_{\alpha=n+1}^{n+p}\sum_{i,j=1}^{n}(\mathrm{d}h_{ij}^{\alpha}h_{ijk}^{\alpha}+h_{ij}^{\alpha}\,\mathrm{d}h_{ijk}^{\alpha})\\
&=2\sum_{\alpha=n+1}^{n+p}\sum_{i,j=1}^{n}\Big[\Big(\sum_{l=1}^{n}h_{ijl}^{\alpha}\omega_l+\sum_{l=1}^{n}h_{lj}^{\alpha}\omega_{il}+\sum_{l=1}^{n}h_{il}^{\alpha}\omega_{jl}-\sum_{\beta=n+1}^{n+p}h_{ij}^{\beta}\omega_{\beta\alpha}\Big)h_{ijk}^{\alpha}+\\
&h_{ij}^{\alpha}\Big(\sum_{l=1}^{n}h_{ijkl}^{\alpha}\omega_l+\sum_{l=1}^{n}h_{ljk}^{\alpha}\omega_{il}+\sum_{l=1}^{n}h_{ilk}^{\alpha}\omega_{jl}+\sum_{l=1}^{n}h_{ijl}^{\alpha}\omega_{kl}-\sum_{\beta=n+1}^{n+p}h_{ijk}^{\beta}\omega_{\beta\alpha}\Big)\Big]
\end{aligned}$$

(利用 第 1 讲内公式(1.1.28) 和(1.1.36)). (1.3.60)

由(1.3.57)知(1.3.59)和(1.3.60)的两个左端相等,因而这两公式的右端

也应相等. 另外,将(1.3.60)右端第四大项的下标 α 与 β 互换,与(1.3.60)的右端最后一大项之和是零. (1.3.59)的右端第二大项与(1.3.60)的右端倒数第二大项相等. 由上述理由,可以看到

$$\sum_{l=1}^{n}\Big(\sum_{\alpha=n+1}^{n+p}\sum_{i,j=1}^{n}((h_{ij}^{\alpha})^2)_k\Big)_l\omega_l$$
$$=2\sum_{\alpha=n+1}^{n+p}\sum_{i,j=1}^{n}\Big[\Big(\sum_{l=1}^{n}h_{ijl}^{\alpha}\omega_l+\sum_{l=1}^{n}h_{lj}^{\alpha}\omega_{il}+\sum_{l=1}^{n}h_{il}^{\alpha}\omega_{jl}\Big)h_{ijk}^{\alpha}+$$
$$h_{ij}^{\alpha}\Big(\sum_{l=1}^{n}h_{ijkl}^{\alpha}\omega_l+\sum_{l=1}^{n}h_{ljk}^{\alpha}\omega_{il}+\sum_{l=1}^{n}h_{ilk}^{\alpha}\omega_{jl}\Big)\Big]. \tag{1.3.61}$$

利用下标的反称性,记

$$\omega_{il}=\sum_{k=1}^{n}\Gamma_{il}^{k}\omega_k,\text{则 }\Gamma_{il}^{k}=-\Gamma_{li}^{k}. \tag{1.3.62}$$

由(1.3.61)和(1.3.62),有

$$\frac{1}{2}\Big(\sum_{\alpha=n+1}^{n+p}\sum_{i,j=1}^{n}((h_{ij}^{\alpha})^2)_k\Big)_l$$
$$=\sum_{\alpha=n+1}^{n+p}\sum_{i,j=1}^{n}\Big[\Big(h_{ijl}^{\alpha}+\sum_{s=1}^{n}h_{sj}^{\alpha}\Gamma_{is}^{l}+\sum_{s=1}^{n}h_{is}^{\alpha}\Gamma_{js}^{l}\Big)h_{ijk}^{\alpha}+$$
$$h_{ij}^{\alpha}\Big(h_{ijkl}^{\alpha}+\sum_{s=1}^{n}h_{sjk}^{\alpha}\Gamma_{is}^{l}+\sum_{s=1}^{n}h_{isk}^{\alpha}\Gamma_{js}^{l}\Big)\Big]. \tag{1.3.63}$$

在上式中,令下标 $l=k$,并关于 k 从 1 到 n 求和,有

$$\frac{1}{2}\sum_{k=1}^{n}\Big(\sum_{\alpha=n+1}^{n+p}\sum_{i,j=1}^{n}((h_{ij}^{\alpha})^2)_k\Big)_k$$
$$=\sum_{\alpha=n+1}^{n+p}\sum_{i,j,k=1}^{n}\Big[\Big(h_{ijk}^{\alpha}+\sum_{s=1}^{n}h_{sj}^{\alpha}\Gamma_{is}^{k}+\sum_{s=1}^{n}h_{is}^{\alpha}\Gamma_{js}^{k}\Big)h_{ijk}^{\alpha}+$$
$$h_{ij}^{\alpha}\Big(h_{ijkk}^{\alpha}+\sum_{s=1}^{n}h_{sjk}^{\alpha}\Gamma_{is}^{k}+\sum_{s=1}^{n}h_{isk}^{\alpha}\Gamma_{js}^{k}\Big)\Big]. \tag{1.3.64}$$

将上式右端的倒数第二大项的下标 i 与 s 互换,与右端的第二大项之和是零. 将上式右端的倒数第一大项的下标 j 与 s 互换,与右端的第三大项之和是零. 于是,可以看到

$$\frac{1}{2}\sum_{k=1}^{n}\Big(\sum_{\alpha=n+1}^{n+p}\sum_{i,j=1}^{n}((h_{ij}^{\alpha})^2)_k\Big)_k=\sum_{\alpha=n+1}^{n+p}\sum_{i,j,k=1}^{n}(h_{ijk}^{\alpha})^2+\sum_{\alpha=n+1}^{n+p}\sum_{i,j,k=1}^{n}h_{ij}^{\alpha}h_{ijkk}^{\alpha}. \tag{1.3.65}$$

Δ表示M上的 Laplace 算子,则利用上式,可以得到

$$
\begin{aligned}
&\frac{1}{2}\Delta\Big(\sum_{\alpha=n+1}^{n+p}\sum_{i,j=1}^{n}(h_{ij}^{\alpha})^2\Big)\\
&=\frac{1}{2}\sum_{\alpha=n+1}^{n+p}\sum_{i,j,k=1}^{n}(((h_{ij}^{\alpha})^2)_k)_k\\
&=\sum_{\alpha=n+1}^{n+p}\sum_{i,j,k=1}^{n}(h_{ijk}^{\alpha})^2+\sum_{\alpha=n+1}^{n+p}\sum_{i,j=1}^{n}h_{ij}^{\alpha}\Delta h_{ij}^{\alpha}. \qquad (1.3.66)
\end{aligned}
$$

如果M是一个紧致连通无边界可定向的 Riemann 流形,则简称M是一个闭(Riemann)流形. 设M是一个闭流形,f是M上任意一个光滑函数,有下述结论.

引理 3　设M是一个闭(Riemann)流形,对于M上任意光滑函数f,$\int_M \Delta f\mathrm{d}V=0$.

证明　设M是n维的,令

$$
\omega=\sum_{k=1}^{n}(-1)^{k-1}f_k\omega_1\wedge\cdots\wedge\omega_{k-1}\wedge\omega_{k+1}\wedge\cdots\wedge\omega_n. \qquad (1.3.67)
$$

$$
\begin{aligned}
\mathrm{d}\omega=&\sum_{k=1}^{n}(-1)^{k-1}\mathrm{d}f_k\wedge\omega_1\wedge\cdots\wedge\omega_{k-1}\wedge\omega_{k+1}\wedge\cdots\wedge\omega_n+\\
&\sum_{k=1}^{n}(-1)^{k-1}f_k\mathrm{d}(\omega_1\wedge\cdots\wedge\omega_{k-1}\wedge\omega_{k+1}\wedge\cdots\wedge\omega_n)\\
=&\sum_{k=1}^{n}(-1)^{k-1}\Big(\sum_{l=1}^{n}f_{kl}\omega_l+\sum_{l=1}^{n}f_l\omega_{kl}\Big)\wedge\omega_1\wedge\cdots\wedge\omega_{k-1}\wedge\omega_{k+1}\wedge\cdots\wedge\omega_n+\\
&\sum_{k=1}^{n}(-1)^{k-1}f_k\mathrm{d}(\omega_1\wedge\cdots\wedge\omega_{k-1}\wedge\omega_{k+1}\wedge\cdots\wedge\omega_n). \qquad (1.3.68)
\end{aligned}
$$

明显地,

$$
\begin{aligned}
&\mathrm{d}(\omega_1\wedge\cdots\wedge\omega_{k-1}\wedge\omega_{k+1}\wedge\cdots\wedge\omega_n)\\
=&\sum_{s=1}^{k-1}(-1)^{s-1}\omega_1\wedge\cdots\wedge\omega_{s-1}\wedge\mathrm{d}\omega_s\wedge\omega_{s+1}\wedge\cdots\wedge\omega_{k-1}\wedge\omega_{k+1}\wedge\cdots\wedge\omega_n+\\
&\sum_{s=k+1}^{n}(-1)^{s-2}\omega_1\wedge\cdots\wedge\omega_{k-1}\wedge\omega_{k+1}\wedge\cdots\wedge\omega_{s-1}\wedge\mathrm{d}\omega_s\wedge\omega_{s+1}\wedge\cdots\wedge\omega_n\\
=&\sum_{s=1}^{k-1}(-1)^{s-1}\omega_1\wedge\cdots\wedge\omega_{s-1}\wedge\Big(\sum_{l=1}^{n}\omega_l\wedge\omega_{ls}\Big)\wedge\omega_{s+1}\wedge\cdots\wedge\omega_{k-1}\wedge\omega_{k+1}\wedge\cdots\\
&\wedge\omega_n+\sum_{s=k+1}^{n}(-1)^{s}\omega_1\wedge\cdots\wedge\omega_{k-1}\wedge\omega_{k+1}\wedge\cdots\wedge\omega_{s-1}\wedge\Big(\sum_{l=1}^{n}\omega_l\wedge\omega_{ls}\Big)\wedge\omega_{s+1}
\end{aligned}
$$

$\wedge \cdots \wedge \omega_n$(利用第1讲内公式(1.1.17)的第一式)

$$= \sum_{s=1}^{k-1} (-1)^{s-1} \omega_1 \wedge \cdots \wedge \omega_{s-1} \wedge \omega_k \wedge \omega_{ks} \wedge \omega_{s+1} \wedge \cdots \wedge \omega_{k-1} \wedge \omega_{k+1} \wedge \cdots \wedge \omega_n + \sum_{s=k+1}^{n} (-1)^{s} \omega_1 \wedge \cdots \wedge \omega_{k-1} \wedge \omega_{k+1} \wedge \cdots \wedge \omega_{s-1} \wedge \omega_k \wedge \omega_{ks} \wedge \omega_{s+1} \wedge \cdots \wedge \omega_n$$

(上式右端第一大项中关于 $\sum_{l=1}^{n} \omega_l \wedge \omega_{ls}$ 项,考虑到这项的前后项和利用外积的反称性质,只须考虑 $l = s$, $l = k$ 情形,由于 $\omega_{ss} = 0$,因此,只须保留$l = k$ 情形.上式右端的第二大项也是如此处理)

$$= \sum_{s=1}^{k-1} (-1)^{s-1} \omega_1 \wedge \cdots \wedge \omega_{s-1} \wedge \omega_k \wedge \left(\sum_{l=1}^{n} \Gamma_{ks}^{l} \omega_l \right) \wedge \omega_{s+1} \wedge \cdots \wedge \omega_{k-1} \wedge \omega_{k+1} \wedge \cdots \wedge \omega_n + \sum_{s=k+1}^{n} (-1)^{s} \omega_1 \wedge \cdots \wedge \omega_{k-1} \wedge \omega_{k+1} \wedge \cdots \wedge \omega_{s-1} \wedge \omega_k \wedge \left(\sum_{l=1}^{n} \Gamma_{ks}^{l} \omega_l \right) \wedge \omega_{s+1} \wedge \cdots \wedge \omega_n$$(利用(1.3.62))

$$= \sum_{s=1}^{k-1} (-1)^{s-1} \omega_1 \wedge \cdots \wedge \omega_{s-1} \wedge \omega_k \wedge \Gamma_{ks}^{s} \omega_s \wedge \omega_{s+1} \wedge \cdots \wedge \omega_{k-1} \wedge \omega_{k+1} \wedge \cdots \wedge \omega_n + \sum_{s=k+1}^{n} (-1)^{s} \omega_1 \wedge \cdots \wedge \omega_{k-1} \wedge \omega_{k+1} \wedge \cdots \wedge \omega_{s-1} \wedge \omega_k \wedge \Gamma_{ks}^{s} \omega_s \wedge \omega_{s+1} \wedge \cdots \wedge \omega_n$$

$$= \sum_{s=1}^{k-1} \Gamma_{ks}^{s} (-1)^{k-1} \omega_1 \wedge \cdots \wedge \omega_n + \sum_{s=k+1}^{n} \Gamma_{ks}^{s} (-1)^{k-1} \omega_1 \wedge \cdots \wedge \omega_n$$(上式右端第一大项中 ω_k 向后移动 $(k-1)-(s-1)$ 项,即移动 $k-s$ 项,因此在移动后乘以 $(-1)^{k-s}$.上式右端第二大项中 ω_k 要向前移动 $(s-2)-(k-1)$ 项,即移动 $s-k-1$ 项,因此在移动后要乘以 $(-1)^{s-k-1} = (-1)^{k-s-1}$)

$$= \sum_{s=1}^{n} (-1)^{k-1} \Gamma_{ks}^{s} \omega_1 \wedge \cdots \wedge \omega_n \text{(利用 } \Gamma_{kk}^{k} = 0\text{)}. \tag{1.3.69}$$

将(1.3.69)代入(1.3.68),有

$$\mathrm{d}\omega = \sum_{k=1}^{n} (-1)^{k-1} f_{kk} \omega_k \wedge \omega_1 \wedge \cdots \wedge \omega_{k-1} \wedge \omega_{k+1} \wedge \cdots \wedge \omega_n + \sum_{k,\, l=1}^{n} (-1)^{k-1} f_l \left(\sum_{s=1}^{n} \Gamma_{kl}^{s} \omega_s \right) \wedge \omega_1 \wedge \cdots \wedge \omega_{k-1} \wedge \omega_{k+1} \wedge \cdots \wedge \omega_n$$(利用外积性质及公式(1.3.62))$+ \sum_{k,\, l=1}^{n} f_k \Gamma_{kl}^{l} \omega_1 \wedge \cdots \wedge \omega_n$

$$= \left(\sum_{k=1}^{n} f_{kk}\right)\omega_1 \wedge \cdots \wedge \omega_n + \sum_{k,\, l=1}^{n} (-1)^{k-1} f_l \Gamma_{kl}^{k} \omega_k \wedge \omega_1 \wedge \cdots \wedge \omega_{k-1} \wedge$$

$$\omega_{k+1} \wedge \cdots \wedge \omega_n + \sum_{k,\, l=1}^{n} f_k \Gamma_{kl}^{l} \omega_1 \wedge \cdots \wedge \omega_n$$

$$= \left(\sum_{k=1}^{n} f_{kk}\right)\omega_1 \wedge \cdots \wedge \omega_n + \sum_{k,\, l=1}^{n} f_l \Gamma_{kl}^{k} \omega_1 \wedge \cdots \wedge \omega_n + \sum_{k,\, l=1}^{n} f_l \Gamma_{lk}^{k} \omega_1 \wedge$$

$\cdots \wedge \omega_n$(将上式右端最后一大项下标 l 与 k 互换)

$$= \left(\sum_{k=1}^{n} f_{kk}\right)\omega_1 \wedge \cdots \wedge \omega_n = \Delta f \mathrm{d}V. \tag{1.3.70}$$

这里

$$\mathrm{d}V = \omega_1 \wedge \cdots \wedge \omega_n, \tag{1.3.71}$$

$\mathrm{d}V$ 是 M 的体积元素.

从形式上看,由(1.3.67)定义的 ω 是局部的,下面证明它实际上是在 M 上整体定义的. 换句话讲,要证明由(1.3.67)定义的 ω 不依赖局部坐标的选择. 对于局部正交标架而言,要证明这个 ω 在保持流形定向时,不依赖局部正交标架的选择.

由于

$$\mathrm{d}f = \sum_{k=1}^{n} f_k \omega_k, \tag{1.3.72}$$

以及

$$\mathrm{d}f = \sum_{l=1}^{n} f_l^* \omega_l^* = \sum_{k,\, l=1}^{n} f_l^* \widetilde{a}_{kl} \omega_k \text{(由第 1 讲内公式(1.1.60) 的第一式)}$$

$$= \sum_{k,\, l=1}^{n} f_l^* a_{lk} \omega_k, \tag{1.3.73}$$

由以上两式,有

$$f_k = \sum_{l=1}^{n} a_{lk} f_l^*. \tag{1.3.74}$$

于是,可以看到

$$\sum_{k=1}^{n} (-1)^{k-1} f_k \omega_1 \wedge \cdots \wedge \omega_{k-1} \wedge \omega_{k+1} \wedge \cdots \wedge \omega_n$$

$$= \sum_{k=1}^{n} (-1)^{k-1} \left(\sum_{l=1}^{n} a_{lk} f_l^*\right) \left(\sum_{j_1=1}^{n} a_{j_1 1} \omega_{j_1}^*\right) \wedge \cdots \wedge \left(\sum_{j_{k-1}=1}^{n} a_{j_{k-1} k-1} \omega_{j_{k-1}}^*\right) \wedge$$

$\left(\sum_{j_{k+1}=1}^{n} a_{j_{k+1}k+1}\omega_{j_{k+1}}^{*}\right) \wedge \cdots \wedge \left(\sum_{j_n=1}^{n} a_{j_n n}\omega_{j_n}^{*}\right)$(利用第1讲内公式(1.1.61)的第一式)

$$= \sum_{\substack{k,\, l,\, j_1,\, \cdots,\, j_{k-1},\\ j_{k+1},\, \cdots,\, j_n=1}}^{n} (-1)^{k-1} f_l^{*} a_{lk} a_{j_1 1} \cdots a_{j_{k-1}k-1} a_{j_{k+1}k+1} \cdots a_{j_n n} \omega_{j_1}^{*} \wedge \cdots \wedge \omega_{j_{k-1}}^{*} \wedge \omega_{j_{k+1}}^{*} \wedge \cdots \wedge \omega_{j_n}^{*}. \tag{1.3.75}$$

由外积性质,只须计算 $n-1$ 个下标 $j_1, \cdots, j_{k-1}, j_{k+1}, \cdots, j_n$ 两两不同情况即可.

$$\begin{aligned}
&\sum_{k=1}^{n} (-1)^{k-1} f_k \omega_1 \wedge \cdots \wedge \omega_{k-1} \wedge \omega_{k+1} \wedge \cdots \wedge \omega_n \\
&= \sum_{k,\, l=1}^{n} \sum_{s=1}^{n} \sum_{\substack{\{j_1,\, \cdots,\, j_{k-1},\, j_{k+1},\, \cdots,\, j_n\}\\ \text{是}\{1,\, \cdots,\, s-1,\, s+1,\, \cdots,\, n\}\\ \text{的全部排列}}} (-1)^{k-1} f_l^{*} a_{lk} a_{j_1 1} \cdots a_{j_{k-1}k-1} a_{j_{k+1}k+1} \cdots \\
&\quad a_{j_n n} (-1)^{\tau\{j_1,\, \cdots,\, j_{k-1},\, j_{k+1},\, \cdots,\, j_n\}} \omega_1^{*} \wedge \cdots \wedge \omega_{s-1}^{*} \wedge \omega_{s+1}^{*} \wedge \cdots \wedge \omega_n^{*},
\end{aligned} \tag{1.3.76}$$

这里集合 $\{j_1, \cdots, j_{k-1}, j_{k+1}, \cdots, j_n\}$ = 集合 $\{1, \cdots, s-1, s+1, \cdots, n\}$,当 $j_1, \cdots, j_{k-1}, j_{k+1}, \cdots, j_n$ 是 $1, \cdots, s-1, s+1, \cdots, n$ 的偶排列时,$(-1)^{\tau\{j_1, \cdots, j_{k-1}, j_{k+1}, \cdots, j_n\}} = 1$;当是奇排列时,$(-1)^{\tau\{j_1, \cdots, j_{k-1}, j_{k+1}, \cdots, j_n\}} = -1$.

利用行列式性质,只须考虑 $l = s$ 情形即可.将下标 l 改为 j_k,于是集合 $\{j_1, j_2, \cdots, j_n\}$ = 集合 $\{1, 2, \cdots, n\}$.

$$(-1)^{\tau\{j_1,\, \cdots,\, j_{k-1},\, j_{k+1},\, \cdots,\, j_n\}+(k-s)} = (-1)^{\tau\{j_1,\, \cdots,\, j_n\}}, \tag{1.3.77}$$

这是由于 $j_k = s$.当 $j_1, j_2, \cdots, j_n$ 是 $1, 2, \cdots, n$ 的偶排列时,$(-1)^{\tau\{j_1, \cdots, j_n\}} = 1$;当是奇排列时,$(-1)^{\tau\{j_1, \cdots, j_n\}} = -1$.

于是,有

$$\begin{aligned}
&\sum_{k=1}^{n} (-1)^{k-1} f_k \omega_1 \wedge \cdots \wedge \omega_{k-1} \wedge \omega_{k+1} \wedge \cdots \wedge \omega_n \\
&= \sum_{s=1}^{n} \sum_{\substack{\{j_1,\, \cdots,\, j_n\}\text{是}\\ \{1,\, \cdots,\, n\}\text{的全}\\ \text{部排列}}} (-1)^{s-1} f_s^{*} (-1)^{\tau\{j_1,\, \cdots,\, j_n\}} a_{j_1 1} a_{j_2 2} \cdots a_{j_n n} \omega_1^{*} \\
&\quad \wedge \cdots \wedge \omega_{s-1}^{*} \wedge \omega_{s+1}^{*} \wedge \cdots \wedge \omega_n^{*} \\
&= \sum_{s=1}^{n} \det a_{ij} (-1)^{s-1} f_s^{*} \omega_1^{*} \wedge \cdots \wedge \omega_{s-1}^{*} \wedge \omega_{s+1}^{*} \wedge \cdots \wedge \omega_n^{*}
\end{aligned}$$

$$= \sum_{s=1}^{n}(-1)^{s-1} f_s^* \omega_1^* \wedge \cdots \wedge \omega_{s-1}^* \wedge \omega_{s+1}^* \wedge \cdots \wedge \omega_n^*. \qquad (1.3.78)$$

这里当流形作保持定向的坐标变换时，$\omega_1^* \wedge \cdots \wedge \omega_n^* = \omega_1 \wedge \cdots \wedge \omega_n$，有 $\det a_{ij} = 1$.

公式(1.3.78)表明 ω 是定向流形 M 上一个整体的 $n-1$ 次形式.

由于 M 是闭流形，利用 Stokes 公式，有

$$\int_M \mathrm{d}\omega = 0. \qquad (1.3.79)$$

利用(1.3.70)和(1.3.79)，有引理 3 的结论.

利用引理 3，令 $f = \sum_{\alpha=n+1}^{n+p}\sum_{i,j=1}^{n}(h_{ij}^\alpha)^2$，再兼顾(1.3.66)，有

$$-\int_M \sum_{\alpha=n+1}^{n+p}\sum_{i,j=1}^{n} h_{ij}^\alpha \Delta h_{ij}^\alpha \mathrm{d}V = \int_M \sum_{\alpha=n+1}^{n+p}\sum_{i,j,k=1}^{n}(h_{ijk}^\alpha)^2 \mathrm{d}V \geqslant 0. \qquad (1.3.80)$$

利用(1.3.54)及上式，有

$$\int_M S\left[\left(2-\frac{1}{p}\right)S - n\right]\mathrm{d}V \geqslant 0. \qquad (1.3.81)$$

下面建立

引理 4　设 M 是 $S^{n+p}(1)$ 内一个 n 维闭极小等距浸入子流形，如果 $0 < S \leqslant \frac{n}{2-\frac{1}{p}}$，则 S 恒等于 $\frac{n}{2-\frac{1}{p}}$.

证明　由引理条件知

$$S\left[\left(2-\frac{1}{p}\right)S - n\right] \leqslant 0. \qquad (1.3.82)$$

利用(1.3.81)和(1.3.82)，在 M 上处处有

$$S\left[\left(2-\frac{1}{p}\right)S - n\right] = 0. \qquad (1.3.83)$$

由引理 4 条件 $S > 0$ 及上式，知引理 4 结论成立.

现在来确定 $S^{n+p}(1)$ 内 S 恒等于正常值 $\frac{n}{2-\frac{1}{p}}$ 的闭极小等距浸入子流形 M.

利用(1.3.54)和(1.3.80)知，在 M 上处处有

$$-\sum_{\alpha=n+1}^{n+p}\sum_{i,j=1}^{n}h_{ij}^{\alpha}\Delta h_{ij}^{\alpha}=0,\ \sum_{\alpha=n+1}^{n+p}\sum_{i,j,k=1}^{n}(h_{ijk}^{\alpha})^{2}=0. \tag{1.3.84}$$

由(1.3.84)的第二个等式,有

$$h_{ijk}^{\alpha}=0,\ \forall\alpha\in\{n+1,\cdots,n+p\},\forall i,j,k\in\{1,\cdots,n\}. \tag{1.3.85}$$

由于不等式(1.3.50)也取等号,有

$$N(H_{\alpha}H_{\beta}-H_{\beta}H_{\alpha})=2N(H_{\alpha})N(H_{\beta}),\ \alpha\neq\beta. \tag{1.3.86}$$

再由引理 2 知至多两个 H_α 矩阵是非零矩阵.

下面分别考虑 $p=1$ 和 $p\geqslant 2$ 的情况.

① 当 $p=1$ 时,简记 $h_{ij}=h_{ij}^{n+1}$,由(1.3.85),有 $h_{ijk}=0$,对于任意正整数 S,可以看到

$$\begin{aligned}&\sum_{j_1,j_2,\cdots,j_s=1}^{n}\mathrm{d}(h_{j_1j_2}h_{j_2j_3}\cdots h_{j_sj_1})\\ =&\sum_{j_1,j_2,\cdots,j_s=1}^{n}\sum_{t=1}^{s}h_{j_1j_2}h_{j_2j_3}\cdots h_{j_{t-1}j_t}\mathrm{d}h_{j_tj_{t+1}}h_{j_{t+1}j_{t+2}}\cdots h_{j_sj_1}\text{(这里下标 }j_{s+1}=j_1)\\ =&\sum_{j_1,j_2,\cdots,j_s=1}^{n}\sum_{t=1}^{s}h_{j_1j_2}h_{j_2j_3}\cdots h_{j_{t-1}j_t}\Big(\sum_{l=1}^{n}h_{j_tj_{t+1}l}\omega_l+\sum_{l=1}^{n}h_{lj_{t+1}}\omega_{j_tl}+\\ &\sum_{l=1}^{n}h_{j_tl}\omega_{j_{t+1}l}\Big)h_{j_{t+1}j_{t+2}}\cdots h_{j_sj_1}.\end{aligned} \tag{1.3.87}$$

明显地,(1.3.87)的右端的第一大项是零. 对于右端第二大项,由于 $\sum_{\substack{j_1,\cdots,j_{t-1},\\ j_{t+1},\cdots,j_s=1}}^{n}\sum_{t=1}^{s}h_{j_1j_2}h_{j_2j_3}\cdots h_{j_{t-1}j_t}h_{lj_{t+1}}h_{j_{t+1}j_{t+2}}\cdots h_{j_sj_1}$ 关于下标 j_t, l 是对称的,而 ω_{j_tl} 关于下标 j_t, l 是反称的,因此,(1.3.87) 的右端第二大项是零. 类似地,第三大项也是零. 从而有

$$\sum_{j_1,j_2,\cdots,j_s=1}^{n}h_{j_1j_2}h_{j_2j_3}\cdots h_{j_sj_1}=C_s, \tag{1.3.88}$$

这里 C_s 是一个实常数.

在 M 内任意一点 P,选择 $e_1(P)$, $\cdots$, $e_n(P)$,使得当 $i\neq j$ 时,$h_{ij}(P)=0$,即将实对称矩阵$(h_{ij}(P))$对角化. 由于 C_1, C_2, $\cdots$, C_n 都是与点 P 无关的实常数,利用代数中的多项式理论可以知道,特征值 $h_{11}(P)$, $h_{22}(P)$, $\cdots$, $h_{nn}(P)$ 是首项

系数为1的一元n次常系数多项式的n个实根,这些常系数是与P无关的实数.因此,特征值$h_{11}(P)$, $h_{22}(P)$, $\cdots$, $h_{nn}(P)$都是与点P无关的实数.利用特征值$h_{jj}(P)(1\leqslant j\leqslant n)$对点$P$的连续性可以知道,在$M$内实对称矩阵$(h_{ij})$的特征值都是实常数.对应的$M$的局部切向量场是光滑的(见[1]第232页至第234页).对于常数对角矩阵(h_{ij}),有

引理5　存在正整数$m<n$,在适当选择正交基e_1, e_2, $\cdots e_n$后,有

(1) $h_{11}=h_{22}=\cdots=h_{mm}=\lambda$($\lambda$为常数);$h_{m+1,\,m+1}=h_{m+2,\,m+2}=\cdots=h_{nn}=\mu$($\mu$是常数);$\lambda\mu=-1$;

(2) $\omega_{ij}=0$,这里$i\in\{1,2,\cdots,m\}$, $j\in\{m+1,\cdots,n\}$.

证明　由于h_{ij}是常数,有$\mathrm{d}h_{ij}=0$,利用$h_{ijk}=0$,以及

$$\mathrm{d}h_{ij}=\sum_{k=1}^{n}h_{ijk}\omega_k+\sum_{l=1}^{n}h_{il}\omega_{jl}+\sum_{l=1}^{n}h_{lj}\omega_{il}, \tag{1.3.89}$$

可以得到

$$\sum_{l=1}^{n}h_{il}\omega_{jl}+\sum_{l=1}^{n}h_{lj}\omega_{il}=0. \tag{1.3.90}$$

利用矩阵(h_{il})是常数对角矩阵,可以写

$$h_{il}=h_{ii}\delta_{il}. \tag{1.3.91}$$

利用(1.3.90)和(1.3.91),有

$$(h_{ii}-h_{jj})\omega_{ji}=0. \tag{1.3.92}$$

于是,当$h_{ii}\neq h_{jj}$时,必有

$$\omega_{ji}=0. \tag{1.3.93}$$

当$\omega_{ji}\neq 0$时,必有$h_{ii}=h_{jj}$,利用第1讲内公式(1.1.19)和(1.1.20),兼顾$p=1$,有

$$\mathrm{d}\omega_{ji}=\sum_{l=1}^{n}\omega_{jl}\wedge\omega_{li}+\frac{1}{2}\sum_{l,\,s=1}^{n}R_{jils}\omega_l\wedge\omega_s,$$

这里

$$R_{jils}=(\delta_{js}\delta_{il}-\delta_{jl}\delta_{is})+h_{js}h_{il}-h_{jl}h_{is}. \tag{1.3.94}$$

当$h_{ii}\neq h_{jj}$时,利用连续性,在局部,h_{ii}不等于h_{jj}.于是,在这一局部有(1.3.93).那么,(1.3.94)的第一式左端等于零.于是,有

$$
\begin{aligned}
0 &= \sum_{l=1}^{n}\omega_{jl}\wedge\omega_{li}+\frac{1}{2}\sum_{l,\ s=1}^{n}[(\delta_{js}\delta_{il}-\delta_{jl}\delta_{is})+h_{js}h_{il}-h_{jl}h_{is}]\omega_l\wedge\omega_s \\
&= \sum_{k=1}^{n}\omega_{jk}\wedge\omega_{ki}+(1+h_{ii}h_{jj})\omega_i\wedge\omega_j(\text{利用}(1.3.91)). \qquad (1.3.95)
\end{aligned}
$$

由于当 $\omega_{jk}\neq 0$ 时,必有 $h_{jj}=h_{kk}$;同样当 $\omega_{ki}\neq 0$ 时,必有 $h_{kk}=h_{ii}$,这与本段开始的假设 $h_{ii}\neq h_{jj}$ 矛盾. 因而 ω_{jk}, ω_{ki} 二者中至少有一项是零. 于是,有

$$
\sum_{k=1}^{n}\omega_{jk}\wedge\omega_{ki}=0. \qquad (1.3.96)
$$

由(1.3.95)和(1.3.96),可以得到,当 $h_{ii}\neq h_{jj}$ 时,必有

$$
h_{ii}h_{jj}=-1. \qquad (1.3.97)
$$

这表明在 M 上,常数对角矩阵(h_{ij})中至多有两个不相等的 $h_{ii}(1\leqslant i\leqslant n)$. 另外,要指出 M 上 n 个 h_{ii} 不可能全相等. 用反证法. 如果全相等,由于 M 是极小的,则所有 h_{ii} 全是零,矩阵(h_{ij})是零矩阵,这与 S 处处等于$\dfrac{n}{2-\dfrac{1}{p}}(p=1)=n$矛盾. 因此引理 5 成立.

利用引理 5,考虑方程组

$$
\omega_i=0\quad(1\leqslant i\leqslant m). \qquad (1.3.98)
$$

利用第 1 讲内公式(1.1.17),有

$$
d\omega_i=\sum_{j=1}^{m}\omega_j\wedge\omega_{ji}+\sum_{\rho=m+1}^{n}\omega_\rho\wedge\omega_{\rho i}. \qquad (1.3.99)
$$

利用引理 5 的(2),知 $\omega_{\rho i}=0$. 那么,$d\omega_i=0$ 是 $\omega_i=0(1\leqslant i\leqslant m)$ 的代数推论. 由 Frobenius 定理,在 M 内,方程组 $\omega_i=0(1\leqslant i\leqslant m)$ 是完全可积的. 同理,方程组 $\omega_\rho=0(m+1\leqslant\rho\leqslant n)$ 也是完全可积的,这给出了 M 的一个局部分解. 讲得仔细一点,即对于 M 的每个点,存在含这点的一个开邻域 U,它是两个局部 Riemann 流形 V_1, V_2 的一个乘积 $V_1\times V_2$,这里 $\dim V_1=n-m$,它由方程组(1.3.98)确定, $\dim V_2=m$,它由方程组 $\omega_\rho=0(m+1\leqslant\rho\leqslant n)$ 确定. 即 e_1, e_2, …, e_m 是 V_2 的切空间的局部正交标架场, e_{m+1}, …, e_n 是 V_1 的切空间的局部正交标架场.

利用引理 5, V_2 的曲率

$$
R_{ijkl}=(\delta_{il}\delta_{jk}-\delta_{ik}\delta_{jl})+h_{il}h_{jk}-h_{ik}h_{jl}=(1+\lambda^2)(\delta_{il}\delta_{jk}-\delta_{ik}\delta_{jl}), \qquad (1.3.100)
$$

这里 $i, j, k, l \in \{1, 2, \cdots, m\}$. V_2 是局部常曲率空间.

类似地,有 V_1 的曲率

$$R_{ijkl} = (1+\mu^2)(\delta_{il}\delta_{jk} - \delta_{ik}\delta_{jl}), \tag{1.3.101}$$

这里 $i, j, k, l \in \{m+1, \cdots, n\}$. V_1 也是局部常曲率空间.

由于 M 是极小的等距浸入子流形,利用(1.3.21)(注意 $p=1$)及引理 5, 有

$$m\lambda + (n-m)\mu = 0. \tag{1.3.102}$$

注意(h_{ij})是常数对角矩阵,有

$$n = S = \sum_{j=1}^{n} h_{jj}^2 = m\lambda^2 + (n-m)\mu^2. \tag{1.3.103}$$

将公式(1.3.102)的两端乘以 λ,再利用引理 5(1)中 $\lambda\mu = -1$,有

$$m\lambda^2 = n-m,\ \lambda = \pm\sqrt{\frac{n-m}{m}}. \tag{1.3.104}$$

于是,有两组解

$$\begin{cases} \lambda = \sqrt{\dfrac{n-m}{m}}, \\ \mu = -\sqrt{\dfrac{m}{n-m}} \end{cases} \quad 或 \quad \begin{cases} \lambda = -\sqrt{\dfrac{n-m}{m}}, \\ \mu = \sqrt{\dfrac{m}{n-m}}. \end{cases} \tag{1.3.105}$$

由于当 $S^{n+1}(1)$内 M 的单位法向量 e_{n+1}改为$-e_{n+1}$时,对应的矩阵(h_{ij})改为$(-h_{ij})$,因此,只需考虑(1.3.105)的后一组解.

于是,利用引理 5 及公式(1.3.105)的后一组公式,可以看到 $S^{n+1}(1)$的联络形式 $(\omega_{AB})(1 \leqslant A, B \leqslant n+1)$ 限制于 M,由下面$(n+1)\times(n+1)$ 矩阵给出:

$$\begin{array}{c} \\ 第 1 到 m 行 \\ 第 m+1 到 n 行 \\ 第 n+1 行 \end{array} \begin{array}{c} \begin{array}{ccc} 第 1 到 m 列 & 第 m+1 到 n 列 & 第 n+1 列 \end{array} \\ \begin{pmatrix} \omega_{ij} & 0 & \lambda\omega_i \\ 0 & \omega_{\rho\tau} & \mu\omega_\rho \\ -\lambda\omega_i & -\mu\omega_\rho & 0 \end{pmatrix} \end{array}, \tag{1.3.106}$$

这里下标 $i, j \in (1, 2, \cdots, m\}$, $\rho, \tau \in \{m+1, \cdots, n\}$.

由于 $M \subset S^{n+1}(1) \subset R^{n+2}$,利用(1.3.106) 及 Gauss 公式(例如见[1] 第 251 页), R^{n+2} 的联络形式$(\omega_{AB})(1 \leqslant A, B \leqslant n+2)$ 限制于 M,由下面$(n+2)\times(n+2)$ 矩阵给出:

$$\begin{array}{c|cccc|} & \text{第}1\text{到}m\text{列} & \text{第}m+1\text{到}n\text{列} & \text{第}n+1\text{列} & \text{第}n+2\text{列} \\ \text{第}1\text{到}m\text{行} & \omega_{ij} & 0 & \lambda\omega_i & -\omega_i \\ \text{第}m+1\text{到}n\text{行} & 0 & \omega_{\rho\tau} & \mu\omega_\rho & -\omega_\rho \\ \text{第}n+1\text{行} & -\lambda\omega_i & -\mu\omega_\rho & 0 & 0 \\ \text{第}n+2\text{行} & \omega_i & \omega_\rho & 0 & 0 \end{array}. \tag{1.3.107}$$

现在考虑 $S^{n+1}(1)$ 内 n 维闭超曲面 $M_{m,\,n-m}=S^m\left(\sqrt{\frac{m}{n}}\right)\times S^{n-m}\left(\sqrt{\frac{n-m}{n}}\right)$，称其为Clifford环面. 下面计算Clifford环面在 $S^{n+1}(1)$ 内的联络形式，并证明它就是(1.3.106)给出的矩阵. 这里 $S^k(r)$ 表示半径是 r 的 k 维球面，球心在原点.

设 $\bar{e}_0$，e_1^*，$\cdots e_m^*$ 是 R^{m+1} 内一个局部正交标架场，使得 $\bar{e}_0$ 是 $S^m\left(\sqrt{\frac{m}{n}}\right)$ 的位置向量方向，即

$$\bar{e}_0=\sqrt{\frac{n}{m}}X, \tag{1.3.108}$$

这里 X 是 $S^m\left(\sqrt{\frac{m}{n}}\right)\subset R^{m+1}$ 的位置向量，e_1^*，$\cdots$，e_m^* 切于 $S^m\left(\sqrt{\frac{m}{n}}\right)$. 类似地，在 R^{n-m+1} 内选择一个局部正交标架场 e_{m+1}^*，$\cdots$，e_n^*，$\bar{e}_{n+1}$，使得

$$\bar{e}_{n+1}=\sqrt{\frac{n}{n-m}}Y, \tag{1.3.109}$$

这里 Y 是 $S^{n-m}\left(\sqrt{\frac{n-m}{n}}\right)\subset R^{n-m+1}$ 的位置向量，e_{m+1}^*，$\cdots$，e_n^* 切于 $S^{n-m}\left(\sqrt{\frac{n-m}{n}}\right)$. 令

$$e_0^*=\sqrt{\frac{m}{n}}\bar{e}_0+\sqrt{\frac{n-m}{n}}\bar{e}_{n+1}=X+Y, \tag{1.3.110}$$

$$e_{n+1}^*=\sqrt{\frac{n-m}{n}}\bar{e}_0-\sqrt{\frac{m}{n}}\bar{e}_{n+1}=\sqrt{\frac{n-m}{m}}X-\sqrt{\frac{m}{n-m}}Y. \tag{1.3.111}$$

e_0^* 是 $M_{m,\,n-m}$ 在 R^{n+2} 内的位置向量场，这里 $M_{m,\,n-m}\subset S^{n+1}(1)\subset R^{n+2}$. e_0^* 正交于 $S^{n+1}(1)$，用 $<,>$ 表示 R^{n+2} 的内积.

$$<e_0^*,\,e_{n+1}^*>=\frac{\sqrt{m(n-m)}}{n}-\frac{\sqrt{m(n-m)}}{n}=0. \tag{1.3.112}$$

e_{n+1}^* 显然正交于 e_1^*, …, e_m^*, e_{m+1}^*, …, e_n^*. 于是,可以看到 e_{n+1}^* 是 $S^{n+1}(1)$ 内切向量,但垂直于 $M_{m,\,n-m}$. 换句话讲,e_{n+1}^* 是 $S^{n+1}(1)$ 内 $M_{m,\,n-m}$ 的单位法向量. 设 ω_0^*, ω_1^*, …, ω_m^*, ω_{m+1}^*, …, ω_{n+1}^* 是 e_0^*, e_1^*, …, e_{n+1}^* 的对偶标架场. 设 $(\omega_{AB}^*)(0\leqslant A,\ B\leqslant n+1)$ 是 R^{n+2} 内关于对偶标架场 ω_A^* $(0\leqslant A\leqslant n+1)$ 的联络形式,$(\omega_{AB}^*)(1\leqslant A,\ B\leqslant n+1)$ 是 $S^{n+1}(1)$ 内关于对偶标架场 ω_A^* $(1\leqslant A\leqslant n+1)$ 的联络形式.

限制于 $M_{m,\,n-m}$,首先有

$$\omega_0^* = \omega_{n+1}^* = 0. \tag{1.3.113}$$

由 Riemann 几何初步知识可以知道,在局部正交标架场下,Riemann 联络 (ω_{AB})由对偶基 ω_A 唯一确定,这里 $\omega_{AB}=-\omega_{BA}$.

对于 $M_{m,\,n-m}$,利用(1.3.110),以及欧氏空间内等距浸入子流形的 Gauss 公式(例如[1] 的第 122 页),有

$$\mathrm{d}e_0^* = \sqrt{\frac{m}{n}}\mathrm{d}\bar{e}_0 + \sqrt{\frac{n-m}{n}}\mathrm{d}\bar{e}_{n+1} = \sqrt{\frac{m}{n}}\sum_{i=1}^{m}\omega_{0i}^* e_i^* + \sqrt{\frac{n-m}{n}}\sum_{j=m+1}^{n}\omega_{n+1,\,j}^* e_j^*. \tag{1.3.114}$$

又利用(1.3.110)的后一个等式,有

$$\mathrm{d}e_0^* = \mathrm{d}(X+Y) = \sum_{i=1}^{m}\omega_i^* e_i^* + \sum_{j=m+1}^{n}\omega_j^* e_j^*. \tag{1.3.115}$$

比较(1.3.114)和(1.3.115),有

$$\omega_{0i}^* = \sqrt{\frac{n}{m}}\omega_i^*, \text{这里 } i=1,\ 2,\ \cdots,\ m;$$

$$\omega_{n+1,\,j}^* = \sqrt{\frac{n}{n-m}}\omega_j^*, \text{这里 } j=m+1,\ \cdots,\ n. \tag{1.3.116}$$

由于在 $R^{n+2}=R^{m+1}\times R^{n-m+1}$ 内,注意 e_1^*, …, e_m^* 切于 $S^m\left(\sqrt{\frac{m}{n}}\right)\subset R^{m+1}$,有

$$\mathrm{d}e_i^* = \sum_{j=1}^{m}\omega_{ij}^* e_j^* - \omega_i^* \bar{e}_0, \text{这里 } i=1,\ 2,\ \cdots,\ m, \tag{1.3.117}$$

从而有

$$\omega_{ik}^* = 0, \text{这里 } i=1,\ 2,\ \cdots,\ m;\ k=m+1,\ \cdots,\ n. \tag{1.3.118}$$

另外,可以知道

$$de_{n+1}^* = \sum_{i=1}^{m} \omega_{n+1,\, i}^* e_i^* + \sum_{j=m+1}^{n} \omega_{n+1,\, j}^* e_j^* . \tag{1.3.119}$$

又利用(1.3.111),有

$$de_{n+1}^* = \sqrt{\frac{n-m}{m}} dX - \sqrt{\frac{m}{n-m}} dY = \sqrt{\frac{n-m}{m}} \sum_{i=1}^{m} \omega_i^* e_i^* - \sqrt{\frac{m}{n-m}} \sum_{j=m+1}^{n} \omega_j^* e_j^* . \tag{1.3.120}$$

比较以上两个公式,有

$$\omega_{n+1,\, i}^* = \sqrt{\frac{n-m}{m}} \omega_i^* = -\lambda \omega_i^* \text{,这里 } i = 1,\ 2,\ \cdots,\ m;$$

$$\omega_{n+1,\, j}^* = -\sqrt{\frac{m}{n-m}} \omega_j^* = -\mu \omega_j^* \text{,这里 } j = m+1,\ \cdots,\ n. \tag{1.3.121}$$

于是,$M_{m,\, n-m}$ 在 $S^{n+1}(1)$ 内的联络形式是

$$\begin{array}{r} \\ \text{第 1 到 } m \text{ 行} \\ \text{第 } m+1 \text{ 到 } n \text{ 行} \\ \text{第 } n+1 \text{ 行} \end{array} \begin{array}{c} \text{第 1 到 } m \text{ 列} \quad \text{第 } m+1 \text{ 到 } n \text{ 列} \qquad \text{第 } n+1 \text{ 列} \\ \begin{pmatrix} \omega_{ij}^* & 0 & \lambda \omega_i^* \\ 0 & \omega_{\rho\tau}^* & \mu \omega_\rho^* \\ -\lambda \omega_i^* & -\mu \omega_\rho^* & 0 \end{pmatrix} \end{array}. \tag{1.3.122}$$

这与具有 $S=n$ 的 $S^{n+1}(1)$ 内闭等距浸入子流形 M 在 $S^{n+1}(1)$ 内的联络形式完全一样,仅仅在形式上多了一个上星号. 那么,$M_{m,\, n-m}$ 在 R^{n+2} 内的联络形式也完全等同于(1.3.107),仅仅在形式上多了一个上星号. 由第2讲的定理1的证明过程可以看到,在给定一个初始条件的前提下,利用常微分方程组的 Cauchy 问题解的唯一性可以知道,完全可积 Pfaff 方程组的局部解是唯一的,因为 Frobenius 定理本质上是归结为常微分方程组的求解. 因此,可以先作一个欧氏运动,使得初始点重合,初始点上的一组互相垂直的单位切向量叠合,利用对应的局部等距嵌入 F 只有一个,则 M 与 $M_{m,\, n-m}$ 局部叠合. 于是 M 与 $M_{m,\, n-m}$ 的叠合部分既是开集,又是闭集,由于都是 $S^n(1)$ 内闭(连通)超曲面,则 M 就是 Clifford 环面 $M_{m,\, n-m}$.

② 当 $p \geqslant 2$ 时,$S = \dfrac{n}{2-\dfrac{1}{p}}$. 由公式(1.3.86)及本讲引理2可知,至多有2个矩阵 H_α 不是零矩阵. 由于这时不等式(1.3.53)取等号,因此不可能只有一个 H_α 不是零矩阵. 从而恰有 2 个矩阵不是零矩阵.

利用引理 2,可以选择 $e_1,\ e_2,\ \cdots,\ e_n$,使得

$$H_{n+1}=\begin{pmatrix} & \lambda & \\ \lambda & & \\ & & \end{pmatrix},\ H_{n+2}=\begin{pmatrix} \mu & & \\ & -\mu & \\ & & \end{pmatrix},\text{这里 } \lambda\mu\neq 0. \tag{1.3.123}$$

当下标 $\alpha\geqslant n+3$ 时,H_α 是零矩阵.

利用第1讲内公式(1.1.13)以及上式,有

$$\begin{aligned} \omega_{1,\,n+1}&=\sum_{j=1}^{n}h_{1j}^{n+1}\omega_j=\lambda\omega_2,\\ \omega_{2,\,n+1}&=\sum_{j=1}^{n}h_{2j}^{n+1}\omega_j=\lambda\omega_1,\\ \omega_{i,\,n+1}&=0,\text{这里 } 3\leqslant i\leqslant n. \end{aligned}\tag{1.3.124}$$

类似地,有

$$\begin{aligned} \omega_{i,\,n+2}&=\mu\omega_1,\ \omega_{2,\,n+1}=-\mu\omega_2,\\ \omega_{j,\,n+2}&=0,\text{这里 } 3\leqslant j\leqslant n,\\ \omega_{\alpha j}&=0,\text{这里 } \alpha\geqslant n+3,\ 1\leqslant j\leqslant n. \end{aligned}\tag{1.3.125}$$

由公式(1.3.85),以及第1讲内公式(1.1.28),有

$$\mathrm{d}h_{ij}^{\alpha}=\sum_{k=1}^{n}h_{ik}^{\alpha}\omega_{jk}+\sum_{k=1}^{n}h_{kj}^{\alpha}\omega_{ik}-\sum_{\beta=n+1}^{n+p}h_{ij}^{\beta}\omega_{\beta\alpha}. \tag{1.3.126}$$

令 $\alpha=n+1,\ i=1,\ j=2$,由上式,有

$$\mathrm{d}h_{12}^{n+1}=\sum_{k=1}^{n}h_{1k}^{n+1}\omega_{2k}+\sum_{k=1}^{n}h_{k2}^{n+1}\omega_{1k}-\sum_{\beta=n+1}^{n+p}h_{12}^{\beta}\omega_{\beta n+1}=0(\text{中间每一大项都是零}). \tag{1.3.127}$$

于是,在非零矩阵 H_{n+1} 中,

$$h_{12}^{n+1}=\lambda,\ \lambda\text{ 是非零常数}. \tag{1.3.128}$$

在公式(1.3.126)中,令 $\alpha=n+1,\ i=1,\ j\geqslant 3$,利用(1.3.123),知 $h_{1j}^{n+1}=0$. 于是,有

$$0=\sum_{k=1}^{n}h_{1k}^{n+1}\omega_{jk}+\sum_{k=1}^{n}h_{kj}^{n+1}\omega_{1k}-\sum_{\beta=n+2}^{n+p}h_{1j}^{\beta}\omega_{\beta,\,n+1}. \tag{1.3.129}$$

由于上式右端下标 $j\geqslant 3$,可知第二、第三大项都是零. 而右端第一大项是

$h_{12}^{n+1}\omega_{j2}$(注意(1.3.123)),兼顾(1.3.128),有

$$\omega_{j2}=0,这里 j\geqslant 3. \tag{1.3.130}$$

在公式(1.3.126)中,令 $\alpha=n+1,\ i=2,\ j\geqslant 3$,利用(1.3.123),可知 $h_{2j}^{n+1}=0$. 于是,类似(1.3.129),有

$$0=\sum_{k=1}^{n}h_{2k}^{n+1}\omega_{jk}+\sum_{k=1}^{n}h_{kj}^{n+1}\omega_{2k}-\sum_{\beta=n+2}^{n+p}h_{2j}^{\beta}\omega_{\beta n+1}=\lambda\omega_{j1}. \tag{1.3.131}$$

从而有

$$\omega_{j1}=0,这里 j\geqslant 3. \tag{1.3.132}$$

在公式(1.3.126)中,令 $\alpha=n+2,\ i=1,\ j=1$,类似地,有

$$dh_{11}^{n+2}=\sum_{k=1}^{n}h_{1k}^{n+2}\omega_{1k}+\sum_{k=1}^{n}h_{k1}^{n+2}\omega_{1k}-\sum_{\beta=n+1}^{n+p}h_{11}^{\beta}\omega_{\beta n+2}=0(因为利用(1.3.123)知中间每一大项都是零). \tag{1.3.133}$$

因而有

$$h_{11}^{n+2}=\mu,\mu 是非零常数. \tag{1.3.134}$$

当下标 $j\geqslant 3$ 时,利用(1.3.132),有

$$0=d\omega_{j1}=\sum_{k=1}^{n}\omega_{jk}\wedge\omega_{k1}+\frac{1}{2}\sum_{l,\ s=1}^{n}R_{j1ls}\omega_{l}\wedge\omega_{s}(这里利用第 1 讲内公式(1.1.20)). \tag{1.3.135}$$

由于(1.3.130)和(1.3.132),可以看到

$$\sum_{k=1}^{n}\omega_{jk}\wedge\omega_{k1}=0,这里下标 j\geqslant 3. \tag{1.3.136}$$

利用第 1 讲内公式(1.1.19),有

$$\begin{aligned}R_{j1ls}&=\delta_{js}\delta_{1l}-\delta_{jl}\delta_{1s}+\sum_{\alpha=n+1}^{n+2}(h_{js}^{\alpha}h_{1l}^{\alpha}-h_{jl}^{\alpha}h_{1s}^{\alpha})(利用(1.3.123))\\&=\delta_{js}\delta_{1l}-\delta_{jl}\delta_{1s}(利用下标 j\geqslant 3 及(1.3.123)).\end{aligned} \tag{1.3.137}$$

利用上式,有

$$\frac{1}{2}\sum_{l,\ s=1}^{n}R_{j1ls}\omega_{l}\wedge\omega_{s}=\omega_{1}\wedge\omega_{j}. \tag{1.3.138}$$

由(1.3.135)和(1.3.138)知,当下标 $j\geqslant 3$ 时,

$$\omega_1 \wedge \omega_j = 0, \text{即}\ \omega_j = 0. \tag{1.3.139}$$

因此,在 M 上只有 ω_1, ω_2 是非零的,换句话讲,M 是一个 2 维流形,即 $n=2$. 再兼顾公式(1.3.123),有

$$\frac{2}{2-\frac{1}{p}} = S = 2(\lambda^2+\mu^2). \tag{1.3.140}$$

由于不等式(1.3.53)取等号,以及 H_α 只有两个非零矩阵 H_{n+1}, H_{n+2},有

$$2(2\lambda^2)(2\mu^2) = \left(1-\frac{1}{p}\right)S^2. \tag{1.3.141}$$

由上式,有

$$\begin{aligned} 8\lambda^2\mu^2 &= \left(1-\frac{1}{p}\right)[2(\lambda^2+\mu^2)]^2 (\text{利用}(1.3.140)) \\ &= 4\left(1-\frac{1}{p}\right)(\lambda^2+\mu^2)^2. \end{aligned} \tag{1.3.142}$$

将上式变形,有

$$(\lambda^2+\mu^2)^2 = \frac{2p}{p-1}\lambda^2\mu^2. \tag{1.3.143}$$

明显地,有

$$(\lambda^2+\mu^2)^2 \geqslant 4\lambda^2\mu^2. \tag{1.3.144}$$

利用(1.3.143)和(1.3.144),有

$$\frac{2p}{p-1} \geqslant 4, \text{得}\ p \leqslant 2. \tag{1.3.145}$$

又已设 $p \geqslant 2$,于是只有

$$p = 2. \tag{1.3.146}$$

那么,不等式(1.3.144)只能取等号(兼顾(1.3.144)和(1.3.146)),从而有

$$\lambda^2 = \mu^2,\ S = \frac{4}{3}. \tag{1.3.147}$$

利用(1.3.140)和(1.3.147),有

$$\lambda^2 = \mu^2 = \frac{1}{3}. \tag{1.3.148}$$

在公式(1.3.126)中,令 $\alpha=3$, $i=j=1$,兼顾(1.3.123)的第一个矩阵,知 $h_{11}^3=0$,于是,有

$$
\begin{aligned}
0=\mathrm{d}h_{11}^3 &= \sum_{k=1}^{2} h_{1k}^3\omega_{1k}+\sum_{k=1}^{2} h_{k1}^3\omega_{1k}-\sum_{\beta=3}^{4} h_{11}^{\beta}\omega_{\beta 3} \\
&= 2h_{12}^3\omega_{12}-h_{11}^4\omega_{43}=2\lambda\omega_{12}-\mu\omega_{43}(\text{利用}(1.3.123)). \qquad (1.3.149)
\end{aligned}
$$

由上式,有

$$\omega_{43}=\frac{2\lambda}{\mu}\omega_{12}. \qquad (1.3.150)$$

由(1.3.148),可设

$$\mu=-\lambda=\frac{\sqrt{3}}{3}. \qquad (1.3.151)$$

如果有必要的话,可用 $-e_3$ 代替 e_3,用 $-e_4$ 代替 e_4.

综合上面叙述,有下述结论:

设 M 是 $S^{n+p}(1)(p\geqslant 2)$ 内等距浸入闭极小子流形,M 的第二基本形式长度平方 S 恒等于常数 $\dfrac{n}{2-\dfrac{1}{p}}$,则 $n=p=2$,且 $S^4(1)$ 内的联络形式 (ω_{AB}) 限制于 M 由下列 4×4 矩阵给出:

$$
\begin{pmatrix}
0 & \omega_{12} & \lambda\omega_2 & \mu\omega_1 \\
-\omega_{12} & 0 & \lambda\omega_1 & -\mu\omega_2 \\
-\lambda\omega_2 & -\lambda\omega_1 & 0 & 2\omega_{12} \\
-\mu\omega_1 & \mu\omega_2 & -2\omega_{12} & 0
\end{pmatrix}, \qquad (1.3.152)
$$

这里 λ, μ 由(1.3.151)给定.

下面引入 $S^4(1)$内一个曲面 M.

X: $S^2(\sqrt{3})\to R^5$,

$$X(x, y, z)=\left(\frac{1}{\sqrt{3}}yz, \frac{1}{\sqrt{3}}zx, \frac{1}{\sqrt{3}}xy, \frac{1}{2\sqrt{3}}(x^2-y^2), \frac{1}{6}(x^2+y^2-2z^2)\right), \qquad (1.3.153)$$

这里 $x^2+y^2+z^2=3$.

明显地,可以看到

$$\left(\frac{1}{\sqrt{3}}yz\right)^2+\left(\frac{1}{\sqrt{3}}zx\right)^2+\left(\frac{1}{\sqrt{3}}xy\right)^2+\left(\frac{1}{2\sqrt{3}}(x^2-y^2)\right)^2+\frac{1}{36}(x^2+y^2-2z^2)^2$$

$$
\begin{aligned}
&= \frac{1}{3}(y^2z^2 + z^2x^2 + x^2y^2) + \frac{1}{12}(x^4 - 2x^2y^2 + y^4) + \\
&\quad \frac{1}{36}(x^4 + y^4 + 4z^4 + 2x^2y^2 - 4x^2z^2 - 4y^2z^2) \\
&= \frac{1}{9}(x^2 + y^2 + z^2)^2 = 1,
\end{aligned} \tag{1.3.154}
$$

则 $X(S^2(\sqrt{3}))$ 是 $S^4(1)$ 内一张曲面,称为 Veronese 曲面. 又由于 $X(-x, -y, -z) = X(x, y, z)$,容易看到这个映射是实射影平面到 $S^4(1)$ 内的一个嵌入.

下面计算 $S^4(1)$内联络形式在这个 Veronese 曲面上的限制.

令

$$
x = \sqrt{3}\cos u\cos v,\ y = \sqrt{3}\cos u\sin v,\ z = \sqrt{3}\sin u, \tag{1.3.155}
$$

这里 $-\frac{\pi}{2} \leqslant u \leqslant \frac{\pi}{2}$, $0 \leqslant v \leqslant 2\pi$. 将 $X(x, y, z)$ 改写成 $Y(u, v)$,于是

$$
\begin{aligned}
Y(u, v) = \Big(&\sqrt{3}\sin u\cos u\sin v,\ \sqrt{3}\sin u\cos u\cos v,\ \sqrt{3}\cos^2 u\sin v\cos v, \\
&\frac{\sqrt{3}}{2}\cos^2 u\cos 2v,\ \frac{1}{2}(\cos^2 u - 2\sin^2 u)\Big).
\end{aligned} \tag{1.3.156}
$$

由计算,可以看到

$$
\begin{aligned}
\frac{\partial}{\partial u}Y(u, v) &= \Big(\sqrt{3}\cos 2u\sin v,\ \sqrt{3}\cos 2u\cos v,\ -\frac{\sqrt{3}}{2}\sin 2u\sin 2v, \\
&\qquad -\frac{\sqrt{3}}{2}\sin 2u\cos 2v,\ -\frac{3}{2}\sin 2u\Big), \\
\frac{\partial}{\partial v}Y(u, v) &= \Big(\frac{\sqrt{3}}{2}\sin 2u\cos v,\ -\frac{\sqrt{3}}{2}\sin 2u\sin v, \\
&\qquad \sqrt{3}\cos^2 u\cos 2v,\ -\sqrt{3}\cos^2 u\sin 2v,\ 0\Big).
\end{aligned} \tag{1.3.157}
$$

用$\langle , \rangle$表示 R^5 的内积,利用(1.3.157),有

$$
\begin{aligned}
g_{11}(u, v) &= \Big\langle \frac{\partial}{\partial u}Y(u, v),\ \frac{\partial}{\partial u}Y(u, v) \Big\rangle = 3, \\
g_{12}(u, v) &= \Big\langle \frac{\partial}{\partial u}Y(u, v),\ \frac{\partial}{\partial v}Y(u, v) \Big\rangle = 0, \\
g_{22}(u, v) &= \Big\langle \frac{\partial}{\partial v}Y(u, v),\ \frac{\partial}{\partial v}Y(u, v) \Big\rangle = 3\cos^2 u,
\end{aligned} \tag{1.3.158}
$$

这里$-\frac{\pi}{2}<u<\frac{\pi}{2}$.

因而令

$$e_1=\frac{1}{\sqrt{3}}\frac{\partial}{\partial u}Y(u,\ v)=(\cos 2u\sin v,\ \cos 2u\cos v,\ -\frac{1}{2}\sin 2u\sin 2v,$$

$$-\frac{1}{2}\sin 2u\cos 2v,\ -\frac{\sqrt{3}}{2}\sin 2u),$$

$$e_2=\frac{1}{\sqrt{3}\cos u}\frac{\partial}{\partial v}Y(u,\ v)=(\sin u\cos v,\ -\sin u\sin v,\ \cos u\cos 2v,$$

$$-\cos u\sin 2v,\ 0). \tag{1.3.159}$$

e_1, e_2 是 Veronese 曲面的局部正交标架场. Veronese 曲面的第一基本形式为

$$I=3(\mathrm{d}u)^2+3\cos^2 u(\mathrm{d}v)^2. \tag{1.3.160}$$

令

$$\omega_1=\sqrt{3}\,\mathrm{d}u,\omega_2=\sqrt{3}\cos u\mathrm{d}v, \tag{1.3.161}$$

显然有

$$\mathrm{d}\omega_1=0,\ \mathrm{d}\omega_2=-\sqrt{3}\sin u\mathrm{d}u\wedge\mathrm{d}v=-\sin u\omega_1\wedge\mathrm{d}v. \tag{1.3.162}$$

利用$\mathrm{d}\omega_1=\omega_2\wedge\omega_{21}=-\omega_2\wedge\omega_{12}$, $\mathrm{d}\omega_2=\omega_1\wedge\omega_{12}$,以及$\omega_{12}$的唯一性, 有

$$\omega_{12}=-\sin u\mathrm{d}v. \tag{1.3.163}$$

由 Gauss 公式,有

$$\mathrm{d}e_1=\omega_{12}e_2+\omega_{13}e_3+\omega_{14}e_4-\omega_1 Y. \tag{1.3.164}$$

由上式,有

$$\omega_{13}e_3+\omega_{14}e_4=\mathrm{d}e_1-\omega_{12}e_2+\omega_1 Y. \tag{1.3.165}$$

由(1.3.159),(1.3.163)和(1.3.156),可以看到

$$\begin{aligned}&\mathrm{d}e_1-\omega_{12}e_2+\omega_1 Y\\
=&-(2\sin 2u\sin v,\ 2\sin 2u\cos v,\ \cos 2u\sin 2v,\ \cos 2u\cos 2v,\ \sqrt{3}\cos 2u)\mathrm{d}u+\\
&(\cos 2u\cos v,\ -\cos 2u\sin v,\ -\sin 2u\cos 2v,\ \sin 2u\sin 2v,\ 0)\mathrm{d}v+\\
&\sin u(\sin u\cos v,\ -\sin u\sin v,\ \cos u\cos 2v,\ -\cos u\sin 2v,\ 0)\mathrm{d}v+\\
&(3\sin u\cos u\sin v,\ 3\sin u\cos u\cos v,\ 3\cos^2 u\sin v\cos v,\frac{3}{2}\cos^2 u\cos 2v,\\
&\frac{\sqrt{3}}{2}(\cos^2 u-2\sin^2 u))\mathrm{d}u=(-\frac{1}{2}\sin 2u\sin v,\ -\frac{1}{2}\sin 2u\cos v,\ \frac{1}{2}(1+\sin^2 u)\sin 2v,\end{aligned}$$

$\frac{1}{2}(1+\sin^2 u)\cos 2v,\ -\frac{\sqrt{3}}{2}\cos^2 u)du+(\cos^2 u\cos v,\ -\cos^2 u\sin v,\ -\sin u\cos u\cdot$
$\cos 2v,\ \sin u\cos u\sin 2v,\ 0)dv.$ (1.3.166)

令

$$e_3=(-\cos u\cos v,\ \cos u\sin v,\ \sin u\cos 2v,\ -\sin u\sin 2v,\ 0),$$
$$e_4=(-\frac{1}{2}\sin 2u\sin v,\ -\frac{1}{2}\sin 2u\cos v,\ \frac{1}{2}(1+\sin^2 u)\sin 2v,$$
$$\frac{1}{2}(1+\sin^2 u)\cos 2v,\ -\frac{\sqrt{3}}{2}\cos^2 u). \tag{1.3.167}$$

在 R^5 内，e_3，e_4 是垂直于 e_1，e_2，Y 的单位向量，因此，e_3，e_4 是 $S^4(1)$ 内 Veronese 曲面的两个互相垂直的单位法向量. 比较公式(1.3.165)，(1.3.166)和(1.3.167)，对应有

$$\omega_{14}=du,\ \omega_{13}=-\cos u dv. \tag{1.3.168}$$

由(1.3.67)的第一式，有

$$de_3=(\sin u\cos v,\ -\sin u\sin v,\ \cos u\cos 2v,\ -\cos u\sin 2v,\ 0)du+$$
$$(\cos u\sin v,\ \cos u\cos v,\ -2\sin u\sin 2v,\ -2\sin u\cos 2v,\ 0)dv$$
$$=du e_2+\cos u dv e_1-2\sin u dv e_4, \tag{1.3.169}$$

这里利用了公式(1.3.159)和(1.3.167)的第二式.

由 Weingarten 公式和上式，有

$$\omega_{31}=\cos u dv=\frac{1}{\sqrt{3}}\omega_2,\ \omega_{32}=du=\frac{1}{\sqrt{3}}\omega_1,$$
$$\omega_{34}=-2\sin u dv=2\omega_{12}\text{(利用(1.3.161) 和(1.3.163))}. \tag{1.3.170}$$

由(1.3.167)的第二式，有

$$de_4=(-\cos 2u\sin v,\ -\cos 2u\cos v,\ \sin u\cos u\sin 2v,$$
$$\sin u\cos u\cos 2v,\ \sqrt{3}\cos u\sin u)du$$
$$+\left(-\frac{1}{2}\sin 2u\cos v,\ \frac{1}{2}\sin 2u\sin v,\ (1+\sin^2 u)\cos 2v,\right.$$
$$\left.-(1+\sin^2 u)\sin 2v,\ 0\right)dv$$
$$=-du e_1+\cos u dv e_2+2\sin u dv e_3, \tag{1.3.171}$$

这里利用了(1.3.159)和(1.3.167)的第一式.

由 Weingarten 公式和上式,有

$$\omega_{41}=-du=-\frac{1}{\sqrt{3}}\omega_1,\ \omega_{42}=\cos u dv=\frac{1}{\sqrt{3}}\omega_2,$$
$$\omega_{43}=-2\omega_{12}(\text{利用}(1.3.161)\text{ 和}(1.3.163)). \qquad (1.3.172)$$

因此,$S^4(1)$ 内联络形式 (ω_{AB}) 限制于 Veronese 曲面上恰由表达式(1.3.152)给出. 在 R^5 内,Veronese 曲面与 $S^4(1)$内 S 恒等于常数$\frac{4}{3}$的闭曲面的联络形式完全一致. 由第 2 讲的定理 1,以及闭曲面和 Veronese 曲面的连通性,可以得到 $S^4(1)$内 S 恒等于常数$\frac{4}{3}$的闭曲面恰是 Veronese 曲面.

于是,有

定理 2 (S. S. Chern, M. Do. Carmo 和 S. Kobayashi)

(1) 设 M 是 $S^{n+p}(1)$ 内一个 n 维闭极小等距浸入子流形,如果 M 的第二基本形式长度平方 $S\in\left[0,\dfrac{n}{2-\frac{1}{p}}\right]$,则 S 恒等于常数$\dfrac{n}{2-\frac{1}{p}}$.

(2) 在 $S^4(1)$ 内的 Veronese 曲面和在 $S^{n+1}(1)$ 内的 Clifford 环面 $S^m\left(\sqrt{\frac{m}{n}}\right)\times S^{n-m}\left(\sqrt{\frac{n-m}{n}}\right)$是 $S^{n+p}(1)$ 内仅有的两个满足第二基本形式长度平方 S 恒等于常数$\dfrac{n}{2-\frac{1}{p}}$ 的 n 维闭极小子流形.

编者的话

这一讲内容来自第 1 讲编者的话中所提及的三人合作的文章. 在 20 世纪 80 年代初,学习这篇文章是国内许多微分几何学者研究工作的起点. 将球面 $S^{n+p}(1)$改成其他 Riemann 流形,或设法推进三人合作的定理,是当时不少人的工作.

参考文献

[1] 白正国,沈一兵,水乃翔,郭孝英. 黎曼几何初步(修订版). 高等教育出版社,2004.

第 4 讲 一个改进的定理

本讲内容是上一讲定理的一个改进.

先介绍一些引理.

引理1　设 A_1, A_2 是两个 $n\times n$ 实对称矩阵,已知 $S_j=N(A_j)$, $j=1,2$, 以及 $S_1=S_2$,则

$$N(A_1A_2-A_2A_1)+S_1^2\leqslant\frac{3}{2}S_1S,\text{这里 }S=2S_1.$$

证明　由上一讲引理2,知

$$N(A_1A_2-A_2A_1)\leqslant 2N(A_1)N(A_2)=2S_1S_2=2S_1^2. \tag{1.4.1}$$

上式两端都加上 S_1^2,则引理1成立.

下面研究三个或三个以上 $n\times n$ 实对称矩阵 A_1, A_2, $\cdots$, A_p 的情况,这里正整数 $p\geqslant 3$. 记 $S_j=N(A_j)$, $1\leqslant j\leqslant p$. 设 $S_1=S_2=\cdots=S_p>0$. 记 $A_\alpha=(a_{ij}^\alpha)$, $1\leqslant\alpha\leqslant p$, $1\leqslant i$, $j\leqslant n$. 令

$$S_{\alpha\beta}=\sum_{i,j=1}^n a_{ij}^\alpha a_{ij}^\beta=\begin{cases}S_\alpha,\text{当 }\alpha=\beta\text{ 时},\\0,\text{当 }\alpha\neq\beta\text{ 时}.\end{cases} \tag{1.4.2}$$

下面证明

$$\sum_{\alpha=2}^p N(A_1A_\alpha-A_\alpha A_1)+\frac{3}{2}S_1^2\leqslant\frac{3}{2}S_1S, \tag{1.4.3}$$

这里 $S=\sum_{j=1}^p S_j=pS_1$.

由于不等式(1.4.3)左、右两端在正交变换下不变,先经过一个适当的正交变换,使得 A_1 变为一个实对角矩阵,不妨仍记为 A_1,即可设

$$A_1=\begin{pmatrix}\lambda_1 & & & \\ & \lambda_2 & & \\ & & \ddots & \\ & & & \lambda_n\end{pmatrix}. \tag{1.4.4}$$

这时

$$S_1=\sum_{j=1}^n\lambda_j^2. \tag{1.4.5}$$

矩阵 $(A_1A_\alpha-A_\alpha A_1)$ 的第 i 行,第 j 列元素

$$(A_1A_\alpha-A_\alpha A_1)_{ij}=(\lambda_i-\lambda_j)a_{ij}^\alpha,\text{这里 }a_{ij}^\alpha=a_{ji}^\alpha. \tag{1.4.6}$$

由上式,有

$$\sum_{\alpha=2}^{p} N(A_1A_\alpha - A_\alpha A_1) = 2\sum_{1\leqslant i<j\leqslant n}(\lambda_i-\lambda_j)^2\sum_{\alpha=2}^{p}(a_{ij}^\alpha)^2. \tag{1.4.7}$$

令

$$S=\sum_{j=1}^{n}\lambda_j^2+\sum_{\alpha=2}^{p}\sum_{i,\,j=1}^{n}(a_{ij}^\alpha)^2, \tag{1.4.8}$$

又令函数

$$F=\frac{1}{S_1S}\Big[2\sum_{1\leqslant i<j\leqslant n}(\lambda_i-\lambda_j)^2\sum_{\alpha=2}^{p}(a_{ij}^\alpha)^2+\frac{3}{2}S_1^2\Big], \tag{1.4.9}$$

附加条件

$$\sum_{j=1}^{n}\lambda_j^2=S_1,\ \sum_{i,\,j=1}^{n}(a_{ij}^\alpha)^2=S_1,\text{这里 } 2\leqslant\alpha\leqslant p, \tag{1.4.10}$$

S_1 是一个正常数. 将 F 视作 $\lambda_1, \lambda_2, \cdots, \lambda_n, a_{11}^2, a_{12}^2, \cdots, a_{nn}^2, a_{11}^3, a_{12}^3, \cdots, a_{nn}^3, \cdots, a_{11}^p, a_{12}^p, \cdots, a_{nn}^p$ 这些自变量在条件(1.4.10)下的光滑函数. 首先,在条件(1.4.10)下,求含有 $n+(p-1)\dfrac{1}{2}n(n+1)$ 个变元(由于 $a_{ij}^\alpha=a_{ji}^\alpha$)的光滑函数 F 的最大值.

由于条件(1.4.10)实际上是一系列高维椭球面(由于 $a_{ij}^\alpha=a_{ji}^\alpha$),于是 F 必在某点 $q=(\mathring{\lambda}_1, \mathring{\lambda}_2, \cdots, \mathring{\lambda}_n, \mathring{a}_{11}^2, \mathring{a}_{12}^2, \cdots, \mathring{a}_{nn}^2, \cdots, \mathring{a}_{11}^p, \mathring{a}_{12}^p, \cdots, \mathring{a}_{nn}^p)$ 取到最大值 $F(q)$. 显然,令

$$\phi=F+m_1\Big(\sum_{i=1}^{n}\lambda_i^2-S_1\Big)+m_2\Big[\sum_{i,\,j=1}^{n}(a_{ij}^2)^2-S_1\Big]+\cdots+m_p\Big[\sum_{i,\,j=1}^{n}(a_{ij}^p)^2-S_1\Big], \tag{1.4.11}$$

必有

$$\frac{\partial\phi}{\partial a_{ij}^\alpha}(q)=0,\text{这里 } 1\leqslant i\leqslant j\leqslant n. \tag{1.4.12}$$

我们有下述一系列的估计.

引理 2 对任意 $\alpha\in\{2, 3, \cdots, p\}$,如果 $\{\mathring{a}_{ij}^\alpha, 1\leqslant i<j\leqslant n\}$ 中至少有两个元素非零,则

$$2\sum_{1\leqslant i<j\leqslant n}(\mathring{\lambda}_i-\mathring{\lambda}_j)^2(\mathring{a}_{ij}^\alpha)^2\leqslant\frac{3}{2}S_1^2.$$

证明　不妨设 $\mathring{a}_{12}^{\alpha} \neq 0$,由于$\frac{\partial \phi}{\partial a_{12}^{\alpha}}(q)=0$,由(1.4.11),可得在点 q,有

$$\frac{\partial F}{\partial a_{12}^{\alpha}}+4m_{\alpha}a_{12}^{\alpha}=0, \tag{1.4.13}$$

这里利用了 $\sum_{i,j=1}^{n}(a_{ij}^{\alpha})^2=2(a_{12}^{\alpha})^2+\cdots$.

利用(1.4.13),在点 q,有

$$\frac{1}{4a_{12}^{\alpha}}\frac{\partial F}{\partial a_{12}^{\alpha}}+m_{\alpha}=0. \tag{1.4.14}$$

由(1.4.9),在点 q,有

$$\begin{aligned}\frac{1}{4a_{12}^{\alpha}}\frac{\partial F}{\partial a_{12}^{\alpha}}&=\frac{1}{4a_{12}^{\alpha}}\frac{1}{S_1S^2}\Big[4(\lambda_1-\lambda_2)^2a_{12}^{\alpha}S-4a_{12}^{\alpha}\Big(2\sum_{1\leqslant i<j\leqslant n}(\lambda_i-\lambda_j)^2\sum_{\alpha=2}^{p}(a_{ij}^{\alpha})^2+\\&\quad\frac{3}{2}S_1^2\Big)\Big](\text{利用}(1.4.8))=\frac{1}{4a_{12}^{\alpha}S_1S^2}[4(\lambda_1-\lambda_2)^2a_{12}^{\alpha}S-4a_{12}^{\alpha}S_1SF](\text{利}\\&\quad\text{用}(1.4.9))=\frac{1}{S_1S}[(\lambda_1-\lambda_2)^2-S_1F]=\frac{1}{pS_1^2}(\mathring{\lambda}_1-\mathring{\lambda}_2)^2-\frac{F(q)}{pS_1}(\text{将}\\&\quad\text{点 } q \text{ 代入,且利用条件}(1.4.10)).\end{aligned} \tag{1.4.15}$$

由(1.4.14)和(1.4.15),有

$$\frac{1}{pS_1^2}(\mathring{\lambda}_1-\mathring{\lambda}_2)^2-\frac{F(q)}{pS_1}+m_{\alpha}=0. \tag{1.4.16}$$

同理,对任意其他非零元素 $\mathring{a}_{ij}^{\alpha}$,其中 $1\leqslant i<j\leqslant n$,类似地,有

$$\frac{1}{pS_1^2}(\mathring{\lambda}_i-\mathring{\lambda}_j)^2-\frac{F(q)}{pS_1}+m_{\alpha}=0. \tag{1.4.17}$$

比较以上两式,当 $\mathring{a}_{12}^{\alpha}\neq 0$,且其他$\mathring{a}_{ij}^{\alpha}\neq 0$ 时,有

$$(\mathring{\lambda}_i-\mathring{\lambda}_j)^2=(\mathring{\lambda}_1-\mathring{\lambda}_2)^2. \tag{1.4.18}$$

于是,有

$$\begin{aligned}2\sum_{1\leqslant i<j\leqslant n}(\mathring{\lambda}_i-\mathring{\lambda}_j)^2(\mathring{a}_{ij}^{\alpha})^2&=\sum_{i\neq j}(\mathring{\lambda}_i-\mathring{\lambda}_j)^2(\mathring{a}_{ij}^{\alpha})^2(\text{利用}\mathring{a}_{ij}^{\alpha}=\mathring{a}_{ji}^{\alpha})\\&=(\mathring{\lambda}_1-\mathring{\lambda}_2)^2\sum_{i\neq j}(\mathring{a}_{ij}^{\alpha})^2\leqslant(\mathring{\lambda}_1-\mathring{\lambda}_2)^2S_1.\end{aligned} \tag{1.4.19}$$

下面分三种情况讨论:

① 如果存在下标 $j>2$,使得$\mathring{a}_{1j}^{\alpha}\neq 0$,由(1.4.18),有

$$(\mathring{\lambda}_1-\mathring{\lambda}_2)^2=(\mathring{\lambda}_1-\mathring{\lambda}_j)^2. \tag{1.4.20}$$

由上面公式,有两种可能性: 第一种可能,当

$$\mathring{\lambda}_1-\mathring{\lambda}_2=\mathring{\lambda}_1-\mathring{\lambda}_j \text{ 时,有} \mathring{\lambda}_2=\mathring{\lambda}_j(j>2). \tag{1.4.21}$$

利用上式,有

$$S_1=\sum_{j=1}^{n}\mathring{\lambda}_j^2\geqslant\mathring{\lambda}_1^2+\mathring{\lambda}_2^2+\mathring{\lambda}_j^2=\mathring{\lambda}_1^2+2\,\mathring{\lambda}_2^2. \tag{1.4.22}$$

而

$$\begin{aligned}(\mathring{\lambda}_1-\mathring{\lambda}_2)^2&=\mathring{\lambda}_1^2+\mathring{\lambda}_2^2-2\,\mathring{\lambda}_1\,\mathring{\lambda}_2\leqslant\mathring{\lambda}_1^2+\mathring{\lambda}_2^2+\left(\frac{1}{2}\,\mathring{\lambda}_1^2+2\,\mathring{\lambda}_2^2\right)\\&=\frac{3}{2}(\mathring{\lambda}_1^2+2\,\mathring{\lambda}_2^2)\leqslant\frac{3}{2}S_1.\end{aligned} \tag{1.4.23}$$

第二种可能,当

$$\mathring{\lambda}_1-\mathring{\lambda}_2=-(\mathring{\lambda}_1-\mathring{\lambda}_j)\text{ 时,有}\mathring{\lambda}_j=2\,\mathring{\lambda}_1-\mathring{\lambda}_2. \tag{1.4.24}$$

于是,有

$$\mathring{\lambda}_j^2=(2\,\mathring{\lambda}_1-\mathring{\lambda}_2)^2=4\,\mathring{\lambda}_1^2-4\,\mathring{\lambda}_1\,\mathring{\lambda}_2+\mathring{\lambda}_2^2, \tag{1.4.25}$$

$$S_1=\sum_{j=1}^{n}\mathring{\lambda}_j^2\geqslant\mathring{\lambda}_1^2+\mathring{\lambda}_2^2+\mathring{\lambda}_j^2=5\,\mathring{\lambda}_1^2+2\,\mathring{\lambda}_2^2-4\,\mathring{\lambda}_1\,\mathring{\lambda}_2. \tag{1.4.26}$$

利用 $2\,\mathring{\lambda}_1\,\mathring{\lambda}_2\leqslant4\,\mathring{\lambda}_1^2+\mathring{\lambda}_2^2$,有

$$\begin{aligned}(\mathring{\lambda}_1-\mathring{\lambda}_2)^2&=\mathring{\lambda}_1^2+\mathring{\lambda}_2^2-2\,\mathring{\lambda}_1\,\mathring{\lambda}_2\leqslant5\,\mathring{\lambda}_1^2+2\,\mathring{\lambda}_2^2-4\,\mathring{\lambda}_1\,\mathring{\lambda}_2\\&\leqslant S_1(\text{由}(1.4.26))<\frac{3}{2}S_1(\text{由于 }S_1>0).\end{aligned} \tag{1.4.27}$$

② 如果存在下标 $j>2$,使得$\mathring{a}_{2j}^{\alpha}\neq0$,讨论与情况 ① 完全一样,实际上只需将情况 ① 中$\mathring{\lambda}_1$, $\mathring{\lambda}_2$ 互换即可.

③ 如果存在下标 i, j, $2<i<j$,使得$\mathring{a}_{ij}^{\alpha}\neq0$,于是有

$$S_1\geqslant\sum_{j=1}^{n}\mathring{\lambda}_j^2\geqslant\mathring{\lambda}_1^2+\mathring{\lambda}_2^2+\mathring{\lambda}_i^2+\mathring{\lambda}_j^2 \tag{1.4.28}$$

和

$$(\mathring{\lambda}_1-\mathring{\lambda}_2)^2=\frac{1}{2}[(\mathring{\lambda}_1-\mathring{\lambda}_2)^2+(\mathring{\lambda}_i-\mathring{\lambda}_j)^2](\text{由}(1.4.18))$$

$$\leqslant \mathring{\lambda}_1^2 + \mathring{\lambda}_2^2 + \mathring{\lambda}_i^2 + \mathring{\lambda}_j^2 \leqslant S_1(\text{由}(1.4.28)) < \frac{3}{2}S_1. \tag{1.4.29}$$

综述之,无论情况①,②和③,都有

$$(\mathring{\lambda}_1 - \mathring{\lambda}_2)^2 \leqslant \frac{3}{2}S_1. \tag{1.4.30}$$

于是,有

$$2\sum_{1\leqslant i<j\leqslant n}(\mathring{\lambda}_i - \mathring{\lambda}_j)^2(\mathring{a}_{ij}^{\alpha})^2 \leqslant (\mathring{\lambda}_1 - \mathring{\lambda}_2)^2 S_1(\text{利用当}\mathring{a}_{ij}^{\alpha} \neq 0\text{时,有等式}(1.4.18))$$
$$\leqslant \frac{3}{2}S_1^2(\text{利用}(1.4.30)). \tag{1.4.31}$$

引理 3　对任意 $2 \leqslant \alpha < \beta \leqslant p$,有

$$2\sum_{1\leqslant i<j\leqslant n}(\mathring{\lambda}_i - \mathring{\lambda}_j)^2[(\mathring{a}_{ij}^{\alpha})^2 + (\mathring{a}_{ij}^{\beta})^2] \leqslant 3S_1^2.$$

证明　如果 $\sum_{1\leqslant i<j\leqslant n}(\mathring{a}_{ij}^{\alpha})^2 = 0$,则

$$\begin{aligned}&2\sum_{1\leqslant i<j\leqslant n}(\mathring{\lambda}_i - \mathring{\lambda}_j)^2[(\mathring{a}_{ij}^{\alpha})^2 + (\mathring{a}_{ij}^{\beta})^2]\\ =\ &2\sum_{1\leqslant i<j\leqslant n}(\mathring{\lambda}_i - \mathring{\lambda}_j)^2(\mathring{a}_{ij}^{\beta})^2 = \sum_{i\neq j}(\mathring{\lambda}_i - \mathring{\lambda}_j)^2(\mathring{a}_{ij}^{\beta})^2(\text{利用}\mathring{a}_{ij}^{\beta} = \mathring{a}_{ji}^{\beta})\\ \leqslant\ &\max_{i\neq j}(\mathring{\lambda}_i - \mathring{\lambda}_j)^2\sum_{i\neq j}(\mathring{a}_{ij}^{\beta})^2.\end{aligned} \tag{1.4.32}$$

由于

$$\max_{i\neq j}(\mathring{\lambda}_i - \mathring{\lambda}_j)^2 \leqslant \max_{i\neq j}2(\mathring{\lambda}_i^2 + \mathring{\lambda}_j^2) \leqslant 2S_1, \tag{1.4.33}$$

由以上两式,可以得到

$$\begin{aligned}&2\sum_{1\leqslant i<j\leqslant n}(\mathring{\lambda}_i - \mathring{\lambda}_j)^2[(\mathring{a}_{ij}^{\alpha})^2 + (\mathring{a}_{ij}^{\beta})^2]\\ \leqslant\ &2S_1S_\beta = 2S_1^2(\text{由于 } S_\beta = S_1) < 3S_1^2.\end{aligned} \tag{1.4.34}$$

同理,当 $\sum_{1\leqslant i<j\leqslant n}(\mathring{a}_{ij}^{\beta})^2 = 0$ 时,也有上述不等式. 下面考虑 $\sum_{1\leqslant i<j\leqslant n}(\mathring{a}_{ij}^{\alpha})^2 > 0$ 和 $\sum_{1\leqslant i<j\leqslant n}(\mathring{a}_{ij}^{\beta})^2 > 0$ 的情况.

分两种情况讨论:

① 如果 $\{\mathring{a}_{ij}^{\alpha}, 1\leqslant i<j\leqslant n\}$ 和 $\{\mathring{a}_{ij}^{\beta}, 1\leqslant i<j\leqslant n\}$ 中都至少有两个元素

非零,由引理 2 推出引理 3.

② 如果$\{\mathring{a}_{ij}^{\alpha},\ 1\leqslant i<j\leqslant n\}$或$\{\mathring{a}_{ij}^{\beta},\ 1\leqslant i<j\leqslant n\}$只有一个元素非零,不妨设$\mathring{a}_{12}^{\alpha}\neq 0$,而其余$\mathring{a}_{12}^{\alpha}=0,\ 1\leqslant i<j\leqslant n$. 由于$\mathring{a}_{ij}^{\alpha}=\mathring{a}_{ji}^{\alpha}$,那么当$i\neq j$时,只有$\mathring{a}_{12}^{\alpha}=\mathring{a}_{21}^{\alpha}\neq 0$. 于是,有

$$2\sum_{1\leqslant i<j\leqslant n}(\mathring{\lambda}_i-\mathring{\lambda}_j)^2(\mathring{a}_{ij}^{\alpha})^2=2(\mathring{\lambda}_1-\mathring{\lambda}_2)^2(\mathring{a}_{12}^{\alpha})^2. \tag{1.4.35}$$

当$\mathring{\lambda}_1-\mathring{\lambda}_2=0$时,引理 3 显然成立,实际上回到了不等式(1.4.32)—(1.4.34)已讨论过的情况. 当$\mathring{\lambda}_1-\mathring{\lambda}_2\neq 0$时,由公式(1.4.12),有

$$\frac{\partial\phi}{\partial a_{12}^{\alpha}}(q)=0,\ \frac{\partial\phi}{\partial a_{11}^{\alpha}}(q)=0. \tag{1.4.36}$$

由公式(1.4.8)和(1.4.9),注意到(1.4.9)右端分子中无变元a_{11}^{α},可以看到

$$\frac{\partial F}{\partial a_{11}^{\alpha}}=\frac{1}{S_1S^2}\Big(-\frac{\partial S}{\partial a_{11}^{\alpha}}\Big)S_1SF=-\frac{F}{S}2a_{11}^{\alpha}. \tag{1.4.37}$$

利用(1.4.11)和(1.4.36)的第二式,在点q,有

$$0=\frac{\partial\phi}{\partial a_{11}^{\alpha}}=\frac{\partial F}{\partial a_{11}^{\alpha}}+2m_{\alpha}a_{11}^{\alpha}=-\frac{2F}{pS_1}a_{11}^{\alpha}+2m_{\alpha}a_{11}^{\alpha}. \tag{1.4.38}$$

从而在点q,有

$$\Big(m_{\alpha}-\frac{F}{pS_1}\Big)a_{11}^{\alpha}=0. \tag{1.4.39}$$

由公式(1.4.16),有

$$m_{\alpha}-\frac{1}{pS_1}F(q)=-\frac{(\mathring{\lambda}_1-\mathring{\lambda}_2)^2}{pS_1^2}\neq 0. \tag{1.4.40}$$

由(1.4.39)和(1.4.40),有

$$\mathring{a}_{11}^{\alpha}=0. \tag{1.4.41}$$

同理,有

$$\mathring{a}_{22}^{\alpha}=\cdots=\mathring{a}_{nn}^{\alpha}=0. \tag{1.4.42}$$

于是,对于固定上标α,只有$\mathring{a}_{12}^{\alpha}=\mathring{a}_{21}^{\alpha}\neq 0$,利用(1.4.2)的第二种情况,当$\beta\neq\alpha$时,必有$\mathring{a}_{12}^{\beta}=0$. 设有某个$\mathring{a}_{ij}^{\beta}\neq 0$,其中$1\leqslant i<j\leqslant n$,这里集合$(i,\ j)\neq$集合$(1,\ 2)$,则

$$2\sum_{1\leqslant i<j\leqslant n}(\mathring{\lambda}_2-\mathring{\lambda}_j)^2[(\mathring{a}_{ij}^{\alpha})^2+(\mathring{a}_{ij}^{\beta})^2]$$

$=2(\mathring{\lambda}_1-\mathring{\lambda}_2)^2(\mathring{a}_{12}^{\alpha})^2+2\sum\limits_{1\leqslant i<j\leqslant n}(\mathring{\lambda}_2-\mathring{\lambda}_j)^2(\mathring{a}_{ij}^{\beta})^2$(因为对于固定上标$\alpha$,只有$\mathring{a}_{12}^{\alpha}\neq 0$)$\leqslant$ $[(\mathring{\lambda}_1-\mathring{\lambda}_2)^2+\max\limits_{1\leqslant i<j\leqslant n}(\mathring{\lambda}_i-\mathring{\lambda}_j)^2]S_1$(利用 $2(\mathring{a}_{12}^{\alpha})^2=S_1$,以及 $2\sum\limits_{1\leqslant i<j\leqslant n}(\mathring{a}_{ij}^{\beta})^2=\sum\limits_{i\neq j}(\mathring{a}_{ij}^{\beta})^2\leqslant S_1$).　(1.4.43)

下面对下标集合(i, j)的不同情况分开讨论,这里 $\mathring{a}_{ij}^{\beta}\neq 0$.

(i) 当下标 $i=1$ 时,由于$\mathring{a}_{12}^{\beta}=0$,则下标 $j\geqslant 3$,于是

$$\begin{aligned}(\mathring{\lambda}_1-\mathring{\lambda}_2)^2+(\mathring{\lambda}_1-\mathring{\lambda}_j)^2&=2\mathring{\lambda}_1^2+\mathring{\lambda}_2^2+\mathring{\lambda}_j^2-2\mathring{\lambda}_1\mathring{\lambda}_2-2\mathring{\lambda}_1\mathring{\lambda}_j\\&\leqslant 2\mathring{\lambda}_1^2+\mathring{\lambda}_2^2+\mathring{\lambda}_j^2+\left(\frac{1}{2}\mathring{\lambda}_1^2+2\mathring{\lambda}_2^2\right)+\left(\frac{1}{2}\mathring{\lambda}_1^2+2\mathring{\lambda}_j^2\right)\\&=3(\mathring{\lambda}_1^2+\mathring{\lambda}_2^2+\mathring{\lambda}_j^2)\leqslant 3S_1.\end{aligned}\tag{1.4.44}$$

(ii) 当下标 $i=2$ 时,由于 $i<j$,必有下标 $j\geqslant 3$,于是

$$\begin{aligned}(\mathring{\lambda}_1-\mathring{\lambda}_2)^2+(\mathring{\lambda}_2-\mathring{\lambda}_j)^2&=2\mathring{\lambda}_2^2+\mathring{\lambda}_1^2+\mathring{\lambda}_j^2-2\mathring{\lambda}_1\mathring{\lambda}_2-2\mathring{\lambda}_2\mathring{\lambda}_j\\&\leqslant\mathring{\lambda}_1^2+2\mathring{\lambda}_2^2+\mathring{\lambda}_j^2+\left(\frac{1}{2}\mathring{\lambda}_2^2+2\mathring{\lambda}_1^2\right)+\left(\frac{1}{2}\mathring{\lambda}_2^2+2\mathring{\lambda}_j^2\right)\\&=3(\mathring{\lambda}_1^2+\mathring{\lambda}_2^2+\mathring{\lambda}_j^2)\leqslant 3S_1.\end{aligned}\tag{1.4.45}$$

(iii) 当下标 $2<i<j$ 时,有

$$(\mathring{\lambda}_1-\mathring{\lambda}_2)^2+(\mathring{\lambda}_2-\mathring{\lambda}_j)^2\leqslant 2(\mathring{\lambda}_1^2+\mathring{\lambda}_2^2+\mathring{\lambda}_i^2+\mathring{\lambda}_j^2)\leqslant 2S_1.\tag{1.4.46}$$

由于必存在一对下标(i, j),使得 $(\mathring{\lambda}_i-\mathring{\lambda}_j)^2$ 取到 $\max\limits_{1\leqslant i^*<j^*\leqslant n}(\mathring{\lambda}_{i^*}-\mathring{\lambda}_{j^*})^2$,再利用上述不等式(1.4.44),(1.4.45) 和(1.4.46) 于(1.4.43),可以看到

$$2\sum_{1\leqslant i<j\leqslant n}(\mathring{\lambda}_i-\mathring{\lambda}_j)^2[(\mathring{a}_{ij}^{\alpha})^2+(\mathring{a}_{ij}^{\beta})^2]\leqslant 3S_1^2.\tag{1.4.47}$$

这样引理 3 成立.

利用引理 3,有

引理 4　设$A_{\alpha_2}, \cdots, A_{\alpha_m}$是矩阵$A_2, \cdots, A_p$ 中任意$m-1$个实对称$n\times n$矩阵,这里下标 $3\leqslant m\leqslant p$. 记 $N(A_j)=S_j$,已知 $S_1=S_2=\cdots=S_p$,则

$$2\sum_{1\leqslant i<j\leqslant n}(\mathring{\lambda}_2-\mathring{\lambda}_j)^2\sum_{h=2}^{m}(\mathring{a}_{ij}{}^{\alpha_h})^2\leqslant\frac{3}{2}(m-1)S_1^2.$$

证明　当 $m=3$ 时,由引理 3,引理 4 的结论成立. 下面设 $p\geqslant 4$,用归纳法,

设当 $m=l$ 时,引理 4 中不等式成立,这里正整数 $l\geqslant 3$. 考虑 $m=l+1$ 的情况,这里 $l+1\leqslant p$. 对于矩阵 A_{α_2}, …, $A_{\alpha_{l+1}}$ 中任意 $l-1$ 个矩阵应用引理 4 中不等式(利用归纳法假设),再将这 l 个不等式全部相加,有

$$(l-1)\left[2\sum_{1\leqslant i<j\leqslant n}(\mathring{\lambda}_i-\mathring{\lambda}_j)^2\sum_{h=2}^{l+1}(\mathring{a}_{ij}{}^{\alpha_h})^2\right]\leqslant\frac{3}{2}(l-1)lS_1^2. \qquad (1.4.48)$$

由上式,立即有

$$2\sum_{1\leqslant i<j\leqslant n}(\mathring{\lambda}_i-\mathring{\lambda}_j)^2\sum_{h=2}^{l+1}(\mathring{a}_{ij}{}^{\alpha_h})^2\leqslant\frac{3}{2}lS_1^2, \qquad (1.4.49)$$

从而引理 4 中不等式对 $m=l+1$ 也成立. 由归纳法,引理 4 的结论成立.

由(1.4.9)以及引理 4,有

$$\begin{aligned}F(q)&=\frac{1}{S_1S(q)}\left[2\sum_{1\leqslant i<j\leqslant n}(\mathring{\lambda}_i-\mathring{\lambda}_j)^2\sum_{\alpha=2}^{p}(\mathring{a}_{ij}^{\alpha})^2+\frac{3}{2}S_1^2\right]\\&\leqslant\frac{1}{pS_1^2}\left[\frac{3}{2}(p-1)S_1^2+\frac{3}{2}S_1^2\right]=\frac{3}{2}.\end{aligned} \qquad (1.4.50)$$

由于 F 在 q 点取最大值,则 $F\leqslant\frac{3}{2}$. 将上述 p 改为 k, $k\leqslant p$, 再利用(1.4.7),有

引理 5 设 $A_1, A_2, \cdots, A_k$ 是 k 个 $n\times n$ 实对称矩阵,这里 $k\geqslant 3$,记 $N(A_j)=S_j$. 设 $S_1=S_2=\cdots=S_k>0$, $S_{\alpha\beta}=S_\alpha\delta_{\alpha\beta}$,则

$$\sum_{\alpha=1}^{k}N(A_1A_\alpha-A_\alpha A_1)+\frac{3}{2}S_1^2\leqslant\frac{3}{2}S_1S,\text{这里 }S=\sum_{j=1}^{k}S_j.$$

下面有

引理 6 设 $A_1, A_2, \cdots, A_p$ 是 p 个 $n\times n$ 实对称矩阵,正整数 $p\geqslant 2$,设 $S_{\alpha\beta}=S_\alpha\delta_{\alpha\beta}$, $S_1=\max\{S_1, \cdots, S_p\}$, $S_j=N(A_j)$,则

$$\sum_{\alpha=2}^{p}N(A_1A_\alpha-A_\alpha A_1)+S_1^2\leqslant\frac{3}{2}S_1S,\text{这里 }S=\sum_{j=1}^{p}S_j.$$

当上式等号成立时,或者 $A_1, A_2, \cdots, A_p$ 全是零矩阵,或者它们中只有两个非零,不妨设 A_1, A_2 不是零矩阵, $A_3, \cdots, A_p$ 都是零矩阵. 这时 $S_1=S_2$,并且存在正交矩阵 T,使得

$$TA_1T^{-1}=\sqrt{\frac{S_1}{2}}\begin{pmatrix}1&&\\&-1&\\&&\ \end{pmatrix},\ TA_2T^{-1}=\sqrt{\frac{S_1}{2}}\begin{pmatrix}&1&\\1&&\\&&\ \end{pmatrix}.$$

证明 不妨设

$$A_1 = \begin{pmatrix} \lambda_1 & & & \\ & \lambda_2 & & \\ & & \ddots & \\ & & & \lambda_n \end{pmatrix},\ S_1 = \sum_{j=1}^{n} \lambda_j^2 > 0. \qquad (1.4.51)$$

如果 $S_1 = 0$, A_1, A_2, $\cdots$, A_p 全为零矩阵,则引理6中不等式左、右两端皆为零,结论成立.

考虑函数

$$F = \frac{1}{S_1 S}\Big[2\sum_{1\leqslant i<j\leqslant n}(\lambda_i - \lambda_j)^2 \sum_{\alpha=2}^{p}(a_{ij}^{\alpha})^2 + S_1^2\Big]. \qquad (1.4.52)$$

在条件 $\sum_{j=1}^{n}\lambda_j^2 = S_1$, S_2, $\cdots$, $S_p \in [0, S_1]$ 下(这里 S_1 是一个正常数 b),考虑 F 的最大值. 类似(1.4.9), F 必在某点 $q = (\mathring{\lambda}_1, \cdots, \mathring{\lambda}_n, \mathring{a}_{11}^2, \mathring{a}_{12}^2, \cdots, \mathring{a}_{nn}^2, \cdots, \mathring{a}_{11}^p, \mathring{a}_{12}^p, \cdots, \mathring{a}_{nn}^p)$ 取到最大值. 分四种情况讨论.

① 在点 q, $\mathring{S}_2$, $\cdots$, $\mathring{S}_p \in (0, b)$. 于是对每个 $\alpha \in \{2, \cdots, p\}$,必有某些 $\mathring{a}_{ij}^{\alpha} \neq 0(1\leqslant i\leqslant j\leqslant n)$. 由于 $\mathring{S}_2$, $\cdots$, $\mathring{S}_p$ 在开区间 $(0, b)$ 内,F 在点 q 有最大值,对任意的 $\mathring{a}_{ij}^{\alpha} \neq 0(1\leqslant i<j\leqslant n)$,可得

$$\frac{\partial F}{\partial a_{ij}^{\alpha}}(q) = 0. \qquad (1.4.53)$$

由(1.4.52)和(1.4.53),在点 q,有

$$\frac{1}{S_1 S^2}\left[4(\lambda_i - \lambda_j)^2 a_{ij}^{\alpha} S - 4a_{ij}^{\alpha} S_1 S F\right] = 0, \qquad (1.4.54)$$

这里利用了 $S = 2(a_{ij}^{\alpha})^2 + \cdots$.

因此,有

$$(\mathring{\lambda}_i - \mathring{\lambda}_j)^2 = S_1 F(q). \qquad (1.4.55)$$

利用(1.4.55),有

$$\begin{aligned} F(q) &= \frac{1}{S_1 S(q)}\Big[2\sum_{1\leqslant i<j\leqslant n}(\mathring{\lambda}_i - \mathring{\lambda}_j)^2\sum_{\alpha=2}^{p}(\mathring{a}_{ij}^{\alpha})^2 + S_1^2\Big] \\ &\leqslant \frac{1}{S_1 S(q)}\Big[S_1 F(q)\sum_{\alpha=2}^{p}\sum_{i,\,j=1}^{n}(\mathring{a}_{ij}^{\alpha})^2 + S_1^2\Big] = \frac{1}{S_1 S(q)}\Big[S_1 F(q)\sum_{\alpha=2}^{p}\mathring{S}_{\alpha} + S_1^2\Big], \end{aligned} \qquad (1.4.56)$$

这里 $\mathring{S}_\alpha = \sum_{i,\,j=1}^{n} (\mathring{a}_{ij}^\alpha)^2$.

由(1.4.56),有

$$S_1 F(q)\Big[S(q) - \sum_{\alpha=2}^{p} \mathring{S}_\alpha\Big] \leqslant S_1^2, \tag{1.4.57}$$

即

$$S_1^2 F(q) \leqslant S_1^2,\ F(q) \leqslant 1. \tag{1.4.58}$$

利用公式(1.4.7),(1.4.52)和(1.4.58),有

$$\frac{1}{S_1 S}\Big[\sum_{\alpha=2}^{p} N(A_1 A_\alpha - A_\alpha A_1) + S_1^2\Big] \leqslant 1, \tag{1.4.59}$$

引理 6 结论中的不等式成立. 如果全部 $\mathring{a}_{ij}^\alpha = 0 (1 \leqslant i < j \leqslant n)$,结论当然成立.

② 在点 q, $\mathring{S}_2 = \cdots = \mathring{S}_p = 0$,这时

$$\frac{1}{S_1 S}\Big[\sum_{\alpha=2}^{p} N(A_1 A_\alpha - A_\alpha A_1) + S_1^2\Big] \leqslant F(q) = \frac{S_1^2}{S_1 S(q)} = 1, \tag{1.4.60}$$

引理 6 结论中的不等式成立.

③ 在点 q,存在下标 k,这里 $2 \leqslant k < p$,有

$$\mathring{S}_2 = \cdots = \mathring{S}_k = S_1,\ \mathring{S}_{k+1} = \cdots = \mathring{S}_p = 0.$$

由引理 5,直接推出引理 6 结论中的不等式成立.

④ 在点 q, $\mathring{S}_2 = \cdots = \mathring{S}_k = S_1$, $\mathring{S}_{k+1}, \cdots, \mathring{S}_{k+l} \in (0, b)$, $\mathring{S}_{k+l+1} = \cdots = \mathring{S}_p = 0$,这里下标 k, l 都是正整数,且 $k + l + 1 \leqslant p$, $\forall \alpha \in \{k+1, k+2, \cdots, k+l\}$,利用在 $(0, b)$ 内部有最大值,对任意 $\mathring{a}_{ij}^\alpha \neq 0$ 处(这里 $1 \leqslant i < j \leqslant n$),利用情况 ① 中的公式(1.4.54),(1.4.55),有

$$\begin{aligned} F(q) &= \frac{1}{S_1 S(q)}\Big[2\sum_{1\leqslant i<j\leqslant n} (\mathring{\lambda}_i - \mathring{\lambda}_j)^2 \sum_{\alpha=2}^{p} (\mathring{a}_{ij}^\alpha)^2 + S_1^2\Big] \\ &\leqslant \frac{1}{S_1 \sum_{j=1}^{k+l} \mathring{S}_j}\Big[2\sum_{1\leqslant i<j\leqslant n} (\mathring{\lambda}_i - \mathring{\lambda}_j)^2 \sum_{\alpha=2}^{k} (\mathring{a}_{ij}^\alpha)^2 + S_1 F(q)(\mathring{S}_{k+1} + \cdots + \mathring{S}_{k+l}) + S_1^2\Big] \\ &\quad (\text{这里记}\mathring{S}_1 = S_1). \end{aligned} \tag{1.4.61}$$

上式去分母、移项后,可得

$$F(q) \leqslant \frac{1}{S_1 \sum_{j=1}^{k} \mathring{S}_j}\Big[2\sum_{1\leqslant i<j\leqslant n}(\mathring{\lambda}_i-\mathring{\lambda}_j)^2\sum_{\alpha=2}^{k}(\mathring{a}_{ij}^{\alpha})^2+S_1^2\Big]. \tag{1.4.62}$$

由引理 1 和引理 5,立刻可得引理 6 中不等式. 由上面的推导过程以及上一讲引理 2,可以知道等号成立的条件是显然的.

与前面一样,设 $S_{\alpha\beta}=S_\alpha\delta_{\alpha\beta}$, $S_1=\max\{S_1, S_2, \cdots, S_p\}$, S_1 是一个正常数 b.

考虑函数

$$F=\frac{1}{S^2}\Big[\sum_{\alpha,\beta=1}^{p}N(A_\alpha A_\beta-A_\beta A_\alpha)+\sum_{\alpha=1}^{p}S_\alpha^2\Big] \tag{1.4.63}$$

在条件 $S_2, \cdots, S_p\in[0, S_1]$ 下的最大值,类似前面的处理,设 F 在某点 $q=(\mathring{a}_{11}^1, \mathring{a}_{12}^1, \cdots, \mathring{a}_{mn}^1, \cdots, \mathring{a}_{11}^p, \mathring{a}_{12}^p, \cdots, \mathring{a}_{mn}^p)$ 取最大值.

现在证明下一个引理.

引理 7　如果存在 $\alpha\in\{2, \cdots, p\}$,使得在点 q, $\mathring{S}_\alpha\in(0, b)$,则

$$F(q)=\frac{1}{\mathring{S}\,\mathring{S}_\alpha}\Big[\sum_{\substack{\beta=1\\ \text{但}\beta\neq\alpha}}^{p}N(\mathring{A}_\alpha\mathring{A}_\beta-\mathring{A}_\beta\mathring{A}_\alpha)+\mathring{S}_\alpha^2\Big].$$

注: 这里字母上加一小圈表示相应量在点 q 取值.

证明　为方便,不妨设 $\alpha=2$,由于(1.4.63) 右端及引理 7 要证明的等式在一个实正交矩阵变换下不变,因此可设

$$A_2=\begin{pmatrix}\lambda_1 & & & \\ & \lambda_2 & & \\ & & \ddots & \\ & & & \lambda_n\end{pmatrix}, \tag{1.4.64}$$

这时

$$\begin{aligned}&\sum_{\alpha,\beta=1}^{p}N(A_\alpha A_\beta-A_\beta A_\alpha)+\sum_{\alpha=1}^{p}S_\alpha^2\\ =&\sum_{\alpha\neq 2}N(A_\alpha A_2-A_2A_\alpha)+\sum_{\beta\neq 2}N(A_2A_\beta-A_\beta A_2)+\\ &\sum_{\substack{\alpha,\beta=1\\ \text{但}\alpha\neq 2,\\ \beta\neq 2}}^{p}N(A_\alpha A_\beta-A_\beta A_\alpha)+S_2^2+\sum_{\alpha\neq 2}S_\alpha^2\text{(上式左端第一大项分}\beta=2,\ \alpha=2\text{ 及}\alpha,\\ &\beta\text{都不等于 2 三大部分)}\end{aligned}$$

$$= \left[2\sum_{\alpha\neq 2} N(A_\alpha A_2 - A_2 A_\alpha) + S_2^2\right] + \left[\sum_{\substack{\alpha,\ \beta=1\\ \text{但}\alpha\neq 2,\\ \beta\neq 2}}^{p} N(A_\alpha A_\beta - A_\beta A_\alpha) + \sum_{\alpha\neq 2} S_\alpha^2\right]$$

$$= \left[4\sum_{1\leqslant i<j\leqslant n} (\lambda_i - \lambda_j)^2 \sum_{\alpha\neq 2} (a_{ij}^\alpha)^2 + S_2^2\right] + \left[\sum_{\substack{\alpha,\ \beta=1\\ \text{但}\alpha\neq 2,\\ \beta\neq 2}}^{p} N(A_\alpha A_\beta - A_\beta A_\alpha) + \sum_{\alpha\neq 2} S_\alpha^2\right]$$（利用本讲公式(1.4.7),类似可得). (1.4.65)

由于 $S_2(q) = \mathring{S}_2 \in (0,\ b)$,即 F 的部分变元 $\lambda_1,\ \lambda_2,\ \cdots,\ \lambda_n$,这里 $\sum_{j=1}^{n} \mathring{\lambda}_j^2$ 在 $(0,\ b)$ 内部,因而有

$$\frac{\partial F}{\partial \lambda_i}(q) = 0. \tag{1.4.66}$$

利用

$$4\sum_{1\leqslant i<j\leqslant n} (\lambda_i - \lambda_j)^2 \sum_{\alpha\neq 2} (a_{ij}^\alpha)^2 = 2\sum_{i\neq j} (\lambda_i - \lambda_j)^2 \sum_{\alpha\neq 2} (a_{ij}^\alpha)^2, \tag{1.4.67}$$

于是,对固定的下标 i,有

$$\begin{aligned} &\frac{\partial}{\partial \lambda_i}\left[4\sum_{1\leqslant i<j\leqslant n} (\lambda_i - \lambda_j)^2 \sum_{\alpha\neq 2} (a_{ij}^\alpha)^2\right] \\ &= 4\sum_{\substack{j\neq i\\ (i\text{固定})}} (\lambda_i - \lambda_j) \sum_{\alpha\neq 2} (a_{ij}^\alpha)^2 + 4\sum_{\substack{j\neq i\\ (i\text{固定})}} (\lambda_j - \lambda_i)(-1) \sum_{\alpha\neq 2} (a_{ij}^\alpha)^2 \\ &= 8\sum_{\substack{j\neq i\\ (i\text{固定})}} (\lambda_i - \lambda_j) \sum_{\alpha\neq 2} (a_{ij}^\alpha)^2. \end{aligned} \tag{1.4.68}$$

利用(1.4.63),(1.4.65),(1.4.66)和(1.4.68),在点 q,有

$$\frac{1}{S^4}\left\{\left[8\sum_{\substack{j\neq i\\ (i\text{固定})}} (\lambda_i - \lambda_j) \sum_{\alpha\neq 2} (a_{ij}^\alpha)^2 + 4S_2\lambda_i\right] S^2 - 4S\lambda_i S^2 F\right\} = 0. \tag{1.4.69}$$

化简上式,在点 q,有

$$2\sum_{\substack{j\neq i\\ (i\text{固定})}} (\lambda_i - \lambda_j) \sum_{\alpha\neq 2} (a_{ij}^\alpha)^2 + S_2\lambda_i = S\lambda_i F. \tag{1.4.70}$$

在点 q,上式两端乘以 λ_i,且对于下标 i 从 1 到 n 求和,有

$$2\sum_{i=1}^{n} \sum_{\substack{j\neq i\\ (i\text{固定})}} (\lambda_i^2 - \lambda_i\lambda_j) \sum_{\alpha\neq 2} (a_{ij}^\alpha)^2 + S_2^2 = SS_2 F. \tag{1.4.71}$$

利用

$$
\begin{aligned}
&2\sum_{i=1}^{n}\sum_{\substack{j\neq i\\(i\text{固定})}}(\lambda_i^2-\lambda_i\lambda_j)\sum_{\alpha\neq 2}(a_{ij}^{\alpha})^2=\sum_{j\neq i}(2\lambda_i^2-2\lambda_i\lambda_j)\sum_{\alpha\neq 2}(a_{ij}^{\alpha})^2\\
=&\sum_{j\neq i}(\lambda_i^2-2\lambda_i\lambda_j+\lambda_j^2)\sum_{\alpha\neq 2}(a_{ij}^{\alpha})^2(\text{利用将下标 } i \text{ 与 } j \text{ 互换,有}\\
&\sum_{j\neq i}\lambda_i^2\sum_{\alpha\neq 2}(a_{ij}^{\alpha})^2=\sum_{i\neq j}\lambda_j^2\sum_{\alpha\neq 2}(a_{ij}^{\alpha})^2,\text{再利用 } a_{ij}^{\alpha}=a_{ji}^{\alpha})\\
=&\sum_{j\neq i}(\lambda_i-\lambda_j)^2\sum_{\alpha\neq 2}(a_{ij}^{\alpha})^2.
\end{aligned}\tag{1.4.72}
$$

将(1.4.72)代入(1.4.71),在点 q,有

$$
\sum_{j\neq i}(\lambda_i-\lambda_j)^2\sum_{\alpha\neq 2}(a_{ij}^{\alpha})^2+S_2^2=SS_2F.\tag{1.4.73}
$$

利用上式,在点 q,有

$$
\begin{aligned}
F&=\frac{1}{S_2S}\Big[2\sum_{1\leqslant i<j\leqslant n}(\lambda_i-\lambda_j)^2\sum_{\beta\neq 2}(a_{ij}^{\beta})^2+S_2^2\Big]\\
&=\frac{1}{S_2S}\Big[\sum_{\beta\neq 2}N(A_2A_\beta-A_\beta A_2)+S_2^2\Big].
\end{aligned}\tag{1.4.74}
$$

引理 7 的结论成立.

现在证明本讲最后一个引理.

引理 8 设 $A_1, A_2, \cdots, A_p$ 是 $n\times n$ 实对称矩阵,下标 $p\geqslant 2$. 记 $S_{\alpha\beta}=\mathrm{trace}(A_\alpha A_\beta^{\mathrm{T}})$,这里 A_β^{T} 表示矩阵 A_β 的转置. $S_\alpha=S_{\alpha\alpha}=N(A_\alpha)$, $S=\sum_{j=1}^{p}S_j$,则

$$
\sum_{\alpha,\beta=1}^{p}N(A_\alpha A_\beta-A_\beta A_\alpha)+\sum_{\alpha,\beta=1}^{p}S_{\alpha\beta}^2\leqslant\frac{3}{2}S^2.
$$

当上式等号成立时,或者 $A_1, A_2, \cdots, A_p$ 全为零矩阵,或者 $A_1, A_2, \cdots, A_p$ 中只有两个矩阵是非零矩阵. 在后一种情况下,不妨设仅 A_1, A_2 不是零矩阵,这时有 $S_1=S_2$,并且存在 $n\times n$ 实正交矩阵 T,满足

$$
TA_1T^{-1}=\sqrt{\frac{S_1}{2}}\begin{pmatrix}1&&\\&-1&\\&&\\\end{pmatrix},\ TA_2T^{-1}=\sqrt{\frac{S_1}{2}}\begin{pmatrix}&1&\\1&&\\&&\\\end{pmatrix}.
$$

证明 设由公式(1.4.63)确定的 F 在点 q 取到最大值. 分两种情况讨论:

① 在点 q, $\mathring{S}_1=\mathring{S}_2=\cdots=\mathring{S}_k=b$, b 是一个正常数,$1\leqslant k\leqslant p$. 其余 $\mathring{S}_\alpha=$

0. 由引理 1、引理 5 和引理 6，可以得到在点 q，

$$F=\frac{1}{S^2}\sum_{\beta=1}^{k}\Big[\sum_{\alpha=1}^{k}N(A_\alpha A_\beta-A_\beta A_\alpha)+S_\beta^2\Big]\leqslant\frac{1}{S^2}\frac{3}{2}S\sum_{\beta=1}^{k}S_\beta(\text{这里引理 1、引理 5 和引理 6 中 } S_1 \text{ 被 } S_\beta \text{ 代替})=\frac{3}{2}. \tag{1.4.75}$$

② 在点 q，$\mathring{S}_1=\mathring{S}_2=\cdots=\mathring{S}_k=b$，这里 $1\leqslant k\leqslant p$，$\mathring{S}_{k+1}$，$\cdots$，$\mathring{S}_{k+l}\in(0, b)$，这里 $k+1\leqslant k+l\leqslant p$，其余 $\mathring{S}_\alpha=0$. 利用 F 的表达式，在点 q，有

$$\begin{aligned}F&=\frac{1}{S^2}\Big[\sum_{\alpha,\beta=1}^{k+l}N(A_\alpha A_\beta-A_\beta A_\alpha)+\sum_{\alpha=1}^{k+l}S_\alpha^2\Big]\\&=\frac{1}{S\Big(\sum\limits_{j=1}^{k+l}S_j\Big)}\Big[\sum_{\alpha=1}^{k}\sum_{\beta=1}^{k+l}N(A_\alpha A_\beta-A_\beta A_\alpha)+\sum_{\beta=k+1}^{k+l}\sum_{\alpha=1}^{k+l}N(A_\alpha A_\beta-A_\beta A_\alpha)+\\&\quad\sum_{\beta=1}^{k}S_\beta^2+\sum_{\beta=k+1}^{k+l}S_\beta^2\Big]\\&=\frac{1}{S\Big(\sum\limits_{j=1}^{k+l}S_j\Big)}\Big\{\sum_{\beta=1}^{k}\Big[\sum_{\alpha=1}^{k+l}N(A_\alpha A_\beta-A_\beta A_\alpha)+S_\beta^2\Big]+\sum_{\beta=k+1}^{k+l}S_\beta SF\Big\}\end{aligned}$$

（利用引理 7，$\forall\alpha\in\{k+1,\cdots,k+l\}$，在点 q，有 $SS_\alpha F=\sum\limits_{\substack{\beta=1\\ \text{但}\beta\neq\alpha}}^{p}N(A_\alpha A_\beta-A_\beta A_\alpha)+S_\alpha^2$，交换下标 α，β，有 $SS_\beta F=\sum\limits_{\substack{\alpha=1\\ \text{但}\alpha\neq\beta}}^{p}N(A_\alpha A_\beta-A_\beta A_\alpha)+S_\beta^2$）. (1.4.76)

由上式，可得到在点 q，有

$$F=\frac{1}{S\Big(\sum\limits_{j=1}^{k}S_j\Big)}\sum_{\beta=1}^{k}\Big[\sum_{\alpha=1}^{k+l}N(A_\alpha A_\beta-A_\beta A_\alpha)+S_\beta^2\Big]. \tag{1.4.77}$$

利用引理 6，立刻得到 $\forall\beta\in\{1, 2, \cdots, k\}$，在点 q（注意在点 q，$S_1=\cdots=S_k$），有

$$\sum_{\alpha=1}^{k+l}N(A_\beta A_\alpha-A_\alpha A_\beta)+S_\beta^2\leqslant\frac{3}{2}S_\beta S. \tag{1.4.78}$$

上式两端关于下标 β 从 1 到 k 求和，有

$$\sum_{\beta=1}^{k}\Big[\sum_{\alpha=1}^{k+l}N(A_\beta A_\alpha-A_\alpha A_\beta)+S_\beta^2\Big]\leqslant\frac{3}{2}S\sum_{\beta=1}^{k}S_\beta. \tag{1.4.79}$$

由(1.4.77)和(1.4.79),有

$$F(q) \leqslant \frac{3}{2}. \tag{1.4.80}$$

由于 F 在点 q 取到最大值,因而在 M 的每一点上,有

$$\sum_{\alpha,\beta=1}^{p} N(A_\alpha A_\beta - A_\beta A_\alpha) + \sum_{\alpha=1}^{p} S_\alpha^2 \leqslant \frac{3}{2}S^2. \tag{1.4.81}$$

从推导过程可知等号成立的条件是显然的.

由第3讲公式(1.3.28)和(1.3.66),有

$$\frac{1}{2}\Delta S = \sum_{\alpha=n+1}^{n+p}\sum_{i,j,k=1}^{n}(h_{ijk}^\alpha)^2 + nS - \sum_{\alpha,\beta=n+1}^{n+p} N(H_\alpha H_\beta - H_\beta H_\alpha) - \sum_{\alpha,\beta=n+1}^{n+p} S_{\alpha\beta}^2 \text{(在公式(1.3.28)中已利用} S_{\alpha\beta} = S_\alpha \delta_{\alpha\beta}\text{)}. \tag{1.4.82}$$

令矩阵 $A_\alpha = H_{n+\alpha}$, $1 \leqslant \alpha \leqslant p$,再利用引理8的结论,有

$$\sum_{\alpha,\beta=n+1}^{n+p} N(H_\alpha H_\beta - H_\beta H_\alpha) + \sum_{\alpha,\beta=n+1}^{n+p} S_{\alpha\beta}^2 \leqslant \frac{3}{2}S^2, \tag{1.4.83}$$

这里 $S_{\alpha\beta} = \sum_{i,j=1}^{n} h_{ij}^\alpha h_{ij}^\beta$.

应用(1.4.83)于(1.4.82),有

$$\frac{1}{2}\Delta S \geqslant \sum_{\alpha=n+1}^{n+p}\sum_{i,j,k=1}^{n}(h_{ijk}^\alpha)^2 + nS - \frac{3}{2}S^2. \tag{1.4.84}$$

利用 M 是 $S^{n+p}(1)$ 内闭子流形,上式左端在 M 上积分为零.而上式右端第一大项在 M 上积分必非负.那么,可以得到

$$\int_M S\left(n - \frac{3}{2}S\right)\mathrm{d}V \leqslant 0. \tag{1.4.85}$$

于是,有下述定理.

定理3(李安民、李济民)　设 M 是球面 $S^{n+p}(1)$ 内闭极小等距浸入子流形,这里 $p \geqslant 2$,又设在 $S^{n+p}(1)$ 内,M 的第二基本形式长度平方 $S \leqslant \frac{2}{3}n$,则或者 S 恒等于零,M 是全测地的;或者 S 恒等于 $\frac{2}{3}n$,M 是 $S^4(1)$ 内的 Veronese 曲面.

利用定理条件,必有

$$S\left(n-\frac{3}{2}S\right)\geqslant 0. \tag{1.4.86}$$

由(1.4.85)和(1.4.86)知,在 M 上处处有

$$S\left(n-\frac{3}{2}S\right)=0. \tag{1.4.87}$$

或者 S 恒等于零;当 S 不恒等于零时,在 S 不等于零的 M 点上,必有 S 恒等于常数 $\frac{2}{3}n$. 容易明白, S 不恒等于零的 M 的点集既是 M 的开集,又是 M 的闭集. 又 M 连通,则在 M 上处处有 $S=\frac{2}{3}n$. 其余结论从上一讲可以知道.

编者的话

本讲内容取自李安民、李济民在 1992 年发表的一篇文章. 由于当 $p\geqslant 2$ 时,

$$\frac{n}{2-\frac{1}{p}}\leqslant\frac{2}{3}n. \tag{1.4.88}$$

在 $p\geqslant 2$ 时,这篇文章改进了上一讲的定理.

参考文献

[1] Li Anmin and Li Jimin. An intrinsic rigidity theorem for minimal submanifolds in a sphere, *Arch. Math.*, Vol. 58(1992): 582-594.

第 5 讲 完备 Riemann 流形的广义最大值原理

我们知道,紧流形上的光滑函数有最大值. 那么,对于完备 Riemann 流形呢? 本讲考虑这个问题.

由[1]第一章定理 7 可以知道,当 $\phi(s)>0(0\leqslant s\leqslant r,\ r$ 是一个正常数$)$时,二阶线性常微分方程

$$\begin{cases}\dfrac{\mathrm{d}^2 f(s)}{\mathrm{d}s^2}-\dfrac{1}{n-1}\phi(s)f(s)=0, & 0\leqslant s\leqslant r,\\ f(0)=0, \quad f(r)=1\end{cases} \tag{1.5.1}$$

有唯一解 $f(s)$,且当 $0<s<r$ 时,$0<f(s)<1$, $\frac{\mathrm{d}f(s)}{\mathrm{d}s}$ 是一个单调递增函数.

设M是一个完备连通的n维Riemann流形. ρ: $[0, r]\to M$是一条以弧长s为参数的测地线. $\rho(0)=P$, $\rho(r)=x$. 即这条测地线以点P为起点,以点x为终点. 在本讲,正整数$n\geqslant 2$.

由[2]的§5, §6可以知道,距离函数r沿M在点x的切向量X方向的Hessian矩阵(X要求垂直于这条测地线在点x的切向量)

$$H(r)(X, X)=\int_0^r\Big[\Big\langle\nabla_{\frac{\partial}{\partial t}}\widetilde{X}, \nabla_{\frac{\partial}{\partial t}}\widetilde{X}\Big\rangle-\Big\langle R\Big(\widetilde{X}, \frac{\partial}{\partial t}\Big)\frac{\partial}{\partial t}, \widetilde{X}\Big\rangle\Big]\mathrm{d}t, \tag{1.5.2}$$

这里$\langle,\rangle$表示M的Riemann内积,∇是M的Riemann联络(又称协变导数),$\widetilde{X}$是沿$\rho([0, r])$的Jacobi场. $\widetilde{X}$在点P是零向量,在点x是向量X(与[2]内§5, §6唯一不同之处是本讲的曲率的定义与[2]中恰相差一个符号. 许多文章及书籍中曲率的定义都可能彼此相差一个符号(指正、负号),读者千万要小心).

利用$\frac{\partial}{\partial r}r=1$,以及$\rho([0, r])$是一条测地线,$\nabla_{\frac{\partial}{\partial r}}\frac{\partial}{\partial r}=0$,有

$$H(r)\Big(\frac{\partial}{\partial r}, \frac{\partial}{\partial r}\Big)=\frac{\partial}{\partial r}\frac{\partial}{\partial r}r-\Big(\nabla_{\frac{\partial}{\partial r}}\frac{\partial}{\partial r}\Big)r=0. \tag{1.5.3}$$

同前几讲一样,记Δ是M上Laplace算子. 在M内选择局部正交标架场e_1, e_2, $\cdots$, e_n,沿测地线$\rho([0, r])$, $e_n=\frac{\partial}{\partial s}$,这里$s$是这测地线的弧长. M的互相垂直的单位切向量场e_1, e_2, $\cdots$, e_{n-1}沿$\rho([0, r])$是平行移动的. 记$\widetilde{X}_i(s)$是沿测地线$\rho([0, r])$的Jacobi场$(1\leqslant i\leqslant n-1)$,满足$\widetilde{X}_i(0)=0$,$\widetilde{X}_i(r)=e_i(r)$,这里为方便,沿测地线$\rho([0, r])$的$e_i(\rho(s))$简记为$e_i(s)$. 利用公式(1.5.2)和(1.5.3),在$r$的可微分点(这里$r$作为从点$P$出发的距离函数),在$r>0$的点及不在点$P$的割迹之内,$r$是光滑的(什么是割迹呢?设$r(s)$是$M$内一条测地线,这里$s$是$r$的弧长参数. 如果存在一个正常数$s_0$, $\forall s\in[0, s_0]$,测地线$r(s)$是连接两点$r(0)$与$r(s_0)$的最短测地线,即在M内连接这两点$r(0)$与$r(s_0)$的所有逐段光滑曲线中,以$r(s)$的长度为最短. 但对$\forall s^*>s_0$,在M内连接两点$r(0)$与$r(s^*)$的所有逐段光滑曲线中,$r(s)$并不是长度最短的测地线,这样的点$r(s_0)$称为r关于$r(0)$的割点. 记$P=r(0)$,当点P固定时,M在点P的切空间$T_p(M)$内向量$s_0\left.\frac{\mathrm{d}r(s)}{\mathrm{d}s}\right|_{s=0}$的终点(以点$r(0)$(点$P$)为起点)称为$r$的切割点. 当测地线$r(s)$在所有以同一点$P$为起点的、以弧长$s$为参数的测地线集合中变动时$\Big($当$\left.\frac{\mathrm{d}r(s)}{\mathrm{d}s}\right|_{s=0}$变动时,$r(s)$变动$\Big)$, r的所有割点全体组合的集合称为点P的割

迹. $T_P(M)$ 中相应的切割点全体组成的集合称为点 P 的切割迹. 参考[2] § 10),有

$$\Delta r = \sum_{i=1}^{n-1}\int_0^r\Big[\Big|\nabla_{\frac{\partial}{\partial s}}\widetilde{X}_i(s)\Big|^2 - \Big\langle R(\widetilde{X}_i(s),\ e_n(s))e_n(s),\widetilde{X}_i(s)\Big\rangle\Big]ds. \tag{1.5.4}$$

令

$$Z_i(s) = f(s)e_i(s),\ 1\leqslant i\leqslant n-1, \tag{1.5.5}$$

这里 $f(s)$是满足方程组(1.5.1)的一个光滑解,那么,有

$$Z_i(0) = 0,\ Z_i(r) = e_i(r). \tag{1.5.6}$$

如果沿这条测地线 $\rho([0,\ r])$,没有点 P 的割点,利用 Jacobi 场的极小性性质([2]第 7 节),有

$$\begin{aligned}\Delta r &\leqslant \sum_{i=1}^{n-1}\int_0^r\Big[\Big|\nabla_{\frac{\partial}{\partial s}}(f(s)e_i(s))\Big|^2 - \Big\langle R(f(s)e_i(s),\ e_n(s))e_n(s),\ f(s)e_i(s)\Big\rangle\Big]ds\\ &= \sum_{i=1}^{n-1}\int_0^r\Big[\Big(\frac{df(s)}{ds}\Big)^2 - (f(s))^2K(e_i(s),\ e_n(s))\Big]ds\\ &= (n-1)\int_0^r\Big(\frac{df(s)}{ds}\Big)^2 - \int_0^r(f(s))^2\mathrm{Ric}(e_n(s),\ e_n(s))ds,\end{aligned} \tag{1.5.7}$$

其中 $K(e_i(s),\ e_n(s))(1\leqslant i\leqslant n-1)$ 是 M 在点 $\rho(s)$ 由 $e_i(s)$ 和 $e_n(s)$ 张成的截面曲率(所有文章和书籍的截面曲率的定义完全一样),$\mathrm{Ric}(e_n(s),\ e_n(s))$ 是 M 在点 $\rho(s)$ 沿 $e_n(s)$ 方向的 Ricci 曲率.

利用公式(1.5.1)和分部积分,有

$$\begin{aligned}\int_0^r\Big(\frac{df(s)}{ds}\Big)^2ds &= \int_0^r\frac{df(s)}{ds}df(s) = \Big[\frac{df(s)}{ds}f(s)\Big]\Big|_{s=0}^{s=r} - \int_0^r f(s)\frac{d^2f(s)}{ds^2}ds\\ &= \frac{df(s)}{ds}\Big|_{s=r} - \frac{1}{n-1}\int_0^r\phi(s)(f(s))^2ds.\end{aligned} \tag{1.5.8}$$

先证明一个引理.

引理 1 设 M 是一个 n 维非紧的完备连通 Riemann 流形,P 是 M 上一个固定点. 设 r 是 M 上从点 P 出发的距离函数. 设 M 的 Ricci 曲率满足 $\mathrm{Ric}\Big(\frac{\partial}{\partial r},\ \frac{\partial}{\partial r}\Big)\geqslant -\phi(r)$,这里光滑函数 $\phi(r)$ 是一个正的函数,且$\frac{d\phi(r)}{dr}$ 处处非负,那么,在函数 r 的可微分点上,有

$$\Delta r \leqslant (n-1)\left[\frac{1}{r}+\sqrt{\frac{\phi(r)}{n-1}}\right].$$

证明　利用引理条件，知道

$$\mathrm{Ric}(e_n(s),\ e_n(s)) \geqslant -\phi(s). \tag{1.5.9}$$

将(1.5.8)和(1.5.9)代入公式(1.5.7)，在 r 的可微分点，有

$$\begin{aligned}\Delta r &\leqslant (n-1)\left[\frac{\mathrm{d}f(s)}{\mathrm{d}s}\bigg|_{s=r}-\frac{1}{n-1}\int_0^r \phi(s)(f(s))^2\mathrm{d}s\right]-\int_0^r (f(s))^2\mathrm{Ric}(e_n(s),\ e_n(s))\mathrm{d}s\\ &\leqslant (n-1)\frac{\mathrm{d}f(s)}{\mathrm{d}s}\bigg|_{s=r}.\end{aligned} \tag{1.5.10}$$

令

$$F(s)=\frac{\mathrm{d}f(s)}{\mathrm{d}s}+C(1-f(s)), \tag{1.5.11}$$

其中 C 是一个待定正常数，$s\in[0,\ r]$.

记

$$a=\frac{\mathrm{d}f(s)}{\mathrm{d}s}\bigg|_{s=0}. \tag{1.5.12}$$

由方程(1.5.1)知道，$f(s)$不是一个常值函数. 由于 $f(0)=0$，以及当 $0<s<r$ 时，$0<f(s)<1$，有 $a>0$(显然 $a\geqslant 0$，但当 $a=0$ 时，$f(s)$ 必是一个零函数，矛盾).

分三种情况讨论：

① 如果 $F(s)$在 $s=0$ 处达到最大值，有

$$\begin{aligned}\frac{\mathrm{d}f(s)}{\mathrm{d}s}\bigg|_{s=r} &= F(r)(\text{利用}(1.5.11)\text{ 及 } f(r)=1)\leqslant F(0)\\ &= a+C(\text{利用}(1.5.11)\text{ 及 } f(0)=0).\end{aligned} \tag{1.5.13}$$

② 如果 $F(s)$在 $s=r$ 处达到最大值，有

$$\begin{aligned}0\leqslant \frac{\mathrm{d}F(s)}{\mathrm{d}s}\bigg|_{s=r} &= \frac{\mathrm{d}^2 f(s)}{\mathrm{d}s^2}\bigg|_{s=r}-C\frac{\mathrm{d}f(s)}{\mathrm{d}s}\bigg|_{s=r}(\text{由}(1.5.11))\\ &= \frac{1}{n-1}\phi(r)-C\frac{\mathrm{d}f(s)}{\mathrm{d}s}\bigg|_{s=r}(\text{由 } f(r)=1).\end{aligned} \tag{1.5.14}$$

由上式，有

$$\left.\frac{\mathrm{d}f(s)}{\mathrm{d}s}\right|_{s=r} \leqslant \frac{\phi(r)}{(n-1)C}. \tag{1.5.15}$$

③ 如果 $F(s)$在$(0, r)$内一点 s_0 达到最大值,在 $s=s_0$ 处,有

$$\frac{\mathrm{d}F(s)}{\mathrm{d}s}=0,\ \frac{\mathrm{d}^2F(s)}{\mathrm{d}s^2}\leqslant 0. \tag{1.5.16}$$

由公式(1.5.11),有

$$\frac{\mathrm{d}F(s)}{\mathrm{d}s}=\frac{\mathrm{d}^2f(s)}{\mathrm{d}s^2}-C\frac{\mathrm{d}f(s)}{\mathrm{d}s}=\frac{1}{n-1}\phi(s)f(s)-C\frac{\mathrm{d}f(s)}{\mathrm{d}s}. \tag{1.5.17}$$

利用(1.5.17),有

$$\begin{aligned}\frac{\mathrm{d}^2F(s)}{\mathrm{d}s^2}&=\frac{1}{n-1}\left[\frac{\mathrm{d}\phi(s)}{\mathrm{d}s}f(s)+\phi(s)\frac{\mathrm{d}f(s)}{\mathrm{d}s}\right]-C\frac{\mathrm{d}^2f(s)}{\mathrm{d}s^2}\\&=\frac{1}{n-1}\left[\frac{\mathrm{d}\phi(s)}{\mathrm{d}s}f(s)+\phi(s)\frac{\mathrm{d}f(s)}{\mathrm{d}s}-C\phi(s)f(s)\right](\text{由方程}(1.5.1)).\end{aligned} \tag{1.5.18}$$

在 $s=s_0$ 处,利用(1.5.16) 的第一式及(1.5.17),有

$$\frac{\mathrm{d}f(s)}{\mathrm{d}s}=\frac{\phi(s)f(s)}{(n-1)C}>0. \tag{1.5.19}$$

在 $s=s_0$ 处,利用(1.5.16) 的第二式和(1.5.18),有

$$\begin{aligned}0&\geqslant\frac{\mathrm{d}\phi(s)}{\mathrm{d}s}f(s)+\phi(s)\frac{\mathrm{d}f(s)}{\mathrm{d}s}-C\phi(s)f(s)\\&\geqslant\phi(s)\left[\frac{\mathrm{d}f(s)}{\mathrm{d}s}-Cf(s)\right](\text{利用 } f(s_0)>0 \text{ 及}\frac{\mathrm{d}\phi(s)}{\mathrm{d}s}\geqslant 0).\end{aligned} \tag{1.5.20}$$

由 $\phi(s)>0$ 及上式,在 $s=s_0$ 处,有

$$\frac{\mathrm{d}f(s)}{\mathrm{d}s}\leqslant Cf(s). \tag{1.5.21}$$

于是,可以得到

$$\begin{aligned}\left.\frac{\mathrm{d}f(s)}{\mathrm{d}s}\right|_{s=r}&=F(r)(\text{利用}(1.5.11)\text{ 及 } f(r)=1)\leqslant F(s_0)\\&\leqslant Cf(s_0)+C(1-f(s_0))(\text{利用}(1.5.11)\text{ 和}(1.5.21))=C.\end{aligned} \tag{1.5.22}$$

利用中值定理及方程(1.5.1),有

$$1=f(r)-f(0)=\frac{\mathrm{d}f(s)}{\mathrm{d}s}\bigg|_{s=s^*}r\geqslant ar\text{(利用}\frac{\mathrm{d}f(s)}{\mathrm{d}s}\text{是}[0,r]\text{内一个单调增加的函数)}. \tag{1.5.23}$$

由上式,有

$$a\leqslant\frac{1}{r}. \tag{1.5.24}$$

综合上述三种情况,有

$$\frac{\mathrm{d}f(s)}{\mathrm{d}s}\bigg|_{s=r}\leqslant\max\left(\frac{1}{r}+C,\ \frac{\phi(r)}{(n-1)C}\right)\text{(由(1.5.13),(1.5.24),(1.5.15)和(1.5.22))}. \tag{1.5.25}$$

取正常数

$$C=\sqrt{\frac{\phi(r)}{n-1}},\text{则}\frac{\phi(r)}{(n-1)C}=\sqrt{\frac{\phi(r)}{n-1}}. \tag{1.5.26}$$

由(1.5.25)和(1.5.26),有

$$\frac{\mathrm{d}f(s)}{\mathrm{d}s}\bigg|_{s=r}\leqslant\frac{1}{r}+\sqrt{\frac{\phi(r)}{n-1}}. \tag{1.5.27}$$

将不等式(1.5.27)代入(1.5.10),有

$$\Delta r\leqslant(n-1)\left[\frac{1}{r}+\sqrt{\frac{\phi(r)}{n-1}}\right]. \tag{1.5.28}$$

推论　当 $\phi(r)=(n-1)k^2$ 时(这里 k 是一个正常数),由上式可知,在 r 的可微分点,有

$$\Delta r\leqslant(n-1)\left(\frac{1}{r}+k\right). \tag{1.5.29}$$

不等式(1.5.29)是著名的不等式([3]第一章). 引理1中 $\phi(r)$ 的光滑性仅需 C^1 就可以了.

设 f 是非紧完备 n 维连通 Riemann 流形 M 上有上界的 C^∞ 函数. 不失一般性,假设在一点 $P\in M$, $f(P)=0$(否则可考虑函数 $f(x)-f(P)$ 代替原先考虑的 $f(x)$). 又设 $\forall x\in M$, $f(x)<\sup f$,这里 $\sup f$ 是 f 的正的(有限)上确界.

引入一族函数

$$g_k(x) = \frac{f(x)+1}{F_k(r(x))}, \tag{1.5.30}$$

这里 k 是正整数, $r(x)$ 是由点 P 出发的距离函数. $F_k(r(x))$ 是 $r(x)$ 的待定 C^2 正函数族,满足下述条件:

(1) $\forall k \in \mathbf{N}$,这里 $\mathbf{N}$ 是全体正整数组成的集合, $F_k(0) = 1$;

(2) 对任意固定正实数 r, $\lim\limits_{k\to\infty} F_k(r) = 1$;

(3) 对 $\mathbf{N}$ 内任一固定元素 k, $\lim\limits_{r\to\infty} F_k(r) = \infty$;

(4) $\forall k \in \mathbf{N}$, $\dfrac{\mathrm{d}F_k(r)}{\mathrm{d}r} \geqslant 0$.

由条件(1)及公式(1.5.30),有

$$g_k(P) = 1. \tag{1.5.31}$$

又由条件(3),当 $r(x)$ 很大时, $g_k(x) < 1$. 因此,对于每个函数 g_k,有一点 $x_k \in M$,使得

$$g_k(x_k) = \max_{\forall x \in M} g_k(x). \tag{1.5.32}$$

下面证明

引理 2 假设有一族正 C^2 函数 $\{F_k(x) \mid k \in \mathbf{N}\}$ 满足上述条件(1)—(4),那么函数 $g_k(x)$ 的最大值点集 $\{x_k \mid k \in \mathbf{N}\}$ 具有性质:

$$\lim_{k\to\infty} r(x_k) = \infty, \ \sup\{f(x_k) \mid k \in \mathbf{N}\} = \sup f.$$

证明 先证明第一个等式. 用反证法. 如果有 $\{x_k \mid k \in \mathbf{N}\}$ 的一个子序列,它收敛于某点 $x_0 \in M$. 为方便,就假设 $\{x_k \mid k \in \mathbf{N}\}$ 收敛于某点 x_0. 于是,有 $\delta > 0$,以及一点 $x^* \in M$,满足

$$\begin{aligned} f(x^*) &> f(x_0) + 2\delta (\text{利用 } \forall x \in M,\ f(x) < \sup f) \\ &> f(x_k) + \frac{3}{2}\delta (\text{利用对很大的正整数 } k, |f(x_k) - f(x_0)| < \frac{1}{2}\delta). \end{aligned} \tag{1.5.33}$$

$\forall \varepsilon > 0$,有 $k^* \in \mathbf{N}$,当正整数 $k \geqslant k^*$ 时,

$$r(x_0) - \varepsilon < r(x_k) < r(x_0) + \varepsilon (\text{利用当 } k \to \infty \text{ 时}, x_k \to x_0). \tag{1.5.34}$$

利用条件(4)及上式,有

$$F_k(r(x_0) - \varepsilon) \leqslant F_k(r(x_k)) \leqslant F_k(r(x_0) + \varepsilon), \tag{1.5.35}$$

从而有

$$\lim_{k\to\infty} F_k(r(x_k)) = 1. \tag{1.5.36}$$

当点 x_0 不是点 P 时，利用条件(2)，有 $\lim\limits_{k\to\infty} F_k(r(x_0)-\varepsilon)=1$，以及 $\lim\limits_{k\to\infty} F_k(r(x_0)+\varepsilon)=1$，从而有(1.5.36). 如果点 x_0 就是点 P，利用条件(1)，以及 $\lim\limits_{k\to\infty} r(x_k)=0$，兼顾 F_k 的连续性，仍然有(1.5.36).

于是，存在正整数 $\widetilde{k}$，当正整数 $k\geqslant\widetilde{k}$ 时，有

$$\begin{aligned}
g_k(x^*) &= \frac{f(x^*)+1}{F_k(r(x^*))}\text{(利用(1.5.30))}\\
&> \frac{f(x_0)+\delta+1}{F_k(r(x_0))}\text{(利用不等式(1.5.33)的第一个不等号，以及条件}\\
&\quad\text{(2)，知正整数}k\text{很大时，}F_k(r(x^*))\text{与}F_k(r(x_0))\text{都与1很接近，先定}\\
&\quad\delta\text{，再定 }k)\\
&> \frac{f(x_k)+1}{F_k(r(x_k))}\text{(类似前一个不等式的理由，兼顾(1.5.36))}\\
&= g_k(x_k).
\end{aligned} \tag{1.5.37}$$

由于函数 g_k 在点 x_k 有最大值，上式是不可能成立的，因此有引理 2 的第一个结论. 对第二个结论，也利用反证法. 如果 $\sup\{f(x_k)\mid k\in\mathbf{N}\}<\sup f$，那么能找到一个 $\delta>0$，以及一点 $x^*\in M$，使得对于很大的正整数 k，有

$$f(x^*) > f(x_k)+\delta. \tag{1.5.38}$$

由 $\lim\limits_{k\to\infty} r(x_k)=\infty$，以及条件(4)，对于很大的正整数 k，有

$$g_k(x^*) = \frac{f(x^*)+1}{F_k(r(x^*))} > \frac{f(x_k)+1}{F_k(r(x_k))}\text{(分子缩小，分母扩大)} = g_k(x_k), \tag{1.5.39}$$

这与函数 g_k 在点 x_k 有最大值又矛盾.

下面证明

定理 4　(非紧完备 Riemann 流形上最大值原理)

设 M 是 n 维 $(n\geqslant 2)$ 非紧完备连通 Riemann 流形，P 是 M 上一个固定点. 设 M 的 Ricci 曲率 $\mathrm{Ric}\left(\frac{\partial}{\partial r},\frac{\partial}{\partial r}\right)\geqslant-\phi(r)$，这里 r 是 M 上从点 P 出发的距离函数，$\phi(r)$ 是一个单调递增的正的 C^1 函数，满足 $\int_0^\infty \frac{\mathrm{d}r}{\sqrt{\phi(r)}}=\infty$. 那么，对于 M 上任

意有上界的 C^2 函数 f,在 M 上有一点列 $\{x_k \mid k\in\mathbf{N}\}$,满足

$$\lim_{k\to\infty} f(x_k)=\sup f,\ \lim_{k\to\infty}|\nabla f|(x_k)=0,\ \lim_{k\to\infty}\Delta f(x_k)\leqslant 0.$$

证明 如果 M 上存在一点 x_0,满足 $f(x_0)=\sup f$,定理结论成立.下面设 $\forall x\in M,\ f(x)<\sup f$.依照前面叙述,引入函数族 $g_k(x)$(见公式(1.5.30),以及 $F_k(r(x))$ 满足的四个条件),设 $g_k(x)$ 在点 x_k 有最大值.先设点 x_k 不在点 P 的割迹上.于是,有

$$\nabla g_k(x_k)=0,\ \Delta g_k(x_k)\leqslant 0. \tag{1.5.40}$$

由公式(1.5.30),可以得到(下面为简便,省略自变量)

$$\begin{aligned}\nabla g_k&=\frac{\nabla f}{F_k(r)}-\frac{f+1}{F_k^2(r)}\frac{\mathrm{d}F_k(r)}{\mathrm{d}r}\nabla r,\\ \Delta g_k&=\frac{\Delta f}{F_k(r)}-\frac{2\nabla f}{F_k^2(r)}\frac{\mathrm{d}F_k(r)}{\mathrm{d}r}\nabla r+\frac{2(f+1)}{F_k^3(r)}\left(\frac{\mathrm{d}F_k(r)}{\mathrm{d}r}\right)^2|\nabla r|^2-\\ &\quad\frac{f+1}{F_k^2(r)}\frac{\mathrm{d}^2F_k(r)}{\mathrm{d}r^2}|\nabla r|^2-\frac{f+1}{F_k^2(r)}\frac{\mathrm{d}F_k(r)}{\mathrm{d}r}\Delta r.\end{aligned} \tag{1.5.41}$$

在点 x_k,利用(1.5.40)的第一式及(1.5.41)的第一式,有

$$\nabla f=\frac{f+1}{F_k(r)}\frac{\mathrm{d}F_k(r)}{\mathrm{d}r}\nabla r. \tag{1.5.42}$$

由(1.5.41)的第二式,以及 $|\nabla r|=1$,在点 x_k,再利用(1.5.40) 的第二式,有

$$\begin{aligned}\Delta f&\leqslant\frac{1}{F_k(r)}\Big[2\frac{\mathrm{d}F_k(r)}{\mathrm{d}r}\nabla f\nabla r-\frac{2(f+1)}{F_k(r)}\left(\frac{\mathrm{d}F_k(r)}{\mathrm{d}r}\right)^2\\ &\qquad+(f+1)\left(\frac{\mathrm{d}^2F_k(r)}{\mathrm{d}r^2}+\frac{\mathrm{d}F_k(r)}{\mathrm{d}r}\Delta r\right)\Big]\\ &=\frac{1}{F_k(r)}\Big[2\frac{\mathrm{d}F_k(r)}{\mathrm{d}r}\frac{(f+1)}{F_k(r)}\frac{\mathrm{d}F_k(r)}{\mathrm{d}r}-\frac{2(f+1)}{F_k(r)}\left(\frac{\mathrm{d}F_k(r)}{\mathrm{d}r}\right)^2\\ &\qquad+(f+1)\left(\frac{\mathrm{d}^2F_k(r)}{\mathrm{d}r^2}+\frac{\mathrm{d}F_k(r)}{\mathrm{d}r}\Delta r\right)\Big]\\ &=\frac{(f+1)}{F_k(r)}\left(\frac{\mathrm{d}^2F_k(r)}{\mathrm{d}r^2}+\frac{\mathrm{d}F_k(r)}{\mathrm{d}r}\Delta r\right)\text{(上式右端第一、第二大项之差恰为零).}\end{aligned} \tag{1.5.43}$$

令

$$\psi(r)=(n-1)\left[\frac{1}{r}+\sqrt{\frac{\phi(r)}{n-1}}\right]. \tag{1.5.44}$$

利用引理1,和在点 x_k, $\frac{f+1}{F_k(r)}>0$,以及条件(4),在点 x_k,有

$$\Delta f\leqslant\frac{(f+1)}{F_k(r)}\left(\frac{\mathrm{d}^2F_k(r)}{\mathrm{d}r^2}+\psi(r)\frac{\mathrm{d}F_k(r)}{\mathrm{d}r}\right).\tag{1.5.45}$$

下面寻找一族正的 C^2 函数 $F_k(r)$,满足前述的四个条件.

令

$$F_k(r)=\mathrm{e}^{\frac{1}{k}\int_0^r\frac{\mathrm{d}s}{\sqrt{\phi(s)}}}.\tag{1.5.46}$$

$F_k(r)$ 是 r 的 C^2 函数, $\forall\, r\in(0,\infty)$.

① $\forall\, k\in\mathbf{N}$, $F_k(0)=1$,于是前述条件(1) 成立.

② 对任意固定的正实数 r, $\lim\limits_{k\to\infty}F_k(r)=1$, 于是前述条件(2)成立.

③ 对于 $\mathbf{N}$ 内任一固定元素 k,利用 $\int_0^\infty\frac{\mathrm{d}r}{\sqrt{\phi(r)}}=\infty$,于是前述条件(3)成立.

④ $\forall\, k\in\mathbf{N}$,

$$\frac{\mathrm{d}F_k(r)}{\mathrm{d}r}=F_k(r)\frac{1}{k}\frac{1}{\sqrt{\phi(r)}}>0,\tag{1.5.47}$$

于是前述条件(4)成立.

$F_k(r)$还具有以下性质:

⑤ 由(1.5.47),有

$$\frac{1}{F_k(r)}\frac{\mathrm{d}F_k(r)}{\mathrm{d}r}=\frac{1}{k\sqrt{\phi(r)}}.\tag{1.5.48}$$

由于 $\phi(r)$是一个单调递增正 C^1 函数,有 $\frac{1}{\sqrt{\phi(r)}}\leqslant\frac{1}{\sqrt{\phi(0)}}$(一个正常数),再兼顾上式,有

$$\lim_{k\to\infty}\frac{1}{F_k(r)}\frac{\mathrm{d}F_k(r)}{\mathrm{d}r}=0.\tag{1.5.49}$$

⑥ 由公式(1.5.47),再对 r 求导一次,有

$$\begin{aligned}\frac{\mathrm{d}^2F_k(r)}{\mathrm{d}r^2}&=\frac{\mathrm{d}F_k(r)}{\mathrm{d}r}\frac{1}{k}\frac{1}{\sqrt{\phi(r)}}+F_k(r)\frac{1}{k}\left(-\frac{1}{2(\phi(r))^{\frac{3}{2}}}\frac{\mathrm{d}\phi(r)}{\mathrm{d}r}\right)\\&=\frac{F_k(r)}{k^2\phi(r)}-\frac{F_k(r)}{2k(\phi(r))^{\frac{3}{2}}}\frac{\mathrm{d}\phi(r)}{\mathrm{d}r}.\end{aligned}\tag{1.5.50}$$

由上式,有

$$\frac{1}{F_k(r)}\frac{\mathrm{d}^2F_k(r)}{\mathrm{d}r^2}=\frac{1}{k^2\phi(r)}-\frac{1}{2k(\phi(r))^{\frac{3}{2}}}\frac{\mathrm{d}\phi(r)}{\mathrm{d}r}. \tag{1.5.51}$$

于是,有

$$\begin{aligned}&\frac{1}{F_k(r)}\left[\frac{\mathrm{d}^2F_k(r)}{\mathrm{d}r^2}+\psi(r)\frac{\mathrm{d}F_k(r)}{\mathrm{d}r}\right](x_k)\\&=\left\{\frac{1}{k^2\phi(r)}-\frac{1}{2k(\phi(r))^{\frac{3}{2}}}\frac{\mathrm{d}\phi(r)}{\mathrm{d}r}+\frac{\psi(r)}{k\sqrt{\phi(r)}}\right\}(x_k)\\&\leqslant\left[\frac{1}{k^2\phi(r)}+\frac{\psi(r)}{k\sqrt{\phi(r)}}\right](x_k)\left(\text{利用 }\phi(r)>0\text{ 及}\frac{\mathrm{d}\phi(r)}{\mathrm{d}r}\geqslant 0\right).\end{aligned} \tag{1.5.52}$$

利用(1.5.44),有

$$\frac{\psi(r)}{\sqrt{\phi(r)}}=(n-1)\left(\frac{1}{r\sqrt{\phi(r)}}+\frac{1}{\sqrt{n-1}}\right). \tag{1.5.53}$$

利用以上两式,有

$$\overline{\lim_{k\to\infty}}\frac{1}{F_k(r)}\left[\frac{\mathrm{d}^2F_k(r)}{\mathrm{d}r^2}+\psi(r)\frac{\mathrm{d}F_k(r)}{\mathrm{d}r}\right](x_k)\leqslant 0. \tag{1.5.54}$$

在点 x_k,利用公式(1.5.42),有

$$|\nabla f|=|f+1|\left|\frac{1}{F_k(r)}\frac{\mathrm{d}F_k(r)}{\mathrm{d}r}\right|. \tag{1.5.55}$$

由(1.5.49)和(1.5.55),有

$$\lim_{k\to\infty}|\nabla f|(x_k)=0. \tag{1.5.56}$$

由引理 2 的第二个结论,可选择 $\{x_k \mid k\in\mathbf{N}\}$ 的一个子序列 $\{x_{k_j}\mid k_j\in\mathbf{N}\}$,使得

$$\lim_{k_j\to\infty}f(x_{k_j})=\sup f,\ \lim_{k_j\to\infty}|\nabla f|(x_{k_j})=0,\ \lim_{k_j\to\infty}\Delta f(x_{k_j})\leqslant 0(\text{利用}(1.5.45)\text{和}(1.5.54)). \tag{1.5.57}$$

如果 x_k 位于点 P 的割迹内,设 L 是从点 P 到点 x_k 的一条极小测地线,L 的长度是 r. 能够找到 L 上点 q, q 在点 P 邻近,记 $d(P,q)=\varepsilon$,这里 ε 充分小,ρ_ε 是从点 q 出发的距离函数. $\forall x\in M$,有

$$\rho_\varepsilon(x)-\varepsilon\leqslant r(x)\leqslant\varepsilon+\rho_\varepsilon(x),\text{特别地},r(x_k)=\varepsilon+\rho_\varepsilon(x_k).\tag{1.5.58}$$

这里再重申，$r(x)$是从点 P 出发的距离函数. $\forall\,\delta>0$，取定 δ 暂不变动.

其次，选择上述 $\varepsilon>0$，使得

$$r(x)-\delta<\rho_\varepsilon(x)<r(x)+\delta,\tag{1.5.59}$$

这里点 x 位于以点 P 为球心、以 $r+\delta$ 为半径的一个测地球内. $\lim\limits_{\varepsilon\to0}\rho_\varepsilon(x)=r(x)$，在含 x_k 的一个小邻域内，ρ_ε 关于 x_k 是光滑的，即 x_k 不在点 q 的割迹内. 完全类似 Δr 的估计，可以看到

$$\Delta\rho_\varepsilon\leqslant(n-1)\left[\frac{1}{\rho_\varepsilon}+\sqrt{\frac{\phi(r+\delta)}{n-1}}\right]+B\delta\rho_\varepsilon,\tag{1.5.60}$$

这里当 r 固定时，B 是一个正常数. 有兴趣的读者可作为一个习题证明上式.

令

$$F_k^*(\rho_\varepsilon(x))=\mathrm{e}^{\frac{1}{k}\int_0^{\varepsilon+\rho_\varepsilon(x)}\frac{\mathrm{d}s}{\sqrt{\phi(s)}}},\tag{1.5.61}$$

$$g_k^*(x)=\frac{f(x)+1}{F_k^*(\rho_\varepsilon(x))},\tag{1.5.62}$$

那么，可以知道

$$g_k^*(x)\leqslant g_k(x),\text{且 }g_k^*(x_k)=g_k(x_k).\tag{1.5.63}$$

对于函数 g_k^*，在点 x_k，估计它的最大值，这里 $F_k^*(0)>0$ 和$\lim\limits_{k\to\infty}F_k^*(0)=1$ 代替了本讲前述四个条件中的条件(1). 类似前面的估计，先令 $\varepsilon\to0$，然后令 $\delta\to0$，最后令 $k\to\infty$，有与(1.5.57)相同的结果. 有兴趣的读者可以仔细地将其写出来.

推论 1　取 $\phi(r)=(n-1)k^2$，这里 k 是一个正常数，这恰是 1976 年丘成桐教授得到的最大值原理([3]).

推论 2　取 $\phi(r)=C[1+(r+1)^2\ln^2(2+r)]$，这里 C 是一个正常数，这恰是忻元龙教授和陈群合作得到的结果([4]).

编者的话

这一讲是笔者 1993 年发表于《数学年刊》的一篇文章的主要定理([5]). 这篇文章的主要思想来自上述提及的文章[3].

参考文献

[1] Protter, M. H., Weinberger, H. F.. *Maximum Principle in Differential Equations*.

Prentice Hall, 1967.(有中译本).
[2] 伍鸿熙,沈纯理,虞言林.黎曼几何初步.北京大学出版社,1989.
[3] S.T. Yau. Harmonic function on complete Riemannian manifolds, *Comm. Pure. Appl. Math.* (1975): 201-228.
[4] Chen, Q., Xin, Y. L.. A generalized maximum principle and its applications in geometry. *Amer. J. Math.*, 114(1992): 355-366.
[5] 黄宣国.完备黎曼流形上的最大值原理.数学年刊(A辑),第14卷第2期(1993): 175—186.

第6讲 4维球面内闭极小超曲面的第二基本形式长度平方的第二空隙性定理

在本讲,$p=1$,简记h_{ij}^{n+1}为h_{ij},利用第3讲内公式(1.3.20),可以看到在$n+1$维常曲率C^*的空间内,对于n维超曲面M,

$$\sum_{i,j=1}^{n} h_{ij}\Delta h_{ij} = \sum_{i,j,k=1}^{n} h_{ij}h_{kkij} - C^*\left(\sum_{k=1}^{n} h_{kk}\right)^2 + nC^*\sum_{i,j=1}^{n} h_{ij}^2 + \sum_{i,j,k,l=1}^{n} h_{ij}h_{il}h_{lj}h_{kk} - \sum_{i,j,k,l=1}^{n} h_{ij}^2 h_{lk}^2, \tag{1.6.1}$$

这里h_{ij}^2是$(h_{ij})^2$等.可以知道M的

$$\text{平均曲率 } H=\frac{1}{n}\sum_{k=1}^{n} h_{kk},\text{数量曲率 } R=\sum_{i,j=1}^{n} R_{jiij}. \tag{1.6.2}$$

利用第1讲内公式(1.1.10)和(1.1.19),有

$$R_{jiij} = C^*(\delta_{jj}\delta_{ii}-\delta_{ij}^2)+(h_{jj}h_{ii}-h_{ij}^2). \tag{1.6.3}$$

利用以上两式,有

$$R = n(n-1)C^* + n^2H^2 - S. \tag{1.6.4}$$

在本讲,M的平均曲率H和数量曲率R都是常数,利用上式,M的第二基本形式长度平方S也是常数.在这些条件下,公式(1.6.1)可简化为下述公式:

$$\sum_{i,j=1}^{n} h_{ij}\Delta h_{ij} = -C^* n^2H^2 + nC^*S - S^2 + nH\sum_{i,j,l=1}^{n} h_{ij}h_{il}h_{lj}. \tag{1.6.5}$$

利用第1讲内公式(1.1.10)和(1.1.33),即利用(1.3.34),(1.1.43),(1.1.47),有

$$h_{ijkl} = h_{ikjl},\ h_{ijkls} = h_{ikjls}. \tag{1.6.6}$$

这里 h_{ijkl} 的沿 e_s 方向的协变导数 h_{ijkls} 定义如下:

$$\sum_{s=1}^{n} h_{ijkls}\omega_s = \mathrm{d}h_{ijkl} - \sum_{s=1}^{n} h_{sjkl}\omega_{is} - \sum_{s=1}^{n} h_{iskl}\omega_{js} - \sum_{s=1}^{n} h_{ijsl}\omega_{ks} - \sum_{s=1}^{n} h_{ijks}\omega_{ls}. \tag{1.6.7}$$

利用(1.6.6)的第一式以及(1.6.7),很容易推导出(1.6.6)的第二式.

利用第 1 讲内公式(1.1.40),有

$$h_{ijkl} - h_{ijlk} = \sum_{s=1}^{n} h_{is}R_{jskl} + \sum_{s=1}^{n} h_{sj}R_{iskl}. \tag{1.6.8}$$

同前几讲一样,仍用 Δ 表示 M 上的 Laplace 算子.

$$\Delta h_{ijk} = \sum_{l=1}^{n} h_{ijkll}. \tag{1.6.9}$$

利用(1.6.3)和(1.6.8),有

$$h_{ijkl} - h_{ijlk} = C^*(\delta_{jl}h_{ik} - \delta_{jk}h_{il}) + C^*(\delta_{il}h_{kj} - \delta_{ik}h_{lj}) + \sum_{s=1}^{n} h_{is}(h_{jl}h_{sk} - h_{jk}h_{sl}) + \sum_{s=1}^{n} h_{sj}(h_{il}h_{sk} - h_{ik}h_{sl}). \tag{1.6.10}$$

利用第 1 讲内公式(1.1.36),有

$$\sum_{l=1}^{n} h_{ijkl}\omega_l = \mathrm{d}h_{ijk} - \sum_{l=1}^{n} h_{ljk}\omega_{il} - \sum_{l=1}^{n} h_{ilk}\omega_{jl} - \sum_{l=1}^{n} h_{ijl}\omega_{kl}. \tag{1.6.11}$$

上式两端外微分,有

$$\sum_{l=1}^{n} \mathrm{d}h_{ijkl} \wedge \omega_l + \sum_{l=1}^{n} h_{ijkl}\,\mathrm{d}\omega_l = -\sum_{l=1}^{n} \mathrm{d}h_{ljk} \wedge \omega_{il} - \sum_{l=1}^{n} h_{ljk}\,\mathrm{d}\omega_{il} - \sum_{l=1}^{n} \mathrm{d}h_{ilk} \wedge \omega_{jl} - \sum_{l=1}^{n} h_{ilk}\,\mathrm{d}\omega_{jl} - \sum_{l=1}^{n} \mathrm{d}h_{ijl} \wedge \omega_{kl} - \sum_{l=1}^{n} h_{ijl}\,\mathrm{d}\omega_{kl}. \tag{1.6.12}$$

利用第 1 讲内公式(1.1.17),(1.1.20),以及本讲公式(1.6.7),(1.6.11)和(1.6.12),有

$$\sum_{l=1}^{n}\left(\sum_{s=1}^{n} h_{ijkls}\omega_s + \sum_{s=1}^{n} h_{sjkl}\omega_{is} + \sum_{s=1}^{n} h_{iskl}\omega_{jl} + \sum_{s=1}^{n} h_{ijsl}\omega_{ks} + \sum_{s=1}^{n} h_{ijks}\omega_{ls}\right) \wedge \omega_l + \sum_{l,\,s=1}^{n} h_{ijkl}\omega_s \wedge \omega_{sl}$$

$$
\begin{aligned}
=-&\sum_{l=1}^{n}\left(\sum_{s=1}^{n}h_{ljks}\omega_s+\sum_{s=1}^{n}h_{sjk}\omega_{ls}+\sum_{s=1}^{n}h_{lsk}\omega_{js}+\sum_{s=1}^{n}h_{ljs}\omega_{ks}\right)\wedge\omega_{il}-\\
&\sum_{l=1}^{n}h_{ljk}\left(\sum_{s=1}^{n}\omega_{is}\wedge\omega_{sl}+\frac{1}{2}\sum_{s,\,t=1}^{n}R_{ilst}\omega_s\wedge\omega_t\right)-\\
&\sum_{l=1}^{n}\left(\sum_{s=1}^{n}h_{ilks}\omega_s+\sum_{s=1}^{n}h_{slk}\omega_{is}+\sum_{s=1}^{n}h_{isk}\omega_{ls}+\sum_{s=1}^{n}h_{ils}\omega_{ks}\right)\wedge\omega_{jl}-\\
&\sum_{l=1}^{n}h_{ilk}\left(\sum_{s=1}^{n}\omega_{js}\wedge\omega_{sl}+\frac{1}{2}\sum_{s,\,t=1}^{n}R_{jlst}\omega_s\wedge\omega_t\right)-\\
&\sum_{l=1}^{n}\left(\sum_{s=1}^{n}h_{ijls}\omega_s+\sum_{s=1}^{n}h_{sjl}\omega_{is}+\sum_{s=1}^{n}h_{isl}\omega_{js}+\sum_{s=1}^{n}h_{ijs}\omega_{ls}\right)\wedge\omega_{kl}-\\
&\sum_{l=1}^{n}h_{ijl}\left(\sum_{s=1}^{n}\omega_{ks}\wedge\omega_{sl}+\frac{1}{2}\sum_{s,\,t=1}^{n}R_{klst}\omega_s\wedge\omega_t\right).
\end{aligned}
\tag{1.6.13}
$$

上式右端(去括号后)一共有 18 大项. 将上式右端第一大项中的下标 l 与 s 互换,恰与左端第二大项相等. 将上式右端第七大项中的下标 l 与 s 互换,恰与左端第三大项相等. 将上式右端倒数第六大项中的下标 l 与 s 互换,恰与左端第四大项相等. 将上式左端最后一大项中的下标 l 与 s 互换,恰与左端倒数第二大项之和为零. 将上式右端第五大项的下标 l 与 s 互换,恰与右端第二大项之和为零. 将上式右端第八大项的下标 l 与 s 互换,恰与右端第三大项之和为零. 将上式右端倒数第五大项中的下标 l 与 s 互换,恰与右端第四大项之和为零. 将上式右端倒数第八大项中的下标 l 与 s 互换,恰与右端第九大项之和为零. 将上式右端倒数第四大项中的下标 l 与 s 互换,恰与上式右端第十大项之和是零. 将上式右端倒数第二大项中的下标 l 与 s 互换,恰与右端倒数第三大项之和是零.

利用上述的化简,公式(1.6.13)可简化为下述公式:

$$
\begin{aligned}
\sum_{l,\,s=1}^{n}h_{ijkls}\omega_s\wedge\omega_l=&-\frac{1}{2}\sum_{l,\,s,\,t=1}^{n}h_{ljk}R_{ilst}\omega_s\wedge\omega_t-\frac{1}{2}\sum_{l,\,s,\,t=1}^{n}h_{ilk}R_{jlst}\omega_s\wedge\omega_t-\\
&\frac{1}{2}\sum_{l,\,s,\,t=1}^{n}h_{ijl}R_{klst}\omega_s\wedge\omega_t.
\end{aligned}
\tag{1.6.14}
$$

将上式右端下标反称化后,有

$$
\sum_{l,\,s=1}^{n}h_{ijkls}\omega_s\wedge\omega_l=\frac{1}{2}\sum_{l,\,s=1}^{n}(h_{ijkls}-h_{ijksl})\omega_s\wedge\omega_l.
\tag{1.6.15}
$$

利用(1.6.14)和(1.6.15),可以看到这两公式右端应相等. 将公式(1.6.14)右端中的三大项下标 l 与 t 互换,可以得到

$$h_{ijkls}-h_{ijksl}=\sum_{t=1}^{n}h_{tjk}R_{itls}+\sum_{t=1}^{n}h_{itk}R_{jtls}+\sum_{t=1}^{n}h_{ijt}R_{ktls}. \tag{1.6.16}$$

将公式(1.6.8)两端微分,有

$$\mathrm{d}h_{ijkl}-\mathrm{d}h_{ijlk}=\sum_{s=1}^{n}\mathrm{d}h_{is}R_{jskl}+\sum_{s=1}^{n}h_{is}\,\mathrm{d}R_{jskl}+\sum_{s=1}^{n}\mathrm{d}h_{sj}R_{iskl}+\sum_{s=1}^{n}h_{sj}\,\mathrm{d}R_{iskl}. \tag{1.6.17}$$

利用(1.6.7),可以看到

$$\begin{aligned}\mathrm{d}h_{ijkl}-\mathrm{d}h_{ijlk}=&\left(\sum_{s=1}^{n}h_{ijkls}\omega_{s}+\sum_{s=1}^{n}h_{sjkl}\omega_{is}+\sum_{s=1}^{n}h_{iskl}\omega_{js}+\sum_{s=1}^{n}h_{ijsl}\omega_{ks}+\sum_{s=1}^{n}h_{ijks}\omega_{ls}\right)-\\&\left(\sum_{s=1}^{n}h_{ijlks}\omega_{s}+\sum_{s=1}^{n}h_{sjlk}\omega_{is}+\sum_{s=1}^{n}h_{islk}\omega_{js}+\sum_{s=1}^{n}h_{ijsk}\omega_{ls}+\sum_{s=1}^{n}h_{ijls}\omega_{ks}\right).\end{aligned} \tag{1.6.18}$$

定义 R_{jilt} 关于 e_s 方向的协变导数 R_{jilts} 如下:

$$\sum_{s=1}^{n}R_{jilts}\omega_{s}=\mathrm{d}R_{jilt}-\sum_{s=1}^{n}R_{silt}\omega_{js}-\sum_{s=1}^{n}R_{jslt}\omega_{is}-\sum_{s=1}^{n}R_{jist}\omega_{ls}-\sum_{s=1}^{n}R_{jils}\omega_{ts}. \tag{1.6.19}$$

利用第 1 讲内公式(1.1.28),以及上式,有

$$\begin{aligned}&\sum_{s=1}^{n}\mathrm{d}h_{is}R_{jskl}+\sum_{s=1}^{n}h_{is}\,\mathrm{d}R_{jskl}+\sum_{s=1}^{n}\mathrm{d}h_{sj}R_{iskl}+\sum_{s=1}^{n}h_{sj}\,\mathrm{d}R_{iskl}\\=&\sum_{s=1}^{n}\left(\sum_{t=1}^{n}h_{ist}\omega_{t}+\sum_{t=1}^{n}h_{ts}\omega_{it}+\sum_{t=1}^{n}h_{it}\omega_{st}\right)R_{jskl}+\\&\sum_{s=1}^{n}h_{is}\left(\sum_{t=1}^{n}R_{jsklt}\omega_{t}+\sum_{t=1}^{n}R_{tskl}\omega_{jt}+\sum_{t=1}^{n}R_{jtkl}\omega_{st}+\sum_{t=1}^{n}R_{jstl}\omega_{kt}+\sum_{t=1}^{n}R_{jskt}\omega_{lt}\right)+\\&\sum_{s=1}^{n}\left(\sum_{t=1}^{n}h_{sjt}\omega_{t}+\sum_{t=1}^{n}h_{tj}\omega_{st}+\sum_{t=1}^{n}h_{st}\omega_{jt}\right)R_{iskl}+\\&\sum_{s=1}^{n}h_{sj}\left(\sum_{t=1}^{n}R_{isklt}\omega_{t}+\sum_{t=1}^{n}R_{tskl}\omega_{it}+\sum_{t=1}^{n}R_{itkl}\omega_{st}+\sum_{t=1}^{n}R_{istl}\omega_{kt}+\sum_{t=1}^{n}R_{iskt}\omega_{lt}\right).\end{aligned} \tag{1.6.20}$$

公式(1.6.18)的右端第二大项与第七大项之差

$$\sum_{s=1}^{n}h_{sjkl}\omega_{is}-\sum_{s=1}^{n}h_{sjlk}\omega_{is}=\sum_{s,\,t=1}^{n}h_{tj}R_{stkl}\omega_{is}+\sum_{s,\,t=1}^{n}h_{st}R_{jtkl}\omega_{is}\text{(利用(1.6.8))}$$

$$= \sum_{s,t=1}^{n} h_{sj}R_{tskl}\omega_{it} + \sum_{s,t=1}^{n} h_{ts}R_{jskl}\omega_{it}\text{(将上式右端两大项中下标 } s \text{ 与 } t \text{ 互换).} \tag{1.6.21}$$

上式右端两大项恰是公式(1.6.20)右端中第二大项与倒数第四大项.

公式(1.6.18)的右端第三大项与倒数第三大项之差

$$\sum_{s=1}^{n} h_{iskl}\omega_{js} - \sum_{s=1}^{n} h_{islk}\omega_{js} = \sum_{s,t=1}^{n} h_{ts}R_{itkl}\omega_{js} + \sum_{s,t=1}^{n} h_{it}R_{stkl}\omega_{js}\text{(利用(1.6.8))}$$

$$= \sum_{s,t=1}^{n} h_{st}R_{iskl}\omega_{jt} + \sum_{s,t=1}^{n} h_{is}R_{tskl}\omega_{jt}\text{(将上式右端两大项中下标 } s \text{ 与 } t \text{ 互换).} \tag{1.6.22}$$

上式右端两大项恰是公式(1.6.20)右端中第五大项与倒数第六大项.

公式(1.6.18)右端的第四大项与倒数第一大项之差

$$\sum_{s=1}^{n} h_{ijsl}\omega_{ks} - \sum_{i,j,l,s=1}^{n} h_{ijls}\omega_{ks} = \sum_{s,t=1}^{n} h_{tj}R_{itsl}\omega_{ks} + \sum_{s,t=1}^{n} h_{it}R_{jtsl}\omega_{ks}\text{(利用(1.6.8))}$$

$$= \sum_{s,t=1}^{n} h_{sj}R_{istl}\omega_{kt} + \sum_{s,t=1}^{n} h_{is}R_{jstl}\omega_{kt}\text{(将上式右端两大项中下标 } s \text{ 与 } t \text{ 互换).} \tag{1.6.23}$$

上式右端两大项恰是公式(1.6.20)右端中第七大项与倒数第二大项.

公式(1.6.18)的右端第五大项与倒数第二大项之差

$$\sum_{s=1}^{n} h_{ijks}\omega_{ls} - \sum_{s=1}^{n} h_{ijsk}\omega_{ls} = \sum_{s,t=1}^{n} h_{tj}R_{itks}\omega_{ls} + \sum_{s,t=1}^{n} h_{it}R_{jtks}\omega_{ls}\text{(利用(1.6.8))}$$

$$= \sum_{s,t=1}^{n} h_{sj}R_{iskt}\omega_{lt} + \sum_{s,t=1}^{n} h_{is}R_{jskt}\omega_{lt}\text{(将上式右端两大项中下标 } s \text{ 与 } t \text{ 互换).} \tag{1.6.24}$$

上式右端两大项恰是(1.6.20)右端第八大项与倒数第一大项.另外,将(1.6.20)右端第三大项的下标 s 与 t 互换,与(1.6.20)右端第六大项之和恰是零.将(1.6.20)右端第十大项的下标 s 与 t 互换,与(1.6.20)右端第三大项之和恰是零.

利用(1.6.17),(1.6.18),(1.6.20)—(1.6.24)及上述叙述,有

$$\sum_{s=1}^{n}(h_{ijkls} - h_{ijlks})\omega_s = \sum_{s,t=1}^{n} h_{its}R_{jtkl}\omega_s + \sum_{s,t=1}^{n} h_{it}R_{jtkls}\omega_s +$$

$$\sum_{s,t=1}^{n} h_{tjs} R_{itkl} \omega_s + \sum_{s,t=1}^{n} h_{tj} R_{itkls} \omega_s, \tag{1.6.25}$$

这里(1.6.20)右端剩余四大项中交换了下标 s 与 t.

由(1.6.25),有

$$h_{ijkls} - h_{ijlks} = \sum_{t=1}^{n} h_{its} R_{jtkl} + \sum_{t=1}^{n} h_{it} R_{jtkls} + \sum_{t=1}^{n} h_{tjs} R_{itkl} + \sum_{t=1}^{n} h_{tj} R_{itkls}. \tag{1.6.26}$$

于是,有

$$\begin{aligned}
\Delta h_{ijk} &= \sum_{l=1}^{n} h_{ijkll} \text{(由(1.6.9))} \\
&= \sum_{l=1}^{n} h_{ijlkl} + \sum_{l,t=1}^{n} h_{itl} R_{jtkl} + \sum_{l,t=1}^{n} h_{it} R_{jtkll} + \sum_{l,t=1}^{n} h_{tjl} R_{itkl} + \sum_{l,t=1}^{n} h_{tj} R_{itkll} \text{(利用(1.6.26),令 } s = l\text{)} \\
&= \left(\sum_{l=1}^{n} h_{ijllk} + \sum_{l,t=1}^{n} h_{tjl} R_{itkl} + \sum_{l,t=1}^{n} h_{itl} R_{jtkl} + \sum_{l,t=1}^{n} h_{ijt} R_{ltkl} \right) + \\
&\quad \sum_{l,t=1}^{n} h_{itl} R_{jtkl} + \sum_{l,t=1}^{n} h_{it} R_{jtkll} + \sum_{l,t=1}^{n} h_{tjl} R_{itkl} + \sum_{l,t=1}^{n} h_{tj} R_{itkll} \text{(利用(1.6.16))} \\
&= \sum_{l=1}^{n} h_{ijllk} + 2\sum_{l,t=1}^{n} h_{tjl} R_{itkl} + 2\sum_{l,t=1}^{n} h_{itl} R_{jtkl} + \sum_{l,t=1}^{n} h_{ijt} R_{ltkl} + \sum_{l,t=1}^{n} h_{it} R_{jtkll} + \\
&\quad \sum_{l,t=1}^{n} h_{tj} R_{itkll} \text{(上式右端第二大项与倒数第二大项相等,上式右端第三大项与第五大项相等)}.
\end{aligned} \tag{1.6.27}$$

而

$$\begin{aligned}
\sum_{l=1}^{n} h_{ijllk} &= \sum_{l=1}^{n} h_{lijlk} \text{(利用(1.6.6)的第二式)} \\
&= \sum_{l=1}^{n} h_{liljk} + \sum_{l,t=1}^{n} h_{tik} R_{ltjl} + \sum_{l,t=1}^{n} h_{ti} R_{ltjlk} + \sum_{l,t=1}^{n} h_{ltk} R_{itjl} + \sum_{l,t=1}^{n} h_{lt} R_{itjlk} \text{(利用(1.6.26))} \\
&= \sum_{l=1}^{n} h_{llijk} + \sum_{l,t=1}^{n} h_{tik} R_{ltjl} + \sum_{l,t=1}^{n} h_{ti} R_{ltjlk} + \sum_{l,t=1}^{n} h_{ltk} R_{itjl} + \sum_{l,t=1}^{n} h_{lt} R_{itjlk} \text{(利用(1.6.6)的第二式)}.
\end{aligned} \tag{1.6.28}$$

将(1.6.28)代入(1.6.27),再利用(1.6.2)的第一式,有

$$\Delta h_{ijk}=nH_{ijk}+\sum_{l,\,t=1}^{n}h_{tik}R_{ltjl}+\sum_{l,\,t=1}^{n}h_{ti}R_{ltjlk}+\sum_{l,\,t=1}^{n}h_{ltk}R_{itjl}+\sum_{l,\,t=1}^{n}h_{lt}R_{itjlk}+$$
$$2\sum_{l,\,t=1}^{n}h_{tjl}R_{itkl}+2\sum_{l,\,t=1}^{n}h_{itl}R_{jtkl}+\sum_{l,\,t=1}^{n}h_{ijt}R_{ltkl}+\sum_{l,\,t=1}^{n}h_{it}R_{jtkll}+\sum_{l,\,t=1}^{n}h_{tj}R_{itkll}.\tag{1.6.29}$$

上式两端乘以 h_{ijk},并且关于 i,j,k 从 1 到 n 都求和,有

$$\sum_{i,j,k=1}^{n}h_{ijk}\Delta h_{ijk}=n\sum_{i,j,k=1}^{n}H_{ijk}h_{ijk}+\sum_{i,j,k,l,t=1}^{n}h_{ijk}h_{tik}R_{ltjl}+\sum_{i,j,k,l,t=1}^{n}h_{ijk}h_{ti}R_{ltjlk}+$$
$$\sum_{i,j,k,l,t=1}^{n}h_{ijk}h_{ltk}R_{itjl}+\sum_{i,j,k,l,t=1}^{n}h_{ijk}h_{lt}R_{itjlk}+2\sum_{i,j,k,l,t=1}^{n}h_{ijk}h_{tjl}R_{itkl}+$$
$$2\sum_{i,j,k,l,t=1}^{n}h_{ijk}h_{itl}R_{jtkl}+\sum_{i,j,k,l,t=1}^{n}h_{ijk}h_{ijt}R_{ltkl}+$$
$$\sum_{i,j,k,l,t=1}^{n}h_{ijk}h_{it}R_{jtkll}+\sum_{i,j,k,l,t=1}^{n}h_{ijk}h_{tj}R_{itkll}.\tag{1.6.30}$$

上式右端第二大项与倒数第三大项之和

$$\sum_{i,j,k,l,t=1}^{n}h_{ijk}h_{tik}R_{ltjl}+\sum_{i,j,k,l,t=1}^{n}h_{ijk}h_{ijt}R_{ltkl}$$
$$=\sum_{i,j,k,l,t=1}^{n}h_{ijk}h_{tik}R_{ltjl}+\sum_{i,j,k,l,t=1}^{n}h_{ijk}h_{ikt}R_{ltjl}\text{(将上式左端第二大项下标}j\text{与}k\text{互换)}$$
$$=2\sum_{i,j,k,l,t=1}^{n}h_{ijk}h_{tik}R_{ltjl}\text{(利用第 1 讲内公式(1.3.34))}.\tag{1.6.31}$$

公式(1.6.30)的右端第四大项、倒数第四大项与倒数第五大项之和

$$\sum_{i,j,k,l,t=1}^{n}h_{ijk}h_{ltk}R_{itjl}+2\sum_{i,j,k,l,t=1}^{n}h_{ijk}h_{itl}R_{jtkl}+2\sum_{i,j,k,l,t=1}^{n}h_{ijk}h_{tjl}R_{itkl}=5\sum_{i,j,k,l,t=1}^{n}h_{ijk}h_{ltk}R_{itjl}$$

(上式左端第二大项中互换下标 i 与 j,等于第三大项. 第三大项中互换下标 j 与 k,等于第一大项,这里利用第 1 讲内公式(1.3.34)). (1.6.32)

公式(1.6.30)的右端第三大项、倒数第一大项与倒数第二大项之和

$$\sum_{i,j,k,l,t=1}^{n}h_{ijk}h_{ti}R_{ltjlk}+\sum_{i,j,k,l,t=1}^{n}h_{ijk}h_{it}R_{jtkll}+\sum_{i,j,k,l,t=1}^{n}h_{ijk}h_{tj}R_{itkll}$$
$$=\sum_{i,j,k,l,t=1}^{n}h_{ijk}h_{ti}(R_{ltjlk}+2R_{jtkll})\text{(上式左端第三大项中互换下标}i\text{与}j\text{,并且利}$$

用 $h_{ijk}=h_{jik}$). (1.6.33)

将(1.6.31),(1.6.32)和(1.6.33)代入(1.6.30),可以看到

$$\sum_{i,j,k=1}^{n}h_{ijk}\Delta h_{ijk}=n\sum_{i,j,k=1}^{n}h_{ijk}H_{ijk}+2\sum_{i,j,k,l,t=1}^{n}h_{ijk}h_{tik}R_{ltjl}+5\sum_{i,j,k,l,t=1}^{n}h_{ijk}h_{itl}R_{jtkl}+\sum_{i,j,k,l,t=1}^{n}h_{ijk}h_{ti}(R_{ltjlk}+2R_{jtkll})+\sum_{i,j,k,l,t=1}^{n}h_{ijk}h_{lt}R_{itjlk}. \tag{1.6.34}$$

利用第1讲内公式(1.3.10)和(1.1.19),有

$$R_{jtkl}=C^{*}(\delta_{jl}\delta_{tk}-\delta_{jk}\delta_{tl})+(h_{jl}h_{tk}-h_{jk}h_{tl}). \tag{1.6.35}$$

将上式两端微分,利用(1.6.19),有

$$\begin{aligned}&\sum_{s=1}^{n}R_{jtkls}\omega_{s}+\sum_{s=1}^{n}R_{stkl}\omega_{js}+\sum_{s=1}^{n}R_{jskl}\omega_{ts}+\sum_{s=1}^{n}R_{jtsl}\omega_{ks}+\sum_{s=1}^{n}R_{jtks}\omega_{ls}\\&=\mathrm{d}R_{jtkl}=\mathrm{d}h_{jl}h_{tk}+h_{jl}\mathrm{d}h_{tk}-\mathrm{d}h_{jk}h_{tl}-h_{jk}\mathrm{d}h_{tl}\\&=\Big(\sum_{s=1}^{n}h_{jls}\omega_{s}+\sum_{s=1}^{n}h_{sl}\omega_{js}+\sum_{s=1}^{n}h_{js}\omega_{ls}\Big)h_{tk}+h_{jl}\Big(\sum_{s=1}^{n}h_{tks}\omega_{s}+\sum_{s=1}^{n}h_{sk}\omega_{ts}+\\&\sum_{s=1}^{n}h_{ts}\omega_{ks}\Big)-\Big(\sum_{s=1}^{n}h_{jks}\omega_{s}+\sum_{s=1}^{n}h_{sk}\omega_{js}+\sum_{s=1}^{n}h_{js}\omega_{ks}\Big)h_{tl}-h_{jk}\Big(\sum_{s=1}^{n}h_{tls}\omega_{s}+\\&\sum_{s=1}^{n}h_{sl}\omega_{ts}+\sum_{s=1}^{n}h_{ts}\omega_{ls}\Big)(\text{利用第1讲内公式(1.1.28)}).\end{aligned} \tag{1.6.36}$$

将上式左端第二大项减去上式右端第二大项,加上上式右端第八大项,有

$$\begin{aligned}&\sum_{s=1}^{n}R_{stki}\omega_{js}-\sum_{s=1}^{n}h_{sl}h_{tk}\omega_{js}+\sum_{s=1}^{n}h_{sk}h_{tl}\omega_{js}\\&=C^{*}(\omega_{jl}\delta_{tk}-\omega_{jk}\delta_{tl})(\text{利用(1.6.35)}).\end{aligned} \tag{1.6.37}$$

将公式(1.6.36)左端第三大项减去(1.6.36)右端第五大项,加上(1.6.36)倒数第四大项,有

$$\begin{aligned}&\sum_{s=1}^{n}R_{jskl}\omega_{ts}-\sum_{s=1}^{n}h_{jl}h_{sk}\omega_{ts}+\sum_{s=1}^{n}h_{jk}h_{sl}\omega_{ts}\\&=C^{*}(\delta_{jl}\omega_{tk}-\delta_{jk}\omega_{tl})(\text{利用(1.6.35)}).\end{aligned} \tag{1.6.38}$$

将公式(1.6.36)左端第四大项减去(1.6.36)右端第六大项,加上(1.6.36)倒数第四大项,有

$$\sum_{s=1}^{n}R_{jtsl}\omega_{ks}-\sum_{s=1}^{n}h_{jl}h_{ts}\omega_{ks}+\sum_{s=1}^{n}h_{js}h_{tl}\omega_{ks}$$

$$= C^* (\delta_{jl}\omega_{kt} - \delta_{tl}\omega_{kj}). \tag{1.6.39}$$

将公式(1.6.36)左端第五大项减去(1.6.36)右端第三大项,加上(1.6.36)最后一大项,有

$$\sum_{s=1}^{n} R_{jtks}\omega_{ls} - \sum_{s=1}^{n} h_{js}h_{tk}\omega_{ls} + \sum_{s=1}^{n} h_{jk}h_{ts}\omega_{ls} = C^* (\delta_{tk}\omega_{lj} - \delta_{jk}\omega_{lt}). \tag{1.6.40}$$

注意到上述公式(1.6.37)—(1.6.40)右端之和恰为零,应用公式(1.6.37)—(1.6.40)于公式(1.6.36),可以得到

$$R_{jtkls} = h_{jls}h_{tk} + h_{jl}h_{tks} - h_{jks}h_{tl} - h_{jk}h_{tls}. \tag{1.6.41}$$

下面来计算公式(1.6.34)的右端各大项.

$$\begin{aligned} & 2\sum_{i,j,k,l,t=1}^{n} h_{ijk}h_{tik}R_{ltjl} \\ &= 2\sum_{i,j,k,l,t=1}^{n} h_{ijk}h_{tik}[C^* (\delta_{ll}\delta_{tj} - \delta_{lj}\delta_{tl}) + (h_{ll}h_{tj} - h_{lj}h_{tl})] \\ &= 2(n-1)C^* \sum_{i,j,k=1}^{n} h_{ijk}^2 + 2nH \sum_{i,j,k,t=1}^{n} h_{ijk}h_{tik}h_{tj} - 2\sum_{i,j,k,t=1}^{n} h_{ijk}h_{tik}h_{lj}h_{tl}. \end{aligned} \tag{1.6.42}$$

$$\begin{aligned} & 5\sum_{i,j,k,l,t=1}^{n} h_{ijk}h_{itl}R_{jtkl} \\ &= 5\sum_{i,j,k,l,t=1}^{n} h_{ijk}h_{itl}[C^* (\delta_{jl}\delta_{tk} - \delta_{jk}\delta_{tl}) + (h_{jl}h_{tk} - h_{jk}h_{tl})] \\ &= 5C^* \sum_{i,j,k=1}^{n} h_{ijk}^2 - 5n^2C^* \sum_{i=1}^{n} H_i^2 + 5\sum_{i,j,k,l,t=1}^{n} h_{ijk}h_{itl}h_{jl}h_{tk} - \\ &\quad 5\sum_{i,j,k,l,t=1}^{n} h_{ijk}h_{itl}h_{jk}h_{tl} \text{(利用(1.6.2) 的第一式,以及 Codazzi 方程组).} \end{aligned} \tag{1.6.43}$$

$$\begin{aligned} & \sum_{i,j,k,l,t=1}^{n} h_{ijk}h_{ti}(R_{ltjlk} + 2R_{jtkll}) \\ &= \sum_{i,j,k,l,t=1}^{n} h_{ijk}h_{ti}[(h_{llk}h_{tj} + h_{ll}h_{tjk} - h_{ljk}h_{tl} - h_{lj}h_{tlk}) + 2(h_{jll}h_{tk} + h_{jl}h_{tkl} - \\ &\quad h_{jkl}h_{tl} - h_{jk}h_{tll})] \text{(利用(1.6.41))} \\ &= n\sum_{i,j,k,l,t=1}^{n} h_{ijk}h_{ti}h_{tj}H_k + nH\sum_{i,j,k,t=1}^{n} h_{ijk}h_{ti}h_{tjk} - \sum_{i,j,k,l,t=1}^{n} h_{ijk}h_{ti}h_{ljk}h_{tl} - \end{aligned}$$

$$\sum_{i,j,k,l,t=1}^{n} h_{ijk}h_{ti}h_{lj}h_{tlk} + 2n\sum_{i,j,k,t=1}^{n} h_{ijk}h_{ti}h_{tk}H_j + 2\sum_{i,j,k,l,t=1}^{n} h_{ijk}h_{ti}h_{jl}h_{tkl} -$$

$$2\sum_{i,j,k,l,t=1}^{n} h_{ijk}h_{ti}h_{jkl}h_{tl} - 2n\sum_{i,j,k,t=1}^{n} h_{ijk}h_{ti}h_{jk}H_t, \tag{1.6.44}$$

这里利用了平均曲率的定义.

$$\sum_{i,j,k,l,t=1}^{n} h_{ijk}h_{lt}R_{itjlk} = \sum_{i,j,k,l,t=1}^{n} h_{ijk}h_{lt}(h_{ilk}h_{tj} + h_{il}h_{tjk} - h_{ijk}h_{tl} - h_{ij}h_{tlk}). \tag{1.6.45}$$

将上述公式(1.6.42)—(1.6.45)代入公式(1.6.34),有

$$\begin{aligned}\sum_{i,j,k=1}^{n} h_{ijk}\Delta h_{ijk} = {} & n\sum_{i,j,k=1}^{n} h_{ijk}H_{ijk} + \Big[2(n-1)C^*\sum_{i,j,k=1}^{n} h_{ijk}^2 + 2nH\sum_{i,j,k,t=1}^{n} h_{ijk}h_{tik}h_{tj} - \\ & 2\sum_{i,j,k,l,t=1}^{n} h_{ijk}h_{tik}h_{lj}h_{tl}\Big] + \Big[5C^*\sum_{i,j,k=1}^{n} h_{ijk}^2 - 5n^2C^*\sum_{i=1}^{n} H_i^2 + \\ & 5\sum_{i,j,k,l,t=1}^{n} h_{ijk}h_{itl}h_{jl}h_{tk} - 5\sum_{i,j,k,l,t=1}^{n} h_{ijk}h_{itl}h_{jk}h_{tl}\Big] + \\ & \Big[n\sum_{i,j,k,t=1}^{n} h_{ijk}h_{ti}h_{tj}H_k + nH\sum_{i,j,k,t=1}^{n} h_{ijk}h_{ti}h_{tjk} - \sum_{i,j,k,l,t=1}^{n} h_{ijk}h_{ti}h_{ljk}h_{tl} - \\ & \sum_{i,j,k,l,t=1}^{n} h_{ijk}h_{ti}h_{lj}h_{tlk} + 2n\sum_{i,j,k,l,t=1}^{n} h_{ijk}h_{ti}h_{tk}H_j + \\ & 2\sum_{i,j,k,l,t=1}^{n} h_{ijk}h_{ti}h_{jl}h_{tkl} - 2\sum_{i,j,k,l,t=1}^{n} h_{ijk}h_{ti}h_{jkl}h_{tl} - \\ & 2n\sum_{i,j,k,t=1}^{n} h_{ijk}h_{ti}h_{jk}H_t\Big] + \\ & \sum_{i,j,k,l,t=1}^{n} h_{ijk}h_{lt}[h_{ilk}h_{tj} + h_{il}h_{tjk} - h_{ijk}h_{tl} - h_{ij}h_{tlk}].\end{aligned} \tag{1.6.46}$$

上式右端第二大项与第五大项可合并,上式右端第三大项与第十大项可合并(交换第十大项的下标 i 与 j),上式右端第四大项与第十一大项可合并(交换第十一大项的下标 i 与 j, t 与 l). 利用 Codazzi 方程组,也可以将上式右端倒数第三大项、倒数第四大项和倒数第六大项合并,上式右端第七大项、第十二大项和第十四大项可合并,上式右端第八大项与倒数第一大项可合并.

经过这些合并后,公式(1.6.46)可简化为

$$\sum_{i,j,k=1}^{n} h_{ijk}\Delta h_{ijk} = n\sum_{i,j,k=1}^{n} h_{ijk}H_{ijk} + (2n+3)C^*\sum_{i,j,k=1}^{n} h_{ijk}^2 - 5n^2C^*\sum_{i=1}^{n} H_i^2 +$$

$$3nH\sum_{i,j,k,t=1}^{n}h_{ijk}h_{tik}h_{tj}-3\sum_{i,j,k,l,t=1}^{n}h_{ijk}h_{tik}h_{lj}h_{tl}+$$
$$6\sum_{i,j,k,l,t=1}^{n}h_{ijk}h_{itl}h_{jl}h_{tk}-6\sum_{j=1}^{n}S_j^2+3n\sum_{i,j,k,t=1}^{n}h_{ijk}h_{ti}h_{tj}H_k-$$
$$2n\sum_{i,t=1}^{n}h_{ti}S_iH_t-S\sum_{i,j,k=1}^{n}h_{ijk}^2,\qquad(1.6.47)$$

这里 $\mathrm{d}H=\sum_{i=1}^{n}H_i\omega_i$，$\mathrm{d}S=\sum_{i=1}^{n}S_i\omega_i$. 以上是常曲率 C^* 空间内 n 维超曲面 M 的第二基本形式分量 h_{ij} 的一个重要公式,此公式不附加条件.

当 M 的平均曲率 H 和数量曲率 R 都为常数时,这时 S 也必为常数. 于是公式(1.6.47)可简化为下述公式:

$$\sum_{i,j,k=1}^{n}h_{ijk}\Delta h_{ijk}=[(2n+3)C^*-S]\sum_{i,j,k=1}^{n}h_{ijk}^2+3nH\sum_{i,j,k,t=1}^{n}h_{ijk}h_{tik}h_{tj}-$$
$$3\sum_{i,j,k,l,t=1}^{n}h_{ijk}h_{tik}h_{lj}h_{tl}+6\sum_{i,j,k,l,t=1}^{n}h_{ijk}h_{itl}h_{jl}h_{tk}.\qquad(1.6.48)$$

而

$$\Delta\Big(\sum_{i,j,k=1}^{n}h_{ij}h_{jk}h_{ki}\Big)$$
$$=\sum_{l=1}^{n}\Big(\sum_{i,j,k=1}^{n}h_{ij}h_{jk}h_{ki}\Big)_{ll}$$
$$=\sum_{i,j,k,l=1}^{n}(h_{ijl}h_{jk}h_{ki}+h_{ij}h_{jkl}h_{ki}+h_{ij}h_{jk}h_{kil})_l\Big(\text{读者可利用}\sum_{l=1}^{n}\Big(\sum_{i,j,k=1}^{n}h_{ij}h_{jk}h_{ki}\Big)_l\omega_l$$
$$=\mathrm{d}\Big(\sum_{i,j,k=1}^{n}h_{ij}h_{jk}h_{ki}\Big)=\sum_{i,j,k=1}^{n}\mathrm{d}h_{ij}h_{jk}h_{ki}+\sum_{i,j,k=1}^{n}h_{ij}\mathrm{d}h_{jk}h_{ki}+\sum_{i,j,k=1}^{n}h_{ij}h_{jk}\mathrm{d}h_{ki},$$

很容易证明 $\Big(\sum_{i,j,k=1}^{n}h_{ij}h_{jk}h_{ki}\Big)_l=\sum_{i,j,k=1}^{n}h_{ijl}h_{jk}h_{ki}+\sum_{i,j,k=1}^{n}h_{ij}h_{jkl}h_{ki}$ $+\sum_{i,j,k=1}^{n}h_{ij}h_{jk}h_{kil}\Big)$

$$=3\sum_{i,j,k,l=1}^{n}(h_{ijl}h_{jk}h_{ki})_l\Big(\text{利用}\sum_{i,j,k=1}^{n}h_{ijl}h_{jk}h_{ki}=\sum_{i,j,k=1}^{n}h_{ij}h_{jkl}h_{ki}\text{,左端交换下标 } i \text{ 与 } k\Big)$$
$$=\sum_{i,j,k=1}^{n}h_{ij}h_{jk}h_{kil}(\text{对左端第一大项交换下标 } j \text{ 与 } k)$$
$$=3\sum_{i,j,k,l=1}^{n}(h_{ijll}h_{jk}h_{ki}+h_{ijl}h_{jkl}h_{ki}+h_{ijl}h_{jk}h_{kil})(\text{请读者自己证明})$$

$= 3\sum_{i,j,k,l=1}^{n} h_{lijl}h_{jk}h_{ki} + 6\sum_{i,j,k,l=1}^{n} h_{ijl}h_{jkl}h_{ki}$(利用(1.6.6)的第一式;另外,在上式最后一大项中交换下标 i 与 j)

$= 3\sum_{i,j,k,l=1}^{n}\left(h_{llij} + \sum_{s=1}^{n} h_{si}R_{lsjl} + \sum_{s=1}^{n} h_{ls}R_{isjl}\right)h_{jk}h_{ki} + 6\sum_{i,j,k,l=1}^{n} h_{ijl}h_{jkl}h_{ki}$(利用(1.6.8)以及(1.6.6)的第一式).　　(1.6.49)

利用(1.6.2)的第一式,有

$$3\sum_{i,j,k,l=1}^{n} h_{llij}h_{jk}h_{ki} = 3n\sum_{i,j,k=1}^{n} H_{ij}h_{jk}h_{ki}. \tag{1.6.50}$$

利用(1.6.2)的第一式和(1.6.35),有

$$3\sum_{i,j,k,l,s=1}^{n} h_{si}R_{lsjl}h_{jk}h_{ki} = 3(n-1)C^{*}\sum_{i,j,k=1}^{n} h_{ji}h_{jk}h_{ki} + 3nH\sum_{i,j,k,s=1}^{n} h_{si}h_{jk}h_{ki}h_{sj} - 3\sum_{i,j,k,l,s=1}^{n} h_{si}h_{jk}h_{ki}h_{lj}h_{sl}. \tag{1.6.51}$$

类似上式,有

$$3\sum_{i,j,k,l,s=1}^{n} h_{ls}R_{isjl}h_{jk}h_{ki} = 3C^{*}\sum_{i,j,k=1}^{n} h_{ij}h_{jk}h_{ki} - 3C^{*}nHS + 3\sum_{i,j,k,l,s=1}^{n} h_{ls}h_{jk}h_{ki}h_{il}h_{sj} - 3S\sum_{i,j,k=1}^{n} h_{jk}h_{ki}h_{ij}. \tag{1.6.52}$$

将上述公式(1.6.50)—(1.6.52)代入(1.6.49),并注意到(1.6.51)的右端第一大项与(1.6.52)右端第一大项可合并,也可以与(1.6.52)右端最后一大项合并起来,(1.6.51)右端最后一大项与(1.6.52)右端第三大项代数和是零,则(1.6.49)可简化为下述公式:

$$\Delta\left(\sum_{i,j,k=1}^{n} h_{ij}h_{jk}h_{ki}\right) = 3n\sum_{i,j,k=1}^{n} H_{ij}h_{jk}h_{ki} + 3(nC^{*} - S)\sum_{i,j,k=1}^{n} h_{ij}h_{jk}h_{ki} + 3nH\sum_{i,j,k,s=1}^{n} h_{ik}h_{kj}h_{is}h_{sj} - 3nC^{*}HS + 6\sum_{i,j,k,l=1}^{n} h_{ijl}h_{jkl}h_{ki}. \tag{1.6.53}$$

由于 $S = \sum_{i,j=1}^{n} h_{ij}^{2}$,可以看到当 H 为常数时,有

$$\frac{1}{2}\Delta S=\sum_{i,j=1}^{n}h_{ij}\Delta h_{ij}+\sum_{i,j,k=1}^{n}h_{ijk}^{2}=nC^{*}S-n^{2}C^{*}H^{2}-S^{2}+nH\sum_{i,j,l=1}^{n}h_{ij}h_{il}h_{lj}+\sum_{i,j,k=1}^{n}h_{ijk}^{2}\text{(利用(1.6.5),这里 }h_{ijk}^{2}\text{ 是}(h_{ijk})^{2}\text{)}. \tag{1.6.54}$$

在本讲,S 也是常数,由(1.6.54),有

$$\sum_{i,j,k=1}^{n}h_{ijk}^{2}=S^{2}+n^{2}C^{*}H^{2}-nC^{*}S-nH\sum_{i,j,l=1}^{n}h_{ij}h_{jk}h_{ki}. \tag{1.6.55}$$

上式两端同时作用 M 上 Laplace 算子,利用 H, S 都是常数,有

$$\frac{1}{2}\Delta\Big(\sum_{i,j,k=1}^{n}h_{ijk}^{2}\Big)=-\frac{1}{2}nH\Delta\Big(\sum_{i,j,k=1}^{n}h_{ij}h_{jk}h_{ki}\Big). \tag{1.6.56}$$

由上式,可以得到

$$\sum_{i,j,k=1}^{n}h_{ijk}\Delta h_{ijk}+\sum_{i,j,k,l=1}^{n}h_{ijkl}^{2}=-\frac{1}{2}nH\Delta\Big(\sum_{i,j,k=1}^{n}h_{ij}h_{jk}h_{ki}\Big). \tag{1.6.57}$$

对张量求导不熟悉的读者,可作为一个习题去证明(1.6.56)和(1.6.57)两个左端应相等.

利用(1.6.48),(1.6.53)和(1.6.57),注意 H, S 都是常数,有

$$\begin{aligned}\sum_{i,j,k,l=1}^{n}h_{ijkl}^{2}={}&[S-(2n+3)C^{*}]\sum_{i,j,k=1}^{n}h_{ijk}^{2}-3nH\sum_{i,j,k,l=1}^{n}h_{ijk}h_{ikl}h_{lj}+\\&3\sum_{i,j,k,l,t=1}^{n}h_{ijk}h_{ikt}h_{lj}h_{tl}-6\sum_{i,j,k,l,t=1}^{n}h_{ijk}h_{itl}h_{jl}h_{tk}-\\&\frac{1}{2}nH\Big[3(nC^{*}-S)\sum_{i,j,k=1}^{n}h_{ij}h_{jk}h_{ki}+3nH\sum_{i,j,k,s=1}^{n}h_{ik}h_{kj}h_{is}h_{sj}-\\&3nC^{*}HS+6\sum_{i,j,k,l=1}^{n}h_{ijl}h_{jkl}h_{ki}\Big]\\={}&[S-(2n+3)C^{*}]\sum_{i,j,k=1}^{n}h_{ijk}^{2}-6nH\sum_{i,j,k,l=1}^{n}h_{ijk}h_{ikl}h_{lj}+\\&3\sum_{i,j,k,l,t=1}^{n}h_{ijk}h_{ikt}h_{lj}h_{lt}-6\sum_{i,j,k,l,t=1}^{n}h_{ijk}h_{itl}h_{jl}h_{tk}-\\&\frac{3}{2}nH(nC^{*}-S)\sum_{i,j,k=1}^{n}h_{ij}h_{jk}h_{ki}-\frac{3}{2}n^{2}H^{2}\sum_{i,j,k,s=1}^{n}h_{ik}h_{kj}h_{is}h_{sj}+\\&\frac{3}{2}n^{2}H^{2}C^{*}S.\end{aligned} \tag{1.6.58}$$

这里上式右端第二大项与最后一大项能合并(交换最后一大项的下标 l 与

k, i 与 j,并且利用 Codazzi 方程组).

可以看到

$$
\begin{aligned}
&\Delta\Big(\sum_{i,k,k,l=1}^{n} h_{ij}h_{jk}h_{kl}h_{li}\Big)\\
&=\sum_{s=1}^{n}\Big(\sum_{i,j,k,l=1}^{n} h_{ij}h_{jk}h_{kl}h_{li}\Big)_{ss}\\
&=\sum_{i,j,k,l,s=1}^{n}(h_{ijs}h_{jk}h_{kl}h_{li}+h_{ij}h_{jks}h_{kl}h_{li}+h_{ij}h_{jk}h_{kls}h_{li}+h_{ij}h_{jk}h_{kl}h_{lis})_{s}\\
&=4\sum_{i,j,k,l,s=1}^{n}(h_{ijs}h_{jk}h_{kl}h_{li})_{s}
\end{aligned}
$$

(将上式右端第二大项中下标 k 与 i 互换,与上式右端第一大项相等;上式右端第三大项中下标 k 与 i 互换, l 与 j 互换,与上式右端第一大项相等;上式右端最后一大项中下标 j 与 l 互换,与上式右端第一大项相等)

$$
\begin{aligned}
&=4\sum_{i,j,k,l,s=1}^{n}(h_{ijss}h_{jk}h_{kl}h_{li}+h_{ijs}h_{jks}h_{kl}h_{li}+h_{ijs}h_{jk}h_{kls}h_{li}+h_{ijs}h_{jk}h_{kl}h_{lis})\\
&=4\sum_{i,j,k,l=1}^{n}\Delta h_{ij}h_{jk}h_{kl}h_{li}+8\sum_{i,j,k,l,s=1}^{n}h_{ijs}h_{jks}h_{kl}h_{li}+4\sum_{i,j,k,l,s=1}^{n}h_{ijs}h_{jk}h_{kls}h_{li}
\end{aligned}
$$

(上式右端最后一大项中交换下标 i 与 j, l 与 k,与上式右端第二大项相等). (1.6.59)

可以利用第 1 讲内公式(1.1.51)写出 Δh_{ij},也可以直接计算写出 Δh_{ij}.

$$
\begin{aligned}
\Delta h_{ij}&=\sum_{s=1}^{n}h_{ijss}=\sum_{s=1}^{n}h_{sijs}\text{(利用(1.6.6) 的第一式)}\\
&=\sum_{s=1}^{n}\Big(h_{sisj}+\sum_{t=1}^{n}h_{ti}R_{stjs}+\sum_{t=1}^{n}h_{st}R_{itjs}\Big)\text{(利用(1.6.8))}\\
&=nH_{ij}+\sum_{s,t=1}^{n}h_{ti}[C^{*}(\delta_{ss}\delta_{tj}-\delta_{sj}\delta_{ts})+(h_{ss}h_{tj}-h_{sj}h_{ts})]+\\
&\quad\sum_{s,t=1}^{n}h_{st}[C^{*}(\delta_{is}\delta_{tj}-\delta_{ij}\delta_{ts})+(h_{is}h_{tj}-h_{ij}h_{ts})]\text{(利用(1.6.35))}\\
&=nH_{ij}+nC^{*}h_{ij}-C^{*}nH\delta_{ij}-h_{ij}S+nH\sum_{t=1}^{n}h_{it}h_{tj}
\end{aligned}
$$

(上式右端第三项与第六项合并后为零,上式右端第五项与倒数第二项合并后为零). (1.6.60)

将(1.6.60)代入(1.6.59),当 H 为常数时,有

$$\Delta\Big(\sum_{i,j,k,l=1}^{n} h_{ij}h_{jk}h_{kl}h_{li}\Big)=4nC^{*}\sum_{i,j,k,l=1}^{n} h_{ij}h_{jk}h_{kl}h_{li}-4nC^{*}H\sum_{j,k,l=1}^{n} h_{jk}h_{kl}h_{lj}-$$
$$4S\sum_{i,j,k,l=1}^{n} h_{ij}h_{jk}h_{kl}h_{li}+4nH\sum_{i,j,k,l,s=1}^{n} h_{is}h_{sj}h_{jk}h_{kl}h_{li}+$$
$$8\sum_{i,j,k,l,s=1}^{n} h_{ijs}h_{jks}h_{kl}h_{li}+4\sum_{i,j,k,l,s=1}^{n} h_{ijs}h_{jk}h_{kls}h_{li}. \tag{1.6.61}$$

下面分两种情况讨论.

本讲只考虑 4 维单位球面 $S^4(1)$ 内 3 维闭极小(等距浸入)超曲面 M. 换句话讲,下面 $C^{*}=1$, $n=3$, H 恒等于零.

首先,公式(1.6.60)可简化为

$$\Delta h_{ij}=(3-S)h_{ij}. \tag{1.6.62}$$

由于本讲 S 也是常数,公式(1.6.55)简化为

$$\sum_{i,j,k=1}^{3} h_{ijk}^2=S(S-3). \tag{1.6.63}$$

公式(1.6.53)简化为

$$\Delta\Big(\sum_{i,j,k=1}^{3} h_{ij}h_{jk}h_{ki}\Big)=3(3-S)\sum_{i,j,k=1}^{3} h_{ij}h_{jk}h_{ki}+6\sum_{i,j,k,l=1}^{3} h_{ijl}h_{jkl}h_{ki}. \tag{1.6.64}$$

公式(1.6.61)简化为

$$\Delta\Big(\sum_{i,k,k,l=1}^{3} h_{ij}h_{jk}h_{kl}h_{li}\Big)=4(3-S)\sum_{i,j,k,l=1}^{3} h_{ij}h_{jk}h_{kl}h_{li}+8\sum_{i,j,k,l,s=1}^{3} h_{ijs}h_{jks}h_{kl}h_{li}+$$
$$4\sum_{i,j,k,l,s=1}^{3} h_{ijs}h_{jk}h_{kls}h_{li}. \tag{1.6.65}$$

公式(1.6.58)简化为

$$\sum_{i,j,k,l=1}^{3} h_{ijkl}^2=S(S-3)(S-9)+3\sum_{i,j,k,l,t=1}^{3} h_{ijk}h_{ikt}h_{lj}h_{lt}-$$
$$6\sum_{i,j,k,l,t=1}^{3} h_{ijk}h_{itl}h_{jl}h_{tk}\text{(这里已利用(1.6.63))}. \tag{1.6.66}$$

在 M 的任意一点处,选择 e_1, e_2, e_3,使得当 $i\neq j$ 时,$h_{ij}=0$,这里记 $h_{ii}=$

λ_i,则

$$\sum_{i=1}^{3}\lambda_i = 0,\ S = \sum_{i=1}^{3}\lambda_i^2. \tag{1.6.67}$$

将上面第一式两端平方,有

$$-2(\lambda_1\lambda_2 + \lambda_1\lambda_3 + \lambda_2\lambda_3) = S. \tag{1.6.68}$$

将上式两端再次平方,利用(1.6.67)的第一式,有

$$4(\lambda_1^2\lambda_2^2 + \lambda_1^2\lambda_3^2 + \lambda_2^2\lambda_3^2) = S^2. \tag{1.6.69}$$

将(1.6.67)的第二式两端平方,再利用上式,有

$$\sum_{i=1}^{3}\lambda_i^4 = S^2 - 2(\lambda_1^2\lambda_2^2 + \lambda_1^2\lambda_3^2 + \lambda_2^2\lambda_3^2) = \frac{1}{2}S^2. \tag{1.6.70}$$

于是,在 M 的任意一点处

$$\sum_{i,\,j,\,k,\,l=1}^{3} h_{ij}h_{jk}h_{kl}h_{li} = \sum_{i=1}^{3}\lambda_i^4 = \frac{1}{2}S^2, \tag{1.6.71}$$

这表明上式左端在 M 上是常数.

利用公式(1.6.65)和上式,有

$$2\sum_{i,\,j,\,k,\,l,\,s=1}^{3} h_{ijs}h_{jks}h_{kl}h_{li} + \sum_{i,\,j,\,k,\,l,\,s=1}^{3} h_{ijs}h_{jk}h_{kls}h_{li} = \frac{1}{2}(S-3)S^2. \tag{1.6.72}$$

改写公式(1.6.66),并且利用上式,可以得到

$$\begin{aligned}\sum_{i,\,j,\,k,\,l=1}^{3} h_{ijkl}^2 &= S(S-3)(S-9) + 4\Big(2\sum_{i,\,j,\,k,\,l,\,s=1}^{3} h_{ijs}h_{jks}h_{kl}h_{li} + \sum_{i,\,j,\,k,\,l,\,s=1}^{3} h_{ijs}h_{jk}h_{kls}h_{li}\Big) - \\ &\quad 5\Big(\sum_{i,\,j,\,k,\,l,\,s=1}^{3} h_{ijs}h_{jks}h_{kl}h_{li} + 2\sum_{i,\,j,\,k,\,l,\,s=1}^{3} h_{ijs}h_{jk}h_{kls}h_{li}\Big) \\ &= 3S(S-3)^2 - 5\Big(\sum_{i,\,j,\,k,\,l,\,s=1}^{3} h_{ijs}h_{jks}h_{kl}h_{li} + 2\sum_{i,\,j,\,k,\,l,\,s=1}^{3} h_{ijs}h_{jk}h_{kls}h_{li}\Big).\end{aligned} \tag{1.6.73}$$

利用 Codazzi 方程组,可以看到在 M 的任意一点处,有

$$\sum_{i,\,j,\,k,\,l,\,s=1}^{3} h_{ijs}h_{jks}h_{kl}h_{li} + 2\sum_{i,\,j,\,k,\,l,\,s=1}^{3} h_{ijs}h_{jk}h_{kls}h_{li}$$

$$= \sum_{i,j,k=1}^{3} h_{ijk}^2 \lambda_i^2 + 2 \sum_{i,j,k=1}^{3} h_{ijk}^2 \lambda_i \lambda_j$$

$$= \frac{1}{3} \sum_{i,j,k=1}^{3} h_{ijk}^2 (\lambda_i^2 + \lambda_j^2 + \lambda_k^2) + \frac{2}{3} \sum_{i,j,k=1}^{3} h_{ijk}^2 (\lambda_i \lambda_j + \lambda_i \lambda_k + \lambda_j \lambda_k)$$

$$= \frac{1}{3} \sum_{i,j,k=1}^{3} h_{ijk}^2 (\lambda_i + \lambda_j + \lambda_k)^2 \geqslant 0. \tag{1.6.74}$$

由(1.6.73)和(1.6.74),有

$$\sum_{i,j,k,l=1}^{3} h_{ijkl}^2 \leqslant 3S(S-3)^2. \tag{1.6.75}$$

下面先证明一个引理.

引理 1 设 $a_1, a_2, \cdots, a_n$ 是 n 个(正整数 $n \geqslant 3$) 实数,满足 $\sum_{j=1}^{n} a_j = 0$ 和 $\sum_{j=1}^{n} a_j^2 = k^2$, 这里 k 是一个正常数, 则 $-\frac{n-2}{\sqrt{n(n-1)}} k^3 \leqslant \sum_{j=1}^{n} a_j^3 \leqslant \frac{n-2}{\sqrt{n(n-1)}} k^3$.

证明 利用 Lagrange 乘子法,令

$$F = \sum_{j=1}^{n} a_j^3 - \lambda \sum_{j=1}^{n} a_j - \mu \left(\sum_{j=1}^{n} a_j^2 - k^2 \right). \tag{1.6.76}$$

在 $\sum_{j=1}^{n} a_j^3$ 的最大值或最小值点处, 都有

$$\frac{\partial F}{\partial a_j} = 0 \quad (1 \leqslant j \leqslant n). \tag{1.6.77}$$

由(1.6.76)和(1.6.77),有

$$3a_j^2 - 2\mu a_j - \lambda = 0. \tag{1.6.78}$$

将上述 n 个等式关于下标从 1 到 n 求和,利用引理条件,有

$$\lambda = \frac{3k^2}{n}. \tag{1.6.79}$$

将(1.6.79)代入(1.6.78),有

$$3a_j^2 - 2\mu a_j - \frac{3k^2}{n} = 0. \tag{1.6.80}$$

于是,a_j 只有两个值

$$a=\frac{1}{3}\left(\mu+\sqrt{\mu^2+\frac{9k^2}{n}}\right),\ b=\frac{1}{3}\left(\mu-\sqrt{\mu^2+\frac{9k^2}{n}}\right). \tag{1.6.81}$$

可设 s 个 a_j 取正值 a, $n-s$ 个 a_j 取负值 b. 由引理的两个条件,有

$$sa+(n-s)b=0,\ sa^2+(n-s)b^2=k^2. \tag{1.6.82}$$

解上述方程组,得

$$a=\sqrt{\frac{n-s}{ns}}k,\ b=-\sqrt{\frac{s}{n(n-s)}}k. \tag{1.6.83}$$

于是,有

$$\sum_{j=1}^{n}a_j^3=sa^3+(n-s)b^3=k^3\left(\frac{n-s}{n}\sqrt{\frac{n-s}{ns}}-\frac{s}{n}\sqrt{\frac{s}{n(n-s)}}\right). \tag{1.6.84}$$

当 $s=1$ 时,上式右端达到最大值. 当 $s=n-1$ 时,上式右端达到最小值. 于是,有

$$\max\sum_{j=1}^{n}a_j^3=k^3\left(\frac{n-1}{n}\sqrt{\frac{n-1}{n}}-\frac{1}{n}\sqrt{\frac{1}{n(n-1)}}\right)=\frac{n-2}{\sqrt{n(n-1)}}k^3, \tag{1.6.85}$$

$$\min\sum_{j=1}^{n}a_j^3=-\frac{n-2}{\sqrt{n(n-1)}}k^3. \tag{1.6.86}$$

引理1的结论成立.

利用(1.6.67)和引理1,有

$$-\frac{1}{\sqrt{6}}S^{\frac{3}{2}}\leqslant\sum_{i=1}^{3}\lambda_i^3\leqslant\frac{1}{\sqrt{6}}S^{\frac{3}{2}}, \tag{1.6.87}$$

即

$$-\frac{1}{\sqrt{6}}S^{\frac{3}{2}}\leqslant\sum_{i,j,k=1}^{3}h_{ij}h_{jk}h_{ki}\leqslant\frac{1}{\sqrt{6}}S^{\frac{3}{2}}. \tag{1.6.88}$$

不妨设 $\lambda_1\leqslant\lambda_2\leqslant\lambda_3$. 不等式(1.6.87)的右端取等号,必有 $\lambda_1=\lambda_2<\lambda_3$;不等式(1.6.87)的左端取等号,必有 $\lambda_1<\lambda_2=\lambda_3$. 这里,由公式(1.6.67)可知,$\lambda_1$, λ_2, λ_3 都是常值.

下面的一个引理是很关键的.

引理 2 设常数 $S>3$, $\sum_{i,j,k=1}^{3} h_{ij}h_{jk}h_{ki}$ 在 M 上不是常数,则在 M 上存在一点 q,使得 $\sum_{i,j,k=1}^{3} h_{ij}h_{jk}h_{ki}$ 在点 q 的值是零.

证明 用反证法,设 M 上不存在引理 2 中的点 q,则 M 上连续函数 $\sum_{i,j,k=1}^{3} h_{ij}h_{jk}h_{ki}$ 处处大于零,或处处小于零. 不妨设处处大于零. 由于 M 是闭流形,则存在 M 上一点 q,使得在点 q, $\sum_{i,j,k=1}^{3} h_{ij}h_{jk}h_{ki}$ 取到正的最小值. 利用公式(1.6.88)后面的叙述可以知道,在点 q,$\lambda_1(q)$,$\lambda_2(q)$,$\lambda_3(q)$ 必两两不相等. 否则,不妨设 $\lambda_1(q)\leqslant\lambda_2(q)\leqslant\lambda_3(q)$,必有 $\lambda_1(q)=\lambda_2(q)<\lambda_3(q)$,注意 $\sum_{i=1}^{3}\lambda_i^3(q)>0$,不可能有 $\lambda_1(q)<\lambda_2(q)=\lambda_3(q)$. 这表明

$$\max\sum_{i,j,k=1}^{3} h_{ij}h_{jk}h_{ki}=\max\sum_{i=1}^{3}\lambda_i^3=\sum_{i=1}^{3}\lambda_i^3(q)\text{(由(1.6.88)后面的说明)}. \tag{1.6.89}$$

那么,有 $\sum_{i,j,k=1}^{3} h_{ij}h_{jk}h_{ki}$ 的最小值必等于其最大值,这与引理的条件矛盾.

现在 $\lambda_1(q)$, $\lambda_2(q)$, $\lambda_3(q)$两两不相等,利用在点 q,函数 $\sum_{i,j,k=1}^{3} h_{ij}h_{jk}h_{ki}$ 取最小值,有

$$\left(\sum_{i,j,k=1}^{3} h_{ij}h_{jk}h_{ki}\right)_l(q)=0,\quad 1\leqslant l\leqslant 3. \tag{1.6.90}$$

利用公式(1.6.49)的推导过程及上式,在点 q,有

$$3\sum_{i,j,k=1}^{3} h_{ijl}h_{jk}h_{ki}=0,\ 1\leqslant l\leqslant 3. \tag{1.6.91}$$

利用 $h_{jk}=\lambda_k\delta_{jk}$ 及上式,在点 q,有

$$\sum_{i=1}^{3} h_{iil}\lambda_i^2=0,\ 1\leqslant l\leqslant 3. \tag{1.6.92}$$

由于 $\sum_{i=1}^{3} h_{ii}=0$, $\sum_{i,j=1}^{3} h_{ij}^2=S$(这里 S 是大于 3 的一个正常数),这两公式的两端对方向 e_l 求协变导数,有

$$\sum_{i=1}^{3} h_{iil} = 0,\ \sum_{i,j=1}^{3} h_{ij} h_{ijl} = 0. \tag{1.6.93}$$

在点 q,选择 e_1, e_2, e_3,使得 $h_{ij} = \lambda_i \delta_{ij}$,则上式的第二式变为

$$\sum_{i=1}^{3} h_{iil} \lambda_i = 0. \tag{1.6.94}$$

由(1.6.93)的第一式,(1.6.94)和(1.6.92)组成的方程组的系数行列式

$$\begin{vmatrix} 1 & 1 & 1 \\ \lambda_1 & \lambda_2 & \lambda_3 \\ \lambda_1^2 & \lambda_2^2 & \lambda_3^2 \end{vmatrix} = (\lambda_2 - \lambda_1)(\lambda_3 - \lambda_1)(\lambda_3 - \lambda_2). \tag{1.6.95}$$

注意,在点 q,上式右端不等于零.因此,在点 q,必有

$$h_{iil} = 0 \quad (1 \leqslant i,\ l \leqslant 3). \tag{1.6.96}$$

利用(1.6.64)及 $\Delta\Big(\sum_{i,j,k=1}^{3} h_{ij} h_{jk} h_{ki}\Big)(q) \geqslant 0$,在点 q,有

$$2\sum_{i,j,l=1}^{3} h_{ijl}^2 \lambda_i \geqslant (S-3) \sum_{i,j,k=1}^{3} h_{ij} h_{jk} h_{ki} > 0. \tag{1.6.97}$$

利用公式(1.6.96),以及 Codazzi 方程组,有

$$3\sum_{i,j,k=1}^{3} h_{ijk}^2 \lambda_i = \sum_{i,j,k=1}^{3} h_{ijk}^2 (\lambda_i + \lambda_j + \lambda_k) = \sum_{\substack{i,j,k\text{两两}\\ \text{不相等}}} h_{ijk}^2 (\lambda_i + \lambda_j + \lambda_k) = 0, \tag{1.6.98}$$

这里利用了当 i, j, k 两两不相等时,$\lambda_i + \lambda_j + \lambda_k = \sum_{l=1}^{3} \lambda_l = 0$.公式(1.6.97)和(1.6.98)是一对矛盾,因而引理2成立.

利用引理2,有

$$\sum_{i=1}^{3} \lambda_i^3(q) = 0. \tag{1.6.99}$$

利用(1.6.67)和上式,不妨设 $\lambda_1(q) < \lambda_2(q) < \lambda_3(q)$.利用代数多项式理论,可以知道 $\lambda_1(q)$, $\lambda_2(q)$, $\lambda_3(q)$ 必是方程 $\lambda^3 - \frac{1}{2} S\lambda = 0$ 的三个根.于是,有

$$\lambda_1(q) = -\sqrt{\frac{S}{2}},\ \lambda_2(q) = 0,\ \lambda_3(q) = \sqrt{\frac{S}{2}}. \tag{1.6.100}$$

利用(1.6.94)和(1.6.100),在点 q,有

$$h_{11l}=h_{33l},\ 1\leqslant l\leqslant 3. \tag{1.6.101}$$

由(1.6.93)的第一式和上式,在点 q,有

$$h_{22l}=-2h_{11l}=-2h_{33l},\ 1\leqslant l\leqslant 3. \tag{1.6.102}$$

利用上式及 Codazzi 方程组,在点 q,有

$$\begin{aligned}\sum_{i,j,k=1}^{3}h_{ijk}^{2}&=\sum_{j,k=1}^{3}h_{1jk}^{2}+\sum_{j,k=1}^{3}h_{2jk}^{2}+\sum_{j,k=1}^{3}h_{3jk}^{2}\\&=(h_{111}^{2}+h_{122}^{2}+h_{133}^{2}+2h_{123}^{2}+2h_{112}^{2}+2h_{113}^{2})+\\&\quad(h_{112}^{2}+h_{222}^{2}+h_{233}^{2}+2h_{122}^{2}+2h_{223}^{2}+2h_{123}^{2})+\\&\quad(h_{113}^{2}+h_{223}^{2}+2h_{133}^{2}+2h_{123}^{2}+2h_{332}^{2}+h_{333}^{2})\\&=(6h_{111}^{2}+2h_{123}^{2}+2h_{112}^{2}+2h_{113}^{2})+\left(\frac{3}{2}h_{222}^{2}+2h_{122}^{2}+2h_{223}^{2}+2h_{123}^{2}\right)+\\&\quad(6h_{333}^{2}+2h_{133}^{2}+2h_{123}^{2}+2h_{332}^{2})=6h_{123}^{2}+16h_{111}^{2}+16h_{333}^{2}+\frac{5}{2}h_{222}^{2}.\end{aligned} \tag{1.6.103}$$

类似地,在点 q,有

$$\begin{aligned}\sum_{i,j=1}^{3}h_{ij2}^{2}&=2h_{123}^{2}+8h_{111}^{2}+8h_{333}^{2}+\frac{3}{2}h_{222}^{2}\text{(利用上式第二个等号右端第二个圆}\\&\qquad\text{括号所有项以及利用(1.6.102))}\geqslant\frac{1}{3}\sum_{i,j,k=1}^{3}h_{ijk}^{2}\text{(利用(1.6.103))}\\&=\frac{1}{3}S(S-3)\text{(利用(1.6.63))}.\end{aligned} \tag{1.6.104}$$

明显地,有

$$\begin{aligned}\sum_{i,j,k,l=1}^{3}h_{ijkl}^{2}&\geqslant\sum_{i=1}^{3}h_{iiii}^{2}+\sum_{i\neq j}h_{ijij}^{2}+\sum_{i\neq j}h_{iijj}^{2}+\sum_{i\neq j}h_{ijji}^{2}\\&=\sum_{i=1}^{3}h_{iiii}^{2}+3\sum_{i\neq j}h_{ijij}^{2}\end{aligned}$$

(利用(1.6.6)的第一式,有 $h_{iijj}=h_{ijij}$. 在上式右端的最后一大项中交换下标 i 与 j). (1.6.105)

令

$$t_{ij}=h_{ijij}-h_{jiji}\,(i\neq j). \tag{1.6.106}$$

利用 $C^{*}=1$,(1.6.8) 和 Codazzi 方程组,兼顾(1.6.35),当 $i\neq j$ 时,有

$$t_{ij} = h_{ijij} - h_{ijji} = (h_{ii} - h_{jj}) + \sum_{s=1}^{3} h_{is}(h_{jj}h_{si} - h_{ji}h_{sj}) + \sum_{s=1}^{3} h_{sj}(h_{ij}h_{si} - h_{ii}h_{sj})$$
$$= (h_{ii} - h_{jj}) + h_{jj}\sum_{s=1}^{3} h_{is}^2 - h_{ii}\sum_{s=1}^{3} h_{sj}^2. \tag{1.6.107}$$

于是,可以得到

$$\sum_{i\neq j} h_{ijij}^2 = \sum_{1\leqslant i<j\leqslant 3}(h_{ijij}^2 + h_{jiji}^2) = \sum_{1\leqslant i<j\leqslant 3}[h_{ijij}^2 + (h_{ijij} - t_{ij})^2]$$
$$= \sum_{1\leqslant i<j\leqslant 3}(2h_{ijij}^2 - 2h_{ijij}t_{ij} + t_{ij}^2) = 2\sum_{1\leqslant i<j\leqslant 3}\left[\left(h_{ijij} - \frac{1}{2}t_{ij}\right)^2 + \frac{1}{4}t_{ij}^2\right]. \tag{1.6.108}$$

利用在M的一点处,$h_{is} = \lambda_i\delta_{is}$,以及公式(1.6.107),有

$$t_{ij} = (\lambda_i - \lambda_j)(1 + \lambda_i\lambda_j),\ t_{ji} = -t_{ij}. \tag{1.6.109}$$

利用(1.6.67)和上式,在M的一点处,有

$$\frac{1}{2}\sum_{1\leqslant i<j\leqslant 3} t_{ij}^2 = \frac{1}{4}\sum_{i\neq j} t_{ij}^2 = \frac{1}{4}\sum_{i,\,j=1}^{3}(\lambda_i - \lambda_j)^2(1 + \lambda_i\lambda_j)^2$$
$$= \frac{3}{2}S - S^2 + \frac{1}{2}S\left(\sum_{i=1}^{3}\lambda_i^4\right) - 2\left(\sum_{i=1}^{3}\lambda_i^3\right)^2. \tag{1.6.110}$$

利用引理2,以及公式(1.6.71),(1.6.105),(1.6.108)和(1.6.110),在点q,有

$$\sum_{i,\,j,\,k,\,l=1}^{3} h_{ijkl}^2 \geqslant 3\sum_{i\neq j} h_{ijij}^2 = \frac{3}{2}\sum_{1\leqslant i<j\leqslant 3} t_{ij}^2 + 6\sum_{1\leqslant i<j\leqslant 3}\left(h_{ijij} - \frac{1}{2}t_{ij}\right)^2$$
$$= \frac{3}{4}S(S^2 - 4S + 6) + 6\sum_{1\leqslant i<j\leqslant 3}\left(h_{ijij} - \frac{1}{2}t_{ij}\right)^2. \tag{1.6.111}$$

利用公式(1.6.100)和(1.6.109),在点q,有

$$t_{12} = t_{23} = -\sqrt{\frac{S}{2}}. \tag{1.6.112}$$

于是,在点q,有

$$6\sum_{1\leqslant i<j\leqslant 3}\left(h_{ijij} - \frac{1}{2}t_{ij}\right)^2 \geqslant 6\left[\left(h_{1212} - \frac{1}{2}t_{12}\right)^2 + \left(h_{2323} - \frac{1}{2}t_{23}\right)^2\right]$$
$$= 3\left\{\left[(h_{1212} + h_{2323}) - \frac{1}{2}(t_{12} + t_{23})\right]^2 + \right.$$

$$\left[(h_{1212}-h_{2323})-\frac{1}{2}(t_{12}-t_{23})^2\right]\Big\}(\text{代数恒等式})$$

$$\geqslant 3(h_{1212}-h_{2323})^2(\text{利用}(1.6.112)). \tag{1.6.113}$$

利用 S 是大于 3 的正常数，将公式 $S=\sum_{i,j=1}^{3}h_{ij}^2$ 两端求导两次，有

$$\sum_{i,j=1}^{3}h_{ijll}h_{ij}+\sum_{i,j=1}^{3}h_{ijl}^2=0,\ l=1,2,3. \tag{1.6.114}$$

(有兴趣的但不熟悉协变导数的读者容易证明上式.)

在点 q，选择 e_1, e_2, e_3，使得 $h_{ij}=\lambda_i\delta_{ij}$，再由上式，有

$$\sum_{i,j=1}^{3}h_{ijl}^2=-\sum_{i,j=1}^{3}h_{ijll}\lambda_i\delta_{ij}=\sqrt{\frac{S}{2}}(h_{11ll}-h_{33ll})(\text{利用}(1.6.100)). \tag{1.6.115}$$

于是，在点 q，有

$$\begin{aligned}h_{1212}-h_{2323}&=h_{1122}-(h_{3322}+t_{23})(\text{利用}(1.6.6)\text{ 的第一式及}(1.6.106))\\&=\sqrt{\frac{2}{S}}\sum_{i,j=1}^{3}h_{ij2}^2+\sqrt{\frac{S}{2}}(\text{在}(1.6.115)\text{ 中令 }l=2,\text{并兼顾}(1.6.112))\\&\geqslant\sqrt{\frac{2}{S}}\left[\frac{1}{3}S(S-3)+\frac{S}{2}\right](\text{利用}(1.6.104)).\end{aligned} \tag{1.6.116}$$

于是，在点 q，有

$$\begin{aligned}3S(S-3)^2&\geqslant\sum_{i,j,k,l=1}^{3}h_{ijkl}^2(\text{利用}(1.6.75))\\&\geqslant\frac{3}{4}S(S^2-4S+6)+3(h_{1212}-h_{2323})^2(\text{利用}(1.6.111),(1.6.113))\\&\geqslant\frac{3}{4}S(S^2-4S+6)+6S\left(\frac{1}{3}S-\frac{1}{2}\right)^2.\end{aligned} \tag{1.6.117}$$

这里最后一个不等式是利用(1.6.116).

上式两端除以正常数 S，有

$$3(S-3)^2\geqslant\frac{17}{12}S^2-5S+6. \tag{1.6.118}$$

化简上式，有

$$\frac{19}{12}S^2-13S+21\geqslant 0. \tag{1.6.119}$$

上式两端乘以 12,并且因式分解左端,有

$$(S-6)(19S-42)\geqslant 0. \tag{1.6.120}$$

由于正常数 $S>3$,则上式左端第二个因式大于零,于是有

$$S\geqslant 6. \tag{1.6.121}$$

下面考虑 $\sum_{i,j,k=1}^{3} h_{ij}h_{jk}h_{ki}$ 在 M 上等于常数的情况.

利用公式(1.6.67)的第一式、(1.6.68)和上述条件,由多项式理论,可以知道,特征值 λ_1, λ_2, λ_3 是方程

$$\lambda^3-\frac{1}{2}S\lambda+A=0 \tag{1.6.122}$$

的三个实根,这里 A 是一个常数,于是 λ_1, λ_2, λ_3 全是常数. 这样的 3 维超曲面称为常主曲率超曲面,也称为 $S^4(1)$内等参超曲面. 类似地,$S^{n+1}(1)$内常主曲率超曲面也称为等参超曲面.

由上面叙述,有

定理 5(彭家贵、滕楚莲) 设 M 是 $S^4(1)$内 3 维闭极小超曲面,M 在 $S^4(1)$内的第二基本形式长度平方 S 是一个大于 3 的常数,则

(1) $S\geqslant 6$;或者

(2) M 是等参超曲面.

编者的话

本讲内容取自彭家贵、滕楚莲两位教授 1983 年合作发表的文章([1]). 关于等参超曲面,奠基的工作是 E. Cartan 于 1938 年发表的一篇文章([2]). 彭、滕两位先生在上述文章中证明了 $S^{n+1}(1)$ 内等参超曲面 S 只能取值 0, n, $2n$, $3n$ 或 $5n$. 因此,在 $S^4(1)$ 内 3 维闭极小超曲面 M,当 S 是常数且 $S>3$ 时,必有 $S\geqslant 6$. 这就是 $S^4(1)$ 内闭极小超曲面第二基本形式长度平方 S 的第二空隙性定理. 在第 3 讲,陈省身等三位教授的结果历史上称为 $S^{n+1}(1)$ 内闭极小超曲面的 S 的第一空隙性定理.

1993 年,Chang Shaoping 将上述定理推广到 $S^4(1)$内极小超曲面片情况([3]). 另外,将极小改为常平均曲率,Chang Shaoping 研究了 $S^4(1)$内常平均曲率和常数量曲率闭超曲面 M,证明了 M 必是等参超曲面([4]).

对于 $S^{n+1}(1)$内闭极小超曲面 M,当 M 的第二基本形式长度平方 S 是大于 n 的常数时,较佳的估计是由杨洪苍与陈庆明合作,在 1994 年给出的,这两位教

授证明了,当 n 较大时, $S > n + \frac{n}{4}$([5]). 最近,忻元龙教授与他的一位学生合作,得到了 S 是变量时的一个类似结果. 有兴趣的读者可以去看他们的文章. 很多同行都认为当常数 $S > n$ 时,应当有 $S \geqslant 2n$.

另外,关于等参超曲面,有许多后续的工作,读者若有兴趣可以去查看相关的文献.

参考文献

[1] C. K. Peng and C. L. Terng. *Minimal hypersurfaces of sphere with constant scalar curvature*. Ann. of Math. Studies 103. Princeton University Press, 1983: 177 - 198.

[2] E. Cartan. Familles de surfaces isoparamé triques dans les espaces à courbure constante. *Annali di Mat.*, 17(1938): 177 - 191.

[3] Chang Shaoping. On minimal hypersurfaces with constant scalar curvatures in S^4. *J. Diff. Geom.*, 37(1993): 523 - 534.

[4] Chang Shaoping. A closed hypersurface with constant scalar and mean curvature in S^4 is isoparametric. *Comm. Anal. and Geom.*, 1. No. 1(1993): 71 - 100.

[5] Yang hongcang and Cheng qingming. An estimate of the pinching constant of minimal hypersurfaces with constant scalar curvature in the unit sphere. *Manuscripta Math.*, 84. No. 1(1994): 89 - 100.

第 7 讲　R^4 内完备常平均曲率和常数量曲率超曲面

本讲考虑 4 维欧氏空间 R^4 内 3 维完备连通非零常平均曲率和非负常数量曲率超曲面. 上一讲公式(1.6.61)以前的全部公式都可以在本讲应用.

在本讲, H 是非零常数. 令

$$b_{ij} = H\delta_{ij} - h_{ij},\ b_{ij} = b_{ji},\ 1 \leqslant i,\ j \leqslant n. \tag{1.7.1}$$

利用上一讲上公式(1.6.2)及上式,有

$$\sum_{i=1}^{n} b_{ii} = 0, \text{记矩阵 } B = (b_{ij}), \tag{1.7.2}$$

而且

$$\sum_{i,j=1}^{n} b_{ij}^2 = \sum_{i,j=1}^{n} (H\delta_{ij} - h_{ij})^2 = S - nH^2 (\text{利用上一讲公式}(1.6.2)). \tag{1.7.3}$$

利用(1.7.1),有

$$\begin{aligned}\sum_{i,j,k=1}^{n} h_{ij}h_{jk}h_{ki} &= \sum_{i,j,k=1}^{n}(H\delta_{ij}-b_{ij})(H\delta_{jk}-b_{jk})(H\delta_{ki}-b_{ki}) \\ &= nH^3+3H\sum_{i,j=1}^{n}b_{ij}^2-\sum_{i,j,k=1}^{n}b_{ij}b_{jk}b_{ki}(\text{利用}(1.7.2)) \\ &= nH^3+3H(S-nH^2)-\mathrm{trace}B^3(\text{利用}(1.7.3)) \\ &= 3HS-2nH^3-\mathrm{trace}B^3. \end{aligned}\tag{1.7.4}$$

类似地,有

$$\begin{aligned}\sum_{i,j,k,l=1}^{n} h_{ij}h_{jk}h_{kl}h_{li} &= \sum_{i,j,k,l=1}^{n}(H\delta_{ij}-b_{ij})(H\delta_{jk}-b_{jk})(H\delta_{kl}-b_{kl})(H\delta_{li}-b_{li}) \\ &= \sum_{i,j,k,l=1}^{n}(H^2\delta_{ij}\delta_{jk}-Hb_{ij}\delta_{jk}-H\delta_{ij}b_{jk}+b_{ij}b_{jk}) \\ &\quad (H^2\delta_{kl}\delta_{li}-Hb_{kl}\delta_{li}-Hb_{li}\delta_{kl}+b_{kl}b_{li}) \\ &= nH^4+6H^2\sum_{i,j=1}^{n}b_{ij}^2-4H\sum_{i,j,k=1}^{n}b_{ij}b_{jk}b_{ki}+\sum_{i,j,k,l=1}^{n}b_{ij}b_{jk}b_{kl}b_{li} \\ &= 6H^2S-5nH^4-4H\mathrm{trace}B^3+\mathrm{trace}B^4. \end{aligned}\tag{1.7.5}$$

从下面开始, $n=3$, $C^*=0$. 即考虑 R^4 内具有非零常平均曲率 H 和非负常数量曲率 R 的完备连通超曲面 M. 在 M 上的任一点 P 上,选择 M 的切向量 e_1, e_2, e_3,使得 $h_{ij}=\lambda_i\delta_{ij}$, 由公式(1.7.1),在这点 P 上

$$b_{ij}=(H-\lambda_i)\delta_{ij}. \tag{1.7.6}$$

记

$$\mu_i=H-\lambda_i,\ i=1,\ 2,\ 3, \tag{1.7.7}$$

这里选择 e_4,使得非零常平均曲率 $H>0$.

利用上一讲公式(1.6.2)的第一式及本讲公式(1.7.7),在这点上,有

$$\mu_1+\mu_2+\mu_3=0, \tag{1.7.8}$$

以及

$$\mu_1^2+\mu_2^2+\mu_3^2=S-3H^2, \tag{1.7.9}$$

这里利用了 $\sum_{i=1}^{3}\lambda_i^2=S$ 及 $\sum_{i=1}^{3}\lambda_i=3H$.

由于

$$(\mu_1^2+\mu_2^2+\mu_3^2)^2-\frac{1}{2}[(\mu_1+\mu_2+\mu_3)^2-(\mu_1^2+\mu_2^2+\mu_3^2)]^2$$

$$= (\mu_1^4+\mu_2^4+\mu_3^4)+2(\mu_1^2\mu_2^2+\mu_1^2\mu_3^2+\mu_2^2\mu_3^2)-2(\mu_1\mu_2+\mu_1\mu_3+\mu_2\mu_3)^2$$
$$= (\mu_1^4+\mu_2^4+\mu_3^4)-4\mu_1\mu_2\mu_3(\mu_1+\mu_2+\mu_3)$$
$$= \mu_1^4+\mu_2^4+\mu_3^4 \text{(利用(1.7.8))}, \tag{1.7.10}$$

倒写上式,再利用(1.7.8)和(1.7.9),可以得到

$$\mu_1^4+\mu_2^4+\mu_3^4=\frac{1}{2}(S-3H^2)^2. \tag{1.7.11}$$

由(1.7.2)的第二式,(1.7.6),(1.7.7)和(1.7.11),可以知道在 M 的每一点上, $\mathrm{trace}B^4$ 等于(1.7.11)右端的常数.

由公式(1.7.5)及上面的叙述,有

$$\Delta\Big(\sum_{i,j,k,l=1}^{3}h_{ij}h_{jk}h_{kl}h_{li}\Big)=-4H\Delta(\mathrm{trace}B^3)=4H\Delta\Big(\sum_{i,j,k=1}^{3}h_{ij}h_{jk}h_{ki}\Big)\text{(利用(1.7.4))}$$
$$=-\frac{4}{3}\Delta\Big(\sum_{i,j,k=1}^{3}h_{ijk}^2\Big)\text{(利用上一讲公式(1.6.55),以及}$$
$$C^*=0,\ n=3,\ H,\ S\text{都是常数)}. \tag{1.7.12}$$

利用上一讲公式(1.6.61)以及上式,注意到 $C^*=0$, $n=3$,有

$$-S\sum_{i,j,k,l=1}^{3}h_{ij}h_{jk}h_{kl}h_{li}+3H\sum_{i,j,k,l,s=1}^{3}h_{is}h_{sj}h_{jk}h_{kl}h_{li}+2\sum_{i,j,k,l,s=1}^{3}h_{ijs}h_{jks}h_{kl}h_{li}+$$
$$\sum_{i,j,k,l,s=1}^{3}h_{ijs}h_{jk}h_{kls}h_{li}=-\frac{1}{3}\Delta\Big(\sum_{i,j,k=1}^{3}h_{ijk}^2\Big). \tag{1.7.13}$$

在点 P,利用 $h_{ij}=\lambda_i\delta_{ij}$ 以及上式,有

$$2\sum_{i,j,k=1}^{3}h_{ijk}^2\lambda_i^2+\sum_{i,j,k=1}^{3}h_{ijk}^2\lambda_i\lambda_j=-\frac{1}{3}\Delta\Big(\sum_{i,j,k=1}^{3}h_{ijk}^2\Big)-3H\sum_{i=1}^{3}\lambda_i^5+S\sum_{i=1}^{3}\lambda_i^4. \tag{1.7.14}$$

利用(1.7.7),在点 P,有

$$\sum_{i,j,k=1}^{3}h_{ijk}^2\lambda_i^2+2\sum_{i,j,k=1}^{3}h_{ijk}^2\lambda_i\lambda_j$$
$$=\sum_{i,j,k=1}^{3}h_{ijk}^2(H^2-2H\mu_i+\mu_i^2)+2\sum_{i,j,k=1}^{3}h_{ijk}^2(H^2-H\mu_i-H\mu_j+\mu_i\mu_j)$$
$$=3H^2\sum_{i,j,k=1}^{3}h_{ijk}^2-6H\sum_{i,j,k=1}^{3}h_{ijk}^2\mu_i+\frac{1}{3}\sum_{i,j,k=1}^{3}h_{ijk}^2(\mu_i^2+\mu_j^2+\mu_k^2)+$$
$$\frac{2}{3}\sum_{i,j,k=1}^{3}h_{ijk}^2(\mu_i\mu_j+\mu_i\mu_k+\mu_j\mu_k)\text{(这里交换下标,以及利用}$$

Codazzi 方程组，可以得到第二个等式)

$$= 3H^2 \sum_{i,j,k=1}^{3} h_{ijk}^2 - 6H \sum_{i,j,k=1}^{3} h_{ijk}^2 \mu_i + \frac{1}{3} \sum_{i,j,k=1}^{3} h_{ijk}^2 (\mu_i + \mu_j + \mu_k)^2. \quad (1.7.15)$$

利用上一讲公式(1.6.53)，以及 $C^* = 0$, $n = 3$，有

$$\Delta\Big(\sum_{i,j,k=1}^{3} h_{ij} h_{jk} h_{ki} \Big) = -3S \sum_{i,j,k=1}^{3} h_{ij} h_{jk} h_{ki} + 9H \sum_{i,j,k,s=1}^{3} h_{ik} h_{kj} h_{is} h_{sj} + 6 \sum_{i,j,k,l=1}^{3} h_{ijl} h_{jkl} h_{ki}. \quad (1.7.16)$$

利用(1.7.12)的最后一个等式，在点 P，有

$$\begin{aligned} & -\frac{1}{3}\Delta\Big(\sum_{i,j,k=1}^{3} h_{ijk}^2 \Big) \\ & = H\Delta\Big(\sum_{i,j,k=1}^{3} h_{ij} h_{jk} h_{ki} \Big) \\ & = -3HS \sum_{i,j,k=1}^{3} h_{ij} h_{jk} h_{ki} + 9H^2 \sum_{i,j,k,s=1}^{3} h_{ik} h_{kj} h_{is} h_{sj} + \\ & \quad 6H \sum_{i,j,k,l=1}^{3} h_{ijl} h_{jkl} (H - \mu_i) \delta_{ki} \text{(利用(1.7.16) 两端乘以 } H\text{，以及利用(1.7.7))}. \end{aligned} \quad (1.7.17)$$

利用上式，在点 P，有

$$6H \sum_{i,j,k=1}^{3} h_{ijk}^2 \mu_i = 9H^2 \sum_{i,j,k,s=1}^{3} h_{ik} h_{kj} h_{is} h_{sj} - 3HS \sum_{i,j,k=1}^{3} h_{ij} h_{jk} h_{ki} + 6H^2 \sum_{i,j,k=1}^{3} h_{ijk}^2 + \frac{1}{3}\Delta\Big(\sum_{i,j,k=1}^{3} h_{ijk}^2 \Big). \quad (1.7.18)$$

由于在点 P，有

$$\begin{aligned} & 6 \sum_{i,j,k=1}^{3} h_{ijk}^2 \lambda_i \lambda_j - 3 \sum_{i,j,k=1}^{3} h_{ijk}^2 \lambda_j^2 \\ & = 5\Big(\sum_{i,j,k=1}^{3} h_{ijk}^2 \lambda_i^2 + 2 \sum_{i,j,k=1}^{3} h_{ijk}^2 \lambda_i \lambda_j \Big) - 4\Big(2 \sum_{i,j,k=1}^{3} h_{ijk}^2 \lambda_i^2 + \sum_{i,j,k=1}^{3} h_{ijk}^2 \lambda_i \lambda_j \Big) \\ & = 5\Big[3H^2 \sum_{i,j,k=1}^{3} h_{ijk}^2 - 6H \sum_{i,j,k=1}^{3} h_{ijk}^2 \mu_i + \frac{1}{3} \sum_{i,j,k=1}^{3} h_{ijk}^2 (\mu_i + \mu_j + \mu_k)^2 \Big] - \\ & \quad 4\Big[-\frac{1}{3}\Delta\Big(\sum_{i,j,k=1}^{3} h_{ijk}^2 \Big) - 3H \sum_{i=1}^{3} \lambda_i^5 + S \sum_{i=1}^{3} \lambda_i^4 \Big] \text{(利用(1.7.14) 和(1.7.15))} \end{aligned}$$

$$= 15H^2 \sum_{i,j,k=1}^{3} h_{ijk}^2 + \frac{5}{3} \sum_{i,j,k=1}^{3} h_{ijk}^2 (\mu_i + \mu_j + \mu_k)^2 -$$

$$5\left[9H^2 \sum_{i,j,k,s=1}^{3} h_{ik}h_{kj}h_{is}h_{sj} - 3HS \sum_{i,j,k=1}^{3} h_{ij}h_{jk}h_{ki} + 6H^2 \sum_{i,j,k=1}^{3} h_{ijk}^2 + \right.$$

$$\left.\frac{1}{3}\Delta\left(\sum_{i,j,k=1}^{3} h_{ijk}^2\right)\right] + \frac{4}{3}\Delta\left(\sum_{i,j,k=1}^{3} h_{ijk}^2\right) + 12H\sum_{i=1}^{3}\lambda_i^5 - 4S\sum_{i=1}^{3}\lambda_i^4 (\text{利用}(1.7.18))$$

$$= -\frac{1}{3}\Delta\left(\sum_{i,j,k=1}^{3} h_{ijk}^2\right) + 12H\sum_{i=1}^{3}\lambda_i^5 - (4S + 45H^2)\sum_{i=1}^{3}\lambda_i^4 + (15HS + 45H^3)\sum_{i=1}^{3}\lambda_i^3 -$$

$$15H^2S^2 + \frac{5}{3}\sum_{i,j,k=1}^{3} h_{ijk}^2(\mu_i + \mu_j + \mu_k)^2 (\text{这里利用上一讲公式}(1.6.55),\text{并化简}). \tag{1.7.19}$$

利用上一讲公式(1.6.58),注意到在本讲, $C^* = 0$, $n = 3$, 在点 P,有

$$\sum_{i,j,k,l=1}^{3} h_{ijkl}^2 = S\sum_{i,j,k=1}^{3} h_{ijk}^2 - 18H\sum_{i,j,k=1}^{3} h_{ijk}^2\lambda_j + 3\sum_{i,j,k=1}^{3} h_{ijk}^2\lambda_j^2 - 6\sum_{i,j,k=1}^{3} h_{ijk}^2\lambda_j\lambda_k +$$
$$\frac{9}{2}HS\sum_{i=1}^{3}\lambda_i^3 - \frac{27}{2}H^2\sum_{i=1}^{3}\lambda_i^4. \tag{1.7.20}$$

利用上一讲公式(1.6.55),注意到在本讲, $C^* = 0$, $n = 3$, 并且两端乘以 S,有

$$S\sum_{i,j,k=1}^{3} h_{ijk}^2 = S\left(S^2 - 3H\sum_{i,j,k=1}^{3} h_{ij}h_{jk}h_{ki}\right). \tag{1.7.21}$$

利用公式(1.7.16),两端乘以 $3H$,在点 P,可以得到

$$18H\sum_{i,j,k=1}^{3} h_{ijk}^2\lambda_j = 3H\Delta\left(\sum_{i,j,k=1}^{3} h_{ij}h_{jk}h_{ki}\right) + 9HS\sum_{i=1}^{3}\lambda_i^3 - 27H^2\sum_{i=1}^{3}\lambda_i^4$$
$$= -\Delta\left(\sum_{i,j,k=1}^{3} h_{ijk}^2\right) + 9HS\sum_{i=1}^{3}\lambda_i^3 - 27H^2\sum_{i=1}^{3}\lambda_i^4 (\text{利用}(1.7.17)\text{的第一等式}). \tag{1.7.22}$$

将公式(1.7.19),(1.7.21)和(1.7.22)代入公式(1.7.20),在点 P,有

$$\sum_{i,j,k,l=1}^{3} h_{ijkl}^2 = \frac{4}{3}\Delta\left(\sum_{i,j,k=1}^{3} h_{ijk}^2\right) + S^3 + 15H^2S^2 + \left(4S + \frac{117}{2}H^2\right)\sum_{i=1}^{3}\lambda_i^4 -$$
$$\frac{45}{2}H(S + 2H^2)\sum_{i=1}^{3}\lambda_i^3 - 12H\sum_{i=1}^{3}\lambda_i^5 - \frac{5}{3}\sum_{i,j,k=1}^{3} h_{ijk}^2(\mu_i + \mu_j + \mu_k)^2. \tag{1.7.23}$$

利用公式(1.7.7),在点 P,有

$$\sum_{i=1}^{3}\lambda_i^5=\sum_{i=1}^{3}(H-\mu_i)^5=3H^5-5H^4\sum_{i=1}^{3}\mu_i+10H^3\sum_{i=1}^{3}\mu_i^2-10H^2\sum_{i=1}^{3}\mu_i^3+5H\sum_{i=1}^{3}\mu_i^4-\sum_{i=1}^{3}\mu_i^5$$
$$=-\frac{9}{2}H^5-5H^3S+\frac{5}{2}HS^2-10H^2\sum_{i=1}^{3}\mu_i^3-\sum_{i=1}^{3}\mu_i^5$$(这里利用了(1.7.8),(1.7.9)和(1.7.11)).　(1.7.24)

利用公式(1.7.8),在点 P,又有

$$\sum_{i=1}^{3}\mu_i^5=\mu_1^5+\mu_2^5-(\mu_1+\mu_2)^5=-5\mu_1\mu_2(\mu_1+\mu_2)(\mu_1^2+\mu_1\mu_2+\mu_2^2).\tag{1.7.25}$$

又

$$\sum_{i=1}^{3}\mu_i^3=\mu_1^3+\mu_2^3-(\mu_1+\mu_2)^3=-3\mu_1\mu_2(\mu_1+\mu_2),\tag{1.7.26}$$

$$\sum_{i=1}^{3}\mu_i^2=\mu_1^2+\mu_2^2+(\mu_1+\mu_2)^2=2(\mu_1^2+\mu_1\mu_2+\mu_2^2),\tag{1.7.27}$$

将公式(1.7.9),(1.7.26)和(1.7.27)代入(1.7.25),在点 P,有

$$\sum_{i=1}^{3}\mu_i^5=\Big(\frac{5}{3}\sum_{i=1}^{3}\mu_i^3\Big)\Big(\frac{1}{2}\sum_{i=1}^{3}\mu_i^2\Big)=\frac{5}{6}(S-3H^2)\sum_{i=1}^{3}\mu_i^3.\tag{1.7.28}$$

将公式(1.7.28)代入(1.7.24),再利用公式(1.7.4),在点 P,有

$$\sum_{i=1}^{3}\lambda_i^5=-\frac{9}{2}H^5-5H^3S+\frac{5}{2}HS^2-\Big[10H^2+\frac{5}{6}(S-3H^2)\Big]\Big(3HS-6H^3-\sum_{i=1}^{3}\lambda_i^3\Big)$$
$$=\frac{5}{6}(S+9H^2)\sum_{i=1}^{3}\lambda_i^3+\frac{9}{2}H^3(9H^2-5S).\tag{1.7.29}$$

令

$$f=-\sum_{i,j,k=1}^{3}h_{ijk}^2,\tag{1.7.30}$$

f 是 M 上一个光滑函数,且有上界.

利用上一讲公式(1.6.55)和上式,在点 P,有

$$3H\sum_{i=1}^{3}\lambda_i^3 = S^2 + f. \tag{1.7.31}$$

利用公式(1.7.4),(1.7.5)和(1.7.11),由于 $n=3$,在点 P,有

$$\begin{aligned}\sum_{i=1}^{3}\lambda_i^4 &= 6H^2S - 15H^4 - 4H\Big(3HS - 6H^3 - \sum_{i=1}^{3}\lambda_i^3\Big) + \frac{1}{2}(S-3H^2)^2 \\ &= \frac{27}{2}H^4 - 9H^2S + \frac{11}{6}S^2 + \frac{4}{3}f(\text{合并常数项及利用}(1.7.31)).\end{aligned} \tag{1.7.32}$$

将(1.7.29)—(1.7.32)代入公式(1.7.23),在点 P,有

$$\begin{aligned}\sum_{i,j,k,l=1}^{3} h_{ijkl}^2 =& -\frac{4}{3}\Delta f + S^3 + 15H^2S^2 + \Big(4S + \frac{117}{2}H^2\Big)\Big(\frac{27}{2}H^4 - 9H^2S + \frac{11}{6}S^2 + \frac{4}{3}f\Big) - \\ & \frac{15}{2}(S+2H^2)(S^2+f) - \Big[\frac{10}{3}(S+9H^2)(S^2+f) + 54H^4(9H^2-5S)\Big] - \\ & \frac{5}{3}\sum_{i,j,k=1}^{3} h_{ijk}^2(\mu_i+\mu_j+\mu_k)^2 \\ =& -\frac{4}{3}\Delta f - \frac{5}{3}\sum_{i,j,k=1}^{3} h_{ijk}^2(\mu_i+\mu_j+\mu_k)^2 - \frac{11}{2}(S-6H^2)f - \frac{5}{2}S^3 + \\ & \frac{165}{4}H^2S^2 - \frac{405}{2}H^4S + \frac{1\,215}{4}H^6 \\ =& -\frac{4}{3}\Delta f - \frac{5}{3}\sum_{i,j,k=1}^{3} h_{ijk}^2(\mu_i+\mu_j+\mu_k)^2 - \frac{11}{2}(S-6H^2)f + \\ & \frac{5}{2}(S-3H^2)\Big(S-\frac{9}{2}H^2\Big)(9H^2-S).\end{aligned} \tag{1.7.33}$$

利用公式(1.7.18)和(1.7.30),在点 P,有

$$\begin{aligned}-\frac{1}{3}\Delta f &= 6H\sum_{i,j,k=1}^{3} h_{ijk}^2\mu_i - 9H^2\sum_{i=1}^{3}\lambda_i^4 + 3HS\sum_{i=1}^{3}\lambda_i^3 + 6H^2 f \\ &= 6H\sum_{i,j,k=1}^{3} h_{ijk}^2\mu_i - 9H^2\Big(\frac{27}{2}H^4 - 9H^2S + \frac{11}{6}S^2 + \frac{4}{3}f\Big) + \\ &\quad S(S^2+f) + 6H^2 f(\text{利用}(1.7.31)\text{ 和}(1.7.32)) \\ &= 6H\sum_{i,j,k=1}^{3} h_{ijk}^2\mu_i - (6H^2-S)f + (S-3H^2)\Big(S-\frac{9}{2}H^2\Big)(S-9H^2).\end{aligned} \tag{1.7.34}$$

将公式(1.7.34)代入(1.7.33),在点 P,有

$$\sum_{i,j,k,l=1}^{3} h_{ijkl}^2 + \frac{5}{3}\sum_{i,j,k=1}^{3} h_{ijk}^2(\mu_i+\mu_j+\mu_k)^2 - 24H\sum_{i,j,k=1}^{3} h_{ijk}^2\mu_i$$
$$= \frac{3}{2}(S-3H^2)\left(S-\frac{9}{2}H^2\right)(S-9H^2) - \frac{3}{2}(S-6H^2)f. \quad (1.7.35)$$

下面介绍 1974 年 Okumura 的一个结果([1]),作为引理.

引理 1　设 M 是 R^{n+1}(正整数 $n\geqslant 2$)内具有非零常平均曲率 H 的超曲面,且 M 的第二基本形式长度平方 S 是一个大于 nH^2 的常数,则 $S\geqslant \frac{n^2}{n-1}H^2$.

证明　利用上一讲公式(1.6.55),注意到 $C^* = 0$, 以及公式(1.7.4),有

$$\sum_{i,j,k=1}^{n} h_{ijk}^2 = S^2 - 3nH^2S + 2n^2H^4 + nH\,\mathrm{trace}B^3, \quad (1.7.36)$$

这里 $H>0$. 利用上一讲引理 1 及上式,兼顾公式(1.7.2)和(1.7.3),在 M 的任一点,对角化矩阵 (b_{ij}),有

$$\sum_{i,j,k=1}^{n} h_{ijk}^2 \leqslant (S-nH^2)\left[(S-2nH^2) + \frac{n(n-2)}{\sqrt{n(n-1)}}H\sqrt{S-nH^2}\right]. \quad (1.7.37)$$

由于上式左端大于等于零,利用引理条件,立即有

$$S-2nH^2+\frac{n(n-2)}{\sqrt{n(n-1)}}H\sqrt{S-nH^2}\geqslant 0. \quad (1.7.38)$$

由于 $n\geqslant 2$,则 $2\geqslant \frac{n}{n-1}$,如果 $S\geqslant 2nH^2$,则引理的结论成立. 下面考虑 $S<2nH^2$ 的情况. 首先,由不等式(1.7.38),有

$$\frac{n(n-2)}{\sqrt{n(n-1)}}H\sqrt{S-nH^2}\geqslant 2nH^2-S>0. \quad (1.7.39)$$

将上式两端平方,有

$$\frac{n(n-2)^2}{n-1}H^2(S-nH^2)\geqslant 4n^2H^4-4nH^2S+S^2. \quad (1.7.40)$$

由上式,化简后,可以看到

$$S^2-\frac{n^3}{n-1}H^2S+\frac{n^4}{n-1}H^4\leqslant 0. \quad (1.7.41)$$

由上式,利用因式公解,立即有

$$\frac{n^2}{n-1}H^2 \leqslant S \leqslant n^2 H^2. \tag{1.7.42}$$

因而引理1的结论成立.

利用第1讲公式(1.1.19),并注意到欧氏空间的曲率为零,有 M 的 Ricci 曲率

$$R_{ij} = \sum_{l=1}^{n} R_{illj} = nH_{ij} - \sum_{l=1}^{n} h_{il}h_{lj}. \tag{1.7.43}$$

在本讲, $n=3$, 在 M 的任意一点 P,有

$$R_{ii} = 3H\lambda_i - \lambda_i^2 > -3H\sqrt{S} - S. \tag{1.7.44}$$

即 M 的 Ricci 曲率有下界,可以利用完备连通 Riemann 流形的广义最大值原理(见第5讲).

下面要证明一个定理.

定理6 在 R^4 内,设 M 是完备连通(等距浸入)超曲面,具有正常平均曲率 H 和非负常数量曲率 R,那么,只有三种情况: $R=6H^2$, $M=S^3\left(\frac{1}{H}\right)$; $R=\frac{9}{2}H^2$, $M=S^2\left(\frac{2}{3H}\right)\times R$; $R=0$,有例 $M=S^1\left(\frac{1}{3H}\right)\times R^2$.

注: M 是非零常平均曲率 H 时,可选择 M 的单位法向量,使得 H 是一个正常数.

证明 由于这时 M 的第二基本形式长度平方 S 也是常数,又由于 $R\geqslant 0$,利用上一讲公式(1.6.4)及 $C^*=0$, $n=3$, 有

$$S \leqslant 9H^2. \tag{1.7.45}$$

由 Cauchy 不等式,有

$$S = \sum_{i=1}^{n} \lambda_i^2 \geqslant \frac{1}{n}\left(\sum_{i=1}^{n} \lambda_i\right)^2 = nH^2. \tag{1.7.46}$$

特别地,当 $n=3$ 时,必有 $S\geqslant 3H^2$, 由公式(1.7.9)也能推出这一不等式. 当 $S=3H^2$ 时, M 是全脐点超曲面. 由于 M 完备,必是半径为 $\frac{1}{H}$ 的3维球面 $S^3\left(\frac{1}{H}\right)$. 当 $S>3H^2$ 时,由本讲引理1,有 $S\geqslant\frac{9}{2}H^2$. 于是,开区间 $\left(0, \frac{9}{2}H^2\right)$ 内常数 S 的值只有一个: $3H^2$.

当常数 $S=\frac{9}{2}H^2$ 时，本讲引理 1 推导过程中一切不等式都取等号，再由上一讲引理 1 知道，在 M 的每点上，μ_1，μ_2，μ_3 只有两个不同的值，注意到上一讲引理 1 取最大值的条件（由于公式(1.7.38)取等号），不妨设在 M 的某点 P 处，

$$\mu_1=\mu_2<0,\ \mu_3=-2\mu_1>0. \tag{1.7.47}$$

利用公式(1.7.9)以及上式，在点 P，有

$$\mu_1=\mu_2=-\frac{1}{2}H,\ \mu_3=H. \tag{1.7.48}$$

由上式和公式(1.7.7)，在点 P，有

$$\lambda_1=\lambda_2=\frac{3}{2}H,\ \lambda_3=0. \tag{1.7.49}$$

于是，$\lambda_1\lambda_2$，$\lambda_1\lambda_3$，$\lambda_2\lambda_3$ 都是非负常数. 由第 1 讲内公式(1.1.19)（Gauss 方程组）可以知道，M 的截面曲率处处是非负常数. 类似第 3 讲中的证明，利用 Frobenius 定理，M 的每个局部都是 $S^2\left(\frac{2}{3H}\right)\times R$，这里 R 是一条欧氏直线. 由于 M 是完备连通的，则 M 就是 $S^2\left(\frac{2}{3H}\right)\times R$.

下面考虑正常数 $S>\frac{9}{2}H^2$ 的情况. 利用公式(1.7.30)的 f 的定义可以知道，f 是 M 上有上界的光滑函数. 利用第 5 讲完备连通 Riemann 流形的广义最大值原理，在 M 上有一个点列 $\{P_v\mid v\in\mathbf{N}\}$，这里 $\mathbf{N}$ 是全体正整数组成的集合，满足

$$\lim_{v\to\infty}f(P_v)=\max f,\ \lim_{v\to\infty}\mathrm{d}f(P_v)=0,\ \lim_{v\to\infty}\Delta f(P_v)\leqslant 0. \tag{1.7.50}$$

由公式(1.7.3)，(1.7.6)和(1.7.7)可以知道

$$\mu_i(P_v)\in\left[-(S-3H^2)^{\frac{1}{2}},\ (S-3H^2)^{\frac{1}{2}}\right]. \tag{1.7.51}$$

又利用公式(1.7.31)和(1.7.50)，以及 $H>0$，可以知道

$$\lim_{v\to\infty}\sum_{i,\,j,\,k=1}^{3}h_{ij}h_{jk}h_{ki}(P_v)=\max\sum_{i,\,j,\,k=1}^{3}h_{ij}h_{jk}h_{ki}. \tag{1.7.52}$$

再利用公式(1.7.4)，(1.7.6)和(1.7.7)，有

$$\lim_{v\to\infty}\sum_{i=1}^{3}\mu_i^3(P_v)=\inf\sum_{i=1}^{3}\mu_i^3\geqslant-\frac{1}{\sqrt{6}}(S-3H^2)^{\frac{3}{2}}. \tag{1.7.53}$$

这里兼顾上一讲引理 1,以及本讲公式(1.7.2)和(1.7.3),可知上式后一个不等式成立.

由于一个闭区间 $[-(S-3H^2)^{\frac{1}{2}}, (S-3H^2)^{\frac{1}{2}}]$ 内无限点集必至少有一个聚点,那么可选择一个子序列 $\{P_{v^*}\}$,使得 $\mu_1(P_{v^*})$ 有一个极限点. 接着可以选择序列 $\{P_{v^*}\}$ 的一个子序列 $\{P_{v^{**}}\}$,使得 $\mu_2(P_{v^{**}})$ 有一个极限点,再选择 $\{P_{v^{**}}\}$ 的一个子序列 $\{P_{v^{***}}\}$,使得 $\mu_3(P_{v^{***}})$ 有一个极限点. 为简便记号,不妨设序列 $\{P_v\}$,使得 $\mu_i(P_v)(i=1, 2, 3)$ 分别有极限点.

下面证明: 当 f 不是常数时,

(1) $\lim\limits_{v\to\infty}\sum\limits_{i=1}^{3}\mu_i^3(P_v)=-\dfrac{1}{\sqrt{6}}(S-3H^2)^{\frac{3}{2}}$;

(2) $\max f=0$.

先证明(1),用反证法,如果(1)不成立,利用(1.7.53),有

$$\inf\sum_{i=1}^{3}\mu_i^3>-\frac{1}{\sqrt{6}}(S-3H^2)^{\frac{3}{2}}. \tag{1.7.54}$$

由上一讲引理 1 可以知道,三个极限值 $\lim\limits_{v\to\infty}\mu_1(P_v)$, $\lim\limits_{v\to\infty}\mu_2(P_v)$ 和 $\lim\limits_{v\to\infty}\mu_3(P_v)$ 必两两不相等. 用反证法,如果这三个极限值全相等,由公式(1.7.8)可以知道,这三个极限值全为零. 再由公式(1.7.7)可知, $\lim\limits_{v\to\infty}\lambda_j(P_v)(j=1, 2, 3)$ 全是 H,这时 $S=3H^2$,与 $S>\dfrac{9}{2}H^2$ 矛盾. 如果这三个极限值恰有两个相等,由不等式(1.7.54),再由上一讲引理 1 的当 $n=3$ 时等号成立的条件,必有

$$\inf\sum_{i=1}^{3}\mu_i^3=\frac{1}{\sqrt{6}}(S-3H^2)^{\frac{3}{2}}=\sup\sum_{i=1}^{3}\mu_i^3. \tag{1.7.55}$$

这表明 $\sum\limits_{i=1}^{3}\mu_i^3$ 是一个常数, 由(1.7.4), 从而 $\sum\limits_{i=1}^{3}\lambda_i^3$ 是一个常数. 再由公式(1.7.31)知道, f 也是一个常数. 这与 f 不是常数的条件矛盾. 于是,当下标 v 充分大时, $\lambda_1(P_v)$, $\lambda_2(P_v)$, $\lambda_3(P_v)$ 必定两两不同.

令

$$A=\begin{vmatrix}1 & 1 & 1\\ \lambda_1 & \lambda_2 & \lambda_3\\ \lambda_1^2 & \lambda_2^2 & \lambda_3^2\end{vmatrix}=(\lambda_1-\lambda_2)(\lambda_2-\lambda_3)(\lambda_3-\lambda_1). \tag{1.7.56}$$

明显地,

$$A(P_v) \neq 0,\ \lim_{v\to\infty} A(P_v) \neq 0, \tag{1.7.57}$$

这里利用了 $\lim\limits_{v\to\infty}\lambda_j(P_v)(j=1,\ 2,\ 3)$ 两两不相等.

由于 H, S 都是正常数,公式(1.7.31)两端微分,有

$$\mathrm{d}f = 3H\mathrm{d}\Big(\sum_{i,\ j,\ k=1}^{3} h_{ij}h_{jk}h_{ki}\Big). \tag{1.7.58}$$

利用公式(1.7.50)的第二式及上式,有

$$\lim_{v\to\infty}\mathrm{d}\Big(\sum_{i,\ j,\ k=1}^{3} h_{ij}h_{jk}h_{ki}\Big)(P_v) = 0. \tag{1.7.59}$$

利用正常数 H, S 的定义,求导后,在 M 的任意一点 P 处,有

$$\sum_{i=1}^{3} h_{iil} = 0,\ \sum_{i=1}^{3}\lambda_i h_{iil} = \sum_{i,\ j=1}^{3} h_{ij}h_{ijl} = 0, \tag{1.7.60}$$

这里利用了在点 P, $h_{ij} = \lambda_i\delta_{ij}$. 下标 $l \in \{1,\ 2,\ 3\}$.

利用上一讲公式(1.6.49)的推导过程中相同的理由,在点 P,有

$$\Big(\sum_{i,\ j,\ k=1}^{3} h_{ij}h_{jk}h_{ki}\Big)_l = 3\sum_{i,\ j,\ k=1}^{3} h_{ijl}h_{jk}h_{ki} = 3\sum_{i=1}^{3} h_{iil}\lambda_i^2, \tag{1.7.61}$$

这里 $l \in \{1,\ 2,\ 3\}$. 记

$$a_l = \sum_{i=1}^{3} h_{iil}\lambda_i^2. \tag{1.7.62}$$

利用公式(1.7.59),(1.7.61)和(1.7.62),有

$$\lim_{v\to\infty} a_l(P_v) = 0. \tag{1.7.63}$$

对固定下标 l,公式(1.7.60)及(1.7.62)组成了一个关于 h_{11l}, h_{22l}, h_{33l} 的线性方程组,再利用公式(1.7.56),有

$$h_{11l} = \frac{a_l}{A}(\lambda_3 - \lambda_2),\ h_{22l} = \frac{a_l}{A}(\lambda_1 - \lambda_3),\ h_{33l} = \frac{a_l}{A}(\lambda_2 - \lambda_1). \tag{1.7.64}$$

由公式(1.7.57),(1.7.63)和(1.7.64),有

$$\lim_{v\to\infty} h_{iil}(P_v) = 0,\text{这里 } i,\ l \in \{1,\ 2,\ 3\}. \tag{1.7.65}$$

明显地,有

$$\sum_{i,\,j,\,k=1}^{3} h_{ijk}^2\mu_i = \sum_{i=1}^{3} h_{iii}^2\mu_i + \sum_{\substack{i,\,k=1\\(i\neq k)}}^{3} h_{iik}^2\mu_i + \sum_{\substack{i,\,j=1\\(i\neq j)}}^{3} h_{iji}^2\mu_i + \sum_{\substack{i,\,j=1\\(i\neq j)}}^{3} h_{ijj}^2\mu_i + \frac{1}{3}\sum_{\substack{i,\,j,\,k\text{两}\\\text{两不相等}}} h_{ijk}^2(\mu_i+\mu_j+\mu_k). \tag{1.7.66}$$

这里利用了 Codazzi 方程组. 当下标 i, j, k 两两不相等时,有 $\mu_i+\mu_j+\mu_k=\mu_1+\mu_2+\mu_3=0$ (利用公式(1.7.8)),再利用 Codazzi 方程组,简化上式,有

$$\sum_{i,\,j,\,k=1}^{3} h_{ijk}^2\mu_i = \sum_{i=1}^{3} h_{iii}^2\mu_i + \sum_{\substack{i,\,k=1\\(i\neq k)}}^{3} h_{iik}^2(2\mu_i+\mu_k). \tag{1.7.67}$$

利用公式(1.7.65)和(1.7.67),有

$$\lim_{v\to\infty}\sum_{i,\,j,\,k=1}^{3} h_{ijk}^2\mu_i(P_v)=0. \tag{1.7.68}$$

类似公式(1.7.66)和(1.7.67),可以看到

$$\begin{aligned}\sum_{i,\,j,\,k=1}^{3} h_{ijk}^2(\mu_i+\mu_j+\mu_k)^2 &= 9\sum_{i=1}^{3} h_{iii}^2\mu_i^2 + \sum_{\substack{i,\,k=1\\(i\neq k)}}^{3} h_{iik}^2(2\mu_i+\mu_k)^2 + \sum_{\substack{i,\,j=1\\(i\neq j)}}^{3} h_{iji}^2(2\mu_i+\mu_j)^2 + \\ &\quad \sum_{\substack{i,\,j=1\\(i\neq j)}}^{3} h_{ijj}^2(\mu_i+2\mu_j)^2 + \sum_{\substack{i,\,j,\,k\text{两}\\\text{两不相等}}} h_{ijk}^2(\mu_i+\mu_j+\mu_k)^2 \\ &= 9\sum_{i=1}^{3} h_{iii}^2\mu_i^2 + 3\sum_{\substack{i,\,k=1\\(i\neq k)}}^{3} h_{iik}^2(2\mu_i+\mu_k)^2.\end{aligned} \tag{1.7.69}$$

利用公式(1.7.65)和(1.7.69),有

$$\lim_{v\to\infty}\sum_{i,\,j,\,k=1}^{3} h_{ijk}^2(\mu_i+\mu_j+\mu_k)^2(P_v)=0. \tag{1.6.70}$$

公式(1.7.34)两端在 P_v 取值,并且令 $v\to\infty$,利用公式(1.7.50)的第一式、第三式,以及(1.7.68),有

$$(6H^2-S)\max f\leqslant (S-3H^2)\left(S-\frac{9}{2}H^2\right)(S-9H^2). \tag{1.7.71}$$

类似上一讲公式(1.6.105),可以看到

$$\sum_{i,\,j,\,k,\,l=1}^{3} h_{ijkl}^2 \geqslant 3\sum_{i\neq j} h_{ijij}^2. \tag{1.7.72}$$

注: 这里 $\sum\limits_{i\neq j}$ 与前面提及的 $\sum\limits_{\substack{i,\, j=1\\ (i\neq j)}}^{3}$ 是相同的.

类似上一讲的办法,在 M 的任一点上,当下标 $i\neq j$ 时,令

$$t_{ij}=h_{ijij}-h_{jiji}=\sum_{s=1}^{3}h_{is}R_{jsij}+\sum_{s=1}^{3}h_{sj}R_{isij}\text{(利用上一讲公式(1.6.8))}$$
$$=\sum_{s=1}^{3}h_{is}(h_{jj}h_{si}-h_{ji}h_{sj})+\sum_{s=1}^{3}h_{sj}(h_{ij}h_{si}-h_{ii}h_{sj})=\lambda_i\lambda_j(\lambda_i-\lambda_j),\tag{1.7.73}$$

这里利用了 $h_{is}=\lambda_i\delta_{is}$.

利用公式(1.7.72)和(1.7.73),在 M 的任一点上,有

$$\sum_{i,\, j,\, k,\, l=1}^{3}h_{ijkl}^2\geqslant\frac{3}{2}\sum_{i\neq j}(h_{ijij}^2+h_{jiji}^2)\geqslant\frac{3}{4}\sum_{i\neq j}t_{ij}^2=\frac{3}{4}\sum_{i\neq j}\lambda_i^2\lambda_j^2(\lambda_i-\lambda_j)^2.\tag{1.7.74}$$

在点 P_v 计算公式(1.7.35)的两端,再令 $v\to\infty$,利用公式(1.7.50)的第一式、(1.7.68)和(1.7.70)可以知道, $\lim\limits_{v\to\infty}\sum\limits_{i,\, j,\, k,\, l=1}^{3}h_{ijkl}^2(P_v)$ 存在,再利用三个极限值 $\lim\limits_{v\to\infty}\lambda_j(P_v)(j=1,\ 2,\ 3)$ 两两不相等及(1.7.74),有

$$\lim_{v\to\infty}\sum_{i,\, j,\, k,\, l=1}^{3}h_{ijkl}^2(P_v)>0.\tag{1.7.75}$$

利用上面的叙述,由公式(1.7.35),有

$$0<\frac{3}{2}(S-3H^2)\left(S-\frac{9}{2}H^2\right)(S-9H^2)+\frac{3}{2}(6H^2-S)\max f$$
$$\leqslant 3(S-3H^2)\left(S-\frac{9}{2}H^2\right)(S-9H^2),\tag{1.7.76}$$

这里利用了不等式(1.7.71).

由于 $S\in\left(\frac{9}{2}H^2,\ 9H^2\right]$, 上式是一个矛盾不等式,因而有结论(1).

利用公式(1.7.31)和(1.7.4),在 M 的任意一点处,有

$$f=3H\sum_{i,\, j,\, k=1}^{3}h_{ij}h_{jk}h_{ki}-S^2=3H\left(3HS-6H^3-\sum_{i=1}^{3}\mu_i^3\right)-S^2$$
$$=(S-3H^2)(6H^2-S)-3H\sum_{i=1}^{3}\mu_i^3.\tag{1.7.77}$$

利用公式(1.7.30),有 $f\leqslant 0$. 上式两端在点 P_v 处取值,再令 $v\to\infty$,利用结论(1),有

$$(S-3H^2)(6H^2-S)-3H\left(-\frac{1}{\sqrt{6}}(S-3H^2)^{\frac{3}{2}}\right)\leqslant 0. \quad (1.7.78)$$

由于常数 $S>\frac{9}{2}H^2$, 将上式两端除以正数 $S-3H^2$, 有

$$6H^2-S+\frac{\sqrt{6}}{2}H\sqrt{S-3H^2}\leqslant 0. \quad (1.7.79)$$

将上式因式分解,有

$$3\left[H-\frac{1}{\sqrt{6}}\sqrt{S-3H^2}\right]\left[H+\frac{2}{\sqrt{6}}\sqrt{S-3H^2}\right]\leqslant 0. \quad (1.7.80)$$

由上式,立即有

$$H\leqslant\frac{1}{\sqrt{6}}\sqrt{S-3H^2},\text{即 } S\geqslant 9H^2. \quad (1.7.81)$$

这表明正常数 S 不在开区间 $\left(\frac{9}{2}H^2,\ 9H^2\right)$内. 综上所述,正常数 S 在区间 $(0,\ 9H^2]$内只取三个值: $3H^2$, $\frac{9}{2}H^2$, $9H^2$. 数量曲率 R 也相应只取三个值: $6H^2$, $\frac{9}{2}H^2$, 0. 当 $S=9H^2$ 时,公式(1.7.78)—(1.7.81)都取等号. 由于(1.7.78)取等号,兼顾公式(1.7.77),有结论(2). 数量曲率 R 恒等于零时,有例

$$M=S^1\left(\frac{1}{3H}\right)\times R^2.$$

下面考虑 f 是常数的情况. 利用公式(1.7.31),可以看到这时 M 上任意一点处, $\sum_{i=1}^{3}\lambda_i^3$ 都是常数. 由于 H, S 都是正常数,则 λ_1, λ_2, λ_3 也都是常数, M 是 R^4 内等参超曲面(可参考上一讲结束部分).

现在考虑非负常曲率 C^* 空间内 n 维等参超曲面 M,在第 3 讲内已经提及它,这时,存在 M 的局部分正交标架场 e_1, e_2, $\cdots$, e_n,使得矩阵(h_{ij})是常数对角矩阵. 利用第 3 讲内公式(1.3.66)于超曲面情况,有

$$\frac{1}{2}\Delta S=\sum_{i,\ j=1}^{n}h_{ij}\Delta h_{ij}+\sum_{i,\ j,\ k=1}^{n}h_{ijk}^2. \quad (1.7.82)$$

由于 S, h_{ij} 都是常数,上式左端及右端第一大项都是零. 于是,在 M 上,处处有

$$h_{ijk}=0,\ \forall i,\ j,\ k\in\{1,\ 2,\ \cdots,\ n\}. \tag{1.7.83}$$

利用第 3 讲内公式(1.3.89)—(1.3.93),可以看到: 当 $h_{ii}\neq h_{jj}$ 时, $\omega_{ji}=0$; 当 $\omega_{ji}\neq 0$ 时,必有 $h_{ii}=h_{jj}$. 利用第 3 讲内公式(1.3.94)的第一式,当 $h_{ii}\neq h_{jj}$ 时, 有

$$0=\mathrm{d}\omega_{ji}=\sum_{l=1}^{n}\omega_{jl}\wedge\omega_{li}+\frac{1}{2}\sum_{l,\ s=1}^{n}R_{jils}\omega_{l}\wedge\omega_{s}, \tag{1.7.84}$$

这里

$$R_{jils}=C^{*}(\delta_{js}\delta_{il}-\delta_{jl}\delta_{is})+h_{js}h_{il}-h_{jl}h_{is}. \tag{1.7.85}$$

完全类似第 3 讲内公式(1.3.96)的证明,可以知道,(1.7.84)的右端的第一大项等于零. 于是,利用(1.7.84)和(1.7.85),有

$$0=(C^{*}+h_{ii}h_{jj})\omega_{i}\wedge\omega_{j}. \tag{1.7.86}$$

于是,当 $h_{ii}\neq h_{jj}$ 时, 必有

$$h_{ii}h_{jj}=-C^{*}. \tag{1.7.87}$$

特别地,当 $C^{*}=0$ 时,表明不相等的两常数 h_{ii}, h_{jj} 中必有一个是零. 因此,对于 R^{n+1} 内等参超曲面 M,如果不是全脐点超曲面,全部 n 个常数 $h_{jj}\,(1\leqslant j\leqslant n)$ 只有两个值: 一个是零,一个是非零. 不妨设

$$h_{11}=h_{22}=\cdots=h_{kk}=0,\ h_{k+1,\ k+1}=\cdots=h_{nn}=\frac{nH}{n-k}, \tag{1.7.88}$$

这里平均曲率 H 是正常数,正整数 $k\in\{1,\ 2,\ \cdots,\ n-1\}$. 类似第 3 讲的处理,利用 Frobenius 定理, R^{n+1} 内非全脐点等参超曲面片只能是 $S^{n-k}\left(\frac{n-k}{nH}\right)\times R^{k}$, 特别当 M 是完备时, M 必是整个 $S^{n-k}\left(\frac{n-k}{nH}\right)\times R^{k}$. 在本讲, $n=3$, 当 $S>3H^{2}$ 时, M 不是全脐点的,则 R^{4} 内非全脐点完备等参超曲面 M 必是 $S^{2}\left(\frac{2}{3H}\right)\times R$ (这时 $S=\frac{9}{2}H^{2}$),或 $S^{1}\left(\frac{1}{3H}\right)\times R^{2}$ (这时 $S=9H^{2}$), 这两种超曲面前面已提及过,因此定理 6 结论成立.

顺便提一下,上一讲最后提及的 $S^{n+1}(1)$ 内极小超曲面是等参超曲面时,当

M是全脐点时，M必是超球面$S^n(1)$片；当M不是全脐点时，利用公式(1.7.87)可知，全部h_{11}，h_{22}，…，h_{nn}也只有两个值，互为负倒数. 有兴趣的读者可自己去确定$S^{n+1}(1)$内极小等参超曲面.

编者的话

本讲是根据作者在《数学年刊》1985年发表的一篇文章写成的([2]).

关于欧氏空间内常平均曲率和常数量曲率超曲面，有一些后续工作. 例如在1987年，孙自琪证明了：设M是R^4内具有非零常平均曲率H和常数量曲率R的完备连通超曲面，如果M不是等参超曲面，则必有$R<0$.

参考文献

[1] Okumura, M.. Hypersurfaces and a pinching problem on the second fundamental tensor. *Amer. Jour. of Math.*, Vol. 96 (1974): 207-213.

[2] 黄宣国. Complete hypersurfaces with constant scalar curvature and constant mean curvature in R^4. 数学年刊(B辑)，第6卷第2期(1985)：177—184.

[3] 孙自琪. 关于R^4内的常数量曲率的完备超曲面. 数学年刊(A辑)，第8卷第1期(1987)：1—8.

第 2 章　常曲率空间内超曲面的若干唯一性定理

第 1 讲　欧氏空间内常平均曲率或常数量曲率的嵌入闭超曲面是球面

在本讲,先讲述两个引理.

引理 1　R^{n+1} 内嵌入闭超曲面 M 至少有一个椭圆点,即在这点的所有截面曲率 $R_{jiij}>0$,这里 $i\neq j,\ 1\leqslant i,\ j\leqslant n$.

证明　取 R^{n+1} 的原点在闭超曲面 M 所围区域的内部,令函数

$$f(x)=\langle X(x),\ X(x)\rangle,\ \forall\, x\in M, \tag{2.1.1}$$

这里 $X(x)$ 是 M 上点 x 在 R^{n+1} 内的位置向量. 由于 M 是紧致的,必有一点 $x_0\in M$,使得 $f(x)$ 在 $x=x_0$ 处达到最大值. 于是,有

$$\mathrm{d}f(x_0)=0,\ (\mathrm{d}^2 f)(x_0)\leqslant 0. \tag{2.1.2}$$

利用公式(2.1.1)和(2.1.2)的第一式,有

$$\frac{1}{2}\mathrm{d}f=\langle X,\ \mathrm{d}X\rangle=\sum_{k=1}^{n}\langle X,\ e_k\rangle\omega_k, \tag{2.1.3}$$

$$\langle X,\ e_k\rangle(x_0)=0,\ 1\leqslant k\leqslant n. \tag{2.1.4}$$

由公式(2.1.4)可以看到, $X(x_0)$ 恰好是超曲面 M 在点 x_0 的法向量. 由于

$$\begin{aligned}\mathrm{d}\langle x,\ e_k\rangle&=\langle \mathrm{d}X,\ e_k\rangle+\langle X,\ \mathrm{d}e_k\rangle\\&=\left\langle \sum_{j=1}^{n}\omega_j e_j,\ e_k\right\rangle+\left\langle X,\ \sum_{j=1}^{n}\omega_{kj}e_j+\omega_{k,\ n+1}e_{n+1}\right\rangle,\end{aligned} \tag{2.1.5}$$

这里 e_{n+1} 是 M 在 R^{n+1} 内的单位外法向量. 上式两端在点 x_0 取值,再利用公式(2.1.4),有

$$(\mathrm{d}\langle X,\ e_k\rangle)(x_0)=\omega_k(x_0)+\omega_{k,\ n+1}(x_0)\langle X,\ e_{n+1}\rangle(x_0). \tag{2.1.6}$$

将公式(2.1.3)两端再微分一次,并且在点 x_0 取值. 利用公式(2.1.2)的第

二式,有

$$0 \geqslant \frac{1}{2}(\mathrm{d}^2 f)(x_0) = \mathrm{d}\Big(\sum_{k=1}^n \langle X, e_k\rangle \omega_k\Big)(x_0)$$

$$= \sum_{k=1}^n ((\mathrm{d}\langle X, e_k\rangle \omega_k))(x_0)(\text{利用}(2.1.4))$$

$$= \sum_{k=1}^n \Big[(\omega_k + \omega_{k, n+1}\langle X, e_{n+1}\rangle)\omega_k\Big](x_0)(\text{利用}(2.1.6))$$

$$= \sum_{k=1}^n (\omega_k(x_0))^2 + \sum_{j, k=1}^n (h_{kj}\omega_j\omega_k\langle X, e_{n+1}\rangle)(x_0). \tag{2.1.7}$$

因为 $\sum_{k=1}^n (\omega_k(x_0))^2 > 0$, 且由公式(2.1.1)可以知道,点 x_0 是 M 上离原点 O 的最远点,所以点 x_0 不会是原点. 利用公式(2.1.4)可以知道向量 $X(x_0)$ 平行于 $e_{n+1}(x_0)$,由于原点在闭超曲面 M 所围区域内部, $e_{n+1}(x_0)$ 是 M 在点 x_0 的单位外法向量,则 $e_{n+1}(x_0)$ 与 $X(x_0)$ 两向量同方向. 于是,有

$$\langle X(x_0), e_{n+1}(x_0)\rangle > 0. \tag{2.1.8}$$

由公式(2.1.7)和(2.1.8),有

$$\sum_{j, k=1}^n (h_{kj}\omega_j\omega_k)(x_0) < 0. \tag{2.1.9}$$

将上式两端乘以 -1,可以看到 $\sum_{j, k=1}^n (-h_{kj}\omega_j\omega_k)(x_0)$ 是正定的二次微分式. 此二次微分式与点 x_0 的局部坐标选择无关. 选择 $e_1(x_0), \cdots, e_n(x_0)$, 使得

$$h_{kj}(x_0) = 0, \text{当 } k \neq j \text{ 时}, -h_{jj}(x_0) > 0, 1 \leqslant j \leqslant n. \tag{2.1.10}$$

于是,当 $i \neq j$ 时, 有

$$R_{jiij}(x_0) = h_{jj}(x_0)h_{ii}(x_0) > 0. \tag{2.1.11}$$

所以点 x_0 是椭圆点.

设 N 是 m 维紧致可定向连通 Riemann 流形,具有光滑边界 ∂N,设 $\boldsymbol{n}$ 是定义在 ∂N 的单位外法向量. 同以前类似,记 $\omega_1, \cdots, \omega_m$ 是 N 的局部定向正交标架场 $e_1, \cdots, e_m$ 的对偶标架场. 对 N 上任意 m 个光滑切向量场 $X, Y_1, Y_2, \cdots, Y_{m-1}$,定义(见[1]第 197 页)

$$(i(X)\omega_1 \wedge \omega_2 \wedge \cdots \wedge \omega_m)(Y_1, Y_2, \cdots, Y_{m-1})$$

$$
\begin{aligned}
&= (\omega_1 \wedge \omega_2 \wedge \cdots \wedge \omega_m)(X, Y_1, Y_2, \cdots, Y_{m-1}) \\
&= \begin{vmatrix} \omega_1(X) & \omega_1(Y_1) & \omega_1(Y_2) & \cdots & \omega_1(Y_{m-1}) \\ \omega_2(X) & \omega_2(Y_1) & \omega_2(Y_2) & \cdots & \omega_2(Y_{m-1}) \\ \vdots & \vdots & \vdots & & \vdots \\ \omega_m(X) & \omega_m(Y_1) & \omega_m(Y_2) & \cdots & \omega_m(Y_{m-1}) \end{vmatrix} \\
&= \omega_1(X)\omega_2 \wedge \cdots \wedge \omega_m(Y_1, Y_2, \cdots, Y_{m-1}) + \\
&\quad (-1)\omega_2(X)\omega_1 \wedge \omega_3 \wedge \cdots \wedge \omega_m(Y_1, Y_2, \cdots, Y_{m-1}) + \cdots + \\
&\quad (-1)^{m-1}\omega_m(X)\omega_1 \wedge \omega_2 \wedge \cdots \wedge \omega_{m-1}(Y_1, Y_2, \cdots, Y_{m-1}). \qquad (2.1.12)
\end{aligned}
$$

由上式,有

$$
\begin{aligned}
i(X)\omega_1 \wedge \omega_2 \wedge \cdots \wedge \omega_m = {} & \omega_1(X)\omega_2 \wedge \cdots \wedge \omega_m + (-1)\omega_2(X)\omega_1 \wedge \omega_3 \wedge \cdots \wedge \\
& \omega_m + \cdots + (-1)^{m-1}\omega_m(X)\omega_1 \wedge \omega_2 \wedge \cdots \wedge \omega_{m-1}.
\end{aligned} \qquad (2.1.13)
$$

$i(X)$称为对 X 作内乘.

对于 N 上任意光滑切向量场 X,定义

$$
\mathrm{div}X\mathrm{d}V = \mathrm{d}(i(X)\omega_1 \wedge \omega_2 \wedge \cdots \wedge \omega_m). \qquad (2.1.14)
$$

$\mathrm{div}X$ 称为 X 的散度,这里 $\mathrm{d}V = \omega_1 \wedge \omega_2 \wedge \cdots \wedge \omega_m$ 是 N 的体积元素.

引理 2 设 N 是 m 维紧致可定向连通 Riemann 流形,具有光滑边界∂N,设 $\boldsymbol{n}$ 是定义在∂N 上的单位外法向量,则对于 N 上任意光滑切向量场 X,

$$
\int_N \mathrm{div}X\mathrm{d}V = \int_{\partial N} \langle X, \boldsymbol{n}\rangle \mathrm{d}A,
$$

这里 $\mathrm{d}A$ 是∂N 的体积元素,$\langle , \rangle$表示 N 的 Riemann 内积.

注: $\mathrm{d}A$ 也称为∂N 的面积元素,以表示与 $\mathrm{d}V$ 的名称区别.

证明 在∂N 的任意一点 x 处,选取 N 的定向单位正交标架(又称正交基) $e_1, e_2, \cdots, e_m$,使得 $\boldsymbol{n} = e_1$,下面 $\omega_1, \omega_2, \cdots, \omega_m$ 是$e_1, e_2, \cdots, e_m$ 的对偶基. 于是,有

$$
\begin{aligned}
\mathrm{d}V(x) &= \omega_1(x) \wedge \omega_2(x) \wedge \cdots \wedge \omega_m(x), \\
\mathrm{d}A(x) &= \omega_2(x) \wedge \omega_3(x) \wedge \cdots \wedge \omega_m(x),
\end{aligned} \qquad (2.1.15)
$$

这是因为 $e_2(x), e_3(x), \cdots, e_m(x)$是$\partial N$ 在点 x 的切空间的定向正交标架.

利用公式(2.1.13),对于∂N 内任意一点 x,有

$$
(i(X)\omega_1 \wedge \omega_2 \wedge \cdots \wedge \omega_m)(x)
$$

$$= (\omega_1(X)\omega_2 \wedge \omega_3 \wedge \cdots \wedge \omega_m)(x) + \text{外积内有包含 } \omega_1(x) \text{ 的项}$$
$$= (\langle X, \boldsymbol{n}\rangle \mathrm{d}A)(x) + \text{外积内有包含 } \omega_1(x) \text{ 的项}. \tag{2.1.16}$$

这里记 $X = \sum_{A=1}^{m} a_A e_A$,有 $\omega_1(X) = a_1 = \langle X, e_1\rangle = \langle X, \boldsymbol{n}\rangle$.

利用公式(2.1.14)和(2.1.16),有

$$\begin{aligned}\int_N \mathrm{div}X\mathrm{d}V &= \int_N \mathrm{d}(i(X)\omega_1 \wedge \omega_2 \wedge \cdots \wedge \omega_m)\\ &= \int_{\partial N} i(X)\omega_1 \wedge \omega_2 \wedge \cdots \wedge \omega_m (\text{利用 Stokes 公式})\\ &= \int_{\partial N} \langle X, \boldsymbol{n}\rangle \mathrm{d}A(\text{利用限制在 } \partial N \text{ 上, } \omega_1 = 0).\end{aligned} \tag{2.1.17}$$

利用上式可知,引理 2 的结论成立.

特别当 N 是 R^m 内某个区域时,设 f 是 N 上一个光滑函数, f 的梯度 $\mathrm{grad}f$ 是 N 上一个光滑切向量场. 定义如下: 对于 N 上任意光滑切向量场 Y,

$$\langle \mathrm{grad}f, Y\rangle = Yf, \tag{2.1.18}$$

这里$\langle , \rangle$是 R^m 的内积. 设 $x_1, x_2, \cdots, x_m$ 是 R^m 内直角坐标系的坐标. 取 $Y = \frac{\partial}{\partial x_A}$, 这里 $A=1, 2, \cdots, m$. 由上式,有

$$\left\langle \mathrm{grad}f, \frac{\partial}{\partial x_A} \right\rangle = \frac{\partial f}{\partial x_A}. \tag{2.1.19}$$

于是,有

$$\mathrm{grad}f = \sum_{A=1}^{m} \frac{\partial f}{\partial x_A} \frac{\partial}{\partial x_A}, \tag{2.1.20}$$

这里$\frac{\partial}{\partial x_1}$等同于 R^m 内向量$(1, 0, \cdots, 0)$, $\frac{\partial}{\partial x_2}$等同于 R^m 内向量$(0, 1, 0, \cdots, 0)$, $\cdots$, $\frac{\partial}{\partial x_m}$等同于 R^m 内向量$(0, \cdots, 0, 1)$. 因此,通常写

$$\mathrm{grad}f = \left(\frac{\partial f}{\partial x_1}, \frac{\partial f}{\partial x_2}, \cdots, \frac{\partial f}{\partial x_m}\right).$$

在 N 上,利用公式(2.1.13),记 $X = \sum_{A=1}^{m} X_A \frac{\partial}{\partial x_A}$,这里 $e_A = \frac{\partial}{\partial x_A}$, $\omega_B = \mathrm{d}x_B$, $1 \leqslant A, B \leqslant m$, 则

$$
\begin{aligned}
& \mathrm{d}[i(X)\omega_1 \wedge \omega_2 \wedge \cdots \wedge \omega_m] \\
= & \mathrm{d}[X_1\omega_2 \wedge \omega_3 \wedge \cdots \wedge \omega_m + \\
& (-1)X_2\omega_1 \wedge \omega_3 \wedge \cdots \wedge \omega_m + \cdots + (-1)^{m-1}X_m\omega_1 \wedge \omega_2 \wedge \cdots \wedge \omega_{m-1}] \\
= & \Big(\sum_{A=1}^{m}(e_A X_1)\omega_A\Big) \wedge \omega_2 \wedge \omega_3 \wedge \cdots \wedge \omega_m + (-1)\sum_{A=1}^{m}((e_A X_2)\omega_A) \\
& \wedge \omega_1 \wedge \omega_3 \wedge \cdots \wedge \omega_{m-1} + \cdots + (-1)^{m-1}\sum_{A=1}^{m}((e_A X_m)\omega_A) \wedge \omega_1 \wedge \omega_2 \\
& \wedge \cdots \wedge \omega_{m-1} (\text{注意 } \mathrm{d}\omega_B = \mathrm{d}(\mathrm{d}x_B) = 0) \\
= & (e_1X_1)\omega_1 \wedge \omega_2 \wedge \cdots \wedge \omega_m + (e_2X_2)\omega_1 \wedge \omega_2 \wedge \cdots \wedge \omega_m + \cdots \\
& + (e_mX_m)\omega_1 \wedge \omega_2 \wedge \cdots \wedge \omega_m \\
= & \sum_{A=1}^{m}\frac{\partial X_A}{\partial x_A}\omega_1 \wedge \omega_2 \wedge \cdots \wedge \omega_m \Big(\text{注意 } e_A = \frac{\partial}{\partial x_A}\Big).
\end{aligned}
\tag{2.1.21}
$$

当 $X = \mathrm{grad} f$ 时，有 $X_A = \dfrac{\partial f}{\partial x_A}$. 于是，可从上式得到

$$
\mathrm{d}[i(\mathrm{grad} f)\omega_1 \wedge \omega_2 \wedge \cdots \wedge \omega_m] = \Delta^* f \mathrm{d}V, \tag{2.1.22}
$$

这里 Δ^* 是 R^m 内的 Laplace 算子，即 $\Delta^* = \sum_{A=1}^{m}\dfrac{\partial^2}{\partial x_A^2}$，又利用了(2.1.15)的第一式.

利用上面的叙述，有

$$
\begin{aligned}
\int_N \Delta^* f \mathrm{d}V &= \int_{\partial N}\langle \mathrm{grad} f, \boldsymbol{n}\rangle \mathrm{d}A (\text{利用}(2.1.17) \text{ 和}(2.1.22)) \\
&= \int_{\partial N} f_n \mathrm{d}A,
\end{aligned}
\tag{2.1.23}
$$

这里 f_n 表示 f 沿 ∂N 的单位外法向量 $\boldsymbol{n}$ 的方向导数.

设 N 是一个 $n+1$ 维紧致连通可定向 Riemann 流形，具有光滑边界 ∂N, ∂N 是一个 n 维紧致连通无边界可定向 Riemann 流形. 设 F 是 N 上一个光滑函数，记 F 在 ∂N 上的限制为 f, f 是 ∂N 上的一个光滑函数.

设 N 的局部正交标架场是 $e_1, e_2, \cdots, e_{n+1}$，限制于 ∂N, e_{n+1} 是 ∂N 的单位外法向量, $\omega_1, \omega_2, \cdots, \omega_{n+1}$ 是对偶基，限制于 ∂N，有

$$
\omega_{n+1} = 0. \tag{2.1.24}
$$

利用 $\mathrm{d}F|_{\partial N} = \mathrm{d}f$，有

$$
F_j|_{\partial N} = f_j, \ 1 \leqslant j \leqslant n. \tag{2.1.25}
$$

记 F 沿 e_{n+1} 的方向导数为 F_{n+1}，又记

$$F_{n+1}\mid_{\partial N}=g, \tag{2.1.26}$$

g 是 ∂N 上一个光滑函数.

利用 $\mathrm{d}F_j\mid_{\partial N}=\mathrm{d}f_j$，兼顾(2.1.24)，限制于 ∂N，有

$$\sum_{k=1}^{n}(F_{jk}\omega_k)\Big|_{\partial N}+\sum_{B=1}^{n+1}(F_B\omega_{jB})\Big|_{\partial N}=\sum_{k=1}^{n}f_{jk}\omega_k+\sum_{k=1}^{n}f_k\omega_{jk}. \tag{2.1.27}$$

利用公式(2.1.26)和(2.1.27)，以及 $\omega_{j,\,n+1}\mid_{\partial N}=\sum\limits_{k=1}^{n}h_{jk}\omega_k$，有

$$f_{jk}=F_{jk}\mid_{\partial N}+h_{jk}g. \tag{2.1.28}$$

公式(2.1.26)的两端在 ∂N 上求导，有

$$\mathrm{d}g=(\mathrm{d}F_{n+1})\mid_{\partial N}=\sum_{j=1}^{n}(F_{n+1,\,j}\omega_j)\Big|_{\partial N}+\sum_{j=1}^{n}(F_j\omega_{n+1,\,j})\Big|_{\partial N}. \tag{2.1.29}$$

利用公式 $\mathrm{d}g=\sum\limits_{j=1}^{n}g_j\omega_j$，(2.1.25)及上式，有

$$g_j=F_{n+1,\,j}\mid_{\partial N}-\sum_{k=1}^{n}h_{kj}f_k. \tag{2.1.30}$$

有了以上这些准备工作后，可以来证明下述著名定理了.

定理 1(Alexsandrov)　设 M 是 $n+1$ 维欧氏空间 R^{n+1} 内嵌入闭超曲面，如果 M 的平均曲率是常数，则 M 是一个 n 维球面.

证明　由于 M 是 R^{n+1} 内嵌入闭超曲面，利用引理 1，M 上必至少有一个椭圆点. 设 e_{n+1} 是 M 的单位外法向量，在 M 上，沿 $-e_{n+1}$ 的平均曲率 H(常数)必是一个正常数.

类似前述，用 Δ^* 表示 R^{n+1} 内的 Laplace 算子，用 Δ 表示 M 的 Laplace 算子. 考虑下列 Poisson 方程的 Dirichlet 问题：

$\Delta^* F=1$，在 M 所包围的 R^{n+1} 的紧致区域 N 内；

$$F\mid_M=0,\ N\text{ 边界 }\partial N=M. \tag{2.1.31}$$

根据椭圆型偏微分方程理论，方程(2.1.31)有唯一光滑解 F. 利用公式(2.1.26)，(2.1.28)和(2.1.31)的第二式，有

$$F_{jk}\mid_M=-h_{jk}g\ (\text{利用(2.1.28)中的 } f \text{ 是零函数}), \tag{2.1.32}$$

这里 h_{jk} 是 M 沿 e_{n+1} 的第二基本形式分量. 可以知道

$$H = -\frac{1}{n}\sum_{j=1}^{n} h_{jj},\ H > 0, \tag{2.1.33}$$

这里利用了公式(2.1.10)，H 是沿 $-e_{n+1}$ 的平均曲率.

由于

$$\Delta^* F\mid_M = \sum_{j=1}^{n} F_{jj}\Big|_M + F_{n+1,\,n+1}\Big|_M = nHg + F_{n+1,\,n+1}\Big|_M, \tag{2.1.34}$$

这里利用了公式(2.1.32)和(2.1.33)，利用(2.1.31)和(2.1.34)，有

$$nHg + F_{n+1,\,n+1}\mid_M = 1. \tag{2.1.35}$$

将上式两边同乘以 g，并在 M 上积分，有

$$\begin{aligned} &nH\int_M g^2 \mathrm{d}A + \int_M g F_{n+1,\,n+1}\mathrm{d}A \\ &= \int_M g\,\mathrm{d}A = \int_N \Delta^* F\mathrm{d}A(\text{利用}(2.1.23)) = V(N), \end{aligned} \tag{2.1.36}$$

这里利用了(2.1.31)，$V(N)$表示 N 的体积.

下面估计公式(2.1.36)的左端. 对第一项利用 Schwarz 不等式，有

$$\Big(\int_M g\,\mathrm{d}A\Big)^2 \leqslant \int_M 1^2 \mathrm{d}A\int_M g^2 \mathrm{d}A = A(M)\int_M g^2\mathrm{d}A, \tag{2.1.37}$$

这里 $A(M)$是 M 的面积.

由于常数 $H > 0$，有

$$\begin{aligned} &nH\int_M g^2 \mathrm{d}A \geqslant \frac{nH}{A(M)}\Big(\int_M g^2\mathrm{d}A\Big)^2(\text{利用}(2.1.37)) \\ &= \frac{nH}{A(M)}(V(N))^2(\text{利用}(2.1.36)\text{ 后半部分}). \end{aligned} \tag{2.1.38}$$

用 X 表示 R^{n+1} 内 N 的位置向量场，即 $X = (x_1,\ x_2,\ \cdots,\ x_{n+1})$，用$\langle,\rangle$表示 R^{n+1}的内积.

明显地，有

$$\Delta^*\langle X,\ X\rangle = \sum_{A=1}^{n+1}\frac{\partial^2}{\partial x_A^2}\Big(\sum_{B=1}^{n+1}x_B^2\Big) = 2(n+1). \tag{2.1.39}$$

上式两端在 N 上积分，利用 Green 公式(2.1.23)，有

$$(n+1)V(N) = \frac{1}{2}\int_N \Delta^*\langle X,\ X\rangle\mathrm{d}V$$

$$= \frac{1}{2}\int_M \langle X,\ X\rangle_{n+1} \mathrm{d}A$$(这里下标 $n+1$ 恰表示沿 M 的单位外法向量 e_{n+1} 的方向导数)

$$= \int_M \langle X,\ e_{n+1}\rangle \mathrm{d}A, \tag{2.1.40}$$

这里利用了 $\mathrm{d}X = \sum_{A=1}^{n+1} \omega_A e_A$,以及 $\mathrm{d}X = \sum_{A=1}^{n+1} X_A \omega_A$,得 $X_{n+1} = e_{n+1}$.

利用 R^{n+1} 内超曲面的 Gauss 公式,在 M 上,有

$$\Delta X = - nH e_{n+1}, \tag{2.1.41}$$

这里注意沿 e_{n+1} 的 M 的平均曲率是 $-H$(见(2.1.33)).

由上式,有

$$nH\langle X,\ e_{n+1}\rangle = -\langle X,\ \Delta X\rangle. \tag{2.1.42}$$

限制于 M,有

$$\begin{aligned}\frac{1}{2}\Delta\langle X,\ X\rangle &= \frac{1}{2}\sum_{j=1}^{n}(\langle X,\ X\rangle)_{jj} = \sum_{j=1}^{n}(\langle X,\ X_j\rangle)_j \\ &= \sum_{j=1}^{n}\langle e_j,\ e_j\rangle + \langle X,\ \Delta X\rangle = n + \langle X,\ \Delta X\rangle.\end{aligned} \tag{2.1.43}$$

这里利用了公式(2.1.40)后面的叙述,可以知道 $X_j = e_j$.

由于 M 是闭超曲面,可以知道

$$\int_M \Delta\langle X,\ X\rangle \mathrm{d}A = 0. \tag{2.1.44}$$

利用公式(2.1.42)—(2.1.44),有

$$H\int_M \langle X,\ e_{n+1}\rangle \mathrm{d}A = A(M). \tag{2.1.45}$$

利用公式(2.1.40)和(2.1.45),有

$$V(N) = \frac{A(M)}{(n+1)H}. \tag{2.1.46}$$

将公式(2.1.46)代入公式(2.1.38),有

$$nH\int_M g^2 \mathrm{d}A \geqslant \frac{nH}{A(M)}V(N)\frac{A(M)}{(n+1)H} = \frac{n}{n+1}V(N). \tag{2.1.47}$$

现在来估计公式(2.1.36)左端的第二大项. 记

$$|\nabla^* F|^2 = \sum_{A=1}^{n+1} F_A^2. \tag{2.1.48}$$

由(2.1.31)的边界条件,有

$$|\nabla^* F|^2|_M = F_{n+1}^2, \text{这里 } F_j|_M = 0,\ 1 \leqslant j \leqslant n. \tag{2.1.49}$$

根据 Green 公式(2.1.23),有

$$\int_M g F_{n+1,\,n+1} \mathrm{d}A = \frac{1}{2}\int_M (|\nabla^* F|^2)_{n+1} \mathrm{d}A \Big(\text{利用(2.1.26),(2.1.48) 和(2.1.49) 第二式,有} \frac{1}{2}(|\nabla^* F|^2)_{n+1}\Big|_M = \sum_{A=1}^{n+1} F_A F_{A,\,n+1}\Big|_M = F_{n+1}F_{n+1,\,n+1}|_M, \text{再利用(2.1.26)}\Big)$$

$$= \frac{1}{2}\int_N \Delta^*(|\nabla^* F|^2)\mathrm{d}V. \tag{2.1.50}$$

由一个直接的计算,有

$$\begin{aligned}
\frac{1}{2}\Delta^*(|\nabla^* F|^2) &= \frac{1}{2}\sum_{B=1}^{n+1}\Big(\sum_{A=1}^{n+1} F_A^2\Big)_{BB} (\text{由(2.1.48)}) \\
&= \sum_{A,\,B=1}^{n+1} F_{AB}^2 + \sum_{A,\,B=1}^{n+1} F_A F_{BBA} (\text{注意这里下标} B \text{表示对} x_B \text{求偏导,有 } F_{ABB} = F_{BBA}) \\
&= \sum_{A,\,B=1}^{n+1} F_{AB}^2 + \sum_{A=1}^{n+1} F_A(\Delta^* F)_A = \sum_{A,\,B=1}^{n+1} F_{AB}^2 (\text{利用(2.1.31)}) \\
&\geqslant \sum_{A=1}^{n+1} F_{AA}^2 \geqslant \frac{1}{n+1}\Big(\sum_{A=1}^{n+1} F_{AA}\Big)^2 (\text{由 Cauchy 不等式}) \\
&= \frac{1}{n+1} (\text{利用(2.1.31)}).
\end{aligned} \tag{2.1.51}$$

将公式(2.1.51)代入(2.1.50),有

$$\int_M g F_{n+1,\,n+1} \mathrm{d}A \geqslant \frac{1}{n+1} V(N). \tag{2.1.52}$$

将不等式(2.1.47)和(2.1.52)代入公式(2.1.36),有

$$\frac{n}{n+1}V(N) + \frac{1}{n+1}V(N) \leqslant V(N). \tag{2.1.53}$$

上式左端恰是$V(N)$,应等于上式右端.因此,前述一切不等式都应取等号.由于公式(2.1.51)的各步骤都应取等号,应当有

$$F_{AB}=0,\text{当 } A\neq B \text{ 时};\ F_{11}=F_{22}=\cdots=F_{n+1,\,n+1}=\frac{1}{n+1},\tag{2.1.54}$$

这里最后一个等式是利用方程(2.1.31).

由于区域N在R^{n+1}内,公式(2.1.54)中求导都是普通求导.利用公式(2.1.54),立即可以知道N内F是$x_1, x_2, \cdots, x_{n+1}$的二次函数,即

$$F(x_1, x_2, \cdots, x_{n+1})=\frac{1}{2(n+1)}\sum_{A=1}^{n+1}x_A^2+\sum_{B=1}^{n+1}a_Bx_B+b,\tag{2.1.55}$$

这里$a_B(a\leqslant B\leqslant n+1)$和$b$都是实常数,$x_1, x_2, \cdots, x_{n+1}$是$R^{n+1}$内直角坐标系的坐标.

由方程(2.1.31)的边界条件,公式(2.1.55)限制在M上,有

$$\frac{1}{2(n+1)}\sum_{A=1}^{n+1}x_A^2+\sum_{B=1}^{n+1}a_Bx_B+b=0.\tag{2.1.56}$$

这恰说明闭超曲面M是R^{n+1}内n维球面.

下面讲述另一个著名的定理.

设M是$n+1$维欧氏空间R^{n+1}内一个n维嵌入超曲面.由第1章第6讲公式(1.6.4),可以知道

$$R=n^2H^2-S,\tag{2.1.57}$$

这里R是M的数量曲率,平均曲率由(2.1.33)定义.

由第1章第7讲公式(1.7.46)及上式,有

$$R\leqslant n(n-1)H^2.\tag{2.1.58}$$

在M上定义一个$n-1$次光滑的微分形式

$$\omega=\sum_{i,\,j=1}^{n}h_{ij}\langle X_i,\,X\rangle *(\omega_j)+nH\sum_{j=1}^{n}\langle X_j,\,X\rangle *(\omega_j),\tag{2.1.59}$$

这里X是R^{n+1}内M的位置向量场;

$$*(\omega_j)=(-1)^{j-1}\omega_1\wedge\cdots\wedge\omega_{j-1}\wedge\omega_{j+1}\wedge\cdots\wedge\omega_n,\tag{2.1.60}$$

$*$称为M上的Hodge算子.类似第1章第3讲引理3的证明,ω是M上整体定义的$n-1$次光滑的微分形式.

$$\begin{aligned}
d\omega &= \sum_{i,j=1}^{n} dh_{ij}\langle X_i, X\rangle \wedge *(\omega_j) + \sum_{i,j=1}^{n} h_{ij} d\langle X_i, X\rangle \wedge *(\omega_j) + \sum_{i,j=1}^{n} h_{ij}\langle X_i, X\rangle d*(\omega_j) + \\
&\quad n dH \sum_{j=1}^{n}\langle X_j, X\rangle \wedge *(\omega_j) + nH\sum_{j=1}^{n} d\langle X_j, X\rangle \wedge *(\omega_j) + nH\sum_{j=1}^{n}\langle X_j, X\rangle d*(\omega_j) \\
&= \sum_{i,j=1}^{n}\Big(\sum_{k=1}^{n} h_{ijk}\omega_k + \sum_{l=1}^{n} h_{lj}\omega_{il} + \sum_{l=1}^{n} h_{il}\omega_{jl}\Big)\langle X_i, X\rangle \wedge *(\omega_j) + \\
&\quad \sum_{i,j=1}^{n} h_{ij}\Big[\Big\langle \sum_{k=1}^{n} X_{ik}\omega_k + \sum_{l=1}^{n} X_l\omega_{il}, X\Big\rangle + \Big\langle X_i, \sum_{k=1}^{n} X_k\omega_k\Big\rangle\Big] \wedge *(\omega_j) + \\
&\quad \sum_{i,j=1}^{n} h_{ij}\langle X_i, X\rangle \sum_{k=1}^{n}\Gamma_{jk}^{k} dA + n\sum_{j,k=1}^{n} H_k\omega_k\langle X_j, X\rangle \wedge *(\omega_j) + \\
&\quad nH\sum_{j=1}^{n}\Big\langle \sum_{k=1}^{n} X_{jk}\omega_k + \sum_{l=1}^{n} X_l\omega_{jl}, X\Big\rangle \wedge *(\omega_j) + nH\sum_{j=1}^{n}\Big\langle X_j, \sum_{k=1}^{n} X_k\omega_k\Big\rangle \wedge *(\omega_j) + \\
&\quad nH\sum_{j=1}^{n}\langle X_j, X\rangle \sum_{k=1}^{n}\Gamma_{jk}^{k} dA \Big(\text{这里利用第 1 章第 3 讲中引理 3 的证明,可以看} \\
&\quad \text{到 } d*(\omega_j) = \sum_{k=1}^{n}\Gamma_{jk}^{k} dA,\ dA = \omega_1 \wedge \omega_2 \wedge \cdots \wedge \omega_n\Big) \\
&= \sum_{i,j=1}^{n} h_{ijj}\langle X_i, X\rangle dA + \sum_{i,j,l=1}^{n} h_{lj}\Gamma_{il}^{j}\langle X_i, X\rangle dA + \sum_{i,j,l=1}^{n} h_{il}\Gamma_{jl}^{j}\langle X_i, X\rangle dA + \\
&\quad \sum_{i,j=1}^{n} h_{ij}\langle X_{ij}, X\rangle dA + \sum_{i,j,l=1}^{n} h_{ij}\Gamma_{il}^{j}\langle X_l, X\rangle dA + \sum_{i,j=1}^{n} h_{ij}\langle X_i, X_j\rangle dA + \\
&\quad \sum_{i,j,k=1}^{n} h_{ij}\langle X_i, X\rangle \Gamma_{jk}^{k} dA + n\sum_{j=1}^{n} H_j\langle X_j, X\rangle dA + nH\sum_{j=1}^{n}\langle X_{jj}, X\rangle dA + \\
&\quad nH\sum_{j,l=1}^{n}\Gamma_{jl}^{j}\langle X_l, X\rangle dA + n^2 H dA + nH\sum_{j,k=1}^{n}\langle X_j, X\rangle \Gamma_{jk}^{k} dA \\
&= \sum_{i,j=1}^{n} h_{ij}\langle X_{ij}, X\rangle dA + nH\sum_{j=1}^{n}\langle X_{jj}, X\rangle dA + n(n-1)H dA.
\end{aligned} \tag{2.1.61}$$

将上式右端第二大项的下标 i 与 l 互换,与第五大项之和是零. 将上式右端第七大项的下标 k 换成 j, j 换成 l,与第三大项之和是零. 将上式右端倒数第一大项的下标 k 换成 j, j 换成 l,与倒数第三大项之和是零. 利用本讲公式(2.1.33),上式右端第一大项与倒数第五大项之和是零. 又利用 $\langle X_i, X_j\rangle = \langle e_i, e_j\rangle = \delta_{ij}$,以及公式(2.1.33),知上式右端第六大项等于 $-nH dA$.

利用 R^{n+1} 内超曲面的 Gauss 公式、$X_{ij} = h_{ij} e_{n+1}$ 及公式(2.1.33),公式(2.1.61)可以改写为

$$\begin{aligned}
d\omega &= S\langle e_{n+1}, X\rangle dA - n^2 H^2\langle e_{n+1}, X\rangle dA + \\
&\quad n(n-1)H dA(\text{利用}(2.1.33))
\end{aligned}$$

$$=-R\langle e_{n+1}, X\rangle dA+n(n-1)HdA(\text{利用}(2.1.57)). \qquad (2.1.62)$$

在 M 上积分上式,由于 M 是闭流形,利用 Stokes 公式,上式左端在 M 上积分是零. 于是,可以得到

$$\int_M R\langle X, e_{n+1}\rangle dA = n(n-1)\int_M H dA. \qquad (2.1.63)$$

现在证明

定理 2(Ros) 球面是 $n+1$ 维欧氏空间 R^{n+1} 内具有常数量曲率的唯一 n 维嵌入闭超曲面.

证明 利用本讲引理 1, R^{n+1} 内 n 维嵌入闭超曲面 M 至少有一个椭圆点. 在这点上, $i\neq j$ 时, $R_{jiij}>0$, 于是在这点的数量曲率 $R=\sum_{i,j=1}^{n}R_{jiij}>0$. 由定理 2 条件可以知道,数量曲率 R 是一个正常数,由于 e_{n+1} 是 R^{n+1} 内 M 的单位外法向量,则矩阵$(-h_{ij})$在这个椭圆点上是正定对称实矩阵(见引理 1 的证明). 于是,由公式(2.1.33),在这点沿单位内法向量$-e_{n+1}$的平均曲率 $H>0$. 由于 R 是一个正常数,则在 M 上处处有 $R+S>0$,再利用公式(2.1.57)可以知道,平均曲率函数 H 不会变号(否则利用 H 的连续性, M 上至少有一点, H 值是零,这与公式(2.1.57)矛盾). 因而在 M 上,函数 H 处处大于零.

将公式(2.1.58)两端开方,有

$$\sqrt{R}\leqslant\sqrt{n(n-1)}\,H. \qquad (2.1.64)$$

在 M 上积分上式,利用 R 是一个正常数,有

$$\sqrt{R}A(M)\leqslant\sqrt{n(n-1)}\int_M H dA. \qquad (2.1.65)$$

将上式两端平方,可以得到

$$R(A(M))^2\leqslant n(n-1)\left(\int_N H dA\right)^2. \qquad (2.1.66)$$

(2.1.66)等号成立当且仅当(2.1.64)等号成立,利用(2.1.57)可以知道,(2.1.66)等号成立当且仅当 $S=nH^2$. 而

$$S=\sum_{i,j=1}^{n}h_{ij}^2\geqslant\sum_{i=1}^{n}h_{ii}^2\geqslant\frac{1}{n}\left(\sum_{i=1}^{n}h_{ii}\right)^2=nH^2, \qquad (2.1.67)$$

则 M 上处处有 $S=nH^2$, 当且仅当在 M 的每一点上,有

$$h_{ij}=0, \text{当 } i\neq j \text{ 时}; \ h_{11}=h_{22}=\cdots=h_{nn}=-H. \tag{2.1.68}$$

由于(2.1.64)取等号，利用 R 是正常数可以知道，H 也是一个正常数. 于是(2.1.66)取等号当且仅当 M 的每点都是脐点. (2.1.68)第二等式的最后一个等号利用了(2.1.33).

由于 R 是正常数，由公式(2.1.63)，有

$$R\int_M \langle X, e_{n+1}\rangle \mathrm{d}A = n(n-1)\int_M H\mathrm{d}A. \tag{2.1.69}$$

利用公式(2.1.40)和上式，有

$$(n+1)RV(N)=n(n-1)\int_M H\mathrm{d}A, \tag{2.1.70}$$

这里 N 是 R^{n+1} 内一个紧致区域，N 的边界就是 M. 由上式，有

$$\int_M H\mathrm{d}A=\frac{(n+1)R}{n(n-1)}V(N). \tag{2.1.71}$$

将上式代入公式(2.1.66)，有

$$R(A(M))^2 \leqslant \frac{(n+1)^2}{n(n-1)}R^2(V(N))^2. \tag{2.1.72}$$

由上式，有

$$\left(\frac{V(N)}{A(M)}\right)^2 \geqslant \frac{n(n-1)}{(n+1)^2R}. \tag{2.1.73}$$

利用前面的叙述，上式等号成立当且仅当 M 是 R^{n+1} 内全脐点嵌入闭超曲面.

利用方程(2.1.31)和公式(2.1.23)，有

$$V(N)=\int_N \Delta^* F\mathrm{d}V=\int_M F_{n+1}\mathrm{d}A, \tag{2.1.74}$$

这里 F_{n+1} 表示函数 F 沿 M 的单位外法向量 e_{n+1} 的导数.

利用方程(2.1.31)及 Cauchy 不等式，有

$$1=(\Delta^* F)^2=\left(\sum_{A=1}^{n+1}\frac{\partial^2 F}{\partial x_A^2}\right)^2 \leqslant \left(\sum_{A=1}^{n+1}1^2\right)\left(\sum_{A=1}^{n+1}\left(\frac{\partial^2 F}{\partial x_A^2}\right)^2\right)=(n+1)\sum_{A=1}^{n+1}\left(\frac{\partial^2 F}{\partial x_A^2}\right)^2. \tag{2.1.75}$$

另一方面，利用(2.1.51)的前半部分的推导，有

$$\frac{1}{2}\Delta^*(|\nabla^* F|^2) = \sum_{A,B=1}^{n+1} F_{AB}^2. \tag{2.1.76}$$

将上式两端在 N 上积分,并且利用 Green 公式(2.1.23),有

$$\begin{aligned}\int_N \sum_{A,B=1}^{n+1} F_{AB}^2 \mathrm{d}V &= \frac{1}{2}\int_N \Delta^*(|\nabla^* F|^2)\mathrm{d}V = \frac{1}{2}\int_M (|\nabla^* F|^2)_{n+1}\mathrm{d}A = \int_M \sum_{B=1}^{n+1} F_B F_{B,\,n+1}\mathrm{d}A \\ &= \int_M F_{n+1}F_{n+1,\,n+1}\mathrm{d}A(\text{利用(2.1.49)的后一个等式}).\end{aligned} \tag{2.1.77}$$

由(2.1.75),注意 $N\subset R^{n+1}$, F_{AA} 就是$\frac{\partial^2 F}{\partial x_A^2}$,有

$$\sum_{A,B=1}^{n+1} F_{AB}^2 \geqslant \sum_{A=1}^{n+1} F_{AA}^2 \geqslant \frac{1}{n+1}. \tag{2.1.78}$$

由公式(2.1.77)和(2.1.78),有

$$\int_M F_{n+1}F_{n+1,\,n+1}\mathrm{d}A \geqslant \frac{1}{n+1}V(N). \tag{2.1.79}$$

利用(2.1.26)和(2.1.35),有

$$F_{n+1,\,n+1}|_M = 1 - nHg,\text{这里 } g = F_{n+1}|_M. \tag{2.1.80}$$

利用(2.1.79)和(2.1.80),有

$$\frac{1}{n+1}V(N) \leqslant \int_M g(1-nHg)\mathrm{d}A. \tag{2.1.81}$$

又利用方程(2.1.31)及 Schwarz 不等式,有

$$\begin{aligned}V(N) &= \int_N \Delta^* F\mathrm{d}V = \int_M F_{n+1}\mathrm{d}A = \int_M g\,\mathrm{d}A \leqslant \left(\int_M 1^2\mathrm{d}A\right)^{\frac{1}{2}}\left(\int_M g^2\mathrm{d}A\right)^{\frac{1}{2}} \\ &= \sqrt{A(M)}\left(\int_M g^2\mathrm{d}A\right)^{\frac{1}{2}}.\end{aligned} \tag{2.1.82}$$

将上式两端平方,有

$$\frac{(V(N))^2}{A(M)} \leqslant \int_M g^2\mathrm{d}A. \tag{2.1.83}$$

利用公式(2.1.81)和(2.1.82)的前半部分,有

$$\frac{1}{n+1}V(N) \leqslant V(N) - n\int_M Hg^2 \mathrm{d}A. \tag{2.1.84}$$

利用不等式(2.1.64)、R 是一个正常数以及上式,可以得到

$$\begin{aligned}\frac{1}{n+1}V(N) &\leqslant V(N) - \frac{n\sqrt{R}}{\sqrt{n(n-1)}}\int_M g^2 \mathrm{d}A \\ &\leqslant V(N) - \frac{n\sqrt{R}}{\sqrt{n(n-1)}}\frac{(V(N))^2}{A(M)}(\text{利用(2.1.83)}).\end{aligned} \tag{2.1.85}$$

将上式两端除以正数 $nV(N)$,化简后,可以看到

$$\frac{\sqrt{R}}{\sqrt{n(n-1)}}\frac{V(N)}{A(M)} \leqslant \frac{1}{n+1}. \tag{2.1.86}$$

上式两端平方,有

$$\left(\frac{V(N)}{A(M)}\right)^2 \leqslant \frac{n(n-1)}{(n+1)^2 R}. \tag{2.1.87}$$

综合不等式(2.1.73)和(2.1.87),在 M 上处处有

$$\left(\frac{V(N)}{A(M)}\right)^2 = \frac{n(n-1)}{(n+1)^2 R}. \tag{2.1.88}$$

于是 M 是 R^{n+1} 内全脐点嵌入闭超曲面. 由于这时 $S=nH^2$, $R=n(n-1)H^2$,平均曲率 H 也是常数,利用定理 1, M 是一个 n 维球面.

不利用定理 1,也可以给出一个简单证明.

利用 Weingarten 公式,有

$$\mathrm{d}e_{n+1} = \sum_{k=1}^{n} \omega_{n+1,k} e_k = -\sum_{j,k=1}^{n} h_{kj}\omega_j e_k. \tag{2.1.89}$$

由于 M 是全脐点超曲面,公式(2.1.68)成立,将此公式代入上式,有

$$\mathrm{d}e_{n+1} = H\sum_{j=1}^{n} \omega_j e_j. \tag{2.1.90}$$

考虑 R^{n+1} 内向量 $HX-e_{n+1}$,这里 X 是 M 在 R^{n+1} 内的位置向量场.

显然,利用(2.1.90),有

$$\mathrm{d}(HX - e_{n+1}) = H\mathrm{d}X - \mathrm{d}e_{n+1}(\text{利用 } H \text{ 是正常数})$$

$$= H\sum_{j=1}^{n}\omega_j e_j - H\sum_{j=1}^{n}\omega_j e_j\left(利用\ \mathrm{d}X = \sum_{j=1}^{n}\omega_j e_j\right)$$
$$= 0. \tag{2.1.91}$$

因而 $HX-e_{n+1}$ 等于一个常向量,记为 $\boldsymbol{a}$. 从而有

$$X - \frac{e_{n+1}}{H} = \frac{\boldsymbol{a}}{H}. \tag{2.1.92}$$

向量场 $X-\frac{\boldsymbol{a}}{H}$ 的长度处处等于正常数 $\frac{1}{H}$,这表明全脐点超曲面 M 位于球心在向量 $\frac{\boldsymbol{a}}{H}$ 的终点(向量起点在原点)、半径为 $\frac{1}{H}$ 的 n 维球面上. 特别当 M 是闭超曲面时, M 必为上述整个 n 维球面.

编者的话

设 M 是 R^{n+1} 内一个 n 维嵌入闭超曲面,那么, M 是一个紧致区域 $N\subset R^{n+1}$ 的边界. 这里利用了一个直观,关于这件事的严格证明属于微分拓扑范围(例如见[2]第 277 页至 283 页).

本讲是根据 Alexsandrov 的经典定理和 A. Ros 在 1988 年发表的精彩文章([3])组合写成的. 所用知识点很少,但技巧性高. 掌握这些技巧,运用于其他相关问题,是一件既困难又有意义的事情.

参考文献

[1] 伍鸿熙,沈纯理,虞言林. 黎曼几何初步. 北京大学出版社,1989.
[2] 张筑生. 微分拓扑新讲. 北京大学出版社,2002.
[3] A. Ros. Compact hypersurfaces with constant scalar curvature and a congruence theorem. *J. Diff. Geom.*, 27 (1988): 215 - 220.

第 2 讲 欧氏空间内带边界的极小曲面的等周不等式

下述平面上简单光滑闭曲线的等周不等式是众所周知的:

$$4\pi A(M) \leqslant (L(\partial M))^2, \tag{2.2.1}$$

这里 M 是平面内一区域, M 的边界 ∂M 是一条简单光滑闭曲线. $A(M)$ 是 M 的面积, $L(\partial M)$ 是 ∂M 的长度.

本讲考虑 n 维欧氏空间 R^n 内极小曲面的情况.

定义 R^n(正整数 $n\geqslant 3$)内一个二维曲面 M 的边界曲线 ∂M 称为弱连通的,

如果存在 R^n 内一个直角坐标系 $\{x_1, x_2, \cdots, x_n\}$，使得对 R^n 内由方程 $x_\alpha=$ 常数确定的每个超平面 H_α（这里 $\alpha\in\{1, 2, \cdots, n\}$），$H_\alpha$ 不能分离 ∂M，即如果 $H_\alpha\cap\partial M$ 是空集，则 ∂M 必位于 H_α 的一侧.

下面证明一个定理.

定理 3(P. Li, R. Schoen and S. T. Yau)　设 M 是 $R^n(n\geqslant 3)$ 内一个紧致带边界的二维极小曲面，如果 M 的边界曲线 ∂M 是弱连通的，那么，$(L(\partial M))^2\geqslant 4\pi A(M)$. 等号成立当且仅当 M 是 R^n 内某个平面内一个圆盘.

证明　分两步证明. 首先考虑曲线 ∂M 是连通的情况来证明这一等周不等式. 通过一个平移，可设 ∂M 的质量中心在 R^n 的原点. 这里质量中心

$$(\tilde{x}_1, \tilde{x}_2, \cdots, \tilde{x}_n)=\left(\frac{\int_{\partial M} x_1(s)\mathrm{d}s}{L(\partial M)}, \frac{\int_{\partial M} x_2(s)\mathrm{d}s}{L(\partial M)}, \cdots, \frac{\int_{\partial M} x_n(s)\mathrm{d}s}{L(\partial M)}\right), \tag{2.2.2}$$

s 是 ∂M 的弧长.

由于 ∂M 是连通的，R^n 内任何直角坐标系 $(x_1, x_2, \cdots, x_n)$ 都满足弱连通的定义.

记 $X=(x_1, x_2, \cdots, x_n)$，用 $\langle ,\rangle$ 表示 R^n 的内积，用 Δ 表示曲面 M 的 Laplace 算子. 明显地，有

$$\langle X, X\rangle=\sum_{k=1}^{n} x_k^2,\ \Delta X=0(\text{由 Gauss 公式及 } M \text{ 是 } R^n \text{ 内极小曲面}). \tag{2.2.3}$$

取 R^n 的局部正交标架场 $e_1, e_2, \cdots, e_n$，使得限制于 M，e_1, e_2 是切于 M 的；限制于边界 ∂M，e_1 是 M 的边界 ∂M 的单位外法向量.

$$\begin{aligned}\Delta\langle X, X\rangle &= \sum_{j=1}^{2}\langle X, X\rangle_{jj}=2\sum_{j=1}^{2}\langle X_j, X\rangle_j\\ &=2\sum_{j=1}^{2}\langle X_j, X_j\rangle(\text{利用(2.2.3) 的第二式})\\ &=4(\text{利用 } X_j=e_j,\ j=1, 2).\end{aligned} \tag{2.2.4}$$

在 M 上积分上式，有

$$4A(M)=\int_M \Delta\langle X, X\rangle \mathrm{d}A=\int_{\partial M} e_1\langle X, X\rangle \mathrm{d}s. \tag{2.2.5}$$

这里要说明，在第 1 章第 3 讲引理 3 的证明中，如果紧致 n 维 Riemann 流形

M 有光滑边界∂M，利用公式(1.3.67)和(1.3.70)，又利用 Stokes 公式，有

$$\int_M \Delta f \mathrm{d}V = \int_M \mathrm{d}\omega = \int_{\partial M} \sum_{k=1}^n (-1)^{k-1} f_k \omega_1 \wedge \cdots \wedge \omega_{k-1} \wedge \omega_{k+1} \wedge \cdots \wedge \omega_n$$
$$= \int_{\partial M} f_1 \mathrm{d}A, \tag{2.2.6}$$

这里 e_1 是∂M 的单位外法向量，限制在∂M 上，$\omega_1 = 0$. 有时，用 e_n 表示∂M 的单位外法向量，这时∂M 的诱导定向体积元素 $\mathrm{d}A = (-1)^{n-1}\omega_1 \wedge \omega_2 \wedge \cdots \wedge \omega_{n-1}$，限制在$\partial M$ 上，$\omega_n = 0$，得到同一结果，这一点读者要注意. 另外，利用本章上一讲引理 2，读者可以自己证明同一公式. 在公式(2.2.6)中，令 $f = \langle X, X\rangle$，由(2.2.6)能推出公式(2.2.5)的后一个等式.

利用(2.2.5)，有

$$4A(M) = 2\int_{\partial M} \langle X, e_1\rangle \mathrm{d}s \leqslant 2\int_{\partial M} \langle X, X\rangle^{\frac{1}{2}} < e_1, e_1 >^{\frac{1}{2}} \mathrm{d}s (\text{利用 Cauchy 不等式})$$
$$= 2\int_{\partial M} \langle X, X\rangle^{\frac{1}{2}} \mathrm{d}s \leqslant 2\left(\int_{\partial M} 1^2 \mathrm{d}s\right)^{\frac{1}{2}} \left(\int_{\partial M} \langle X, X\rangle \mathrm{d}s\right)^{\frac{1}{2}} (\text{利用 Schwarz 不等式})$$
$$= 2\sqrt{L(\partial M)} \left(\int_{\partial M} \langle X, X\rangle \mathrm{d}s\right)^{\frac{1}{2}}. \tag{2.2.7}$$

利用公式(2.2.3)的第一式，在∂M 上两端积分，有

$$\int_{\partial M} \langle X, X\rangle \mathrm{d}s = \int_{\partial M} \sum_{k=1}^n x_k^2(s) \mathrm{d}s, \tag{2.2.8}$$

这里 s 是曲线∂M 的弧长.

由于∂M 的质量中心在原点，利用(2.2.2)，有

$$\int_{\partial M} x_k(s) \mathrm{d}s = 0,\ k = 1, 2, \cdots, n. \tag{2.2.9}$$

利用上式及 Fourier 级数理论，有

$$x_k(s) = \sum_{l=1}^{\infty} \left[a_{kl} \sin \frac{2\pi l s}{L(\partial M)} + b_{kl} \cos \frac{2\pi l s}{L(\partial M)} \right], \tag{2.2.10}$$

这里 $k \in \{1, 2, \cdots, n\}$.

利用上式，有

$$\frac{\mathrm{d}x_k(s)}{\mathrm{d}s} = \frac{2\pi}{L(\partial M)} \sum_{l=1}^{\infty} l \left[a_{kl} \cos \frac{2\pi l s}{L(\partial M)} - b_{kl} \sin \frac{2\pi l s}{L(\partial M)} \right]. \tag{2.2.11}$$

将上式两端平方，且在∂M上积分，利用三角级数的性质，可以得到

$$\int_{\partial M}\left(\frac{\mathrm{d}x_k(s)}{\mathrm{d}s}\right)^2\mathrm{d}s$$
$$=\left[\frac{2\pi}{L(\partial M)}\right]^2\sum_{l=1}^{\infty}l^2\left[a_{kl}^2\int_{\partial M}\cos^2\frac{2\pi ls}{L(\partial M)}\mathrm{d}s+b_{kl}^2\int_{\partial M}\sin^2\frac{2\pi ls}{L(\partial M)}\mathrm{d}s\right].\qquad(2.2.12)$$

由于

$$\int_{\partial M}\cos^2\frac{2\pi ls}{L(\partial M)}\mathrm{d}s=\frac{1}{2}\int_{\partial M}\left[1+\cos\frac{4\pi ls}{L(\partial M)}\right]\mathrm{d}s=\frac{1}{2}L(\partial M),\qquad(2.2.13)$$

以及

$$\int_{\partial M}\sin^2\frac{2\pi ls}{L(\partial M)}\mathrm{d}s=\frac{1}{2}\int_{\partial M}\left[1-\cos\frac{4\pi ls}{L(\partial M)}\right]\mathrm{d}s=\frac{1}{2}L(\partial M),\qquad(2.2.14)$$

将公式(2.2.13)和(2.2.14)代入(2.2.12)，有

$$\int_{\partial M}\left(\frac{\mathrm{d}x_k(s)}{\mathrm{d}s}\right)^2\mathrm{d}s=\frac{2\pi^2}{L(\partial M)}\sum_{l=1}^{\infty}l^2(a_{kl}^2+b_{kl}^2)$$
$$\geqslant\frac{2\pi^2}{L(\partial M)}\sum_{l=1}^{\infty}(a_{kl}^2+b_{kl}^2)(\text{利用正整数 }l\geqslant 1).\qquad(2.2.15)$$

利用公式(2.2.10)及三角函数的周期性，两端平方后再在∂M上积分，有

$$\int_{\partial M}(x_k(s))^2\mathrm{d}s=\sum_{l=1}^{\infty}\left[a_{kl}^2\int_{\partial M}\sin^2\frac{2\pi ls}{L(\partial M)}\mathrm{d}s+b_{kl}^2\int_{\partial M}\cos^2\frac{2\pi ls}{L(\partial M)}\mathrm{d}s\right]$$
$$=\frac{1}{2}L(\partial M)\sum_{l=1}^{\infty}(a_{kl}^2+b_{kl}^2)(\text{利用}(2.2.13)\text{ 和}(2.2.14)).$$
$$(2.2.16)$$

由(2.2.15)和(2.2.16)，有

$$\int_{\partial M}\left(\frac{\mathrm{d}x_k(s)}{\mathrm{d}s}\right)^2\mathrm{d}s\geqslant\frac{4\pi^2}{(L(\partial M))^2}\int_{\partial M}(x_k(s))^2\mathrm{d}s.\qquad(2.2.17)$$

改写上式，可以看到

$$\int_{\partial M}(x_k(s))^2\mathrm{d}s\leqslant\frac{(L(\partial M))^2}{4\pi^2}\int_{\partial M}\left(\frac{\mathrm{d}x_k(s)}{\mathrm{d}s}\right)^2\mathrm{d}s.\qquad(2.2.18)$$

不等式(2.2.18)称为 Poincarè 不等式.

利用 s 是曲线∂M的弧长，有

$$\sum_{k=1}^{n}\left(\frac{\mathrm{d}x_k(s)}{\mathrm{d}s}\right)^2=1. \tag{2.2.19}$$

将不等式(2.2.18)两端关于下标 k 从 1 到 n 求和,利用(2.2.19),有

$$\int_{\partial M}\sum_{k=1}^{n}(x_k(s))^2\mathrm{d}s\leqslant\frac{(L(\partial M))^3}{4\pi^2}. \tag{2.2.20}$$

将公式(2.2.8)和(2.2.20)代入(2.2.7),有

$$2A(M)\leqslant\sqrt{L(\partial M)}\,\frac{(L(\partial M))^{\frac{3}{2}}}{2\pi}=\frac{(L(\partial M))^2}{2\pi}. \tag{2.2.21}$$

由上式,有等周不等式

$$4\pi A(M)\leqslant(L(\partial M))^2. \tag{2.2.22}$$

当不等式(2.2.22)取等号时,前面的一切不等式都取等号.特别利用不等式(2.2.7)取等号,在∂M 上处处有

$$X(s)=Re_1(s), \tag{2.2.23}$$

这里 R 是一个正常数.又不等式(2.2.15)取等号,有

$$\text{当正整数 } l\geqslant 2 \text{ 时},\ a_{kl}=0,\ b_{kl}=0. \tag{2.2.24}$$

将上式代入公式(2.2.10),有

$$x_k(s)=a_{k1}\sin\frac{2\pi s}{L(\partial M)}+b_{k1}\cos\frac{2\pi s}{L(\partial M)}. \tag{2.2.25}$$

为简便,下面用 a_k 代替常数 a_{k1}, b_k 代替常数 b_{k1}.通过直角坐标系的旋转,可以使得

$$\begin{aligned}&X(0)=(R,\,0,\,\cdots,\,0)(\text{利用}(2.2.23)),\\&\left.\frac{\mathrm{d}X(s)}{\mathrm{d}s}\right|_{s=0}=(0,\,1,\,0,\,\cdots,\,0)\Big(\text{利用}(2.2.23),\text{有}\\&\langle X(s),\,X(s)\rangle=R^2,\text{对 } s \text{ 求导,有}\Big\langle X(s),\frac{\mathrm{d}X(s)}{\mathrm{d}s}\Big\rangle=0\Big).\end{aligned} \tag{2.2.26}$$

利用公式(2.2.25),两端对弧长 s 求导,并令 $s=0$, 有

$$\left.\frac{\mathrm{d}x_k(s)}{\mathrm{d}s}\right|_{s=0}=\frac{2\pi}{L(\partial M)}a_k,\ k=1,\,2,\,\cdots,\,n. \tag{2.2.27}$$

利用上式,有

$$\left.\frac{\mathrm{d}X(s)}{\mathrm{d}s}\right|_{s=0} = \left(\left.\frac{\mathrm{d}x_1(s)}{\mathrm{d}s}\right|_{s=0}, \left.\frac{\mathrm{d}x_2(s)}{\mathrm{d}s}\right|_{s=0}, \cdots, \left.\frac{\mathrm{d}x_n(s)}{\mathrm{d}s}\right|_{s=0}\right)$$
$$= \frac{2\pi}{L(\partial M)}(a_1, a_2, \cdots, a_n). \tag{2.2.28}$$

又利用公式(2.2.25),有

$$X(0) = (x_1(0), x_2(0), \cdots, x_n(0)) = (b_1, b_2, \cdots, b_n). \tag{2.2.29}$$

比较公式(2.2.26),(2.2.28)和(2.2.29),有

$$b_1 = R, b_2 = \cdots = b_n = 0; \tag{2.2.30}$$

$$a_1 = 0, a_2 = \frac{L(\partial M)}{2\pi}, a_3 = \cdots = a_n = 0. \tag{2.2.31}$$

利用公式(2.2.25),(2.2.30)和(2.2.31),有

$$X(s) = (x_1(s), x_2(s), \cdots, x_n(s))$$
$$= \left(R\cos\frac{2\pi s}{L(\partial M)}, \frac{L(\partial M)}{2\pi}\sin\frac{2\pi s}{L(\partial M)}, 0, \cdots, 0\right). \tag{2.2.32}$$

利用公式(2.2.23),在∂M上,处处有$\langle X(s), X(s)\rangle = R^2$,兼顾公式(2.2.32),有

$$\frac{L(\partial M)}{2\pi} = R. \tag{2.2.33}$$

利用公式(2.2.32)和(2.2.33),在∂M上,有

$$X(s) = \left(R\cos\frac{2\pi s}{L(\partial M)}, R\sin\frac{2\pi s}{L(\partial M)}, 0, \cdots, 0\right). \tag{2.2.34}$$

∂M是x_1x_2平面内以原点为圆心、半径为R的圆周. 由公式(2.2.3)的第二式,有

$$\Delta x_k = 0(\text{在}\, M\, \text{上}), k = 1, 2, \cdots, n. \tag{2.2.35}$$

利用公式(2.2.34),在下标$k \geqslant 3$时,在∂M上函数x_k恒等于零.

下面来推导一个以后经常要用的公式.

设f, g是M上两个光滑函数,这里M是一个n维连通可定向的带边界(或不带边界)的 Riemann 流形. 设$e_1, e_2, \cdots, e_n$是M的局部正交标架场,$\omega_1, \omega_2, \cdots, \omega_n$是其对偶基. 明显地,有

$$\mathrm{d}f=\sum_{k=1}^{n}f_k\omega_k,\ \mathrm{d}g=\sum_{k=1}^{n}g_k\omega_k,\tag{2.2.36}$$

这里 f_k 是 f 沿 e_k 的方向导数, g_k 是 g 沿 e_k 的方向导数.

令

$$X=g\sum_{k=1}^{n}f_ke_k.\tag{2.2.37}$$

利用第1章第1讲的编者的话中的公式(1.1.56)—(1.1.60),读者很容易证明 X 是 M 上的整体定义的光滑向量场.

利用第2章第1讲内公式(2.1.13)和(2.2.37),有

$$\begin{aligned}i(X)\omega_1\wedge\omega_2\wedge\cdots\wedge\omega_n&=gf_1\omega_2\wedge\omega_3\wedge\cdots\wedge\omega_n+(-1)gf_2\omega_1\wedge\omega_3\\&\quad\wedge\cdots\wedge\omega_n+\cdots+(-1)^{n-1}gf_n\omega_1\wedge\omega_2\wedge\cdots\wedge\omega_{n-1}\\&=g\sum_{k=1}^{n}f_k*(\omega_k),\end{aligned}\tag{2.2.38}$$

这里 $*$ 是 M 上的 Hodge 算子(见本章第1讲内公式(2.1.60)).

利用本章第1讲内公式(2.1.14)及上式,有

$$\begin{aligned}\mathrm{div}X\mathrm{d}V&=\mathrm{d}[i(X)\omega_1\wedge\omega_2\wedge\cdots\wedge\omega_n]=\sum_{k=1}^{n}\mathrm{d}(gf_k)\wedge*(\omega_k)+\sum_{k=1}^{n}gf_k\mathrm{d}*(\omega_k)\\&=\sum_{k=1}^{n}[f_k\mathrm{d}g+g\mathrm{d}f_k]\wedge*(\omega_k)+\sum_{k=1}^{n}gf_k\sum_{l=1}^{n}\Gamma_{kl}^{l}\mathrm{d}V(\text{利用第1章第3讲}\\&\quad\text{内公式(1.3.69),这里 }\mathrm{d}V=\omega_1\wedge\omega_2\wedge\cdots\wedge\omega_n)\\&=\sum_{k=1}^{n}\left[f_k\sum_{l=1}^{n}g_l\omega_l+g\sum_{k=1}^{n}f_{kl}\omega_l+g\sum_{l=1}^{n}f_l\omega_{kl}\right]\wedge*(\omega_k)+g\sum_{k,l=1}^{n}f_k\Gamma_{kl}^{l}\mathrm{d}V\\&=\sum_{k=1}^{n}f_kg_k\mathrm{d}V+g\sum_{k=1}^{n}f_{kk}\mathrm{d}V+g\sum_{k,l,s=1}^{n}f_l\Gamma_{kl}^{s}\omega_s\wedge*(\omega_k)+g\sum_{k,l=1}^{n}f_k\Gamma_{kl}^{l}\mathrm{d}V\\&=\sum_{k=1}^{n}f_kg_k\mathrm{d}V+g\Delta f\mathrm{d}V+g\sum_{k,l=1}^{n}f_l\Gamma_{kl}^{k}\mathrm{d}V+g\sum_{k,l=1}^{n}f_l\Gamma_{lk}^{k}\mathrm{d}V(\text{将上式右端}\\&\quad\text{最后一大项中下标 }k\text{ 与 }l\text{ 互换})\\&=\sum_{k=1}^{n}f_kg_k\mathrm{d}V+g\Delta f\mathrm{d}V(\text{利用 }\Gamma_{kl}^{k}=-\Gamma_{lk}^{k}).\end{aligned}\tag{2.2.39}$$

利用本章第1讲内引理2建立的 Green 公式,设 $\boldsymbol{n}=e_1$ 是 ∂M 的单位外法向量,由公式(2.2.39),有

$$\int_M g\Delta f\mathrm{d}V+\int_M\sum_{k=1}^{n}f_kg_k\mathrm{d}V=\int_{\partial M}\left\langle g\sum_{k=1}^{n}f_ke_k,\ \boldsymbol{n}\right\rangle\mathrm{d}A=\int_{\partial M}gf_n\mathrm{d}A,\tag{2.2.40}$$

这里习惯上将 f 沿∂M 的单位外法向量 $\boldsymbol{n}$ 的方向导数记为 f_n.

特别,当 $f=g=x_k$ 时(这里固定下标 $k\geqslant 3$),由于在 ∂M 上, $x_k=0$, 利用公式(2.3.40),有

$$\int_M x_k \Delta x_k \mathrm{d}V + \int_M \sum_{l=1}^n (x_k)_l^2 \mathrm{d}V = 0. \tag{2.2.41}$$

由公式(2.2.35),上式左端第一项积分为零,则上式左端第二项被积函数在 M 上处处为零,因而在 M 上 x_k 为常值,由于 x_k 在∂M 上为零,则 x_k 在 M 上处处为零.

注: 当 M 是闭流形时,公式(2.3.40)的右端用零代替. 当然,熟悉偏微分方程的椭圆型方程理论的读者可以利用经典的最大值原理知道, M 内函数 x_k 的最大值与最小值都在∂M 上达到,从而也可以得到同一结论.

由于当下标 $k\geqslant 3$ 时, x_k 恒等于零,则曲面 M 必在 x_1x_2 平面内. 曲面 M 就是 x_1x_2 平面内一个以原点为圆心、半径为 R 的圆盘(注意公式(2.2.34)). 这时, $L(\partial M)=2\pi R$, $A(M)=\pi R^2$, 等周不等式(2.2.22)取等号. 由此,当∂M 是连通曲线时,定理 3 结论成立.

当∂M 是弱连通时(当然设∂M 不连通),记

$$\partial M = \bigcup_{k=1}^p \sigma_k, \text{正整数 } p\geqslant 2. \tag{2.2.42}$$

这里 σ_k 是一条连通的闭曲线,类似连通情况,将∂M 的质量中心平移到原点. 可以选择一个适当的直角坐标系$\{x_1, x_2, \cdots, x_n\}$,满足下述性质: 对于任何固定 $\alpha\in\{1, 2, \cdots, n\}$,存在平移 A_i^α, $i\in\{2, 3, \cdots, p\}$,此平移由垂直于$\dfrac{\partial}{\partial x_\alpha}$的向量 v_i^α 生成,使得平移曲线$\{A_i^\alpha\sigma_i \mid i=2, 3, \cdots, p\}$与 σ_1 组成一个连通集.

下面对正整数 $p(p\geqslant 2)$用数学归纳法来证明上述的结论.

当 $p=2$ 时,因为存在一个直角坐标系$\{x_1, x_2, \cdots, x_n\}$,没有形式 $x_\alpha=$常数$(1\leqslant\alpha\leqslant n)$的超平面能分离 σ_1, σ_2. 那么,存在一个实数 x,使得由方程 $x_\alpha=x$ 确定的超平面 H 必与 σ_1 和 σ_2 都相交. 记 q_1, q_2 分别是超平面 H 与 σ_1 和 σ_2 的交点. 明显地,能够沿着此超平面平移点 q_2 到 q_1,用 A_2^α 表示这个平移,这个平移垂直于此平面的单位法向量$\dfrac{\partial}{\partial x_\alpha}$,并且 $\sigma_1\cup A_2^\alpha\sigma_2$ 是连通的.

设上述结论对 $p-1$ 成立,这里某个正整数 $p\geqslant 3$. 对于正整数 p,考虑由下述数

$$y_i = \max\{x_\alpha(s) \mid_{\sigma_i}\}, \ i=1, 2, \cdots, p \tag{2.2.43}$$

组成的集合$\{y_1, y_2, \cdots, y_p\}$,这里$\alpha$是$\{1, 2, \cdots, n\}$内一个固定元素,$s$是连通闭曲线$\sigma_i$的弧长(当$i$固定时).

不失一般性,可以假设

$$y_1 \leqslant y_2 \leqslant \cdots \leqslant y_p. \tag{2.2.44}$$

现在证明集合$\bigcup\limits_{i=2}^{p}\sigma_i$不能被由方程$x_\alpha=$常数确定的超平面$H_\alpha$分离.用反证法,如果有一个方程是$x_\alpha=x$($x$是一个固定实数)的超平面$H_\alpha$能分离$\bigcup\limits_{i=2}^{p}\sigma_i$,因为$\bigcup\limits_{i=1}^{p}\sigma_i$不能被此超平面$H_\alpha$分离(由弱连通定义),则$H_\alpha\cap\sigma_1$必非空.因而$x$必是$x_\alpha|_{\sigma_1}$中某一个实数,由公式(2.2.43)的定义,有

$$x \leqslant y_1. \tag{2.2.45}$$

因为此超平面H_α分离$\bigcup\limits_{i=2}^{p}\sigma_i$,这意味着存在某个$\sigma_j$, $2\leqslant j\leqslant p$,位于此超平面H的左侧,所以有

$$y_j < x \leqslant y_1\text{(后一个不等式利用(2.2.45))}. \tag{2.2.46}$$

不等式(2.2.44)和(2.2.46)是一对矛盾.因而$\bigcup\limits_{i=2}^{p}\sigma_i$不能被方程$x_\alpha=$常数确定的超平面$H_\alpha$分离.因而利用归纳法假设,存在平移$A_i^\alpha$(这里$3\leqslant i\leqslant p$),$A_i^\alpha$垂直于$\dfrac{\partial}{\partial x_\alpha}$方向,即平移都平行于超平面$H_\alpha$,使得$\sigma=\sigma_2\cup\left(\bigcup\limits_{i=3}^{p}A_i^\alpha\sigma_i\right)$是连通的.

由于$\bigcup\limits_{i=1}^{p}\sigma_i$不能被由方程$x_\alpha=$常数所确定的超平面$H_\alpha$分离(这里$\alpha=1, 2, \cdots, n$),那么$\sigma_1\cup\sigma$也不能被这样的超平面$H_\alpha$所分离,这是因为平移$A_i^\alpha$($3\leqslant i\leqslant p$)是平行于超平面$H_\alpha$的,不可能将闭曲线$\sigma_i$从$H_\alpha$的一侧平移到另一侧.对于$\sigma_1$和$\sigma$,利用前面已证明过的$p=2$的情况,对于$\sigma$,存在一个垂直于$\dfrac{\partial}{\partial x_\alpha}$方向的平移$A^\alpha$,使得$\sigma_1\cup A^\alpha\sigma$是连通的.集合$\{A^\alpha, A^\alpha A_3^\alpha, \cdots, A^\alpha A_p^\alpha\}$给出了所要的平移.注意,所有的平移都是垂直于$\dfrac{\partial}{\partial x_\alpha}$方向的.对所有$i\in\{1, 2, \cdots, p\}$,有

$$\begin{gathered} x_\alpha|_{\sigma_i}=x_\alpha|_{A^\alpha A_i^\alpha\sigma_i},\ i\in\{3, 4, \cdots, p\}\text{(因为在平移}A^\alpha A_i^\alpha\text{中,}x_\alpha\text{的值并不改变)},\\ x_\alpha|_{\sigma_2}=x_\alpha|_{A^\alpha\sigma_2}. \end{gathered} \tag{2.2.47}$$

记

$$\sigma^\alpha=\sigma_1\cup A^\alpha\sigma_2\cup A^\alpha A_3^\alpha\sigma_3\cup A^\alpha A_4^\alpha\sigma_4\cup\cdots\cup A^\alpha A_p^\alpha\sigma_p. \tag{2.2.48}$$

利用公式(2.2.47)和(2.2.48),有

$$\int_{\sigma^\alpha} x_\alpha \mathrm{d}s = \sum_{i=1}^{p}\int_{\sigma_i} x_\alpha \mathrm{d}s = 0(\text{由于 } \partial M \text{ 的质量中心在原点}). \tag{2.2.49}$$

利用 Poincarè 不等式,有

$$\begin{aligned}\sum_{i=1}^{p}\int_{\sigma_i} x_\alpha^2 \mathrm{d}s &= \int_{\sigma^\alpha} x_\alpha^2 \mathrm{d}s(\text{利用上式}) \leqslant \frac{(L(\partial M))^2}{4\pi^2}\int_{\sigma^\alpha}\left(\frac{\mathrm{d}x_\alpha}{\mathrm{d}s}\right)^2 \mathrm{d}s(\text{这里利用了闭曲线 } \sigma^\alpha \text{ 的}\\ &\quad \text{连通性,以及由(2.2.42) 和(2.2.48) 知道 } \sigma^\alpha \text{ 的长度是 } L(\partial M))\\ &= \frac{(L(\partial M))^2}{4\pi^2}\sum_{i=1}^{p}\int_{\sigma_i}\left(\frac{\mathrm{d}x_\alpha}{\mathrm{d}s}\right)^2 \mathrm{d}s.\end{aligned} \tag{2.2.50}$$

将上式关于 α 从 1 到 n 求和,利用公式(2.2.42),有

$$\begin{aligned}\sum_{\alpha=1}^{n}\int_{\partial M} x_\alpha^2 \mathrm{d}s &\leqslant \frac{(L(\partial M))^2}{4\pi^2}\int_{\partial M}\sum_{\alpha=1}^{n}\left(\frac{\mathrm{d}x_\alpha}{\mathrm{d}s}\right)^2 \mathrm{d}s\\ &= \frac{(L(\partial M))^2}{4\pi^2}(\text{利用 } s \text{ 是弧长参数}).\end{aligned} \tag{2.2.51}$$

在∂M 是弱连通且不连通时,即在情况(2.2.42)时,公式(2.2.7)和(2.2.8)还是成立的,于是,有

$$\frac{2A(M)}{\sqrt{L(\partial M)}} \leqslant \left(\int_{\partial M}\sum_{\alpha=1}^{n} x_\alpha^2 \mathrm{d}s\right)^{\frac{1}{2}} \leqslant \frac{(L(\partial M))^{\frac{3}{2}}}{2\pi}(\text{利用(2.2.51)}). \tag{2.2.52}$$

由上式,立即有不等式(2.2.22). 如果在∂M 是弱连通情况(2.2.42)时,不等式(2.2.22)取等号,那么,不等式(2.2.50)—(2.2.52)都取等号. 特别不等式(2.2.7)取等号. 要注意不等式(2.2.51)与不等式(2.2.20)是一样的,只是下标 k 换成了 α. 用连通闭曲线 σ^α 代替∂M,在∂M 连通时的等号成立情况几乎可以原封不动地搬到σ^α 上. 因此,在每个 σ^α 上,通过一个直角坐标系的旋转,成立公式(2.2.34). 即由一个直角坐标系的旋转后,连通闭曲线 σ_1 为 x_1x_2 平面上以原点为中心、半径为 R 的圆周. 即 σ^α 叠合于圆周 σ_1. 对于 σ^α 内每个圆周 $A^\alpha A_i^\alpha\sigma_i(i=2, 3, \cdots, p)$ 及 σ_1,有

$$\sum_{\alpha=1}^{n}\int_{\sigma_i} x_\alpha^2 \mathrm{d}s = \frac{(L(\sigma_i))^3}{4\pi^2}, \text{这里 } i=1, 2, \cdots, p. \tag{2.2.53}$$

由于不等式(2.2.51)取等号,利用 $L(\partial M)=\sum_{i=1}^{p}L(\sigma_i)$ 及上式,立即有 $p=1$(用反证法,如果 $p\geqslant 2$, 不等式(2.2.51)必取严格不等号).

编者的话

本讲内容是根据 P. Li, R. Schoen 和丘成桐教授 1984 年合作的一篇文章写成的.

参考文献

[1] P. Li, R. Schoen and S. T. Yau. On the isoperimetric inequality for minimal surfaces. *Ann. Scuola, Norm. Sup. Pisa.*, Vol. 11 (1984): 237 - 244.

第 3 讲　极小子流形的体积的第一、第二变分公式

设 M 和 N 依次是 n 维和 $n+p$ 维的连通可定向的 Riemann 流形,其中 M 是紧致连通可定向的. $F: M\to N$ 是一个局部等距浸入. 现考虑一个光滑映射 $\widetilde{F}: M\times(-\varepsilon,\varepsilon)\to N$,这里 ε 是一个正常数, $\forall t\in(-\varepsilon, \varepsilon)$, $\widetilde{F}$ 限制在 $M\times\{t\}$ 上是一个浸入,特别当 $\widetilde{F}$ 限制在 $M\times\{0\}$ 上时就是 F. 即 $\forall x\in M$, $\widetilde{F}(x, 0)=F(x)$, 也可以写 $F_t=\widetilde{F}|_{M\times\{t\}}$,即 $F_t(x)=\widetilde{F}(x, t)$,从而 $F_0=F$. 映射族 $\{F_t \mid \forall t\in(-\varepsilon, \varepsilon)\}$ 称为 F 的一个变分. 如果 M 的边界 ∂M 不是空集,还要求 $F_t(\partial M)=F(\partial M)$,即 $\forall t\in(-\varepsilon, \varepsilon)$, $\forall x\in\partial M$,要求 $F_t(x)=F(x)$.

N 内在 $\widetilde{F}(M\times(-\varepsilon, \varepsilon))$ 上,局部叠合 M 与 $F(M)$,考虑局部单位正交标架场 $e_A(x, t)$, $1\leqslant A\leqslant n+p$ (在本讲正整数 $n\geqslant 2$, p 是一个正整数),使得对每个固定的 $t\in(-\varepsilon, \varepsilon)$, $e_i(x, t)$ 与 $F_t(M)$ 相切,这里 $1\leqslant i\leqslant n$. 而 $e_\alpha(x, t)$ $(n+1\leqslant\alpha\leqslant n+p)$ 是 $F_t(M)$ 的单位法向量. 因而 N 的局部对偶基和联络形式,限制在 $\widetilde{F}(M\times(-\varepsilon, \varepsilon))$ 上, 依次用 $\omega_A(x, t)$ 和 $\omega_{AB}(x, t)$ 表示(这里 $1\leqslant A, B\leqslant n+p$). 用 $\omega_k(x)$, $\omega_{jk}(x)$, $\omega_{j\alpha}(x)$, $\omega_{\alpha\beta}(x)$ 分别表示 M 的局部对偶基和相应的联络形式, $e_A(x, 0)=e_A(x)$, $1\leqslant A\leqslant n+p$.

定义

$$V(t)=\int_M \omega_1(x, t)\wedge\omega_2(x, t)\wedge\cdots\wedge\omega_n(x, t). \tag{2.3.1}$$

$V(0)$ 就是 M 的体积,可将 $V(t)$ 视为 $F_t(M)$ 的体积,因为当每个 F_t 都是整

体等距嵌入时，$V(t)$的确是 $F_t(M)$的体积.

$$\left.\frac{\mathrm{d}V(t)}{\mathrm{d}t}\right|_{t=0}=\int_M\frac{\partial}{\partial t}(\omega_1(x,\ t)\wedge\omega_2(x,\ t)\wedge\cdots\wedge\omega_n(x,\ t))\mid_{t=0}. \tag{2.3.2}$$

如果

$$\left.\frac{\mathrm{d}V(t)}{\mathrm{d}t}\right|_{t=0}=0,\text{以及}\left.\frac{\mathrm{d}^2V(t)}{\mathrm{d}t^2}\right|_{t=0}\geqslant 0, \tag{2.3.3}$$

则 $F(M)$称为 N 内稳定极小子流形.

用 d 表示 N 内的外微分算子，限制于 $\widetilde{F}(M\times(-\varepsilon,\ \varepsilon))$，有

$$\mathrm{d}\omega_j(x,\ t)=\sum_{B=1}^{n+p}\omega_B(x,\ t)\wedge\omega_{Bj}(x,\ t), \tag{2.3.4}$$

这里 $\omega_{Bj}(x,\ t)$是相应的联络形式. 限制于 $\widetilde{F}(M\times(-\varepsilon,\ \varepsilon))$，可以写

$$\omega_k(x,\ t)=\omega_k^*(x,\ t)+a_k(x,\ t)\mathrm{d}t, \tag{2.3.5}$$

这里 $1\leqslant k\leqslant n$，以及 $\omega_k^*(x,\ t)$的表达式中无 $\mathrm{d}t$ 项，但表达式的系数可能与 t 有关. 特别当 $t=0$ 时，有

$$\omega_k^*(x,\ 0)=\omega_k(x),\ 1\leqslant k\leqslant n, \tag{2.3.6}$$

$$\omega_\alpha(x,\ t)=a_\alpha(x,\ t)\mathrm{d}t,\ n+1\leqslant\alpha\leqslant n+p. \tag{2.3.7}$$

这是由于在局部，可取 $e_i(x,\ t)=\sum_{j=1}^{n}a_{ij}(x,\ t)\frac{\partial}{\partial x_j}(x,\ t)$，$1\leqslant i\leqslant n$，从而在 $\omega_\alpha(x,\ t)$的局部表达式中无 $\mathrm{d}x_j$ 项，$1\leqslant j\leqslant n$. 类似地，可以写

$$\begin{aligned}\omega_{kj}(x,\ t)&=\omega_{kj}^*(x,\ t)+a_{kj}(x,\ t)\mathrm{d}t,\\ \omega_{j\alpha}(x,\ t)&=\omega_{j\alpha}^*(x,\ t)+a_{j\alpha}(x,\ t)\mathrm{d}t.\end{aligned} \tag{2.3.8}$$

这里 $\omega_{kj}^*(x,\ t)$，$\omega_{j\alpha}^*(x,\ t)$的表达式中都无 $\mathrm{d}t$ 项，但表达式的系数可能与 t 有关. 特别当 $t=0$ 时，有

$$\omega_{kj}^*(x,\ 0)=\omega_{kj}(x),\ \omega_{j\alpha}^*(x,\ 0)=\omega_{j\alpha}(x). \tag{2.3.9}$$

以上两式的右端都是 M 上相应的联络形式.

从而有

$$\mathrm{d}\omega_j(x,\ t)=\sum_{k=1}^{n}\omega_k(x,\ t)\wedge\omega_{kj}(x,\ t)+\sum_{\alpha=n+1}^{n+p}\omega_\alpha(x,\ t)\wedge\omega_{\alpha j}(x,\ t)$$

$$= \sum_{k=1}^{n} (\omega_k^*(x, t) + a_k(x, t)\mathrm{d}t) \wedge (\omega_{kj}^*(x, t) + a_{kj}(x, t)\mathrm{d}t) -$$

$$\sum_{\alpha=n+1}^{n+p} a_\alpha(x, t)\mathrm{d}t \wedge \omega_{j\alpha}^*(x, t)(\text{利用}(2.3.5),(2.3.7)\text{和}(2.3.8))$$

$$= \sum_{k=1}^{n} \omega_k^*(x, t) \wedge \omega_{kj}^*(x, t) + \mathrm{d}t \wedge \Big[\sum_{k=1}^{n} a_k(x, t)\omega_{kj}^*(x, t) -$$

$$\sum_{k=1}^{n} a_{kj}(x, t)\omega_k^*(x, t)\Big] - \sum_{\alpha=n+1}^{n+p} a_\alpha(x, t)\mathrm{d}t \wedge \omega_{j\alpha}^*(x, t)$$

$$= \mathrm{d}_{F_t(M)}\omega_j^*(x, t) + \mathrm{d}t \wedge \Big[\sum_{k=1}^{n} a_k(x, t)\omega_{kj}^*(x, t) - \sum_{k=1}^{n} a_{kj}(x, t)\omega_k^*(x, t)\Big] -$$

$$\sum_{\alpha=n+1}^{n+p} a_\alpha(x, t)\mathrm{d}t \wedge \omega_{j\alpha}^*(x, t)$$ (这里 t 是一个常数时，$\mathrm{d}_{F_t(M)}$ 表示 $F_t(M)$ 上的外微分)

$$= \mathrm{d}_{F_t(M)}\omega_j(x, t) + \mathrm{d}t \wedge \Big[\sum_{k=1}^{n} a_k(x, t)\omega_{kj}^*(x, t) - \sum_{k=1}^{n} a_{kj}(x, t)\omega_k^*(x, t) +$$

$$\mathrm{d}_{F_t(M)}a_j(x, t)\Big] - \sum_{\alpha=n+1}^{n+p} a_\alpha(x, t)\mathrm{d}t \wedge \omega_{j\alpha}^*(x, t), \tag{2.3.10}$$

这里对公式(2.3.5)的两端作用 $F_t(M)$的外微分，然后代入上式右端第一大项.

由于 $\omega_j(x, t)$是一个一次微分形式，有

$$\mathrm{d}\omega_j(x, t) = \mathrm{d}_{F_t(M)}\omega_j(x, t) - \frac{\partial \omega_j(x, t)}{\partial t} \wedge \mathrm{d}t. \tag{2.3.11}$$

这里$\frac{\partial \omega_j(x, t)}{\partial t}$仅仅是对 $\omega_j(x, t)$的局部表达式中的光滑函数(系数)求导，而且删去了 $\mathrm{d}t$ 项，因为 $\mathrm{d}t \wedge \mathrm{d}t = 0$.

比较公式(2.3.10)与(2.3.11)的两个右端，有

$$\frac{\partial \omega_j(x, t)}{\partial t} = \sum_{k=1}^{n} a_k(x, t)\omega_{kj}^*(x, t) - \sum_{k=1}^{n} a_{kj}(x, t)\omega_k^*(x, t) -$$

$$\sum_{\alpha=n+1}^{n+p} a_\alpha(x, t)\omega_{j\alpha}^*(x, t) + \mathrm{d}_{F_t(M)}a_j(x, t). \tag{2.3.12}$$

由于$\frac{\partial \omega_j(x, t)}{\partial t}$仅仅是对 $\omega_j(x, t)$的局部表达式中的光滑函数求导，而且删去了 $\mathrm{d}t$ 项，利用乘法函数的求导法则，有

$$\frac{\partial}{\partial t}(\omega_1(x, t) \wedge \omega_2(x, t) \wedge \cdots \wedge \omega_n(x, t))$$

$$= \sum_{j=1}^{n} \omega_1(x, t) \wedge \omega_2(x, t) \wedge \cdots \wedge \omega_{j-1}(x, t) \wedge \frac{\partial \omega_j(x, t)}{\partial t} \wedge \omega_{j+1}(x, t) \wedge \cdots \wedge \omega_n(x, t). \tag{2.3.13}$$

利用上面的公式,限制于 $F_t(M)$,有

$$\begin{aligned}
&\left[\frac{\partial}{\partial t}(\omega_1(x, t) \wedge \omega_2(x, t) \wedge \cdots \wedge \omega_n(x, t))\right]\Big|_{F_t(M)} \\
&= \left\{\sum_{j=1}^{n}(\omega_1(x, t) \wedge \omega_2(x, t) \wedge \cdots \wedge \omega_{j-1}(x, t)) \wedge \right. \\
&\quad \left[\sum_{k=1}^{n} a_k(x, t)\omega_{kj}^*(x, t) - \sum_{k=1}^{n} a_{kj}(x, t)\omega_k^*(x, t) - \sum_{\alpha=n+1}^{n+p} a_\alpha(x, t)\omega_{j\alpha}^*(x, t) + \right. \\
&\quad \left.\left. \mathrm{d}_{F_t(M)} a_j(x, t)\right] \wedge (\omega_{j+1}(x, t) \wedge \cdots \wedge \omega_n(x, t))\right\}\Big|_{F_t(M)} \text{（利用(2.3.12)）} \\
&= \left\{\sum_{j=1}^{n} \omega_1^*(x, t) \wedge \omega_2^*(x, t) \wedge \cdots \wedge \omega_{j-1}^*(x, t) \wedge \right. \\
&\quad \left[\sum_{k=1}^{n} a_k(x, t)\omega_{kj}^*(x, t) - \sum_{k=1}^{n} a_{kj}(x, t)\omega_k^*(x, t) - \sum_{\alpha=n+1}^{n+p} a_\alpha(x, t)\omega_{j\alpha}^*(x, t) + \right. \\
&\quad \left.\left. \mathrm{d}_{F_t(M)} a_j(x, t)\right] \wedge \omega_{j+1}^*(x, t) \wedge \cdots \wedge \omega_n^*(x, t)\right\}\Big|_{F_t(M)} \text{（这里利用在 } F_t(M) \\
&\quad \text{上，} \mathrm{d}t = 0\text{，并注意公式(2.3.5)）} \\
&= \left\{\sum_{j=1}^{n} \omega_1^*(x, t) \wedge \omega_2^*(x, t) \wedge \cdots \wedge \omega_{j-1}^*(x, t) \wedge \left[\mathrm{d}_{F_t(M)} a_j(x, t) + \right.\right. \\
&\quad \left. \sum_{k=1}^{n} a_k(x, t)\omega_{kj}^*(x, t) - a_{jj}(x, t)\omega_j^*(x, t) - \sum_{\alpha=n+1}^{n+p} a_\alpha(x, t)\omega_{j\alpha}^*(x, t)\right] \\
&\quad \left. \wedge\, \omega_{j+1}^*(x, t) \wedge \cdots \wedge \omega_n^*(x, t)\right\}\Big|_{F_t(M)}.
\end{aligned} \tag{2.3.14}$$

利用公式(2.3.8)的第一式,以及 $\omega_{kj}(x, t) = -\omega_{jk}(x, t)$,有

$$a_{jj}(x, t) = 0, \forall j \in \{1, 2, \cdots, n\}. \tag{2.3.15}$$

将(2.3.15)代入(2.3.14),有

$$\begin{aligned}
&\left[\frac{\partial}{\partial t}(\omega_1(x, t) \wedge \omega_2(x, t) \wedge \cdots \wedge \omega_n(x, t))\right]\Big|_{F_t(M)} \\
&= \sum_{j=1}^{n} (-1)^{j-1} \mathrm{d}_{F_t(M)} a_j(x, t) \wedge \omega_1^*(x, t) \wedge \omega_2^*(x, t) \wedge \cdots \wedge \omega_{j-1}^*(x, t) \\
&\quad \wedge\, \omega_{j+1}^*(x, t) \wedge \cdots \wedge \omega_n^*(x, t) + \sum_{j,k=1}^{n} a_k(x, t)\Gamma_{kj}^j(x, t)\omega_1^*(x, t)
\end{aligned}$$

$$\wedge\ \omega_2^*(x,t)\wedge\cdots\wedge\omega_n^*(x,t)-\sum_{j=1}^{n}\sum_{\alpha=n+1}^{n+p}a_\alpha(x,t)h_{jj}^\alpha(x,t)\omega_1^*(x,t)$$
$$\wedge\ \omega_2^*(x,t)\wedge\cdots\wedge\omega_n^*(x,t), \tag{2.3.16}$$

这里 $\omega_{kj}^*(x,t)=\sum_{l=1}^{n}\Gamma_{kj}^l(x,t)\omega_l^*(x,t)$，$\omega_{j\alpha}^*(x,t)=\sum_{k=1}^{n}h_{jk}^\alpha(x,t)\omega_k^*(x,t)$，$h_{jk}^\alpha(x,0)=h_{jk}^\alpha(x)$.

利用本章第1讲的Hodge算子的定义,在 $F_t(M)$ 上,

$$*(\omega_j^*(x,t))=(-1)^{j-1}\omega_1^*(x,t)\wedge\omega_2^*(x,t)\wedge\cdots\wedge\omega_{j-1}^*(x,t)$$
$$\wedge\ \omega_{j+1}^*(x,t)\wedge\cdots\wedge\omega_n^*(x,t). \tag{2.3.17}$$

利用第1章第3讲内引理3的推导过程,特别注意公式(1.3.69),可以看到

$$\mathrm{d}_{F_t(M)}\Big[\sum_{j=1}^{n}(-1)^{j-1}a_j(x,t)\omega_1^*(x,t)\wedge\omega_2^*(x,t)\wedge\cdots\wedge\omega_{j-1}^*(x,t)$$
$$\wedge\ \omega_{j+1}^*(x,t)\wedge\cdots\wedge\omega_n^*(x,t)\Big]$$
$$=\sum_{j=1}^{n}\mathrm{d}_{F_t(M)}a_j(x,t)\wedge*(\omega_j^*(x,t))+$$
$$\sum_{j,k=1}^{n}a_j(x,t)\Gamma_{jk}^k(x,t)\omega_1^*(x,t)\wedge\omega_2^*(x,t)\wedge\cdots\wedge\omega_n^*(x,t). \tag{2.3.18}$$

利用公式(2.3.16),(2.3.17)和(2.3.18),有

$$\Big[\frac{\partial}{\partial t}(\omega_1(x,t)\wedge\omega_2(x,t)\wedge\cdots\wedge\omega_n(x,t))\Big]\Big|_{F_t(M)}$$
$$=\mathrm{d}_{F_t(M)}\Big[\sum_{j=1}^{n}a_j(x,t)*(\omega_j^*(x,t))\Big]-$$
$$\sum_{j=1}^{n}\sum_{\alpha=n+1}^{n+p}a_\alpha(x,t)h_{jj}^\alpha(x,t)\omega_1^*(x,t)\wedge\omega_2^*(x,t)\wedge\cdots\wedge\omega_n^*(x,t). \tag{2.3.19}$$

于是,有

$$\frac{\mathrm{d}V(t)}{\mathrm{d}t}\Big|_{F_t(M)}=\int_M\frac{\partial}{\partial t}(\omega_1(x,t)\wedge\omega_2(x,t)\wedge\cdots\wedge\omega_n(x,t))\Big|_{F_t(M)\text{中的}t}\ (\text{利用}(2.3.2))$$
$$=\int_{\partial M}\sum_{j=1}^{n}a_j(x,t)*(\omega_j^*(x,t))-\int_M\sum_{\alpha=n+1}^{n+p}\sum_{j=1}^{n}a_\alpha(x,t)h_{jj}^\alpha(x,t)\mathrm{d}A_{F_t(M)}, \tag{2.3.20}$$

这里利用了公式(2.3.19)，Stokes 公式以及 $F_t(\partial M)=F(\partial M)$，$\forall t\in(-\varepsilon,\varepsilon)$，并且可以知道 $F_t(M)$的面积元素

$$\mathrm{d}A_{F_t(M)}=\omega_1^*(x,t)\wedge\omega_2^*(x,t)\wedge\cdots\wedge\omega_n^*(x,t). \tag{2.3.21}$$

由于 $\widetilde{F}(\partial M\times(-\varepsilon,\varepsilon))=F(\partial M)$，即当 $x\in\partial M$ 时，在公式(2.3.5)中，$\omega_k(x,t)$的表达式中不含变元 t，于是当 $x\in\partial M$ 时，

$$a_j(x,t)=0,\ 1\leqslant j\leqslant n. \tag{2.3.22}$$

从而当∂M 是空集，即 M 是闭流形时，或者 $F_t(\partial M)=F(\partial M)$，这里 $\forall t\in(-\varepsilon,\varepsilon)$. 利用公式(2.3.20)和(2.3.22)，有

$$\left.\frac{\mathrm{d}V(t)}{\mathrm{d}t}\right|_{F_t(M)\text{中的}t}=-\int_M\sum_{\alpha=n+1}^{n+p}\sum_{j=1}^{n}a_\alpha(x,t)h_{jj}^\alpha(x,t)\mathrm{d}A_{F_t(M)}. \tag{2.3.23}$$

特别地，当 $t=0$ 时，记

$$H_\alpha(x)=\frac{1}{n}\sum_{j=1}^{n}h_{jj}^\alpha(x,0)=\frac{1}{n}\sum_{j=1}^{n}h_{jj}^\alpha(x), \tag{2.3.24}$$

这里 $H_\alpha(x)$是 M 上在点 x 的沿单位法向量 $e_\alpha(x)$的平均曲率.

利用公式(2.3.23)和(2.3.24)，有

$$\left.\frac{\mathrm{d}V(t)}{\mathrm{d}t}\right|_{t=0}=-n\int_M\sum_{\alpha=n+1}^{n+p}a_\alpha(x,0)H_\alpha(x)\mathrm{d}A, \tag{2.3.25}$$

这里 $\mathrm{d}A$ 是 M 在点 x 的面积元素(或称体积元素)，

$$\mathrm{d}A=\mathrm{d}A_{F_0(M)}=\omega_1(x)\wedge\omega_2(x)\wedge\cdots\wedge\omega_n(x).$$

$\forall x\in M$，可以知道 N 内(局部)等距浸入子流形 $F(M)$内平均曲率向量

$$H(x)=\frac{1}{n}\sum_{\alpha=n+1}^{n+p}\sum_{j=1}^{n}h_{jj}^\alpha(x)e_\alpha(x)=\sum_{\alpha=n+1}^{n+p}H_\alpha(x)e_\alpha(x), \tag{2.3.26}$$

这里利用了公式(2.3.24).

令

$$W(x)=\sum_{A=1}^{n+p}a_A(x,0)e_A(x),\ \forall x\in M. \tag{2.3.27}$$

$W(x)$称为 N 内 $F(M)$的变分向量场.

利用(2.3.26)和(2.3.27)，$\forall x\in M$，有

$$\langle W(x),\ nH(x)\rangle = n\sum_{\alpha=n+1}^{n+p} a_\alpha(x,\ 0)H_\alpha(x). \tag{2.3.28}$$

将公式(2.3.28)代入(2.3.25),有

引理 1 (体积第一变分公式)

$$\left.\frac{\mathrm{d}V(t)}{\mathrm{d}t}\right|_{t=0} = -\int_M \langle W(x),\ nH(x)\rangle \mathrm{d}A.$$

因此,利用引理 1,对任意的变分向量场 $W(x)$,体积的第一变分 $\left.\frac{\mathrm{d}V(t)}{\mathrm{d}t}\right|_{t=0}$ 等于零的充要条件是 $\forall\, x\in M$, $H(x)$恒等于零. 引理 1 给出了极小子流形的一个几何解释.

另外,可以知道

$$\mathrm{d}\widetilde{F}(x,\ t) = \sum_{A=1}^{n+p} \omega_A(x,\ t)e_A(x,\ t). \tag{2.3.29}$$

那么,

$$\begin{aligned}
\mathrm{d}\widetilde{F}\left(\frac{\partial}{\partial t}(x,\ 0)\right) &= \sum_{A=1}^{n+p} \omega_A(x,\ 0)\left(\frac{\partial}{\partial t}(x,\ 0)\right)e_A(x,\ 0) \\
&= \sum_{A=1}^{n+p} a_A(x,\ 0)e_A(x,\ 0)(\text{利用(2.3.5) 和(2.3.7)}) \\
&= W(x)(\text{利用 } e_A(x,\ 0) = e_A(x) \text{ 及(2.3.27)}).
\end{aligned} \tag{2.3.30}$$

公式(2.3.29)和(2.3.30)给出了 $W(x)$的一个几何解释.

下面叙述体积的第二变分公式.

N 内浸入子流形 $F_t(M)$的平均曲率向量

$$H(x,\ t) = \frac{1}{n}\sum_{\alpha=n+1}^{n+p}\sum_{j=1}^{n} h^\alpha_{jj}(x,\ t)e_\alpha(x,\ t). \tag{2.3.31}$$

记

$$W(x,\ t) = \sum_{\alpha=n+1}^{n+p} a_\alpha(x,\ t)e_\alpha(x,\ t). \tag{2.3.32}$$

当 $\partial M = \varnothing$(空集),或 $F_t(\partial M) = F(\partial M)$(这里 $\forall\, t \in (-\varepsilon,\ \varepsilon)$),将公式(2.3.31)和(2.3.32)应用于公式(2.3.23),有

$$\frac{\mathrm{d}V(t)}{\mathrm{d}t}\bigg|_{F_t(M)\text{中的}t}=-\int_M\langle W(x,\ t),\ nH(x,\ t)\rangle\mathrm{d}A_{F_t(M)}.\qquad(2.3.33)$$

当 $F(M)$是 N 内等距浸入极小子流形时,上式两端再对 t 求导一次,利用 $H(x,0)$恒等于零,有

$$\frac{\mathrm{d}^2V(t)}{\mathrm{d}t^2}\bigg|_{t=0}=-\int_M\left\langle W(x,\ 0),\ n\frac{\partial H(x,\ t)}{\partial t}\bigg|_{t=0}\right\rangle\mathrm{d}A.\qquad(2.3.34)$$

利用 $F(M)$是极小的,又利用公式(2.3.31),有

$$n\frac{\partial H(x,\ t)}{\partial t}\bigg|_{t=0}=\sum_{\alpha=n+1}^{n+p}\sum_{j=1}^{n}\frac{\partial h_{jj}^{\alpha}(x,\ t)}{\partial t}\bigg|_{t=0}e_\alpha(x,\ 0).\qquad(2.3.35)$$

将公式(2.3.35)代入(2.3.34),利用公式(2.3.32),有

$$\frac{\mathrm{d}^2V(t)}{\mathrm{d}t^2}\bigg|_{t=0}=-\int_M\sum_{\alpha=n+1}^{n+p}a_\alpha(x,\ 0)\sum_{j=1}^{n}\frac{\partial h_{jj}^{\alpha}(x,\ t)}{\partial t}\bigg|_{t=0}\mathrm{d}A.\qquad(2.3.36)$$

另一方面,利用公式(2.3.16)后面的叙述,有

$$\begin{aligned}
&\omega_1(x)\wedge\omega_2(x)\wedge\cdots\wedge\omega_{j-1}(x)\wedge\frac{\partial\omega_{j\alpha}^*(x,\ t)}{\partial t}\bigg|_{t=0}\wedge\omega_{j+1}(x)\wedge\cdots\wedge\omega_n(x)\\
=&\ \omega_1(x)\wedge\omega_2(x)\wedge\cdots\wedge\omega_{j-1}(x)\wedge\frac{\partial}{\partial t}\left(\sum_{k=1}^{n}h_{jk}^{\alpha}(x,\ t)\omega_k^*(x,\ t)\right)\bigg|_{t=0}\\
&\wedge\omega_{j+1}(x)\wedge\cdots\wedge\omega_n(x)\\
=&\ \omega_1(x)\wedge\omega_2(x)\wedge\cdots\wedge\omega_{j-1}(x)\wedge\left(\sum_{k=1}^{n}\frac{\partial h_{jk}^{\alpha}(x,\ t)}{\partial t}\bigg|_{t=0}\omega_k(x)+\right.\\
&\left.\sum_{k=1}^{n}h_{jk}^{\alpha}(x)\frac{\partial\omega_k^*(x,\ t)}{\partial t}\bigg|_{t=0}\right)\wedge\omega_{j+1}(x)\wedge\cdots\wedge\omega_n(x)\\
=&\ \frac{\partial h_{jj}^{\alpha}(x,\ t)}{\partial t}\bigg|_{t=0}\omega_1(x)\wedge\omega_2(x)\wedge\cdots\wedge\omega_n(x)+\sum_{k=1}^{n}h_{jk}^{\alpha}(x)\omega_1(x)\\
&\wedge\omega_2(x)\wedge\cdots\wedge\omega_{j-1}(x)\wedge\frac{\partial\omega_k^*(x,\ t)}{\partial t}\bigg|_{t=0}\wedge\omega_{j+1}(x)\wedge\cdots\wedge\omega_n(x).
\end{aligned}\qquad(2.3.37)$$

将上述公式两端乘以 $-a_\alpha(x,\ 0)$,且关于 α 从 $n+1$ 到 $n+p$ 求和,关于 j 从 1 到 n 求和,移项后,有

$$-\sum_{\alpha=n+1}^{n+p}a_\alpha(x,\ 0)\sum_{j=1}^{n}\frac{\partial h_{jj}^{\alpha}(x,\ t)}{\partial t}\bigg|_{t=0}\omega_1(x)\wedge\omega_2(x)\wedge\cdots\wedge\omega_n(x)$$

$$=-\sum_{j=1}^{n}\sum_{\alpha=n+1}^{n+p}a_\alpha(x,\ 0)\omega_1(x)\omega_2(x)\wedge\cdots\wedge\omega_{j-1}(x)\wedge\frac{\partial\omega_{j\alpha}^*(x,\ t)}{\partial t}\bigg|_{t=0}$$

$$\wedge\ \omega_{j+1}(x)\wedge\cdots\wedge\omega_n(x)+$$

$$\sum_{\alpha=n+1}^{n+p}a_\alpha(x,\ 0)\sum_{j,\ k=1}^{n}h_{jk}^\alpha(x)\omega_1(x)\wedge\omega_2(x)\wedge\cdots\wedge\omega_{j-1}(x)\wedge\frac{\partial\omega_k^*(x,\ t)}{\partial t}\bigg|_{t=0}$$

$$\wedge\ \omega_{j+1}(x)\wedge\cdots\wedge\omega_n(x).\qquad(2.3.38)$$

利用公式(2.3.5),可以看到

$$\frac{\partial\omega_k^*(x,\ t)}{\partial t}\bigg|_{t=0}=\frac{\partial\omega_k(x,\ t)}{\partial t}\bigg|_{t=0}.\qquad(2.3.39)$$

这里利用公式(2.3.11)和(2.3.12)后面的叙述,很容易得到上式左、右两端相等.

利用公式(2.3.12),(2.3.6),(2.3.9)以及用 d_M 表示 M 的外微分,再兼顾公式(2.3.39),有

$$\frac{\partial\omega_k^*(x,\ t)}{\partial t}\bigg|_{t=0}=\sum_{l=1}^{n}a_l(x,\ 0)\omega_{lk}(x)-\sum_{l=1}^{n}a_{lk}(x,\ 0)\omega_l(x)-$$

$$\sum_{\beta=n+1}^{n+p}a_\beta(x,\ 0)\omega_{k\beta}(x)+d_Ma_k(x,\ 0).\qquad(2.3.40)$$

利用上式,有

$$\sum_{\alpha=n+1}^{n+p}\sum_{j,\ k=1}^{n}a_\alpha(x,\ 0)h_{jk}^\alpha(x)\omega_1(x)\wedge\cdots\wedge\omega_{j-1}(x)\wedge\frac{\partial\omega_k^*(x,\ t)}{\partial t}\bigg|_{t=0}\wedge\omega_{j+1}(x)$$

$$\wedge\cdots\wedge\omega_n(x)\ ((2.3.38)\ \text{右端最后一大项})$$

$$=\sum_{\alpha=n+1}^{n+p}\sum_{j,\ k=1}^{n}a_\alpha(x,\ 0)h_{jk}^\alpha(x)\omega_1(x)\wedge\cdots\wedge\omega_{j-1}(x)\wedge\Big[d_Ma_k(x,\ 0)+$$

$$\sum_{l=1}^{n}a_l(x,\ 0)\omega_{lk}(x)-a_{jk}(x,\ 0)\omega_j(x)-\sum_{\beta=n+1}^{n+p}a_\beta(x,\ 0)\sum_{l=1}^{n}h_{kl}^\beta\omega_l(x)\Big]$$

$$\wedge\ \omega_{j+1}(x)\wedge\cdots\wedge\omega_n(x)$$

$$=-\sum_{\alpha,\ \beta=n+1}^{n+p}a_\alpha(x,\ 0)a_\beta(x,\ 0)\sum_{j,\ k=1}^{n}h_{jk}^\alpha(x)h_{kj}^\beta(x)\omega_1(x)\wedge\omega_2(x)\wedge\cdots\wedge\omega_n(x)+$$

$$\sum_{\alpha=n+1}^{n+p}\sum_{j,\ k=1}^{n}a_\alpha(x,\ 0)h_{jk}^\alpha(x)\omega_1(x)\wedge\cdots\wedge\omega_{j-1}(x)\wedge\Big[d_Ma_k(x,\ 0)+$$

$$\sum_{l=1}^{n}a_l(x,\ 0)\omega_{lk}(x)-a_{jk}(x,\ 0)\omega_j(x)\Big]\wedge\omega_{j+1}(x)\wedge\cdots\wedge\omega_n(x).\qquad(2.3.41)$$

由于 $\omega_{kj}(x,\ t)=-\omega_{jk}(x,\ t)$,利用公式(2.3.8)的第一式,有

$$a_{jk}(x, 0) = -a_{kj}(x, 0). \tag{2.3.42}$$

利用上式及 $h^{\alpha}_{jk}(x) = h^{\alpha}_{kj}(x)$，有

$$\sum_{j, k=1}^{n} h^{\alpha}_{jk}(x) a_{jk}(x, 0) = 0. \tag{2.3.43}$$

定义 $a_{k,l}(x, 0)$ 如下：

$$\sum_{l=1}^{n} a_{k,l}(x, 0)\omega_l(x) = \mathrm{d}_M a_k(x, 0) - \sum_{l=1}^{n} a_l(x, 0)\omega_{kl}(x). \tag{2.3.44}$$

将公式(2.3.43)和(2.3.44)代入(2.3.41)，可以看到

$$\begin{aligned}
&\sum_{\alpha=n+1}^{n+p} a_{\alpha}(x, 0)\sum_{j, k=1}^{n} h^{\alpha}_{jk}(x)\omega_1(x) \wedge \cdots \wedge \omega_{j-1}(x) \wedge \left.\frac{\partial \omega^{*}_{k}(x, t)}{\partial t}\right|_{t=0} \\
&\wedge \omega_{j+1}(x) \wedge \cdots \wedge \omega_n(x) \\
= &-\sum_{\alpha, \beta=n+1}^{n+p} a_{\alpha}(x, 0) a_{\beta}(x, 0)\sum_{j, k=1}^{n} h^{\alpha}_{jk}(x) h^{\beta}_{jk}(x)\mathrm{d}A + \\
&\sum_{\alpha=n+1}^{n+p}\sum_{j, k=1}^{n} a_{\alpha}(x, 0) h^{\alpha}_{jk}(x) a_{k,j}(x, 0)\mathrm{d}A,
\end{aligned} \tag{2.3.45}$$

这里 $\mathrm{d}A$ 的意义见公式(2.3.25)后面的叙述.

下面来计算公式(2.3.38)的右端的第一大项. 用 K_{ABCD} 表示 N 的曲率张量，限制于 $\widetilde{F}(M\times(-\varepsilon, \varepsilon))$，利用 Cartan 结构方程，有

$$\begin{aligned}
\mathrm{d}\omega_{j\alpha}(x, t) &= \sum_{B=1}^{n+p}\omega_{jB}(x, t) \wedge \omega_{B\alpha}(x, t) + \frac{1}{2}\sum_{C, D=1}^{n+p} K_{j\alpha CD}(x, t)\omega_C(x, t) \wedge \omega_D(x, t) \\
&= \sum_{k=1}^{n}\omega_{jk}(x, t) \wedge \omega_{k\alpha}(x, t) + \sum_{\beta=n+1}^{n+p}\omega_{j\beta}(x, t) \wedge \omega_{\beta\alpha}(x, t) + \\
&\quad \frac{1}{2}\sum_{k, l=1}^{n} K_{j\alpha kl}(x, t)\omega_k(x, t) \wedge \omega_l(x, t) + \\
&\quad \sum_{k=1}^{n}\sum_{\beta=n+1}^{n+p} K_{j\alpha k\beta}(x, t)\omega_k(x, t) \wedge \omega_{\beta}(x, t) + \\
&\quad \frac{1}{2}\sum_{\beta, \gamma=n+1}^{n+p} K_{j\alpha\beta\gamma}(x, t)\omega_{\beta}(x, t) \wedge \omega_{\gamma}(x, t).
\end{aligned} \tag{2.3.46}$$

类似公式(2.3.8)，可以写

$$\omega_{\beta\alpha}(x, t) = \omega^{*}_{\beta\alpha}(x, t) + a_{\beta\alpha}(x, t)\mathrm{d}t, \tag{2.3.47}$$

这里 $\omega^{*}_{\beta\alpha}(x, t)$ 的表达式中无 $\mathrm{d}t$ 项，$\omega^{*}_{\beta\alpha}(x, 0) = \omega_{\beta\alpha}(x)$. 将公式(2.3.5)，

(2.3.7),(2.3.8)和(2.3.47)代入(2.3.46),有

$$
\begin{aligned}
d\omega_{j\alpha}(x,t) = & \sum_{k=1}^{n}(\omega_{jk}^{*}(x,t)+a_{jk}(x,t)dt)\wedge(\omega_{k\alpha}^{*}(x,t)+a_{k\alpha}(x,t)dt)+\\
& \sum_{\beta=n+1}^{n+p}(\omega_{j\beta}^{*}(x,t)+a_{j\beta}(x,t)dt)\wedge(\omega_{\beta\alpha}^{*}(x,t)+a_{\beta\alpha}(x,t)dt)+\\
& \frac{1}{2}\sum_{k,l=1}^{n}K_{j\alpha kl}(x,t)(\omega_{k}^{*}(x,t)+a_{k}(x,t)dt)\wedge(\omega_{l}^{*}(x,t)+a_{l}(x,t)dt)+\\
& \sum_{k=1}^{n}\sum_{\beta=n+1}^{n+p}K_{j\alpha k\beta}(x,t)(\omega_{k}^{*}(x,t)+a_{k}(x,t)dt)\wedge a_{\beta}(x,t)dt\\
= & \sum_{k=1}^{n}\omega_{jk}^{*}(x,t)\wedge\omega_{k\alpha}^{*}(x,t)+dt\wedge\Big[\sum_{k=1}^{n}a_{jk}(x,t)\omega_{k\alpha}^{*}(x,t)-\\
& \sum_{k=1}^{n}a_{k\alpha}(x,t)\omega_{jk}^{*}(x,t)\Big]+\sum_{\beta=n+1}^{n+p}\omega_{j\beta}^{*}(x,t)\wedge\omega_{\beta\alpha}^{*}(x,t)+\\
& dt\wedge\Big[\sum_{\beta=n+1}^{n+p}a_{j\beta}(x,t)\omega_{\beta\alpha}^{*}(x,t)-\sum_{\beta=n+1}^{n+p}a_{\beta\alpha}(x,t)\omega_{j\beta}^{*}(x,t)\Big]+\\
& \frac{1}{2}\sum_{k,l=1}^{n}K_{j\alpha kl}(x,t)\omega_{k}^{*}(x,t)\wedge\omega_{l}^{*}(x,t)+\\
& \frac{1}{2}\sum_{k,l=1}^{n}K_{j\alpha kl}(x,t)dt\wedge[a_{k}(x,t)\omega_{l}^{*}(x,t)-a_{l}(x,t)\omega_{k}^{*}(x,t)]+\\
& \sum_{k=1}^{n}\sum_{\beta=n+1}^{n+p}K_{j\alpha k\beta}(x,t)a_{\beta}(x,t)\omega_{k}^{*}(x,t)\wedge dt\\
= & d_{F_t(M)}\omega_{j\alpha}^{*}(x,t)+dt\wedge\Big\{\sum_{k=1}^{n}a_{jk}(x,t)\omega_{k\alpha}^{*}(x,t)-\sum_{k=1}^{n}a_{k\alpha}(x,t)\omega_{jk}^{*}(x,t)+\\
& \sum_{\beta=n+1}^{n+p}a_{j\beta}(x,t)\omega_{\beta\alpha}^{*}(x,t)-\sum_{\beta=n+1}^{n+p}a_{\beta\alpha}(x,t)\omega_{j\beta}^{*}(x,t)+\\
& \frac{1}{2}\sum_{k,l=1}^{n}K_{j\alpha kl}(x,t)[a_{k}(x,t)\omega_{l}^{*}(x,t)-a_{l}(x,t)\omega_{k}^{*}(x,t)]-\\
& \sum_{k=1}^{n}\sum_{\beta=n+1}^{n+p}K_{j\alpha k\beta}(x,t)a_{\beta}(x,t)\omega_{k}^{*}(x,t)\Big\}.
\end{aligned}
\tag{2.3.48}
$$

上式第二等式右端的第一大项、第四大项和第七大项之和恰等于第三等式右端的第一大项.

利用公式(2.3.8)的第二式,有

$$
d_{F_t(M)}\omega_{j\alpha}^{*}(x,t)=d_{F_t(M)}\omega_{j\alpha}(x,t)-d_{F_t(M)}a_{j\alpha}(x,t)\wedge dt
$$

$$= \left[d\omega_{j\alpha}(x, t) + \frac{\partial \omega_{j\alpha}(x, t)}{\partial t} \wedge dt \right] - d_{F_t(M)} a_{j\alpha}(x, t) \wedge dt. \tag{2.3.49}$$

这里重申一次，$\frac{\partial \omega_{j\alpha}(x, t)}{\partial t}$只对表达式的系数求导，且无 dt 项.

比较公式(2.3.48)和(2.3.49)，限制于 $t=0$，有

$$\begin{aligned} &\left.\frac{\partial \omega_{j\alpha}(x, t)}{\partial t}\right|_{t=0} - d_M a_{j\alpha}(x, 0) \\ &= \sum_{k=1}^{n} a_{jk}(x, 0)\omega_{k\alpha}(x) - \sum_{k=1}^{n} a_{k\alpha}(x, 0)\omega_{jk}(x) + \sum_{\beta=n+1}^{n+p} a_{j\beta}(x, 0)\omega_{\beta\alpha}(x) - \\ &\quad \sum_{\beta=n+1}^{n+p} a_{\beta\alpha}(x, 0)\omega_{j\beta}(x) + \frac{1}{2}\sum_{k, l=1}^{n} K_{j\alpha kl}(x, 0)[a_k(x, 0)\omega_l(x) - a_l(x, 0)\omega_k(x)] - \\ &\quad \sum_{k=1}^{n}\sum_{\beta=n+1}^{n+p} K_{j\alpha k\beta}(x, 0)a_\beta(x, 0)\omega_k(x). \end{aligned} \tag{2.3.50}$$

可以看到

$$\begin{aligned} ① \quad & -\sum_{j=1}^{n}\sum_{\alpha=n+1}^{n+p} a_\alpha(x, 0)\omega_1(x) \wedge \cdots \wedge \omega_{j-1}(x) \wedge \left[-\sum_{k=1}^{n}\sum_{\beta=n+1}^{n+p} k_{j\alpha k\beta}(x, 0) \right. \\ & \left. a_\beta(x, 0)\omega_k(x) \right] \wedge \omega_{j+1}(x) \wedge \cdots \wedge \omega_n(x) \\ &= \sum_{j=1}^{n}\sum_{\alpha, \beta=n+1}^{n+p} a_\alpha(x, 0)a_\beta(x, 0)K_{j\alpha j\beta}(x, 0)dA \\ &= -\sum_{\alpha, \beta=n+1}^{n+p} a_\alpha(x, 0)a_\beta(x, 0)K_{\alpha\beta}(x)dA, \end{aligned} \tag{2.3.51}$$

这里

$$K_{\alpha\beta}(x) = \sum_{j=1}^{n} K_{j\alpha\beta j}(x, 0) = -\sum_{j=1}^{n} K_{j\alpha j\beta}(x, 0). \tag{2.3.52}$$

$K_{\alpha\beta}(x)$是 N 在点 $F(x)$的 Ricci 曲率(由 $e_\alpha(x)$与 $e_\beta(x)$张成).

$$\begin{aligned} ② \quad & -\sum_{j=1}^{n}\sum_{\alpha=n+1}^{n+p} a_\alpha(x, 0)\omega_1(x) \wedge \cdots \wedge \omega_{j-1}(x) \wedge \left[\sum_{k=1}^{n} a_{jk}(x, 0)\omega_{k\alpha}(x) \right] \\ & \wedge \omega_{j+1}(x) \wedge \cdots \wedge \omega_n(x) = -\sum_{\alpha=n+1}^{n+p} a_\alpha(x, 0)\sum_{j, k=1}^{n} a_{jk}(x, 0)h^\alpha_{kj}(x)dA \\ &= 0\left(\text{利用(2.3.43)，以及 } \omega_{k\alpha}(x) = \sum_{l=1}^{n} h^\alpha_{kl}(x)\omega_l(x) \right). \end{aligned}$$

③ $$-\sum_{j=1}^{n}\sum_{\alpha=n+1}^{n+p}a_{\alpha}(x, 0)\omega_1(x)\wedge\cdots\wedge\omega_{j-1}(x)\wedge\left[-\sum_{\beta=n+1}^{n+p}a_{\beta\alpha}(x, 0)\omega_{j\beta}(x)\right]$$
$$\wedge\omega_{j+1}(x)\wedge\cdots\wedge\omega_n(x)$$
$$=\sum_{j=1}^{n}\sum_{\alpha, \beta=n+1}^{n+p}a_{\alpha}(x, 0)a_{\beta\alpha}(x, 0)\omega_1(x)\wedge\cdots\wedge\omega_{j-1}(x)\wedge\left[\sum_{k=1}^{n}h_{jk}^{\beta}(x)\omega_k(x)\right]$$
$$\wedge\omega_{j+1}(x)\wedge\cdots\wedge\omega_n(x)=\sum_{\alpha, \beta=n+1}^{n+p}a_{\alpha}(x, 0)a_{\beta\alpha}(x, 0)\sum_{j=1}^{n}h_{jj}^{\beta}(x)\mathrm{d}A$$
$$=0\left(利用\sum_{j=1}^{n}h_{jj}^{\beta}(x)=0,\ \forall\beta\in\{n+1, \cdots, n+p\}\right). \tag{2.3.53}$$

④ $$-\sum_{j=1}^{n}\sum_{\alpha=n+1}^{n+p}a_{\alpha}(x, 0)\omega_1(x)\wedge\cdots\wedge\omega_{j-1}(x)$$
$$\wedge\left[\frac{1}{2}\sum_{k, l=1}^{n}K_{j\alpha kl}(x, 0)(a_k(x, 0)\omega_l(x)-a_l(x, 0)\omega_k(x))\right]$$
$$\wedge\omega_{j+1}(x)\wedge\cdots\wedge\omega_n(x)$$
$$=-\frac{1}{2}\sum_{j, k=1}^{n}\sum_{\alpha=n+1}^{n+p}a_{\alpha}(x, 0)K_{j\alpha kj}(x, 0)a_k(x, 0)\mathrm{d}A+$$
$$\frac{1}{2}\sum_{j, l=1}^{n}\sum_{\alpha=n+1}^{n+p}a_{\alpha}(x, 0)K_{j\alpha jl}(x, 0)a_l(x, 0)\mathrm{d}A$$
$$=-\sum_{\alpha=n+1}^{n+p}\sum_{k=1}^{n}a_{\alpha}(x, 0)a_k(x, 0)K_{\alpha k}(x)\mathrm{d}A, \tag{2.3.54}$$

这里

$$K_{\alpha k}(x)=\sum_{j=1}^{n}K_{j\alpha kj}(x, 0)=-\sum_{j=1}^{n}K_{j\alpha jk}(x, 0). \tag{2.3.55}$$

$K_{\alpha k}(x)$也是N内点$F(x)$由$e_{\alpha}(x)$, $e_k(x)$张成的Ricci曲率,这里局部叠合M与$F(M)$,往往以$e_k(x)$, $e_{\alpha}(x)$依次代替$e_k(F(x))$, $e_{\alpha}(F(x))$等.

利用上述①—④和公式(2.3.51),有

$$-\sum_{j=1}^{n}\sum_{\alpha=n+1}^{n+p}a_{\alpha}(x, 0)\omega_1(x)\wedge\cdots\wedge\omega_{j-1}(x)\wedge\left.\frac{\partial\omega_{j\alpha}^{*}(x, t)}{\partial t}\right|_{t=0}$$
$$\wedge\omega_{j+1}(x)\wedge\cdots\wedge\omega_n(x)$$
$$=-\sum_{j=1}^{n}\sum_{\alpha=n+1}^{n+p}a_{\alpha}(x, 0)\omega_1(x)\wedge\cdots\wedge\omega_{j-1}(x)\wedge\left.\frac{\partial\omega_{j\alpha}(x, t)}{\partial t}\right|_{t=0}$$
$\wedge\,\omega_{j+1}(x)\wedge\cdots\wedge\omega_n(x)\Big($利用(2.3.8)的第二式,以及以前叙述的$\dfrac{\partial\omega_{j\alpha}(x, t)}{\partial t}$

的意义)

$$= -\sum_{\alpha,\,\beta=n+1}^{n+p} K_{\alpha\beta}(x)a_\alpha(x,\,0)a_\beta(x,\,0)\mathrm{d}A - \sum_{\alpha=n+1}^{n+p}\sum_{k=1}^{n} K_{\alpha k}(x)a_\alpha(x,\,0)a_k(x,\,0)\mathrm{d}A + \sum_{j=1}^{n}\sum_{\alpha=n+1}^{n+p} a_\alpha(x,\,0)\omega_1(x)\wedge\cdots\wedge\omega_{j-1}(x)\wedge\Big[\sum_{k=1}^{n} a_{k\alpha}(x,\,0)\omega_{jk}(x) - \sum_{\beta=n+1}^{n+p} a_{j\beta}(x,\,0)\omega_{\beta\alpha}(x) - \mathrm{d}_M a_{j\alpha}(x,\,0)\Big]\wedge\omega_{j+1}(x)\wedge\cdots\wedge\omega_n(x). \tag{2.3.56}$$

将公式(2.3.45)和(2.3.56)代入公式(2.3.38),可以看到

$$-\sum_{\alpha=n+1}^{n+p} a_\alpha(x,\,0)\sum_{j=1}^{n}\frac{\partial h_{jj}^{\alpha}(x,\,t)}{\partial t}\Big|_{t=0}\mathrm{d}A$$
$$= -\sum_{\alpha,\,\beta=n+1}^{n+p} a_\alpha(x,\,0)a_\beta(x,\,0)\sum_{j,\,k=1}^{n} h_{jk}^{\alpha}(x)h_{jk}^{\beta}(x)\mathrm{d}A - \sum_{\alpha,\,\beta=n+1}^{n+p} K_{\alpha\beta}(x)a_\alpha(x,\,0)a_\beta(x,\,0)\mathrm{d}A + \sum_{\alpha=n+1}^{n+p}\sum_{j,\,k=1}^{n} a_\alpha(x,\,0)h_{jk}^{\alpha}(x)a_{k,\,j}(x,\,0)\mathrm{d}A - \sum_{\alpha=n+1}^{n+p}\sum_{k=1}^{n} K_{\alpha k}(x)a_\alpha(x,\,0)a_k(x,\,0)\mathrm{d}A + \sum_{j=1}^{n}\sum_{\alpha=n+1}^{n+p} a_\alpha(x,\,0)\omega_1(x)\wedge\cdots\wedge\omega_{j-1}(x)\wedge\Big[\sum_{k=1}^{n} a_{k\alpha}(x,\,0)\omega_{jk}(x) - \sum_{\beta=n+1}^{n+p} a_{j\beta}(x,\,0)\omega_{\beta\alpha}(x) - \mathrm{d}_M a_{j\alpha}(x,\,0)\Big]\wedge\omega_{j+1}(x)\wedge\cdots\wedge\omega_n(x). \tag{2.3.57}$$

对公式(2.3.7)两端外微分,在 $F_t(M)$ 的 t 处,有

$$\mathrm{d}\omega_\alpha(x,\,t) = \mathrm{d}a_\alpha(x,\,t)\wedge\mathrm{d}t = \mathrm{d}_{F_t(M)}a_\alpha(x,\,t)\wedge\mathrm{d}t. \tag{2.3.58}$$

这里利用 $\mathrm{d}t\wedge\mathrm{d}t=0$,得上式第二个等式.

类似公式(2.3.44),定义 $a_\alpha(x,\,t)$ 沿 $e_j(x,\,t)$ 方向的协变导数 $a_{\alpha,\,j}(x,\,t)$ 如下:

$$\sum_{j=1}^{n} a_{\alpha,\,j}(x,\,t)\omega_j^*(x,\,t) = \mathrm{d}_{F_t(M)}a_\alpha(x,\,t) - \sum_{B=1}^{n+p} a_B(x,\,t)\omega_{\alpha B}^*(x,\,t). \tag{2.3.59}$$

利用 Cartan 结构方程和公式(2.3.59),由公式(2.3.58),有

$$\sum_{B=1}^{n+p}\omega_B(x,\,t)\wedge\omega_{B\alpha}(x,\,t) = \Big[\sum_{j=1}^{n} a_{\alpha,\,j}(x,\,t)\omega_j^*(x,\,t) + \sum_{B=1}^{n+p} a_B(x,\,t)\omega_{\alpha B}^*(x,\,t)\Big]\wedge\mathrm{d}t. \tag{2.3.60}$$

由上式,又利用公式(2.3.5),(2.3.7),(2.3.8)和(2.3.47),有

$$\sum_{k=1}^{n}[\omega_k^*(x,t)+a_k(x,t)\mathrm{d}t]\wedge[\omega_{k\alpha}^*(x,t)+a_{k\alpha}(x,t)\mathrm{d}t]+$$
$$\sum_{\beta=n+1}^{n+p}a_\beta(x,t)\mathrm{d}t\wedge\omega_{\beta\alpha}^*(x,t)$$
$$=\sum_{j=1}^{n}a_{\alpha,j}(x,t)\omega_j^*(x,t)\wedge\mathrm{d}t+\sum_{k=1}^{n}a_k(x,t)\omega_{\alpha k}^*(x,t)\wedge\mathrm{d}t+$$
$$\sum_{\beta=n+1}^{n+p}a_\beta(x,t)\omega_{\alpha\beta}^*(x,t)\wedge\mathrm{d}t. \qquad (2.3.61)$$

显然,上式左端最后一大项与右端最后一大项相等. 于是,上式可化简为下述公式:

$$\sum_{k=1}^{n}\omega_k^*(x,t)\wedge\omega_{k\alpha}^*(x,t)+\sum_{k=1}^{n}a_k(x,t)\mathrm{d}t\wedge\omega_{k\alpha}^*(x,t)+$$
$$\sum_{k=1}^{n}a_{k\alpha}(x,t)\omega_k^*(x,t)\wedge\mathrm{d}t$$
$$=\sum_{j=1}^{n}a_{\alpha,j}(x,t)\omega_j^*(x,t)\wedge\mathrm{d}t+\sum_{k=1}^{n}a_k(x,t)\omega_{\alpha k}^*(x,t)\wedge\mathrm{d}t. \qquad (2.3.62)$$

可以知道

$$\sum_{k=1}^{n}\omega_k^*(x,t)\wedge\omega_{k\alpha}^*(x,t)=\sum_{k,l=1}^{n}h_{kl}^{\alpha}(x,t)\omega_k^*(x,t)\wedge\omega_l^*(x,t)=0, \qquad (2.3.63)$$

这里利用了 $h_{kl}^{\alpha}(x,t)=h_{lk}^{\alpha}(x,t)$,以及 $\omega_k^*(x,t)\wedge\omega_l^*(x,t)=-\omega_l^*(x,t)\wedge\omega_k^*(x,t)$. 公式(2.3.62)左端的第二大项与右端的第二大项相等. 又利用(2.3.63),则由公式(2.3.62),有

$$a_{\alpha,k}(x,t)=a_{k\alpha}(x,t). \qquad (2.3.64)$$

利用公式(2.3.27),设 N 内 $F(M)$的变分向量场是 $F(M)$的法向量场,换句话讲, $\forall x\in M$,有

$$a_k(x,0)=0,\ \forall k\in\{1,2,\cdots,n\}. \qquad (2.3.65)$$

定义 $a_{\alpha,j}(x,0)$的沿 $e_k(x)$方向的协变导数 $a_{\alpha,jk}(x,0)$如下:

$$\sum_{k=1}^{n}a_{\alpha,jk}(x,0)\omega_k(x)=\mathrm{d}_M a_{\alpha,j}(x,0)-\sum_{k=1}^{n}a_{\alpha,k}(x,0)\omega_{jk}(x)-$$

$$\sum_{\beta=n+1}^{n+p} a_{\beta,j}(x,0)\omega_{\alpha\beta}(x). \tag{2.3.66}$$

由上式,立即有

$$\sum_{k=1}^{n} a_{\alpha,k}(x,0)\omega_{jk}(x) - \sum_{\beta=n+1}^{n+p} a_{\beta,j}(x,0)\omega_{\beta\alpha}(x) - \mathrm{d}_M a_{j\alpha}(x,0)$$
$$= -\sum_{k=1}^{n} a_{\alpha,jk}(x,0)\omega_k(x)(\text{利用}(2.3.64)). \tag{2.3.67}$$

当 $F(M)$ 变分向量场是 $F(M)$ 的法向量场时,利用公式(2.3.44)和(2.3.65),有

$$a_{k,j}(x,0)=0,\ \forall j,k\in\{1,2,\cdots,n\}. \tag{2.3.68}$$

将公式(2.3.64),(2.3.65),(2.3.67)和(2.3.68)代入公式(2.3.57),有

$$-\sum_{\alpha=n+1}^{n+p} a_\alpha(x,0)\sum_{j=1}^{n}\frac{\partial h_{jj}^{\alpha}(x,t)}{\partial t}\bigg|_{t=0}\mathrm{d}A$$
$$=-\sum_{\alpha,\beta=n+1}^{n+p} a_\alpha(x,0)a_\beta(x,0)\sum_{j,k=1}^{n} h_{jk}^{\alpha}(x)h_{jk}^{\beta}(x)\mathrm{d}A-$$
$$\sum_{\alpha,\beta=n+1}^{n+p} K_{\alpha\beta}(x)a_\alpha(x,0)a_\beta(x,0)\mathrm{d}A-\sum_{\alpha=n+1}^{n+p}\sum_{j=1}^{n} a_\alpha(x,0)a_{\alpha,jj}(x,0)\mathrm{d}A. \tag{2.3.69}$$

将公式(2.3.69)代入公式(2.3.36),有

$$\frac{\mathrm{d}^2V(t)}{\mathrm{d}t^2}\bigg|_{t=0} = -\int_M\Bigg[\sum_{\alpha,\beta=n+1}^{n+p} a_\alpha(x,0)a_\beta(x,0)\sum_{j,k=1}^{n} h_{jk}^{\alpha}(x)h_{jk}^{\beta}(x)+$$
$$\sum_{\alpha,\beta=n+1}^{n+p} K_{\alpha\beta}(x)a_\alpha(x,0)a_\beta(x,0)+$$
$$\sum_{\alpha=n+1}^{n+p}\sum_{j=1}^{n} a_\alpha(x,0)a_{\alpha,jj}(x,0)\Bigg]\mathrm{d}A. \tag{2.3.70}$$

由于

$$\mathrm{d}_M\Big[\sum_{\alpha=n+1}^{n+p}\sum_{j=1}^{n} a_\alpha(x,0)a_{\alpha,j}(x,0)*(\omega_j(x))\Big]$$
$$=\sum_{\alpha=n+1}^{n+p}\sum_{j=1}^{n}[\mathrm{d}_M a_\alpha(x,0)a_{\alpha,j}(x,0)+a_\alpha(x,0)\mathrm{d}_M a_{\alpha,j}(x,0)]\wedge *(\omega_j(x))+$$

$$\sum_{\alpha=n+1}^{n+p}\sum_{j=1}^{n}a_\alpha(x,\ 0)a_{\alpha,\ j}(x,\ 0)\mathrm{d}*(\omega_j(x))$$

$$=\sum_{\alpha=n+1}^{n+p}\sum_{j=1}^{n}\left\{\left[\sum_{k=1}^{n}a_{\alpha,\ k}(x,\ 0)\omega_k(x)+\sum_{\beta=n+1}^{n+p}a_\beta(x,\ 0)\omega_{\alpha\beta}(x)\right]a_{\alpha,\ j}(x,\ 0)+\right.$$

$$a_\alpha(x,\ 0)\left[\sum_{k=1}^{n}a_{\alpha,\ jk}(x,\ 0)\omega_k(x)+\sum_{k=1}^{n}a_{\alpha,\ k}(x,\ 0)\omega_{jk}(x)+\right.$$

$$\left.\left.\sum_{\beta=n+1}^{n+p}a_{\beta,\ j}(x,\ 0)\omega_{\alpha\beta}(x)\right]\right\}\wedge*(\omega_j(x))+\sum_{\alpha=n+1}^{n+p}\sum_{j=1}^{n}a_\alpha(x,\ 0)a_{\alpha,\ j}(x,\ 0)\sum_{k=1}^{n}\Gamma_{jk}^{k}(x)\mathrm{d}A$$

(这里利用了(2.3.59),(2.3.65),(2.3.66),并且利用了第1章第3讲的公式(1.3.69))

$$=\sum_{\alpha=n+1}^{n+p}\sum_{j=1}^{n}(a_{\alpha,\ j}(x,\ 0))^2\mathrm{d}A+\sum_{\alpha=n+1}^{n+p}\sum_{j=1}^{n}a_\alpha(x,\ 0)a_{\alpha,\ jj}(x,\ 0)\mathrm{d}A. \qquad (2.3.71)$$

上式右端第五大项与倒数第二大项(交换下标α与β)之和为零. 上式右端倒数第三大项$\left(\text{利用 }\omega_{jk}(x)=\sum_{l=1}^{n}\Gamma_{jk}^{l}(x)\omega_l(x)\text{,以及 }\omega_j(x)\wedge*(\omega_j(x))=\mathrm{d}A\right)$与倒数第一大项(交换下标$j$与$k$)之和也恰为零. 另外,类似第1章第3讲内引理3的证明可以知道,(2.3.71)的左端是在整个M上有定义的.

利用Stokes公式,有

$$\int_M \mathrm{d}_M\left[\sum_{\alpha=n+1}^{n+p}\sum_{j=1}^{n}a_\alpha(x,\ 0)a_{\alpha,\ j}(x,\ 0)*(\omega_j(x))\right]$$

$$=\int_{\partial M}\sum_{\alpha=n+1}^{n+p}\sum_{j=1}^{n}a_\alpha(x,\ 0)a_{\alpha,\ j}(x,\ 0)*(\omega_j(x))=0. \qquad (2.3.72)$$

由于$F_t(\partial M)=F(\partial M)$,因此,$\forall x\in\partial M$, $\omega_\alpha(x,\ t)$的表达式中不含变元t,再由公式(2.3.7)的说明,有$\forall x\in\partial M$,

$$\omega_\alpha(x,\ t)=0,\ a_\alpha(x,\ t)=0. \qquad (2.3.73)$$

由(2.3.73)知道,公式(2.3.72)的最后一个等式成立.

记$a_{\alpha,\ j}(x)=a_{\alpha,\ j}(x,\ 0)$, 利用(2.3.71)和(2.3.72),有

$$-\int_M\sum_{\alpha=n+1}^{n+p}\sum_{j=1}^{n}a_\alpha(x,\ 0)a_{\alpha,\ jj}(x,\ 0)\mathrm{d}A=\int_M\sum_{\alpha=n+1}^{n+p}\sum_{j=1}^{n}(a_{\alpha,\ j}(x))^2\mathrm{d}A. \qquad (2.3.74)$$

将公式(2. 3. 74)代入(2. 3. 70),有

引理 2　(极小子流形的体积的第二变分公式)

设 $F(M)$是 $n+p$ 维 Riemann 流形 N 内的 n 维极小带边界的紧致连通可定向(局部)等距浸入子流形,且 $F(M)$的变分向量场是(保持边界不动的)法向量场,则

$$\left.\frac{\mathrm{d}^2 V(t)}{\mathrm{d}t^2}\right|_{t=0}=\int_M\Big[\sum_{\alpha=n+1}^{n+p}\sum_{j=1}^{n}(a_{\alpha,\,j}(x))^2-\sum_{\alpha,\,\beta=n+1}^{n+p}a_\alpha(x,\,0)a_\beta(x,\,0)\sum_{j,\,k=1}^{n}h_{jk}^{\alpha}(x)h_{jk}^{\beta}(x)-\sum_{\alpha,\,\beta=n+1}^{n+p}K_{\alpha\beta}(x)a_\alpha(x,\,0)a_\beta(x,\,0)\Big]\mathrm{d}A.$$

引理 2 有广泛的应用.

$F(M)$的变分向量场是保持边界不动的,即 $F_t(\partial M)=F(\partial M)$, $\forall t\in(-\varepsilon,\varepsilon)$, 如果又是 $F(M)$的法向量场,则称为正常变分向量场. 又为了方便,常常以 M 代替 $F(M)$. 例如,在 $n+1$ 维欧氏空间 R^{n+1}内,设 M 是在保持边界不动的正常变分条件下的稳定极小超曲面,则

$$K_{\alpha\beta}(x)=0,\ p=1,\text{取}\ a_{n+1}(x,\,0)=f(x). \tag{2. 3. 75}$$

这里 f 是满足 $\mathrm{supp}f\subset M$ 的 $\mathrm{C}^3(M)$中函数,$\mathrm{supp}f$ 表示集合 $\{x\in M\mid f(x)\neq 0\}$ 的闭包. 又 $f|_{M-\mathrm{supp}f}=0$, 由引理 2,有

$$\int_M S(x)(f(x))^2\mathrm{d}A\leqslant\int_M\mid\nabla f\mid^2(x)\mathrm{d}A, \tag{2. 3. 76}$$

这里利用了公式(2. 3. 3)的第二式、(2. 3. 59)和(2. 3. 75). 另外, $S(x)$是 R^{n+1}内 M 在点 x 的第二基本形式长度平方. $\mid\nabla f\mid^2=\sum_{j=1}^{n}(f_j(x))^2$.

编者的话

这一讲是编者参考了几种教材后,用活动标架法仔细推导写成的. 下一讲将介绍本讲引理 2 的一个著名应用.

第 4 讲　Bernstein 定理

设 M 是 R^{n+1}内一个完备连通可定向的(n 维)稳定极小超曲面, M 是否为超平面? 这在历史上称为 Bernstein 猜测.

本讲利用 Cartan 活动标架法及上一节引理 2,来展开此问题的部分讨论.

设 M 是 R^{n+1}内一个极小超曲面,在 R^{n+1}内选择一个局部正交标架场 e_1,

e_2, $\cdots$, e_{n+1},使得限制于M,向量e_1, e_2, $\cdots$, e_n 切于M, e_{n+1}垂直于M. ω_1, ω_2, $\cdots$, ω_{n+1}是对偶标架场,h_{ij}是M在R^{n+1}内沿e_{n+1}方向的第二基本形式分量.在本讲,下标i, j, k, l, s, $\cdots\in\{1, 2, \cdots, n\}$.利用第1章第3讲的公式(1.3.23),注意$C^*=0$, $p=1$,有

$$\sum_{i, j=1}^{n} h_{ij}\Delta h_{ij} = -S^2. \tag{2.4.1}$$

这里

$$S=\sum_{i, j=1}^{n} h_{ij}^2, \tag{2.4.2}$$

S是R^{n+1}内M的第二基本形式长度平方.

在M的任意一点上,选择e_1, e_2, $\cdots$, e_n,使得在这点上,当下标$i\neq j$时,$h_{ij}=0$.在这点上,有

$$\begin{aligned}
& S\sum_{i, j, k=1}^{n} h_{ijk}^2-\sum_{k=1}^{n}\Big(\sum_{i, j=1}^{n} h_{ij}h_{ijk}\Big)^2=\frac{1}{2}\sum_{i, j, k, l, s=1}^{n}(h_{ij}h_{slk}-h_{sl}h_{ijk})^2 \\
&= \frac{1}{2}\sum_{i, j, k, l, s=1}^{n}(h_{ii}h_{slk}-h_{sl}h_{iik})^2+\frac{1}{2}\sum_{s, l=1}^{n} h_{sl}^2\sum_{k=1}^{n}\sum_{i\neq j}h_{ijk}^2 \text{(以下标} j=i \text{及} j\neq i \\
& \text{分开书写第一等号右端大项)}\geqslant\frac{1}{2}\sum_{i=1}^{n}h_{ii}^2\sum_{s\neq l}\sum_{k=1}^{n}h_{slk}^2+\frac{1}{2}\sum_{s, l=1}^{n}h_{sl}^2\sum_{k=1}^{n}\sum_{i\neq j}h_{ijk}^2 \\
& \text{(对于第二等号右端第一大项,删除下标} s=l \text{这部分非负项,只保留下标} s \\
& \neq l \text{这部分项)}=S\sum_{k=1}^{n}\sum_{i\neq j}h_{ijk}^2.
\end{aligned} \tag{2.4.3}$$

明显地,可以得到

$$\begin{aligned}
& \sum_{k=1}^{n}\sum_{i\neq j}h_{ijk}^2\geqslant\sum_{i\neq j}h_{iji}^2+\sum_{i\neq j}h_{ijj}^2 \text{(只取} k=i \text{及} k=j \text{两项)} \\
& =2\sum_{i\neq j}h_{iij}^2 \text{(利用 Codazzi 方程组,并且在上式右端第二大项中交换下标} i \text{与} j\text{)}.
\end{aligned} \tag{2.4.4}$$

在M的这点上,有

$$\begin{aligned}
\sum_{k=1}^{n}\Big(\sum_{i, j=1}^{n}h_{ij}h_{ijk}\Big)^2 &= \sum_{k=1}^{n}\Big(\sum_{i=1}^{n}h_{ii}h_{iik}\Big)^2\leqslant\sum_{k=1}^{n}\Big(\sum_{i=1}^{n}h_{ii}^2\Big)\Big(\sum_{i=1}^{n}h_{iik}^2\Big)\text{(利用 Cauchy 不等式)} \\
&= S\sum_{i, k=1}^{n}h_{iik}^2=S\sum_{i=1}^{n}h_{iii}^2+S\sum_{i\neq k}h_{iik}^2.
\end{aligned} \tag{2.4.5}$$

由于M是极小超曲面，则

$$\sum_{j=1}^{n} h_{jj} = 0,\ \sum_{j=1}^{n} h_{jji} = 0, \text{知}\ h_{iii} = -\sum_{\substack{j\neq i\\ (i\text{固定})}} h_{jji}, \tag{2.4.6}$$

这里$i\in\{1, 2, \cdots, n\}$.

从而在M的这点上，利用公式(2.4.5)和(2.4.6)，有

$$\sum_{k=1}^{n}\Big(\sum_{i,j=1}^{n} h_{ij}h_{ijk}\Big)^2 \leqslant S\sum_{i\neq k} h_{iik}^2 + S\sum_{i=1}^{n}\Big(\sum_{\substack{j\neq i\\ (i\text{固定})}} h_{jji}\Big)^2 \leqslant S\sum_{i\neq k} h_{iik}^2 +$$
$$(n-1)S\sum_{i=1}^{n}\Big(\sum_{\substack{j\neq i\\ (i\text{固定})}} h_{jji}^2\Big)(\text{利用 Cauchy 不等式})$$
$$= nS\sum_{i\neq k} h_{iik}^2 (\text{将上式右端第二大项中下标}\ j\ \text{换成}\ i\text{，下标}\ i\ \text{换成}\ k). \tag{2.4.7}$$

利用公式(2.4.3)，(2.4.4)和(2.4.7)，在M的这点上，有

$$S\sum_{i,j,k=1}^{n} h_{ijk}^2 - \sum_{k=1}^{n}\Big(\sum_{i,j=1}^{n} h_{ij}h_{ijk}\Big)^2 \geqslant 2S\sum_{i\neq j} h_{iij}^2 \geqslant \frac{2}{n}\sum_{k=1}^{n}\Big(\sum_{i,j=1}^{n} h_{ij}h_{ijk}\Big)^2. \tag{2.4.8}$$

在$S\neq 0$的M的点上，有

$$\frac{1}{2}\Delta S = \frac{1}{2}\Delta(\sqrt{S})^2 = \frac{1}{2}\sum_{k=1}^{n}[(\sqrt{S})^2]_{kk} = \sum_{k=1}^{n}[\sqrt{S}(\sqrt{S})_k]_k$$
$$= \sqrt{S}\Delta\sqrt{S} + \sum_{k=1}^{n}[(\sqrt{S})_k]^2 = \sqrt{S}\Delta\sqrt{S} + \sum_{k=1}^{n}\Big[\frac{1}{2\sqrt{S}}S_k\Big]^2 = \sqrt{S}\Delta\sqrt{S} + \frac{1}{4S}\sum_{k=1}^{n} S_k^2$$
$$= \sqrt{S}\Delta\sqrt{S} + \frac{1}{4S}\sum_{k=1}^{n}\Big[\Big(\sum_{i,j=1}^{n} h_{ij}^2\Big)_k\Big]^2 = \sqrt{S}\Delta\sqrt{S} + \frac{1}{4S}\sum_{k=1}^{n}\Big(2\sum_{i,j=1}^{n} h_{ij}h_{ijk}\Big)^2$$
$$= \sqrt{S}\Delta\sqrt{S} + \frac{1}{S}\sum_{k=1}^{n}\Big(\sum_{i,j=1}^{n} h_{ij}h_{ijk}\Big)^2. \tag{2.4.9}$$

利用上式，在$S\neq 0$的M的点上，有

$$\sqrt{S}\Delta\sqrt{S} + S^2 = \frac{1}{2}\Delta S - \frac{1}{S}\sum_{k=1}^{n}\Big(\sum_{i,j=1}^{n} h_{ij}h_{ijk}\Big)^2 + S^2$$
$$= \sum_{i,j=1}^{n} h_{ij}\Delta h_{ij} + \sum_{i,j,k=1}^{n} h_{ijk}^2 - \frac{1}{S}\sum_{k=1}^{n}\Big(\sum_{i,j=1}^{n} h_{ij}h_{ijk}\Big)^2 + S^2 (\text{利用第1章第3讲的公式(1.3.66)及}\ p=1)$$

$$= \sum_{i,j,k=1}^{n} h_{ijk}^2 - \frac{1}{S}\sum_{k=1}^{n}\Big(\sum_{i,j=1}^{n} h_{ij}h_{ijk}\Big)^2 \text{(利用(2.4.1))}$$

$$\geqslant \frac{2}{nS}\sum_{k=1}^{n}\Big(\sum_{i,j=1}^{n} h_{ij}h_{ijk}\Big)^2 \text{(利用(2.4.8))} = \frac{2}{n}\left|\nabla\sqrt{S}\right|^2. \qquad (2.4.10)$$

上式中最后一个等式是由于

$$\sum_{i,j=1}^{n} h_{ij}h_{ijk} = \frac{1}{2}S_k = \frac{1}{2}[(\sqrt{S})^2]_k = \sqrt{S}(\sqrt{S})_k. \qquad (2.4.11)$$

将上式两端平方,且利用 $\left|\nabla\sqrt{S}\right|^2 = \sum_{k=1}^{n}[(\sqrt{S})_k]^2$,可得结论.

当 M 是非紧完备连通可定向 Riemann 流形时,如果上一讲公式(2.3.75)中的 $\mathrm{supp}f$ 是 M 内的一个紧致集时,公式(2.3.76)仍然是成立的. M 上积分,实际上是在含 $\mathrm{supp}f$ 的 M 的一个紧致连通集合上积分.

在上一讲公式(2.3.76)中,用 $S^{\frac{1}{2}(1+q)}f$ 代替 f,这里 q 是一个非负实数, f 是 M 上一个非负光滑函数,那么,有

$$\int_M S^{2+q}f^2\mathrm{d}A \leqslant \int_M \left|\frac{1}{2}(1+q)S^{\frac{1}{2}(q-1)}\nabla S f + S^{\frac{1}{2}(1+q)}\nabla f\right|^2\mathrm{d}A, \qquad (2.4.12)$$

上式右端积分实际上是在 $S\neq 0$ 的 M 的点集上进行计算. 下面类似.

由于

$$S^{\frac{1}{2}(q-1)}\nabla S = (\sqrt{S})^{q-1}2\sqrt{S}\,\nabla\sqrt{S} = 2(\sqrt{S})^q\,\nabla\sqrt{S}, \qquad (2.4.13)$$

对于 M 上任一光滑函数 g, $\nabla g = (g_1, g_2, \cdots, g_n)$ 表示 g 的梯度向量,这里下标 i 表示沿 e_i 的方向导数.

将公式(2.4.13)代入(2.4.12),有

$$\int_M S^{2+q}f^2\mathrm{d}A \leqslant \int_M \left|(1+q)(\sqrt{S})^q\,\nabla\sqrt{S}f + (\sqrt{S})^{1+q}\nabla f\right|^2\mathrm{d}A$$

$$= \int_M [(1+q)^2S^qf^2\,|\nabla\sqrt{S}\,|^2 + S^{1+q}\,|\nabla f\,|^2 + 2(1+q)fS^{q+\frac{1}{2}}\,\nabla\sqrt{S}\,\nabla f]\mathrm{d}A. \qquad (2.4.14)$$

用非负函数 f^2S^q 乘不等式(2.4.10)的两端,有

$$f^2S^{q+\frac{1}{2}}\Delta\sqrt{S} + f^2S^{q+2} \geqslant \frac{2}{n}f^2S^q\,|\nabla\sqrt{S}\,|^2. \qquad (2.4.15)$$

在 M 上积分上式,有

$$\frac{2}{n}\int_M f^2 S^q \mid \nabla\sqrt{S}\mid^2 \mathrm{d}A \leqslant \int_M f^2 S^{q+\frac{1}{2}} \Delta\sqrt{S}\,\mathrm{d}A + \int_M f^2 S^{q+2}\,\mathrm{d}A. \qquad (2.4.16)$$

利用 $\mathrm{supp} f \subset M$, 有

$$\int_M \nabla(f^2 S^{q+\frac{1}{2}} \nabla\sqrt{S})\mathrm{d}A = \int_M \mathrm{d}(f^2 S^{q+\frac{1}{2}} \sum_{j=1}^n (\sqrt{S})_j * (\omega_j)) = 0. \qquad (2.4.17)$$

由第 1 章第 3 讲的引理 3 的证明,或第 2 章第 1 讲的引理 2 可以知道第一等式成立. 另外,取包含 $\mathrm{supp} f$ 的 M 内一个紧致连通区域 D,上式两端实际上皆在 D 上积分,而在 D 的边界 ∂D, f 恒等于零,利用 Stokes 公式可以知道,上式第二个等号成立.

而

$$\int_M \nabla(f^2 S^{q+\frac{1}{2}} \nabla\sqrt{S})\mathrm{d}A = 2\int_M f\,\nabla f S^{q+\frac{1}{2}} \nabla\sqrt{S}\,\mathrm{d}A +$$

$$\int_M f^2(2q+1)(\sqrt{S})^{2q} \mid \nabla\sqrt{S}\mid^2 \mathrm{d}A + \int_M f^2 S^{q+\frac{1}{2}} \Delta\sqrt{S}\,\mathrm{d}A. \qquad (2.4.18)$$

由公式(2.4.17)和(2.4.18),有

$$\int_M f^2 S^{q+\frac{1}{2}} \Delta\sqrt{S}\,\mathrm{d}A = -(2q+1)\int_M f^2 S^q \mid \nabla\sqrt{S}\mid^2 \mathrm{d}A - 2\int_M f S^{q+\frac{1}{2}} \nabla f \nabla\sqrt{S}\,\mathrm{d}A. \qquad (2.4.19)$$

由公式(2.4.14),(2.4.16)和(2.4.19),有

$$\frac{2}{n}\int_M f^2 S^q \mid \nabla\sqrt{S}\mid^2 \mathrm{d}A \leqslant -(2q+1)\int_M f^2 S^q \mid \nabla\sqrt{S}\mid^2 \mathrm{d}A - 2\int_M f S^{q+\frac{1}{2}} \nabla f \nabla\sqrt{S}\,\mathrm{d}A +$$

$$(1+q)^2\int_M f^2 S^q \mid \nabla\sqrt{S}\mid^2 \mathrm{d}A + \int_M S^{1+q} \mid \nabla f\mid^2 \mathrm{d}A + 2(1+q)\int_M f S^{q+\frac{1}{2}} \nabla\sqrt{S}\,\nabla f\,\mathrm{d}A$$

$$= q^2\int_M f^2 S^q \mid \nabla\sqrt{S}\mid^2 \mathrm{d}A + 2q\int_M f S^{q+\frac{1}{2}} \nabla\sqrt{S}\,\nabla f\,\mathrm{d}A + \int_M S^{1+q} \mid \nabla f\mid^2 \mathrm{d}A. \qquad (2.4.20)$$

由于 $\forall\, \varepsilon > 0$, 由初等不等式,有

$$2q(f S^{\frac{1}{2}q} \nabla\sqrt{S})(S^{\frac{1}{2}(q+1)} \nabla f) \leqslant \varepsilon q^2 f^2 S^q \mid \nabla\sqrt{S}\mid^2 + \frac{1}{\varepsilon} S^{q+1} \mid \nabla f\mid^2. \qquad (2.4.21)$$

将公式(2.4.21)代入(2.4.20)右端第二大项,可以看到

$$\frac{2}{n}\int_M f^2 S^q \mid \nabla\sqrt{S} \mid^2 \mathrm{d}A$$

$$\leqslant (1+\varepsilon)q^2\int_M f^2 S^q \mid \nabla\sqrt{S} \mid^2 \mathrm{d}A + \left(1+\frac{1}{\varepsilon}\right)\int_M S^{q+1} \mid \nabla f \mid^2 \mathrm{d}A. \quad (2.4.22)$$

上式移项后,有

$$\left[\frac{2}{n}-(1+\varepsilon)q^2\right]\int_M f^2 S^q \mid \nabla\sqrt{S} \mid^2 \mathrm{d}A \leqslant \left(1+\frac{1}{\varepsilon}\right)\int_M S^{q+1} \mid \nabla f \mid^2 \mathrm{d}A. \quad (2.4.23)$$

取正数 $p \in \left[4,\ 4+\sqrt{\frac{8}{n}}\right)$, 令

$$q = \frac{1}{2}(p-4), \quad (2.4.24)$$

则 $q \geqslant 0$. 由于

$$0 \leqslant p-4 < \sqrt{\frac{8}{n}},\ (p-4)^2 < \frac{8}{n}, \quad (2.4.25)$$

将公式(2.4.24)两端平方,再利用上式,有

$$q^2 < \frac{2}{n}. \quad (2.4.26)$$

取固定正数 $\varepsilon > 0$, 使得

$$C_1 = \frac{2}{n}-(1+\varepsilon)q^2 > 0 \text{(利用上式)}. \quad (2.4.27)$$

由(2.4.23)和(2.4.27),有

$$C_1\int_M f^2 S^q \mid \nabla\sqrt{S} \mid^2 \mathrm{d}A \leqslant \left(1+\frac{1}{\varepsilon}\right)\int_M S^{q+1} \mid \nabla f \mid^2 \mathrm{d}A. \quad (2.4.28)$$

由上式及 $C_1 > 0$, 再由(2.4.24)可以知道, $q+1 = \frac{1}{2}p-1$, 那么,有

$$\int_M f^2 S^q \mid \nabla\sqrt{S} \mid^2 \mathrm{d}A \leqslant \frac{1}{C_1}\left(1+\frac{1}{\varepsilon}\right)\int_M S^{\frac{1}{2}p-1} \mid \nabla f \mid^2 \mathrm{d}A. \quad (2.4.29)$$

令

$$\beta_1 = \frac{1}{C_1}\left(1 + \frac{1}{\varepsilon}\right). \tag{2.4.30}$$

利用(2.4.24)可以知道，$\frac{1}{2}q + \frac{1}{2} = \frac{1}{4}p - \frac{1}{2}$，再由初等不等式，有

$$\begin{aligned} fS^{q+\frac{1}{2}}\nabla\sqrt{S}\,\nabla f &= (S^{\frac{1}{2}q}f\nabla\sqrt{S})(S^{\frac{1}{4}p-\frac{1}{2}}\nabla f) \\ &\leqslant \frac{1}{2}S^q f^2\,|\,\nabla\sqrt{S}\,|^2 + \frac{1}{2}S^{\frac{1}{2}p-1}\,|\,\nabla f\,|^2. \end{aligned} \tag{2.4.31}$$

如果 $x \geqslant 0$，$y \geqslant 0$，$\alpha > 1$，$\beta > 1$ 以及 $\frac{1}{\alpha} + \frac{1}{\beta} = 1$，有 Young 不等式

$$xy \leqslant \frac{1}{\alpha}x^\alpha + \frac{1}{\beta}y^\beta. \tag{2.4.32}$$

在 $f \neq 0$ 的 M 的点处，$\forall\,\varepsilon_1 > 0$，有

$$\begin{aligned} S^{\frac{1}{2}p-1}\,|\,\nabla f\,|^2 &= f^2\left(S^{\frac{1}{2}p-1}\frac{|\,\nabla f\,|^2}{f^2}\right) = f^2\left[(\varepsilon_1 S^{\frac{1}{2}p-1})\left(\frac{1}{\varepsilon_1}\frac{|\,\nabla f\,|^2}{f^2}\right)\right] \\ &\leqslant f^2\left[\frac{p-2}{p}(\varepsilon_1 S^{\frac{1}{2}p-1})^{\frac{p}{p-2}} + \frac{2}{p}\left(\frac{1}{\varepsilon_1}\frac{|\,\nabla f\,|^2}{f^2}\right)^{\frac{p}{2}}\right] \left(\text{令 } \alpha = \frac{p}{p-2},\ \beta = \frac{p}{2}, \text{且利用不等式(2.4.32)}\right) \\ &= \varepsilon^* f^2 S^{\frac{p}{2}} + \beta_2\,|\,\nabla f\,|^p f^{2-p}, \end{aligned} \tag{2.4.33}$$

这里

$$\varepsilon^* = \frac{p-2}{p}\varepsilon_1^{\frac{p}{p-2}},\ \beta_2 = \frac{2}{p}\frac{1}{\varepsilon_1^{\frac{p}{2}}}. \tag{2.4.34}$$

记

$$M_+ = \{x \in M \mid f(x) \neq 0\}. \tag{2.4.35}$$

于是，有

$$\begin{aligned} \int_M S^{\frac{1}{2}p}f^2\,\mathrm{d}A &\leqslant (1+q)^2\int_M S^q f^2\,|\,\nabla\sqrt{S}\,|^2\,\mathrm{d}A + \int_M S^{\frac{1}{2}p-1}\,|\,\nabla f\,|^2\,\mathrm{d}A + \\ &\quad (1+q)\int_M [S^q f^2\,|\,\nabla\sqrt{S}\,|^2 + S^{\frac{p}{2}-1}\,|\,\nabla f\,|^2]\,\mathrm{d}A \text{（利用(2.4.14)，(2.4.24)和(2.4.31)）} \end{aligned}$$

$$= (q+1)(q+2)\int_M S^q f^2 \mid \nabla\sqrt{S}\mid^2 dA + (q+2)\int_M S^{\frac{p}{2}-1}\mid \nabla f\mid^2 dA$$

$$\leqslant (q+1)(q+2)\beta_1\int_M S^{\frac{p}{2}-1}\mid \nabla f\mid^2 dA + (q+2)\int_M S^{\frac{p}{2}-1}\mid \nabla f\mid^2 dA (\text{利用}(2.4.29))$$

$$= (q+2)[(q+1)\beta_1+1]\int_M S^{\frac{p}{2}-1}\mid \nabla f\mid^2 dA. \tag{2.4.36}$$

这里如果在 M 内一个连通开集上，f 恒等于零，则 $|\nabla f|^2$ 也恒等于零. 积分区域中可删去这个连通开集；在剩余的 M 的一个零测集上，f 等于零，积分时，删去这个零测集，不影响积分值.

利用不等式(2.4.33)和公式(2.3.34)于(2.4.36)，有

$$\int_M S^{\frac{p}{2}} f^2 dA \leqslant (q+2)[(q+1)\beta_1+1]\left\{\varepsilon^* \int_{M_+} f^2 S^{\frac{p}{2}} dA + \beta_2 \int_{M_+} \mid \nabla f\mid^p f^{2-p} dA\right\}. \tag{2.4.37}$$

由于 ε_1 是任意一个正小数，利用(2.4.30)和(2.4.34)，取 ε_1 满足

$$2\varepsilon^* \{(q+2)[(q+1)\beta_1+1]\} = 1. \tag{2.4.38}$$

将公式(2.4.38)代入(2.4.37)，有

$$\int_M S^{\frac{p}{2}} f^2 dA \leqslant \frac{1}{2}\int_M f^2 S^{\frac{p}{2}} dA + (q+2)[(q+1)\beta_1+1]\beta_2 \int_{M_+} \mid \nabla f\mid^p f^{2-p} dA. \tag{2.4.39}$$

由上式，有

$$\int_M S^{\frac{p}{2}} f^2 dA \leqslant 2(q+2)[(q+1)\beta_1+1]\beta_2 \int_{M_+} \mid \nabla f\mid^p f^{2-p} dA. \tag{2.4.40}$$

用函数 $f^{\frac{p}{2}}$ 代替上述不等式两端中的 f，有

$$\int_M S^{\frac{p}{2}} f^p dA \leqslant 2(q+2)[(q+1)\beta_1+1]\beta_2\left(\frac{p}{2}\right)^p \int_{M_+} \mid f^{\frac{p}{2}-1}\nabla f\mid^p f^{\frac{p}{2}(2-p)} dA$$

$$= \beta_3 \int_{M_+} \mid \nabla f\mid^p dA (\text{利用 } f>0), \tag{2.4.41}$$

这里

$$\beta_3 = \frac{1}{2^{p-1}} p^p (q+2)[(q+1)\beta_1+1]\beta_2. \tag{2.4.42}$$

β_3 是一个正常数,不等式(2.4.41)是一个重要的不等式.明显地,β_3 与函数 f 的选择无关,而且(2.4.41)的右端可以用在 M 上的积分来替代在 M_+ 上的积分.

用 B_R 表示 M 内半径为 R 的闭测地球,即

$$B_R = \{x \in M \mid r(x) \leqslant R\}, \tag{2.4.43}$$

这里 r 是 R^{n+1} 内点 $x(x\in M)$ 到 M 上一个给定点 O 的距离函数.显然,有(**注:** $r(x)$ 也可以是 M 上给定点 O 的距离函数)

$$|\nabla r| \leqslant 1 \text{ 在 } M \text{ 上几乎处处成立.} \tag{2.4.44}$$

令

$$f(x) = F(r(x)). \tag{2.4.45}$$

取 θ 为 $(0,\ 1)$ 内一个给定的正常数,令

$$F(r) = \begin{cases} 0, & \text{当 } r > R \text{ 时;} \\ \dfrac{R-r}{R(1-\theta)}, & \text{当 } r \in [\theta R,\ R] \text{ 时;} \\ 1, & \text{当 } 0 \leqslant r \leqslant \theta R \text{ 时.} \end{cases} \tag{2.4.46}$$

显然 $F(r)$ 是 $[0,\ \infty]$ 内一个连续函数.

将(2.4.45)(包含(2.4.46))代入(2.4.41),有

$$\begin{aligned} \int_{B_{\theta R}} S^{\frac{p}{2}} \mathrm{d}A &\leqslant \int_{B_R} S^{\frac{p}{2}} f^p \mathrm{d}A \leqslant \beta_3 \int_{B_R} |\nabla f|^p \mathrm{d}A \\ &\leqslant \beta_3 \int_{B_R} \left| \frac{\mathrm{d}F(r)}{\mathrm{d}r} \right|^p \mathrm{d}A (\text{利用}(2.4.44)\text{ 和}(2.4.45)) \\ &\leqslant \frac{\beta_3}{R^p (1-\theta)^p} A(B_R), \end{aligned} \tag{2.4.47}$$

这里 $A(B_R)$ 是 M 内 B_R 的 n 维面积(或称 n 维体积).

如果

$$\lim_{R\to\infty} \frac{A(B_R)}{R^p} = 0, \tag{2.4.48}$$

则不等式(2.4.47)的右端当 $R\to\infty$ 时趋于零.由不等式(2.4.47)的左端可知 M 上 S 处处等于零,则 M 是全测地的,即 M 整体等距于 R^n.

当 $n < 4+\sqrt{\dfrac{8}{n}}$,即当 $n \leqslant 5$ 时,可取 $p \in \left[4,\ 4+\sqrt{\dfrac{8}{n}}\right)$ (见公式(2.4.24)

前的叙述),使得

$$p - n > 0. \tag{2.4.49}$$

于是,有

定理 4 (R. Schoen, L. Simon 和丘成桐)设正整数 $n \leqslant 5$, M 是 R^{n+1} 内稳定极小非紧完备连通可定向的 n 维超曲面,如果存在某个 $p \in \left[4,\ 4+\sqrt{\frac{8}{n}}\right)$,满足 $\lim\limits_{R\to\infty}\frac{A(B_R)}{R^p}=0$, 这里 $A(B_R)$是 R^{n+1} 内(或 M 内)以 M 上一固定点 O 为球心、半径为 R 的闭测地球的 n 维面积,则 M 是全测地的.

注: 最后要说明一点,在本讲, $\nabla f\,\nabla\sqrt{S}=\sum\limits_{i=1}^{n}f_i(\sqrt{S})_i$.

编者的话

限于本讲与上一讲合为一讲后篇幅较长,另外,上一讲内容本身又有很多其他应用,所以,思考后分成两讲,上一讲两个引理给出的两个著名公式实际是两个定理.

本讲内容取自 R. Schoen, L. Simon 和丘成桐三位教授于 1975 年合作发表的一篇文章([1]).

关于 $A(B_R)$的面积极限值公式(2.4.48),上述三位教授合作的文章有说明,有兴趣的读者可以看他们的文章.

几十年来, Bernstein 猜测的延拓性研究在不断继续. 例如, 2005 年,忻元龙教授发表的论文就值得一读,他研究了 $n+p$ 维欧氏空间 R^{n+p} 内的稳定极小子流形的相关问题([2]).

参考文献

[1] R. Schoen, L. Simon and S. T. Yau. Curvature estimates for minimal hypersurfaces. *Acta Mathematics*, Vol. 134 (1975): 275 - 287.

[2] Y. L. Xin. Bernstein type theorem without graphic condition. *Asian J. Math.*, Vol. 9, No. 1 (2005): 32 - 44.

第 5 讲 具有非负 Ricci 曲率的闭 Riemann 流形的 Laplace 算子的第一特征值

设 M 是 m 维闭(紧致无边界连通可定向)Riemann 流形,用 Δ 表示 M 上的 Laplace 算子,如果存在一个最小的正实数 λ_1,以及 M 上一个不恒等于零的光滑

函数 u,满足

$$\Delta u = -\lambda_1 u, \tag{2.5.1}$$

则这个 λ_1 称为 M 上 Laplace 算子的第一(正)特征值, u 称为第一特征函数. 由于 M 是闭流形,利用第 1 章内第 3 讲的引理 3,有

$$\int_M \Delta u \mathrm{d}V = 0, \text{以及} \int_M u \mathrm{d}V = 0 (\text{利用}(2.5.1)), \tag{2.5.2}$$

这里 $\mathrm{d}V$ 是 M 上体积元素. 由(2.5.2)的第二式可以知道,函数 u 有正有负. 另外,由方程(2.5.1)可以看到,对于任一非零实数 α, αu 也是第一特征函数. 因而可设

$$1 = \max u > \min u = -k (0 < k \leqslant 1) \geqslant -1, \tag{2.5.3}$$

这里必要时可用 $-u$ 代替 u.

先证明一个引理.

引理 1　如果 M 的 Ricci 曲率非负,则对于第一特征函数 u,有

$$|\nabla u|^2 \leqslant \frac{2\lambda_1}{1+k}(1-u)(k+u).$$

证明　令

$$\tilde{u} = \frac{u - \frac{1}{2}(1-k)}{\frac{1}{2}(1+k)} = \frac{2u}{1+k} - a, \tag{2.5.4}$$

这里

$$a = \frac{1-k}{1+k},\ 0 \leqslant a < 1. \tag{2.5.5}$$

利用公式(2.5.3)和(2.5.4),有

$$\max \tilde{u} = \frac{1 - \frac{1}{2}(1-k)}{\frac{1}{2}(1+k)} = 1, \tag{2.5.6}$$

以及

$$\min \tilde{u} = \frac{-k - \frac{1}{2}(1-k)}{\frac{1}{2}(1+k)} = -1. \tag{2.5.7}$$

在 M 上选择局部正交标架场 $e_1, e_2, \cdots, e_m$,利用公式(2.5.4),由计算,可以看到

$$\widetilde{u}_j = \frac{2u_j}{1+k},\ 1 \leqslant j \leqslant m,\ \Delta\widetilde{u} = \frac{2\Delta u}{1+k} = \frac{-2\lambda_1 u}{1+k}(\text{由方程}(2.5.1))$$
$$= -\lambda_1(\widetilde{u}+a)(\text{由}(2.5.4)). \qquad (2.5.8)$$

同前面一样,这里下标 j 表示函数沿 e_j 方向的协变导数. 取正小数 ε,令

$$v = \frac{\widetilde{u}}{1+\varepsilon}, \qquad (2.5.9)$$

则

$$\Delta v = \frac{\Delta\widetilde{u}}{1+\varepsilon} = \frac{-\lambda_1(\widetilde{u}+a)}{1+\varepsilon}(\text{利用}(2.5.8)) = -\lambda_1(v+a_\varepsilon), \qquad (2.5.10)$$

这里

$$a_\varepsilon = \frac{a}{1+\varepsilon} = \frac{1-k}{(1+k)(1+\varepsilon)}(\text{利用}(2.5.5)). \qquad (2.5.11)$$

利用 ε 是正小数,以及 $0 < k \leqslant 1$,有 $0 \leqslant a_\varepsilon < 1$.

利用公式(2.5.6),(2.5.7)和(2.5.9),有

$$\max v = \frac{1}{1+\varepsilon},\ \min v = -\frac{1}{1+\varepsilon}, \qquad (2.5.12)$$

则

$$|v| < 1. \qquad (2.5.13)$$

考虑函数 $\forall x \in M$,

$$F(x) = \left(\frac{|\nabla v|^2}{1-v^2}\right)(x), \qquad (2.5.14)$$

这里 $|\nabla v|^2 = \sum_{i=1}^m v_i^2$.

由于 M 是闭流形,设 $F(x)$ 在 M 内某点 x_0 达到最大值,则

$$F_k(x_0) = 0,\ 1 \leqslant k \leqslant m, (\Delta F)(x_0) \leqslant 0. \qquad (2.5.15)$$

于是,利用(2.5.14),有

$$F_j = \frac{2\sum_{i=1}^m v_i v_{ij}}{1-v^2} + \frac{2vv_j\,|\nabla v|^2}{(1-v^2)^2}. \qquad (2.5.16)$$

在点 x_0，利用公式(2.5.15)的第一式及(2.5.16)，有

$$\sum_{i=1}^{m} v_i v_{ij} = -\frac{v \mid \nabla v \mid^2}{1-v^2} v_j. \tag{2.5.17}$$

上式两端乘以 v_j，且关于 j 也从 1 到 m 求和，在点 x_0，有

$$\sum_{i,\,j=1}^{m} v_i v_j v_{ij} = -\frac{v \mid \nabla v \mid^4}{1-v^2}. \tag{2.5.18}$$

利用公式(2.5.15)的第二式、(2.5.16)和(2.5.17)，在点 x_0，有

$$\begin{aligned}
0 \geqslant \frac{1}{2}\Delta F &= \frac{1}{2}\sum_{j=1}^{m} F_{jj} = \sum_{j=1}^{m}\left(\frac{\sum\limits_{i=1}^{m} v_i v_{ij}}{1-v^2}\right)_j + \sum_{j=1}^{m}\left(\frac{v v_j \mid \nabla v \mid^2}{(1-v^2)^2}\right)_j \\
&= \sum_{j=1}^{m}\frac{1}{(1-v^2)^2}\left[\left(\sum_{i=1}^{m} v_{ij}^2 + \sum_{i=1}^{m} v_i v_{ijj}\right)(1-v^2) - (-2v v_j)\left(\sum_{i=1}^{m} v_i v_{ij}\right)\right] + \\
&\quad \frac{1}{(1-v^2)^2}\left[\mid \nabla v \mid^4 + v\Delta v \mid \nabla v \mid^2 + 2v\sum_{i,\,j=1}^{m} v_i v_{ij} v_j\right] - \frac{2v \mid \nabla v \mid^2}{(1-v^2)^3}\sum_{j=1}^{m} v_j(-2v v_j) \\
&= \frac{1}{(1-v^2)^2}\left[\left(\sum_{i,\,j=1}^{m} v_{ij}^2 + \sum_{i,\,j=1}^{m} v_i v_{ijj}\right)(1-v^2) - \frac{2v^2 \mid \nabla v \mid^4}{1-v^2} + \right. \\
&\quad \left. \mid \nabla v \mid^4 + v\Delta v \mid \nabla v \mid^2 - \frac{2v^2 \mid \nabla v \mid^4}{1-v^2}\right] + \frac{4v^2 \mid \nabla v \mid^4}{(1-v^2)^3} \\
&= \frac{1}{(1-v^2)^2}\left[\left(\sum_{i,\,j=1}^{m} v_{ij}^2 + \sum_{i,\,j=1}^{m} v_i v_{ijj}\right)(1-v^2) + \mid \nabla v \mid^4 + v\Delta v \mid \nabla v \mid^2\right]
\end{aligned}$$

(利用上式右端第三大项、第六大项和最后一大项可合并).　　(2.5.19)

由于

$$\mathrm{d}v = \sum_{i=1}^{m} v_i \omega_i, \tag{2.5.20}$$

这里 $\omega_1, \omega_2, \cdots, \omega_m$ 是 M 上切向量 $e_1, e_2, \cdots, e_m$ 的对偶基，将公式(2.5.20)两端再外微分，有

$$0 = \sum_{i=1}^{m} \mathrm{d}v_i \wedge \omega_i + \sum_{i=1}^{m} v_i \mathrm{d}\omega_i = \sum_{i=1}^{m}\left(\sum_{j=1}^{m} v_{ij}\omega_j + \sum_{k=1}^{m} v_k \omega_{ik}\right) \wedge \omega_i + \sum_{i=1}^{m} v_i \sum_{j=1}^{m} \omega_j \wedge \omega_{ji}$$

(上式右端第一大项是利用 v_{ij} 的定义，第二大项是利用 Cartan 结构方程)

$$= \sum_{i,\,j=1}^{m} v_{ij}\omega_j \wedge \omega_i$$

(将上式右端最后一大项中下标 i 改为 k，下标 j 改为 i，恰与上式右端第二大项之和是零)

$$= \frac{1}{2}\sum_{i,\,j=1}^{m}(v_{ij} - v_{ji})\omega_j \wedge \omega_i. \tag{2.5.21}$$

由上式,立即有

$$v_{ij} = v_{ji},\ 1 \leqslant i,\ j \leqslant m. \tag{2.5.22}$$

利用公式

$$\mathrm{d}v_i = \sum_{j=1}^{m} v_{ij}\omega_j + \sum_{k=1}^{m} v_k\omega_{ik}, \tag{2.5.23}$$

将两端外微分,有

$$\begin{aligned}
0 &= \sum_{j=1}^{m}\mathrm{d}v_{ij} \wedge \omega_j + \sum_{j=1}^{m} v_{ij}\mathrm{d}\omega_j + \sum_{k=1}^{m}\mathrm{d}v_k \wedge \omega_{ik} + \sum_{k=1}^{m} v_k \mathrm{d}\omega_{ik} \\
&= \sum_{j=1}^{m}\left(\sum_{k=1}^{m} v_{ijk}\omega_k + \sum_{k=1}^{m} v_{kj}\omega_{ik} + \sum_{k=1}^{m} v_{ik}\omega_{jk}\right) \wedge \omega_j + \sum_{j=1}^{m} v_{ij}\sum_{k=1}^{m}\omega_k \wedge \omega_{kj} + \\
&\quad \sum_{k=1}^{m}\left(\sum_{j=1}^{m} v_{kj}\omega_j + \sum_{j=1}^{m} v_j\omega_{kj}\right) \wedge \omega_{ik} + \sum_{k=1}^{m} v_k\left(\sum_{j=1}^{m}\omega_{ij} \wedge \omega_{jk} + \frac{1}{2}\sum_{l,\,s=1}^{m} R_{ikls}\omega_l \wedge \omega_s\right)
\end{aligned}$$

(利用 Cartan 结构方程,上式右端第一大项是 v_{ijk} 的定义)

$= \sum_{j,\,k=1}^{m} v_{ijk}\omega_k \wedge \omega_j + \frac{1}{2}\sum_{k,\,l,\,s=1}^{m} v_k R_{ikls}\omega_l \wedge \omega_s$(上式右端第二大项与第五大项之和是零;上式右端第四大项的下标 j 与 k 互换,与第三项之和是零;上式右端倒数第二大项下标 j 与 k 互换,与前一大项之和是零)$= \frac{1}{2}\sum_{i,\,l,\,s=1}^{m}(v_{ils} - v_{isl})\omega_s \wedge \omega_l + \frac{1}{2}\sum_{k,\,l,\,s=1}^{m} v_k R_{ikls}\omega_l \wedge \omega_s,$ (2.5.24)

这里 R_{ikls} 是 M 上的曲率张量.

由上式,有

$$v_{ils} - v_{isl} = \sum_{k=1}^{m} v_k R_{ikls}. \tag{2.5.25}$$

上述公式称为 Ricci 恒等式.

注: 为了降低阅读门槛,公式(2.5.20)—(2.5.25)是从最易懂的状态出发推导的,熟悉的读者可以略去部分或全部.

利用公式(2.5.22)和(2.5.25),可以看到

$$\sum_{i,\,j=1}^{m} v_i v_{ijj} = \sum_{i,\,j=1}^{m} v_i v_{jij} = \sum_{i,\,j=1}^{m} v_i\left(v_{jji} + \sum_{l=1}^{m} v_l R_{jlij}\right) = \sum_{i=1}^{m} v_i(\Delta u)_i +$$

$$\sum_{i,\,l=1}^{m} v_i v_l R_{li}\left(\text{利用 Ricci 曲率的定义, } R_{li} = \sum_{j=1}^{m} R_{jlij}\right)$$

$\geqslant -\lambda_1 \mid \nabla v \mid^2$(利用方程(2.5.1)及引理 1 条件可知实对称矩阵(R_{li})

在 M 的任意点处的所有特征值是非负实数).　(2.5.26)

在点 x_0,选择正交标架 e_1, e_2, $\cdots$, e_m,使得在点 x_0,有

$$v_1 = \mid \nabla v \mid, \; v_j = 0 \quad (2 \leqslant j \leqslant m). \tag{2.5.27}$$

即在点 x_0,$(v_1, v_2, \cdots, v_m)$为正交标架 e_1 的方向. 由于正交变换保持长度不变,在点 x_0,有 $(v_1, v_2, \cdots, v_m) = (\mid \nabla v \mid, 0, \cdots, 0)$. 利用公式(2.5.27),在点 x_0,有

$$v_1 v_{1i} = \sum_{j=1}^{m} v_j v_{ji} = -\frac{v \mid \nabla v \mid^2}{1 - v^2} v_i (\text{利用}(2.5.17)). \tag{2.5.28}$$

利用(2.5.14),以及点 x_0 取到 $F(x)$的最大值可以知道, $\mid \nabla v \mid (x_0) > 0$. 再利用公式(2.5.27)和(2.5.28),有

$$v_{1i} = -\frac{v \mid \nabla v \mid}{1 - v^2} v_i. \tag{2.5.29}$$

于是,利用上式,在点 x_0,有

$$\sum_{i,\,j=1}^{m} v_{ij}^2 \geqslant \sum_{i=1}^{m} v_{1i}^2 = \frac{v^2 \mid \nabla v \mid^4}{(1 - v^2)^2}. \tag{2.5.30}$$

将公式(2.5.10),(2.5.26)和(2.5.30)代入(2.5.19),在点 x_0,有

$$0 \geqslant \frac{v^2 \mid \nabla v \mid^4}{(1 - v^2)^2} - \lambda_1 \mid \nabla v \mid^2 + \frac{\mid \nabla v \mid^2}{1 - v^2} [\mid \nabla v \mid^2 - \lambda_1 v (v + a_\varepsilon)]. \tag{2.5.31}$$

由于在点 x_0, $\mid \nabla v \mid^2 > 0$, 上式两端除以正数$\frac{|\nabla v|^2}{1 - v^2}$,在点 x_0,有

$$0 \geqslant \frac{v^2 \mid \nabla v \mid^2}{1 - v^2} - \lambda_1 (1 - v^2) + \mid \nabla v \mid^2 - \lambda_1 v (v + a_\varepsilon) = \frac{\mid \nabla v \mid^2}{1 - v^2} - \lambda_1 (1 + v a_\varepsilon). \tag{2.5.32}$$

从而在点 x_0,有

$$\lambda_1 (1 + a_\varepsilon v) \geqslant \frac{\mid \nabla v \mid^2}{1 - v^2}. \tag{2.5.33}$$

利用(2.5.14)和(2.5.33),以及$F(x)$在点x_0取到最大值,有$\forall x \in M$,

$$\frac{|\nabla v|^2}{1-v^2}(x) \leqslant \lambda_1[1+a_\varepsilon v(x_0)]. \tag{2.5.34}$$

将上式两端乘以正数$1-v^2(x)$,有

$$|\nabla v|^2(x) \leqslant \lambda_1[1+a_\varepsilon v(x_0)](1-v^2(x)). \tag{2.5.35}$$

利用公式(2.5.4),(2.5.5)和(2.5.9),有

$$v=\frac{u-\frac{1}{2}(1-k)}{\frac{1}{2}(1+k)(1+\varepsilon)}. \tag{2.5.36}$$

利用$a_\varepsilon \in [0, 1)$,以及不等式(2.5.13),有

$$0<1+a_\varepsilon v(x_0)<1+a_\varepsilon. \tag{2.5.37}$$

利用公式(2.5.11),有

$$\lim_{\varepsilon\to 0} a_\varepsilon=\frac{1-k}{1+k},\ \lim_{\varepsilon\to 0}(1+a_\varepsilon)=\frac{2}{1+k}. \tag{2.5.38}$$

利用公式(2.5.36),有

$$\begin{aligned}\lim_{\varepsilon\to 0}[1-v^2(x)] &= \frac{4}{(1+k)^2}\left\{\frac{(1+k)^2}{4}-\left[u-\frac{1}{2}(1-k)\right]^2\right\}(x)\\ &= \frac{1}{(1+k)^2}\left\{\left[\frac{1+k}{2}+u-\frac{1}{2}(1-k)\right]\left[\frac{1+k}{2}-u+\frac{1}{2}(1-k)\right]\right\}(x)\\ &= \frac{4}{(1+k)^2}[(k+u)(1-u)](x).\end{aligned} \tag{2.5.39}$$

利用公式(2.5.36),有

$$\lim_{\varepsilon\to 0} v_i=\frac{2u_i}{1+k},\text{以及}\lim_{\varepsilon\to 0}|\nabla v|^2=\frac{4|\nabla u|^2}{(1+k)^2}. \tag{2.5.40}$$

利用不等式(2.5.35),$\forall x \in M$,有

$$\begin{aligned}\lim_{\varepsilon\to 0}|\nabla v|^2(x) &\leqslant \lambda_1 \lim_{\varepsilon\to 0}[1+a_\varepsilon v(x_0)](1-v^2(x))\\ &\leqslant \lambda_1 \frac{2}{1+k}\frac{4}{(1+k)^2}[(k+u)(1-u)](x)\\ &\quad \text{(利用(2.5.13),(2.5.38) 和(2.5.39))}.\end{aligned} \tag{2.5.41}$$

利用公式(2.5.36),有

$$\lim_{\varepsilon\to 0} |\nabla v|^2(x) = \frac{4|\nabla u|^2(x)}{(1+k)^2}. \tag{2.5.42}$$

由不等式(2.5.41)和公式(2.5.42),有

$$|\nabla u|^2(x) \leqslant \frac{2\lambda_1}{1+k}[(k+u)(1-u)](x). \tag{2.5.43}$$

这就是引理 1 的结论.

记

$$d = \max_{(x,\ y)\in M\times M} d(x,\ y), \tag{2.5.44}$$

d 称为 M 的直径. 这里 $d(x,\ y)$ 是 M 上两点 $x,\ y$ 的距离.

定理 5(P. Li 和丘成桐)　设 M 是 m 维闭 Riemann 流形,且 M 的 Ricci 曲率非负,则 M 上 Laplace 算子的第一(正)特征值 $\lambda_1 > \frac{1}{2}\left(\frac{\pi}{d}\right)^2$.

证明　利用公式(2.5.3),由于 M 是闭流形,存在 M 上两点 $x_1,\ x_2$,使得

$$u(x_1) = \max u = 1,\ u(x_2) = \min u = -k. \tag{2.5.45}$$

用一条极小测地线 L 连接上述两点 $x_1,\ x_2$,则沿这条测地线 L,利用不等式(2.5.43),有

$$\left(\frac{\mathrm{d}u}{\mathrm{d}s}\right)^2 \leqslant |\nabla u|^2 \leqslant \frac{2\lambda_1}{1+k}(k+u)(1-u), \tag{2.5.46}$$

这里 s 是 L 的弧长.

利用

$$\begin{aligned}
&\frac{1}{4}(1+k)^2 - \left[u - \frac{1}{2}(1-k)\right]^2 \\
&= \left[\frac{1}{4}(1+k)^2 - \frac{1}{4}(1-k)^2\right] - u^2 + (1-k)u \\
&= k - u^2 + (1-k)u = (k+u)(1-u),
\end{aligned} \tag{2.5.47}$$

有

$$\int_{-k}^{1} \frac{\mathrm{d}u}{\sqrt{(k+u)(1-u)}} = \int_{-k}^{1} \frac{\mathrm{d}u}{\sqrt{\frac{1}{4}(1+k)^2 - \left[u - \frac{1}{2}(1-k)\right]^2}}$$

$$=\int_{-k}^{1}\frac{\mathrm{d}\left(\dfrac{u}{\frac{1}{2}(1+k)}\right)}{\sqrt{1-\left[\dfrac{u-\frac{1}{2}(1-k)}{\frac{1}{2}(1+k)}\right]^{2}}}$$

$$=\arcsin\frac{u-\frac{1}{2}(1-k)}{\frac{1}{2}(1+k)}\Bigg|_{u=-k}^{u=1}=\frac{\pi}{2}-\left(-\frac{\pi}{2}\right)=\pi. \tag{2.5.48}$$

利用不等式(2.5.46),有

$$\frac{|\,\mathrm{d}u\,|}{\sqrt{(k+u)(1-u)}}\leqslant\sqrt{\frac{2\lambda_1}{1+k}}\mathrm{d}s, \tag{2.5.49}$$

这里 $\mathrm{d}s>0$.

由公式(2.5.48)和(2.5.49),有

$$\pi=\int_{-k}^{1}\frac{\mathrm{d}u}{\sqrt{(k+u)(1-u)}}\leqslant\sqrt{\frac{2\lambda_1}{1+k}}\int_{L}\mathrm{d}s\leqslant\sqrt{\frac{2\lambda_1}{1+k}}d. \tag{2.5.50}$$

将上式两端平方,有

$$\pi^2\leqslant\frac{2\lambda_1}{1+k}d^2,\text{于是 }\lambda_1\geqslant\frac{1+k}{2}\left(\frac{\pi}{d}\right)^2>\frac{1}{2}\left(\frac{\pi}{d}\right)^2. \tag{2.5.51}$$

利用公式(2.5.12),令

$$\theta(x)=\arcsin v(x),\ v(x)=\sin\theta(x). \tag{2.5.52}$$

利用公式(2.5.12)和(2.5.52),有

$$-\frac{1}{1+\varepsilon}\leqslant\sin\theta(x)\leqslant\frac{1}{1+\varepsilon}. \tag{2.5.53}$$

于是,存在一个正小数 δ, δ 与 ε 有关,使得

$$-\frac{\pi}{2}+\delta\leqslant\theta\leqslant\frac{\pi}{2}-\delta. \tag{2.5.54}$$

利用公式(2.5.52),有

$$v_i=\cos\theta\theta_i,\ |\,\nabla v\,|^2=\cos^2\theta\,|\,\nabla\theta\,|^2. \tag{2.5.55}$$

由(2.5.52)和上式,有

$$\frac{|\nabla v|^2}{1-v^2}=|\nabla\theta|^2. \tag{2.5.56}$$

利用(2.5.54)和(2.5.56), $\forall\theta\in\left[-\frac{\pi}{2}+\delta,\ \frac{\pi}{2}-\delta\right]$,定义函数

$$F(\theta)=\max_{\substack{\theta(x)=\theta\\ x\in M}}|\nabla\theta|^2=\max_{\substack{\theta(x)=\theta\\ x\in M}}\left(\frac{|\nabla v|^2}{1-v^2}\right)(x). \tag{2.5.57}$$

利用(2.5.52)和(2.5.54),当 $\theta=-\frac{\pi}{2}+\delta$ 时,v 取最小值. 当 $\theta=\frac{\pi}{2}-\delta$ 时,v 取最大值. 这时,$|\nabla v|=0$. 因而,由上式,有

$$F\left(-\frac{\pi}{2}+\delta\right)=F\left(\frac{\pi}{2}-\delta\right)=0. \tag{2.5.58}$$

采用这种术语,利用公式(2.5.35),(2.5.37)和(2.5.57),有

$$F(\theta)\leqslant\lambda_1[1+a_\varepsilon v(x_0)]\leqslant\lambda_1(1+a_\varepsilon). \tag{2.5.59}$$

利用不等式(2.5.51)可以看到,如果 $k=1$,则由(2.5.5),有

$$a=0\ 及\ \lambda_1\geqslant\left(\frac{\pi}{d}\right)^2. \tag{2.5.60}$$

下面设 $0<a<1$,即 $0<k<1$,令

$$F(\theta)=\lambda_1[1+a_\varepsilon\varphi(\theta)], \tag{2.5.61}$$

这里 $\varphi(\theta)$ 是 $\left[-\frac{\pi}{2}+\delta,\ \frac{\pi}{2}-\delta\right]$ 上的连续函数. 利用(2.5.58)和(2.5.61),有

$$\begin{aligned}\varphi\left(-\frac{\pi}{2}+\delta\right)=\varphi\left(\frac{\pi}{2}-\delta\right)&=-\frac{1}{a_\varepsilon}=-\frac{1+k}{1-k}(1+\varepsilon)(\text{由}(2.5.11))\\ &<-1(\text{利用}\ 0<k<1\ \text{及}\ \varepsilon>0).\end{aligned} \tag{2.5.62}$$

利用不等式(2.5.59)、公式(2.5.61)及 $a_\varepsilon>0$,有

$$\varphi(\theta)\leqslant 1. \tag{2.5.63}$$

定义　C^2 函数 $y(\theta)$ 称为 $\varphi(\theta)$ 在 $\theta_0\in\left(-\frac{\pi}{2}+\delta,\ \frac{\pi}{2}-\delta\right)$ 的闸函数,如果 $\varphi(\theta)\leqslant y(\theta)$, $\varphi(\theta_0)=y(\theta_0)\geqslant-1$, $y'(\theta_0)\geqslant 0$.

下面证明

引理 2 如果 $y(\theta)$ 是 $\varphi(\theta)$ 在 θ_0 的闸函数，则

$$y(\theta_0)=\varphi(\theta_0)\leqslant \sin\theta_0-\sin\theta_0\cos\theta_0 y'(\theta_0)+\frac{1}{2}\cos^2\theta_0 y''(\theta_0).$$

证明 利用(2.5.52)，考虑函数

$$\begin{aligned}G(x)&=\left\{\frac{|\nabla v|^2}{1-v^2}(x)-\lambda_1[1+a_\varepsilon y(\theta(x))]\right\}\cos^2\theta(x)\\&=|\nabla v|^2(x)-\lambda_1[1+a_\varepsilon y(\theta(x))]\cos^2\theta(x).\end{aligned}\tag{2.5.64}$$

利用(2.5.57)及上式，有

$$\begin{aligned}&G(x)\leqslant\{F(\theta(x))-\lambda_1[1+a_\varepsilon y(\theta(x))]\}\cos^2\theta(x)\\&=\{\lambda_1[1+a_\varepsilon\varphi(\theta(x))]-\lambda_1[1+a_\varepsilon y(\theta(x))]\}\cos^2\theta(x)(\text{利用}(2.5.61))\\&=\lambda_1 a_\varepsilon[\varphi(\theta(x))-y(\theta(x))]\cos^2\theta(x)\leqslant 0(\text{利用 }y(\theta)\text{ 是 }\varphi(\theta)\text{ 的闸函数}).\end{aligned}\tag{2.5.65}$$

存在 M 上的点 x_0，使得

$$\theta(x_0)=\theta_0,\text{且 }F(\theta_0)=\frac{|\nabla v|^2}{1-v^2}(x_0)(\text{利用}(2.5.57)).\tag{2.5.66}$$

利用公式(2.5.52)，(2.5.57)，(2.5.64)和上式，有

$$\begin{aligned}&|\nabla v|^2(x_0)-\lambda_1[1+a_\varepsilon y(\theta(x_0))]\cos^2\theta(x_0)\\&=\{F(\theta_0)-\lambda_1[1+a_\varepsilon y(\theta(x_0))]\}\cos^2\theta(x_0)\\&=\lambda_1 a_\varepsilon[\varphi(\theta_0)-y(\theta_0)]\cos^2\theta_0(\text{利用}(2.5.65)\text{ 的中间推导})\\&=0(\text{利用 }y(\theta)\text{ 是 }\varphi(\theta)\text{ 的闸函数定义}).\end{aligned}\tag{2.5.67}$$

由公式(2.5.64)和(2.5.57)，有

$$G(x_0)=0.\tag{2.5.68}$$

利用不等式(2.5.65)和上式可以知道，函数 $G(x)$ 在 $x=x_0$ 处达到最大值. 由于 M 是一个闭流形，则

$$G_j(x_0)=0,\ j=1,\ 2,\ \cdots,\ m,\ \Delta G(x_0)\leqslant 0.\tag{2.5.69}$$

利用闸函数定义中的 $y(\theta_0)\geqslant -1$，以及利用公式(2.5.57)和(2.5.61)，有

$$|\nabla\theta|^2(x_0)=\lambda_1[1+a_\varepsilon y(\theta_0)]>0(\text{注意 }\varphi(\theta_0)=y(\theta_0)).\tag{2.5.70}$$

利用公式(2.5.55)的第一式，有

$$\Delta v=-\sin\theta|\nabla\theta|^2+\cos\theta\Delta\theta.\tag{2.5.71}$$

利用公式(2.5.10)和上式,有

$$-\lambda_1(v+a_\varepsilon)=-\sin\theta\,|\,\nabla\theta\,|^2+\cos\theta\Delta\theta. \tag{2.5.72}$$

由上式,再利用公式(2.5.52)和(2.5.54),有

$$\Delta\theta=-\frac{\lambda_1(\sin\theta+a_\varepsilon)}{\cos\theta}+\frac{\sin\theta}{\cos\theta}\,|\,\nabla\theta\,|^2. \tag{2.5.73}$$

将公式(2.5.64)两端微分,有

$$\begin{aligned}G_j&=2\sum_{i=1}^m v_iv_{ij}-\lambda_1[(1+a_\varepsilon y(\theta))2\cos\theta(-\sin\theta)\theta_j+a_\varepsilon y'(\theta)\theta_j\cos^2\theta]\\&=2\sum_{i=1}^m v_iv_{ij}+\lambda_1\theta_j[(1+a_\varepsilon y(\theta))\sin 2\theta-a_\varepsilon y'(\theta)\cos^2\theta].\end{aligned} \tag{2.5.74}$$

利用(2.5.69)的第一式及上式,在点 x_0,有

$$2\sum_{i=1}^m v_iv_{ij}=\lambda_1\theta_j[a_\varepsilon y'(\theta)\cos^2\theta-(1+a_\varepsilon y(\theta))\sin 2\theta]. \tag{2.5.75}$$

利用(2.5.69)的第二式及(2.5.74),在点 x_0,又有

$$\begin{aligned}0\geqslant\Delta G=&\,2\sum_{i,j=1}^m v_{ij}^2+2\sum_{i,j=1}^m v_iv_{ijj}+\lambda_1\,|\,\nabla\theta\,|^2[2a_\varepsilon y'(\theta)\sin 2\theta+2(1+a_\varepsilon y(\theta))\cos 2\theta-\\&a_\varepsilon y''(\theta)\cos^2\theta]+\lambda_1\Delta\theta[(1+a_\varepsilon y(\theta))\sin 2\theta-a_\varepsilon y'(\theta)\cos^2\theta],\end{aligned} \tag{2.5.76}$$

这里 $\theta=\theta_0$ (利用(2.5.66)的第一式).

利用 Cauchy 不等式,在点 x_0,有

$$\begin{aligned}&\sum_{i,j=1}^m v_{ij}^2\sum_{i=1}^m v_i^2\geqslant\sum_{j=1}^m\left(\sum_{i=1}^m v_iv_{ij}\right)^2\\&=\frac{1}{4}\lambda^2\,|\,\nabla\theta\,|^2[a_\varepsilon y'(\theta)\cos^2\theta-(1+a_\varepsilon y(\theta))\sin 2\theta]^2(\text{利用(2.5.75)}).\end{aligned} \tag{2.5.77}$$

利用公式(2.5.55)的第二式和上式,又利用 $|\nabla v|^2(x_0)>0$ 及 $\cos\theta>0$,在点 x_0,有

$$\sum_{i,j=1}^m v_{ij}^2\geqslant\frac{1}{4}\lambda_1^2[a_\varepsilon y'(\theta)\cos\theta-2(1+a_\varepsilon y(\theta))\sin\theta]^2. \tag{2.5.78}$$

利用(2.5.26),(2.5.55),(2.5.73)和(2.5.78)于不等式(2.5.76),在点

x_0,有

$$0 \geqslant \frac{1}{2}\lambda_1^2[a_\varepsilon y'(\theta)\cos\theta - 2(1+a_\varepsilon y(\theta))\sin\theta]^2 - 2\lambda_1\cos^2\theta\,|\nabla\theta|^2 +$$
$$\lambda_1|\nabla\theta|^2[2a_\varepsilon y'(\theta)\sin 2\theta + 2(1+a_\varepsilon y(\theta))\cos 2\theta - a_\varepsilon y''(\theta)\cos^2\theta] +$$
$$\lambda_1[(1+a_\varepsilon y(\theta))\sin 2\theta - a_\varepsilon y'(\theta)\cos^2\theta]\left[\frac{-\lambda_1(\sin\theta + a_\varepsilon)}{\cos\theta} + \frac{\sin\theta}{\cos\theta}|\nabla\theta|^2\right]$$
$$= \frac{1}{2}\lambda_1^2[a_\varepsilon y'(\theta)\cos\theta - 2(1+a_\varepsilon y(\theta))\sin\theta]^2 - 2\lambda_1^2\cos^2\theta[1+a_\varepsilon y(\theta)] +$$
$$\lambda_1^2[1+a_\varepsilon y(\theta)][2a_\varepsilon y'(\theta)\sin 2\theta + 2(1+a_\varepsilon y(\theta))\cos 2\theta - a_\varepsilon y''(\theta)\cos^2\theta] +$$
$$\lambda_1^2[(1+a_\varepsilon y(\theta))\sin 2\theta - a_\varepsilon y'(\theta)\cos^2\theta]a_\varepsilon[\sin\theta y(\theta) - 1]\frac{1}{\cos\theta}. \tag{2.5.79}$$

这里利用公式(2.5.70),在点 x_0,可以看到

$$\frac{-\lambda_1(\sin\theta + a_\varepsilon)}{\cos\theta} + \frac{\sin\theta}{\cos\theta}|\nabla\theta|^2 = \frac{-\lambda_1(\sin\theta + a_\varepsilon)}{\cos\theta} + \frac{\sin\theta}{\cos\theta}\lambda_1[1+a_\varepsilon y(\theta)]$$
$$= \frac{\lambda_1 a_\varepsilon}{\cos\theta}[\sin\theta y(\theta) - 1]. \tag{2.5.80}$$

将公式(2.5.79)右端第一大项展开式中第二项的平方、右端第二大项、右端第三大项后一乘项中的第二大项、右端最后一大项中第一项合并运算,可以看到在点 x_0,有

$$2\lambda_1^2(1+a_\varepsilon y(\theta))^2\sin^2\theta - 2\lambda_1^2\cos^2\theta(1+a_\varepsilon y(\theta)) + 2\lambda_1^2(1+a_\varepsilon y(\theta))^2\cos 2\theta +$$
$$2\lambda_1^2 a_\varepsilon(1+a_\varepsilon y(\theta))\sin\theta(\sin\theta y(\theta) - 1)$$
$$= 2\lambda_1^2(1+a_\varepsilon y(\theta))\Big[(1+a_\varepsilon y(\theta))\sin^2\theta - \cos^2\theta + (1+a_\varepsilon y(\theta))\cos 2\theta$$
$$+ a_\varepsilon\sin\theta(\sin\theta y(\theta) - 1)\Big]$$
$$= 2\lambda_1^2(1+a_\varepsilon y(\theta))a_\varepsilon[y(\theta) - \sin\theta]. \tag{2.5.81}$$

将公式(2.5.81)代入(2.5.79),在点 x_0,有

$$0 \geqslant 2\lambda_1^2(1+a_\varepsilon y(\theta))a_\varepsilon[y(\theta) - \sin\theta] + \frac{1}{2}\lambda_1^2 a_\varepsilon^2(y'(\theta))^2\cos^2\theta -$$
$$2\lambda_1^2 a_\varepsilon y'(\theta)(1+a_\varepsilon y(\theta))\sin\theta\cos\theta - \lambda_1^2 a_\varepsilon^2 y'(\theta)\cos\theta(\sin\theta y(\theta) - 1) +$$
$$2\lambda_1^2(1+a_\varepsilon y(\theta))\sin 2\theta a_\varepsilon y'(\theta) - \lambda_1^2 a_\varepsilon(1+a_\varepsilon y(\theta))y''(\theta)\cos^2\theta$$
$$= 2\lambda_1^2 a_\varepsilon(1+a_\varepsilon y(\theta))[y(\theta) - \sin\theta] + \frac{1}{2}\lambda_1^2 a_\varepsilon^2(y'(\theta))^2\cos^2\theta +$$
$$\lambda_1^2 a_\varepsilon y'(\theta)\cos\theta\Big[4(1+a_\varepsilon y(\theta))\sin\theta + a_\varepsilon - a_\varepsilon y(\theta)\sin\theta -$$

$$2(1+a_\varepsilon y(\theta))\sin\theta\Big] - \lambda_1^2 a_\varepsilon(1+a_\varepsilon y(\theta))y''(\theta)\cos^2\theta$$

$$= 2\lambda_1^2 a_\varepsilon(1+a_\varepsilon y(\theta))[y(\theta)-\sin\theta] + \frac{1}{2}\lambda_1^2 a_\varepsilon^2(y'(\theta))^2\cos^2\theta +$$

$$\lambda_1^2 a_\varepsilon y'(\theta)\cos\theta[2\sin\theta + a_\varepsilon y(\theta)\sin\theta + a_\varepsilon] - \lambda_1^2 a_\varepsilon(1+a_\varepsilon y(\theta))y''(\theta)\cos^2\theta. \tag{2.5.82}$$

将上式两端除以正数 $\lambda_1^2 a_\varepsilon$，并且舍去上式右端第二大项，在点 x_0，有

$$0 \geqslant 2(1+a_\varepsilon y(\theta))[y(\theta)-\sin\theta] + y'(\theta)\cos\theta[2\sin\theta + a_\varepsilon(1+y(\theta)\sin\theta)] - (1+a_\varepsilon y(\theta))y''(\theta)\cos^2\theta. \tag{2.5.83}$$

利用(2.5.63)，以及 $y(\theta_0) \geqslant -1$(见闸函数定义)，有

$$|y(\theta_0)| = |\varphi(\theta_0)| \leqslant 1. \tag{2.5.84}$$

利用(2.5.11)及上式，有

$$1 + a_\varepsilon y(\theta_0) > 0. \tag{2.5.85}$$

将不等式(2.5.83)两端再除以正数 $2(1+a_\varepsilon y(\theta))$(在 $\theta=\theta_0$ 处)，在点 x_0，有

$$y(\theta) - \sin\theta \leqslant \frac{1}{2}y''(\theta)\cos^2\theta - \frac{y'(\theta)\cos\theta}{1+a_\varepsilon y(\theta)}\Big[\sin\theta + \frac{1}{2}a_\varepsilon(1+y(\theta)\sin\theta)\Big]$$

$$= \frac{1}{2}y''(\theta)\cos^2\theta - y'(\theta)\cos\theta\Big[\frac{1}{2}\sin\theta + \frac{a_\varepsilon + \sin\theta}{2(1+a_\varepsilon y(\theta))}\Big]. \tag{2.5.86}$$

利用(2.5.84)和(2.5.85)，在点 x_0，有

$$\frac{a_\varepsilon + \sin\theta}{1+a_\varepsilon y(\theta)} \geqslant \frac{a_\varepsilon y(\theta)\sin\theta + \sin\theta}{1+a_\varepsilon y(\theta)} = \sin\theta. \tag{2.5.87}$$

将(2.5.87)代入(2.5.86)，并利用 $y'(\theta_0) \geqslant 0$(见闸函数定义)，有引理 2 的结论.

下面寻找闸函数.

引理 3　定义 $\left(-\frac{\pi}{2}, \frac{\pi}{2}\right)$ 内函数

$$\psi(\theta) = \frac{4(\theta + \sin\theta\cos\theta) - 2\pi\sin\theta}{\pi\cos^2\theta},$$

则 $\psi(\theta)$ 满足 $\psi'(\theta) \geqslant 0$，$\psi(\theta) \geqslant -1$，以及 $\psi(\theta) - \sin\theta + \sin\theta\cos\theta\psi'(\theta) - \frac{1}{2}\cos^2\theta\psi''(\theta) = 0$. 另外，有 $\lim\limits_{\theta\to\frac{\pi}{2}}\psi(\theta) = 1$，$\lim\limits_{\theta\to-\frac{\pi}{2}}\psi(\theta) = -1$.

证明 利用 L'Hospital 法则,有

$$\lim_{\theta\to\frac{\pi}{2}}\psi(\theta)=\lim_{\theta\to\frac{\pi}{2}}\frac{1}{-\pi\sin 2\theta}(4+4\cos 2\theta-2\pi\cos\theta)$$
$$=\lim_{\theta\to\frac{\pi}{2}}\frac{1}{-2\pi\cos 2\theta}(-8\sin 2\theta+2\pi\sin\theta)=\frac{2\pi}{2\pi}=1. \tag{2.5.88}$$

类似地,有

$$\lim_{\theta\to-\frac{\pi}{2}}\psi(\theta)=\lim_{\theta\to-\frac{\pi}{2}}\frac{1}{-2\pi\cos 2\theta}(-8\sin 2\theta+2\pi\sin\theta)=-\frac{2\pi}{2\pi}=-1. \tag{2.5.89}$$

又

$$\psi'(\theta)=\frac{1}{\pi\cos^4\theta}\left\{\left[4(1+\cos 2\theta)-2\pi\cos\theta\right]\cos^2\theta+\sin 2\theta\left[4\left(\theta+\frac{1}{2}\sin 2\theta\right)-2\pi\sin\theta\right]\right\}$$
$$=\frac{2}{\pi\cos^3\theta}\left[2(1+\cos 2\theta)\cos\theta-\pi\cos^2\theta+4\sin\theta\left(\theta+\frac{1}{2}\sin 2\theta\right)-2\pi\sin^2\theta\right]$$
$$=\frac{2}{\pi\cos^3\theta}\left[4(\cos\theta+\theta\sin\theta)-\pi(1+\sin^2\theta)\right]$$(上式右端中括号内第二项与倒数第二项之和是 $2\cos\theta$). (2.5.90)

注意上式右端是 θ 的偶函数,当 $\theta\in\left(0,\frac{\pi}{2}\right)$时,利用 $f^*(\theta)=\frac{\sin\theta}{\theta}$ 在 $\left(0,\frac{\pi}{2}\right)$ 内单调下降,有

$$\frac{\sin\theta}{\theta}>\frac{\sin\frac{\pi}{2}}{\frac{\pi}{2}}=\frac{2}{\pi}. \tag{2.5.91}$$

由上式,有

$$\pi\sin\theta>2\theta,\ \forall\theta\in\left(0,\frac{\pi}{2}\right). \tag{2.5.92}$$

当 $\theta\in\left(0,\frac{\pi}{2}\right]$时,令

$$f(\theta)=4(\cos\theta+\theta\sin\theta)-\pi(1+\sin^2\theta). \tag{2.5.93}$$

当 $\theta\in\left(0,\frac{\pi}{2}\right)$时,

$$f'(\theta)=2\cos\theta(2\theta-\pi\sin\theta)<0. \tag{2.5.94}$$

明显地，$f'\left(\frac{\pi}{2}\right)=0$. 于是，$\forall\theta\in\left(0,\frac{\pi}{2}\right)$，有

$$f(\theta)>f\left(\frac{\pi}{2}\right)=0(\text{利用}(2.5.93)). \tag{2.5.95}$$

利用(2.5.90),(2.5.93)和(2.5.95),当$\theta\in\left(0,\frac{\pi}{2}\right)$时，有

$$\psi'(\theta)>0. \tag{2.5.96}$$

当$\theta\in\left(-\frac{\pi}{2},0\right)$时，利用$\psi(\theta)$的定义,有

$$\psi(-\theta)=-\psi(\theta). \tag{2.5.97}$$

于是,不等式(2.6.96)对$\theta\in\left(-\frac{\pi}{2},0\right)$仍然成立. 利用取极限，$\forall\theta\in\left(-\frac{\pi}{2},\frac{\pi}{2}\right)$，有

$$\psi'(\theta)\geqslant 0. \tag{2.5.98}$$

利用(2.5.88),(2.5.89)和(2.5.98),有

$$-1\leqslant\psi(\theta)\leqslant 1. \tag{2.5.99}$$

利用公式(2.5.90),有

$$\begin{aligned}\psi''(\theta)=&\frac{2}{\pi\cos^3\theta}(4\theta\cos\theta-2\pi\sin\theta\cos\theta)+\\&\frac{6\sin\theta}{\pi\cos^4\theta}[4(\cos\theta+\theta\sin\theta)-\pi(1+\sin^2\theta)].\end{aligned} \tag{2.5.100}$$

利用$\psi(\theta)$的定义、公式(2.5.90)和(2.5.100),可以看到

$$\begin{aligned}&\pi\cos^2\theta\left[\psi(\theta)-\sin\theta+\sin\theta\cos\theta\psi'(\theta)-\frac{1}{2}\cos^2\theta\psi''(\theta)\right]\\=&[4(\theta+\sin\theta\cos\theta)-2\pi\sin\theta]-\pi\sin\theta\cos^2\theta+2\sin\theta[4(\cos\theta+\theta\sin\theta)-\pi(1+\sin^2\theta)]-\\&\frac{1}{2}\cos^2\theta\left\{4(2\theta-\pi\sin\theta)+\frac{6\sin\theta}{\cos^2\theta}[4(\cos\theta+\theta\sin\theta)-\pi(1+\sin^2\theta)]\right\}\\=&(4\theta+4\sin\theta\cos\theta-2\pi\sin\theta)-\pi\sin\theta\cos^2\theta+(8\sin\theta\cos\theta+8\theta\sin^2\theta-\\&2\pi\sin\theta-2\pi\sin^3\theta)-(4\theta\cos^2\theta-2\pi\sin\theta\cos^2\theta+12\sin\theta\cos\theta+12\theta\sin^2\theta-\\&3\pi\sin\theta-3\pi\sin^3\theta)\end{aligned}$$

$$=-\pi\sin\theta+\pi\sin\theta\cos^2\theta+\pi\sin^3\theta=0. \tag{2.5.101}$$

上式右端第一项、第六项、第九项与第十二项的代数和恰为零. 上式右端第二项、第五项与第十一项的代数和也是零. 上式右端第三项、第七项和倒数第二项的代数和为$-\pi\sin\theta$. 上式右端第四项、第十项可合并. 上式右端第八项与最一项也可合并.

由于$\cos^2\theta>0$, 则引理 3 中的等式成立. 至此, 引理 3 的全部结论成立.

下面建立一个定理.

定理 6(钟家庆和杨洪苍) 设 M 是无边界的紧致连通可定向的 m 维 Riemann 流形, 且 M 的 Ricci 曲率非负, 则 M 的 Laplace 算子的第一特征值 $\lambda_1\geqslant\left(\frac{\pi}{d}\right)^2$, 这里 d 是 M 的直径.

证明 先证明

$$\varphi(\theta)\leqslant\psi(\theta),\ \forall\,\theta\in\left[-\frac{\pi}{2}+\delta,\ \frac{\pi}{2}-\delta\right], \tag{2.5.102}$$

这里 $\varphi(\theta)$在公式(2.5.61)中确定, $\psi(\theta)$在引理 3 中确定.

对不等式(2.5.102)用反证法, 设此不等式不成立, 则必存在 $\theta_0\in\left(-\frac{\pi}{2}+\delta,\ \frac{\pi}{2}-\delta\right)$, 使得

$$\varphi(\theta_0)-\psi(\theta_0)=\max_{\theta\in\left[-\frac{\pi}{2}+\delta,\ \frac{\pi}{2}-\delta\right]}(\varphi(\theta)-\psi(\theta))=b>0. \tag{2.5.103}$$

因此, 当 $\theta\in\left[-\frac{\pi}{2}+\delta,\ \frac{\pi}{2}-\delta\right]$时, 由上式, 有

$$\psi(\theta)+b\geqslant\varphi(\theta),$$

$$-1<\psi(\theta_0)+b=\varphi(\theta_0)\ (\text{利用不等式(2.5.99)知此不等式成立}),$$

$$(\psi(\theta)+b)'=\psi'(\theta)\geqslant 0(\text{利用(2.5.98)}). \tag{2.5.104}$$

因此, $\psi(\theta)+b$ 是 $\varphi(\theta)$在 θ_0 处的闸函数. 利用引理 2, 应当有

$$\varphi(\theta_0)\leqslant\sin\theta_0-\sin\theta_0\cos\theta_0\psi'(\theta_0)+\frac{1}{2}\cos^2\theta_0\psi''(\theta_0)=\psi(\theta_0)(\text{利用引理 3}). \tag{2.5.105}$$

不等式(2.5.105)与公式(2.5.104)的第二式是一对矛盾. 因此不等式(2.5.102)成立.

利用公式(2.5.61)和(2.5.102), 并注意到(2.5.11)中 $0\leqslant a_\varepsilon<1$, 有

$$F(\theta)=\lambda_1[1+a_\varepsilon\varphi(\theta)]\leqslant\lambda_1[1+a_\varepsilon\psi(\theta)]. \tag{2.5.106}$$

利用公式(2.5.57)和上式,有

$$|\nabla\theta|^2(x)\leqslant\lambda_1[1+a_\varepsilon\psi(\theta(x))]. \tag{2.5.107}$$

由于 M 紧致,在 M 上存在 x_1, x_2 两点,使得

$$\theta(x_1)=\frac{\pi}{2}-\delta,\ \theta(x_2)=-\frac{\pi}{2}+\delta. \tag{2.5.108}$$

用一条极小测地线 γ 连接 x_1, x_2 两点,用 s 表示这条测地线的弧长参数,明显地,沿这条测地线,有

$$\left(\frac{\mathrm{d}\theta}{\mathrm{d}s}\right)^2\leqslant|\nabla\theta|^2. \tag{2.5.109}$$

利用不等式(2.5.107)和(2.5.109),沿 γ,有

$$\frac{\mathrm{d}\theta}{\sqrt{1+a_\varepsilon\psi(\theta)}}\leqslant\sqrt{\lambda_1}\,\mathrm{d}s, \tag{2.5.110}$$

这里 $\mathrm{d}s>0$. 由于 d 是 M 的直径,则

$$\sqrt{\lambda_1}\,d\geqslant\sqrt{\lambda_1}\,L(\gamma)=\int_\gamma\sqrt{\lambda_1}\,\mathrm{d}s\geqslant\int_{-\frac{\pi}{2}+\delta}^{\frac{\pi}{2}-\delta}\frac{\mathrm{d}\theta}{\sqrt{1+a_\varepsilon\psi(\theta)}}, \tag{2.5.111}$$

这里 $L(\gamma)$ 表示 γ 的长度. 利用上式,有

$$\sqrt{\lambda_1}\,d\geqslant\int_{-\frac{\pi}{2}+\delta}^{0}\frac{\mathrm{d}\theta}{\sqrt{1+a_\varepsilon\psi(\theta)}}+\int_0^{\frac{\pi}{2}-\delta}\frac{\mathrm{d}\theta}{\sqrt{1+a_\varepsilon\psi(\theta)}}. \tag{2.5.112}$$

令 $\theta^*=-\theta$, 利用公式(2.5.97),有

$$\int_{-\frac{\pi}{2}+\delta}^{0}\frac{\mathrm{d}\theta}{\sqrt{1+a_\varepsilon\psi(\theta)}}=\int_{\frac{\pi}{2}-\delta}^{0}\frac{-\mathrm{d}\theta^*}{\sqrt{1-a_\varepsilon\psi(\theta^*)}}=\int_0^{\frac{\pi}{2}-\delta}\frac{\mathrm{d}\theta^*}{\sqrt{1-a_\varepsilon\psi(\theta^*)}}. \tag{2.5.113}$$

利用公式(2.5.112)和(2.5.113)(将 θ^* 改为 θ),有

$$\sqrt{\lambda_1}\,d\geqslant\int_0^{\frac{\pi}{2}-\delta}\left[\frac{1}{\sqrt{1+a_\varepsilon\psi(\theta)}}+\frac{1}{\sqrt{1-a_\varepsilon\psi(\theta)}}\right]\mathrm{d}\theta. \tag{2.5.114}$$

当实数 x 满足 $|x|<1$ 时, 显然有

$$\frac{1}{\sqrt{1+x}}+\frac{1}{\sqrt{1-x}}\geqslant\frac{2}{\sqrt{(1+x)(1-x)}}\geqslant 2. \qquad (2.5.115)$$

将(2.5.115)代入(2.5.114),有

$$\sqrt{\lambda_1}\,d\geqslant 2\int_0^{\frac{\pi}{2}-\delta}\mathrm{d}\theta=2\left(\frac{\pi}{2}-\delta\right). \qquad (2.5.116)$$

现在令 $\varepsilon\to 0$,利用公式(2.5.53)和(2.5.54),伴随有 $\delta\to 0$,再由不等式(2.5.116),有

$$\sqrt{\lambda_1}\,d\geqslant\pi,\ \lambda_1\geqslant\left(\frac{\pi}{d}\right)^2. \qquad (2.5.117)$$

编者的话

本讲内容取自丘成桐和 R. Schoen 合著的《微分几何讲义》(第二版)第三章第 109 页至第 117 页([1]),当然,编者也查阅了钟、杨两位教授合作发表的文章([2]).算子特征值的下界估计是一个大的方向,有许多文献,有兴趣的读者可以去查阅相关文章及书籍.

参考文献

[1] 丘成桐,孙理察.微分几何讲义.高等教育出版社,2004.
[2] 钟家庆,杨洪苍. On the estimate of the first eigenvalue of a compact Riemannian manifold. 中国科学(英文版),Vol. 27(1984):1265-1275.

第 6 讲　球面内闭极小嵌入超曲面的 Laplace 算子的第一特征值

设 M 是 $n+1$ 维单位球面 $S^{n+1}(1)$ 内一个闭极小嵌入超曲面,M 分 $S^{n+1}(1)$ 为两个连通区域 Ω_1, Ω_2, $\Omega_i(i=1,2)$ 的边界 $\partial\Omega_i=M$,在 Ω_i 上考虑方程

$$\Delta u=-\lambda_1(\Omega_i)u,\text{在 }\Omega_i\text{ 内},u\,|_M=0. \qquad (2.6.1)$$

下面固定下标 i,这里 Δ 是 $\Omega_i\subset S^{n+1}(1)$ 上的 Laplace 算子. $\lambda_1(\Omega_i)$ 是一个正常数,u 是一个光滑的不恒等于零的函数. 当 $\lambda_1(\Omega_i)$ 取最小的正常数时,称其为 Ω_i 内满足 Dirichlet 条件的 Laplace 算子的第一特征值. u 称为 Ω_i 内的第一特征函数.

利用本章第 1 讲内的公式(2.1.24)—(2.1.30),限制于 M,有

$$\omega_{n+1}=0,\ u_j\,|_M=0,\ 1\leqslant j\leqslant n,\text{记 }u_{n+1}\,|_M=g,$$

$$u_{jk}\,|_M=-h_{jk}g,\text{这里 }\omega_{j,n+1}\,|_M=\sum_{k=1}^n h_{jk}\omega_k.$$

由于 M 是极小超曲面，$\sum_{j=1}^{n} h_{jj} = 0$，$\sum_{j=1}^{n} u_{jj} \mid_M = 0$，

$$u_{n+1,\, n+1} \mid_M = \Delta u \mid_M - \sum_{j=1}^{n} u_{jj} \mid_M = 0 (\text{利用前一式及}(2.6.1)),$$

$$g_j = u_{n+1,\, j} \mid_M \tag{2.6.2}$$

限制于 M，这里 e_{n+1} 是沿 $\partial\Omega_i$ 的单位外法向量.

利用公式组(2.6.2)，记 $|\nabla u|^2 = \sum_{A=1}^{n+1} u_A^2$，有

$$\begin{aligned}
\frac{1}{2}\Delta |\nabla u|^2 &= \frac{1}{2}\sum_{A,\, B=1}^{n} (u_A^2)_{BB} = \sum_{A,\, B=1}^{n} (u_A u_{AB})_B \\
&= \sum_{A,\, B=1}^{n} u_{AB}^2 + \sum_{A,\, B=1}^{n+1} u_A u_{BAB} = \sum_{A,\, B=1}^{n+1} u_{AB}^2 + \sum_{A,\, B=1}^{n+1} u_A \left(u_{BBA} + \sum_{C=1}^{n} u_C R_{BCAB} \right) \\
&\quad (\text{利用上一讲公式}(2.5.25)，\text{即 Ricci 恒等式}) \\
&= \sum_{A,\, B=1}^{n+1} u_{AB}^2 - \lambda_1(\Omega_i) \sum_{A=1}^{n+1} u_A^2 + \sum_{A,\, B,\, C=1}^{n+1} u_A u_C (\delta_{BB}\delta_{CA} - \delta_{BA}\delta_{CB}) (\text{利用} \\
&\quad (2.6.1) \text{ 及 } \Omega_i \subset S^{n+1}(1) \text{ 中曲率张量公式}) \\
&= \sum_{A,\, B=1}^{n+1} u_{AB}^2 + [n - \lambda_1(\Omega_i)] \, |\nabla u|^2.
\end{aligned} \tag{2.6.3}$$

在 Ω_i 上积分上式，利用 Green 公式(例如，利用本章第 2 讲的公式(2.2.40))，有

$$\begin{aligned}
&\int_{\Omega_i} \sum_{A,\, B=1}^{n+1} u_{AB}^2 \mathrm{d}V + [n - \lambda_1(\Omega_i)] \int_{\Omega_i} |\nabla u|^2 \mathrm{d}V = \frac{1}{2}\int_M (|\nabla u|^2)_{n+1} \mathrm{d}A \\
&= \int_M \sum_{A=1}^{n+1} u_A u_{A,\, n+1} \mathrm{d}A = \int_M g u_{n+1,\, n+1} \mathrm{d}A (\text{利用公式组}(2.6.2) \text{ 的第二式}) \\
&= 0 (\text{利用公式组}(2.6.2) \text{ 的倒数第二式}).
\end{aligned} \tag{2.6.4}$$

利用上式，有

$$[\lambda_1(\Omega_i) - n] \int_{\Omega_i} |\nabla u|^2 \mathrm{d}V = \int_{\Omega_i} \sum_{A,\, B=1}^{n+1} u_{AB}^2 \mathrm{d}V. \tag{2.6.5}$$

又利用 Green 公式(例如利用本章第 2 讲的公式(2.2.40))，有

$$\int_{\Omega_i} u \Delta u \mathrm{d}V + \int_{\Omega_i} |\nabla u|^2 \mathrm{d}V = \int_{\partial\Omega_i} u u_{n+1} \mathrm{d}A = 0. \tag{2.6.6}$$

上式最后一个等式是利用方程(2.6.1).

利用(2.6.1)及上式,有

$$\int_{\Omega_i} |\nabla u|^2 dV = \lambda_1(\Omega_i)\int_{\Omega_i} u^2 dV. \tag{2.6.7}$$

将公式(2.6.7)代入(2.6.5),有

$$[\lambda_1(\Omega_i) - n]\lambda_1(\Omega_i)\int_{\Omega_i} u^2 dV = \int_{\Omega_i} \sum_{A, B=1}^{n+1} u_{AB}^2 dV. \tag{2.6.8}$$

在 Ω_i 内,明显地,有

$$\sum_{A, B=1}^{n+1} u_{AB}^2 \geqslant \sum_{A=1}^{n+1} u_{AA}^2 \geqslant \frac{1}{n+1}\left(\sum_{A=1}^{n+1} u_{AA}\right)^2 \text{(利用 Cauchy 不等式)}$$
$$= \frac{1}{n+1}[\lambda_1(\Omega_i)]u^2 \text{(利用方程(2.6.1))}. \tag{2.6.9}$$

又利用

$$\int_{\Omega_i} u^2 dV > 0, \tag{2.6.10}$$

以及利用(2.6.9)于(2.6.8),有

$$\lambda_1(\Omega_i) - n \geqslant \frac{1}{n+1}\lambda_1(\Omega_i). \tag{2.6.11}$$

由上式,有

$$\lambda_1(\Omega_i) \geqslant n+1, \tag{2.6.12}$$

这里下标 $i \in \{1, 2\}$.

因此,有

定理 7(Reilly) 设 M 是 $S^{n+1}(1)$ 内一个闭极小嵌入超曲面,M 分 $S^{n+1}(1)$ 为两个连通区域 Ω_1, Ω_2,则 $\Omega_i(i=1, 2)$ 的满足 Dirichlet 条件的 Laplace 算子的第一特征值 $\lambda_1(\Omega_i) \geqslant n+1$.

本讲下面估计 M 的 Laplace 算子 Δ_M 的第一特征值的下界. 设 λ_1 是 M 上 Laplace 算子 Δ_M 的第一特征值,即满足下述方程的最小正数,

$$\Delta_M f = -\lambda_1 f. \tag{2.6.13}$$

这里 M 上光滑的不恒等于零的函数 f 称为 M 上 Laplace 算子的第一特征

函数.

由于 M 是闭流形,利用第 1 章第 3 讲内引理 3,有

$$\int_M \Delta_M f \, dV = 0. \tag{2.6.14}$$

由(2.6.13)和(2.6.14),有

$$\int_M f \, dV = 0. \tag{2.6.15}$$

在 Ω_1 内,考虑下述方程

$$\Delta u = 0 \text{ 在 } \Omega_1 \text{ 内}, u|_M = f. \tag{2.6.16}$$

利用椭圆型方程理论,方程(2.6.16)一定有唯一光滑解 u. 完全类似本章第 1 讲的公式(2.1.24)—(2.1.30),有

$$\begin{aligned} &g = u_{n+1}|_M,\ u_k|_M = f_k,\ 1 \leqslant k \leqslant n, \\ &u_{kl}|_M = f_{kl} - h_{kl} g,\ u_{n+1,k}|_M = g_k + \sum_{j=1}^n h_{kj} f_j, \end{aligned} \tag{2.6.17}$$

这里下标 $j, k, l \in \{1, 2, \cdots, n\}$.

利用公式(2.6.16)和(2.6.17),有

$$\begin{aligned} u_{n+1,n+1}|_M &= \Delta u|_M - \sum_{k=1}^n u_{kk}|_M = -\sum_{k=1}^n (f_{kk} - h_{kk} g) \\ &= -\Delta_M f \text{(利用公式组(2.6.2) 中的第六个公式)} \\ &= \lambda_1 f \text{(利用(2.6.13))}. \end{aligned} \tag{2.6.18}$$

从而可以得到

$$\begin{aligned} \frac{1}{2}\Delta|\nabla u|^2 &= \sum_{A,B=1}^{n+1} u_{AB}^2 + \sum_{A,B=1}^{n+1} u_A \Big(u_{BBA} + \sum_{C=1}^{n+1} u_C R_{BCAB}\Big) \text{(利用本讲公式(2.6.3)的前半部分)} \\ &= \sum_{A,B=1}^{n+1} u_{AB}^2 + \sum_{A,B,C=1}^{n+1} u_A u_C (\delta_{BB}\delta_{CA} - \delta_{BA}\delta_{CB}) \text{(利用方程(2.6.16)及公式(2.6.3) 的后半部分)} \\ &= \sum_{A,B=1}^{n+1} u_{AB}^2 + n|\nabla u|^2 \geqslant n|\nabla u|^2. \end{aligned} \tag{2.6.19}$$

在 Ω_1 上积分上式两端,有

$$n\int_{\Omega_1} |\nabla u|^2 dV \leqslant \frac{1}{2}\int_{\Omega_1} \Delta |\nabla u|^2 dV = \frac{1}{2}\int_M (|\nabla u|^2)_{n+1} dA$$

(利用 Green 公式,这里 e_{n+1} 是 $\partial\Omega_1$ 的单位外法向量)

$$= \int_M \sum_{A=1}^{n+1} u_A u_{A,\ n+1} dA = \int_M \Big[\sum_{k=1}^n f_k\big(g_k + \sum_{j=1}^n h_{kj} f_j\big) + \lambda_1 fg\Big] dA$$

(利用(2.6.17)和(2.6.18)). (2.6.20)

利用本章第2讲内公式(2.2.40)(Green 公式),由于∂M是空集,有

$$\int_M g\Delta_M f dA + \int_M \sum_{k=1}^n f_k g_k dA = 0. \tag{2.6.21}$$

由上式,利用公式(2.6.13),有

$$\int_M \sum_{k=1}^n f_k g_k dA = \lambda_1 \int_M fg dA. \tag{2.6.22}$$

将公式(2.6.22)代入(2.6.20),有

$$n\int_{\Omega_1} |\nabla u|^2 dV \leqslant 2\lambda_1 \int_M fg dA + \int_M \sum_{j,\ k=1}^n h_{kj} f_j f_k dA. \tag{2.6.23}$$

利用公式(2.6.6)的第一个等式,以及方程(2.6.16)和(2.6.17)的第一个等式,有

$$0 < \int_{\Omega_1} |\nabla u|^2 dV = \int_M fg dA. \tag{2.6.24}$$

将(2.6.24)代入(2.6.23),有

$$0 \leqslant (2\lambda_1 - n)\int_M fg dA + \int_M \sum_{j,\ k=1}^n h_{kj} f_j f_k dA. \tag{2.6.25}$$

不妨设

$$\int_M \sum_{j,\ k=1}^n h_{jk} f_j f_k dA \leqslant 0. \tag{2.6.26}$$

由于 $\partial\Omega_1 = M$,如果

$$\int_M \sum_{j,\ k=1}^n h_{jk} f_j f_k dA > 0, \tag{2.6.27}$$

而沿 $\partial\Omega_2 = M$ 的单位外法向量是 $-e_{n+1}$，相应的第二基本形式分量是 $-h_{jk}$，因此，在假设(2.6.27) 成立时，必有

$$\int_M \sum_{j,k=1}^{n} (-h_{jk}) f_j f_k \mathrm{d}A < 0. \tag{2.6.28}$$

因此，用 Ω_2 代替上述 Ω_1，公式(2.6.13)开始的叙述一切都成立，而不等式(2.6.27)被不等式(2.6.28)代替. 因而不等式(2.6.26)的假设是可行的.

利用(2.6.25)和(2.6.26)，有

$$0 \leqslant (2\lambda_1 - n)\int_M fg\,\mathrm{d}A. \tag{2.6.29}$$

利用(2.6.24)和上式，有

$$\lambda_1 \geqslant \frac{n}{2}. \tag{2.6.30}$$

因此，有

定理 8(H. I. Choi and A. N. Wang)　设 M 是 $S^{n+1}(1)$ 内一个闭极小嵌入超曲面，则 M 的 Laplace 算子的第一特征值 $\lambda_1 \geqslant \frac{n}{2}$.

编者的话

本讲的内容是根据 Reilly 文章中的一个定理([1])以及 H. I. Choi 和王霭农教授合作的文章([2])写成的.

设 X 是超曲面 $M \subset S^{n+1}(1) \subset R^{n+2}$ 的位置向量场，由 Gauss 公式，有

$$X_{ij} = h_{ij} e_{n+1} - \delta_{ij} X, \tag{2.6.31}$$

这里 e_{n+1} 是 M 在 $S^{n+1}(1)$ 内的单位法向量场，h_{ij} 是沿 e_{n+1} 的 M 的第二基本形式分量. 利用上式，有

$$\Delta_M X = \sum_{j=1}^{n} X_{jj} = nHe_{n+1} - nX. \tag{2.6.32}$$

由于 M 是极小的，上式中 H(平均曲率)恒等于零，于是有

$$\Delta_M X = -nX. \tag{2.6.33}$$

记 $X = (x_1, x_2, \cdots, x_{n+2}) \subset R^{n+2}$，这里 $\sum_{B=1}^{n+2} x_B^2 = 1$，由上式，有

$$\Delta_M x_B = -n x_B,\ 1 \leqslant B \leqslant n+2. \tag{2.6.34}$$

依此公式,当代著名的微分几何学家猜测 $S^{n+1}(1)$ 内闭极小嵌入超曲面的 Laplace 算子的第一特征值

$$\lambda_1 = n. \tag{2.6.35}$$

本讲的两个定理是解决上述猜测的一个起点.

参考文献

[1] R. C. Reilly. Applications of the Hessian operator in a Riemannian manifold. *Indiana Univ. Math. Jour.*, Vol. 26(1977): 459 - 472.

[2] H. I. Choi and A. N. Wang. A first eigenvalue estimate for minimal hypersurfaces. *Jour. Diff. Geom.*, Vol. 18(1983): 559 - 562.

第 3 章　给定曲率的超曲面的几个存在性定理

第 1 讲　给定平均曲率函数的 R^{n+1} 内同胚于 $S^n(1)$ 的闭超曲面存在性

1982 年,丘成桐教授提出了一个非线性整体问题：是否存在 n 维球面 $S^n(1)$ 到 $n+1$ 维欧氏空间 R^{n+1} 内一个嵌入 X：$S^n(1)\to R^{n+1}$,其平均曲率是 R^{n+1} 中某个区域内给定的光滑函数 H([1])?

1974 年 Bakelman 和 Kantor, 1983 年 Treibergs 和 Wei 先后得到了一个定理. 本讲介绍 Treibergs 和 Wei 的文章([2]).

设 $r=(x_1, x_2, \cdots, x_{n+1})$ 是 R^{n+1} 内单位球面 $S^n(1)$ 的位置向量场,u 是 $S^n(1)$ 上一个光滑函数. 在 R^{n+1} 内引入一个超曲面 M,其位置向量场

$$X=\mathrm{e}^u r, \tag{3.1.1}$$

这里 $\mathrm{e}^u r$ 是 $\mathrm{e}^{u(r)} r$ 的缩写. 显然 M 是一个微分同胚于 $S^n(1)$的闭超曲面.

下面计算 M 的平均曲率.

在 $S^n(1)$上,选择一个局部正交标架场 $e_1, e_2, \cdots, e_n$,使得

$$r_i=e_i,\ 1\leqslant i\leqslant n, \tag{3.1.2}$$

这里下标 i 表示沿 e_i 方向的协变导数. 用$\langle,\rangle$表示 R^{n+1} 内向量的内积. 在本讲,下标 $i, j, k, l, \cdots\in\{1, 2, \cdots, n\}$.

将公式(3.1.1)两端求导,有

$$X_i=\mathrm{e}^u(u_i r+r_i),\ 1\leqslant i\leqslant n. \tag{3.1.3}$$

M 的度量张量

$$\begin{aligned} g_{ij} &=\langle X_i, X_j\rangle=\mathrm{e}^{2u}\langle u_i r+r_i, u_j r+r_j\rangle \\ &=\mathrm{e}^{2u}(u_i u_j+\delta_{ij}),\ 1\leqslant i, j\leqslant n. \end{aligned} \tag{3.1.4}$$

这里利用了

$$\langle r, r_i \rangle = 0, \langle r_i, r_j \rangle = \delta_{ij} (\text{利用}(3.1.2)). \tag{3.1.5}$$

记在 R^{n+1} 内, M 的单位法向量为 $\boldsymbol{n}$, 由于 $X_1, X_2, \cdots, X_n$ 组成 M 的切空间的基,因而在 M 的同一点处,有

$$\langle \boldsymbol{n}, X_i \rangle = 0. \tag{3.1.6}$$

利用公式(3.1.3), (3.1.6)及待定系数法,很容易由计算得到(可以相差一个符号)

$$\boldsymbol{n} = \frac{1}{\sqrt{1+|\nabla u|^2}} \left(\sum_{j=1}^{n} u_j r_j - r \right), \tag{3.1.7}$$

这里 ∇ 是 M 的联络,即 $|\nabla u|^2 = \sum_{j=1}^{n} u_j^2$.

利用 Weingarten 公式,在 R^{n+1} 内,沿单位法向量 $\boldsymbol{n}$ 的 M 的平均曲率函数 H 满足

$$nH(\mathrm{e}^u r) = -\sum_{i, j=1}^{n} g^{ij} \langle \mathrm{d}\boldsymbol{n}(e_i), X_j \rangle, \tag{3.1.8}$$

这里矩阵 (g^{ij}) 是 M 的度量矩阵 (g_{ij}) 的逆矩阵. 由计算可以得到

$$g^{ij} = \mathrm{e}^{-2u} \left(\delta_{ij} - \frac{u_i u_j}{1+|\nabla u|^2} \right), 1 \leqslant i, j \leqslant n. \tag{3.1.9}$$

利用(3.1.7)两端乘以 $\sqrt{1+|\nabla u|^2}$, 再两端微分,可以得到

$$\begin{aligned} \mathrm{d}\sqrt{1+|\nabla u|^2}\, n + \sqrt{1+|\nabla u|^2}\, \mathrm{d}\boldsymbol{n} &= \sum_{j=1}^{n} \mathrm{d}u_j r_j + \sum_{j=1}^{n} u_j \mathrm{d}r_j - \mathrm{d}r \\ &= \sum_{j=1}^{n} \left(\sum_{k=1}^{n} u_{jk}\omega_k + \sum_{k=1}^{n} u_k \omega_{jk} \right) r_j + \sum_{j=1}^{n} u_j \left(\sum_{k=1}^{n} r_{jk}\omega_k + \sum_{k=1}^{n} r_k \omega_{jk} \right) - \sum_{j=1}^{n} r_j \omega_j \\ &= \sum_{j, k=1}^{n} u_{jk}\omega_k r_j + \sum_{j, k=1}^{n} u_j (-\delta_{jk} r) \omega_k - \sum_{j=1}^{n} r_j \omega_j. \end{aligned} \tag{3.1.10}$$

这里将第二个等式右端倒数第二大项中的下标 j, k 互换,与右端第二大项之和是零. 另外,利用了 $S^n(1)$ 上的 Gauss 公式 $r_{jk} = -\delta_{jk} r$. 而 $\omega_1, \omega_2, \cdots, \omega_n$ 是 $e_1, e_2, \cdots, e_n$ 的对偶基.

将上式两端作用在 e_i 上,有

$$(\mathrm{d}\sqrt{1+|\nabla u|^2})(e_i)\boldsymbol{n} + \sqrt{1+|\nabla u|^2}\, \mathrm{d}\boldsymbol{n}(e_i) = \sum_{j=1}^{n} u_{ji} r_j - u_i r - r_i. \tag{3.1.11}$$

再将上式两端与 X_j 作内积,利用公式(3.1.3),(3.1.5)和(3.1.6),有

$$\sqrt{1+|\nabla u|^2}\langle \mathrm{d}\boldsymbol{n}(e_i),\ X_j\rangle = \mathrm{e}^u(u_{ji}-u_iu_j-\delta_{ij}). \tag{3.1.12}$$

将公式(3.1.9)和(3.1.12)代入公式(3.1.8),有

$$\begin{aligned}\sqrt{1+|\nabla u|^2}\,nH(\mathrm{e}^u r) &= -\mathrm{e}^{-u}\sum_{i,\,j=1}^n\left(\delta_{ij}-\frac{u_iu_j}{1+|\nabla u|^2}\right)(u_{ji}-u_iu_j-\delta_{ij})\\ &= -\mathrm{e}^{-u}\Big(\Delta u-\frac{1}{1+|\nabla u|^2}\sum_{i,\,j=1}^n u_iu_ju_{ji}-|\nabla u|^2+\\ &\quad \frac{|\nabla u|^4}{1+|\nabla u|^2}-n+\frac{|\nabla u|^2}{1+|\nabla u|^2}\Big)\\ &= -\mathrm{e}^{-u}\Big(\Delta u-\frac{1}{1+|\nabla u|^2}\sum_{i,\,j=1}^n u_iu_ju_{ji}-n\Big)\end{aligned}$$

(这里,第二个等式右端圆括号内的第三项、第四项与最后一项的代数和恰为零).　(3.1.13)

将上式两端乘以 $\mathrm{e}^u(1+|\nabla u|^2)$,可以得到

$$(1+|\nabla u|^2)\Delta u-\sum_{i,\,j=1}^n u_iu_ju_{ji}-n(1+|\nabla u|^2)+n\mathrm{e}^u(1+|\nabla u|^2)^{\frac{3}{2}}H(\mathrm{e}^u r)=0. \tag{3.1.14}$$

如果 $H(X)\in C^{k,\,\alpha}(R^{n+1}-\{0\})$,这里正整数 $k\geqslant 1$, $\alpha\in(0,\,1)$,能否找到一个同胚于 $S^n(1)$ 的闭超曲面 M,使得其平均曲率恰为函数 H?这一问题可转化为给定函数 H,寻找满足拟线性椭圆型方程(3.1.14)的 $S^n(1)$ 上的整体解.

下面用标准的拟线性椭圆型方程的理论来解方程(3.1.14).

$\forall\, v\in C^{k,\,\alpha}(S^n(1))$, $\forall\, t\in[0,\,1]$,设 $S^n(1)$ 上可微函数 u 满足

$$\begin{aligned}&\sum_{i,\,j=1}^n[(1+|\nabla v|^2)\delta_{ij}-v_iv_j]u_{ij}-u\\ &= t[n(1+|\nabla v|^2)-n\mathrm{e}^v(1+|\nabla v|^2)^{\frac{3}{2}}H(\mathrm{e}^v r)-v],\end{aligned} \tag{3.1.15}$$

这里 $H(X)$ 是 $C^{k,\,\alpha}(R^{n+1}-\{0\})$ 内一个给定函数. 方程(3.1.15)对应的齐次方程是

$$\sum_{i,\,j=1}^n[(1+|\nabla v|^2)\delta_{ij}-v_iv_j]u_{ij}-u=0. \tag{3.1.16}$$

由于 $S^n(1)$ 紧致,有

$$u(x_0)=\max_{x\in S^n(1)} u(x). \tag{3.1.17}$$

由于矩阵 $((1+|\nabla v|^2)\delta_{ij}-v_iv_j)(x_0)$ 是对称正定矩阵，则由方程(3.1.16)，有

$$u(x_0)=\sum_{i,j=1}^{n}[(1+|\nabla v|^2)\delta_{ij}-v_iv_j](x_0)u_{ij}(x_0)\leqslant 0. \tag{3.1.18}$$

类似地，有

$$u(x_1)=\min_{x\in S^n(1)} u(x). \tag{3.1.19}$$

利用方程(3.1.16)及上式，有

$$u(x_1)=\sum_{i,j=1}^{n}[(1+|\nabla v|^2)\delta_{ij}-v_iv_j](x_1)u_{ij}(x_1)\geqslant 0. \tag{3.1.20}$$

由(3.1.18)和(3.1.20)可以知道，方程(3.1.16)的解 u 必是零函数. 由椭圆型方程理论可以知道：$\forall v\in C^{k,\alpha}(S^n(1))$, $\forall t\in[0,1]$，方程(3.1.15)总有一解 $u\in C^{k+1,\alpha}(S^n(1))$(利用Fredholm二择一性质和正则性定理). 因此，能定义映射 T：

$$C^{k,\alpha}(S^n(1))\times[0,1]\to C^{k,\alpha}(S^n(1)),\ T(v,t)=u. \tag{3.1.21}$$

T 是 $C^{k,\alpha}(S^n(1))\times[0,1]$ 到 $C^{k,\alpha}(S^n(1))$ 内的一个紧映射(即有界集的像的闭包紧).

下面给出 Leray-Schauder 不动点定理(见[3]内第 231 页定理 10.6)：设 B 是一个 Banach 空间，T 是从 $B\times[0,1]$ 到 B 中的一个紧映射，满足 $\forall x\in B$, $T(x,0)=0$，如果存在一个常数 C^*，使得对满足 $x=T(x,t)$ 的所有 $(x,t)\in B\times[0,1]$，都有 $\|x\|_B\leqslant C^*$，则由 $T_1x=T(x,1)$ 给出的 B 到自身中的映射 T_1 有一个不动点. 应用这个不动点定理，如果能证明对于满足下述方程

$$\begin{aligned}&\sum_{i,j=1}^{n}[(1+|\nabla u|^2)\delta_{ij}-u_iu_j]u_{ij}-u\\&=t[n(1+|\nabla u|^2)-ne^u(1+|\nabla u|^2)^{\frac{3}{2}}H(e^ur)-u]\end{aligned} \tag{3.1.22}$$

的所有可微分解 u(即 $u(r)$)，这里 $t\in[0,1]$，都有

$$\|u\|_{C^1(S^n(1))}\leqslant C^*, \tag{3.1.23}$$

则方程(3.1.14)有一个可微分解(见[3]第十二章及单位分解定理).

下面讲述

定理 1　(Bakelman 和 Kantor, Treibergs 和 Wei)

假设函数 $H(X)\in C^{k,\alpha}(R^{n+1}-\{0\})$,这里正整数 $k\geqslant 1$, $\alpha\in(0,1)$,满足下述两个条件:

(1)存在两个正常数 r_1, r_2, $0<r_1\leqslant 1\leqslant r_2$,当 $0<|X|<r_1$ 时,$H(X)>\frac{1}{|X|}$;当 $|X|>r_2$ 时,$H(X)<\frac{1}{|X|}$; (2)对于满足 $r_1\leqslant\rho\leqslant r_2$ 和 $|r|=1$ 的所有 ρ, r,有 $\frac{\partial}{\partial\rho}[\rho H(\rho r)]\leqslant 0$,那么,在 R^{n+1} 内有一个同胚于 $S^n(1)$ 的闭超曲面,其平均曲率由 $H(X)$ 给出.

证明　从前面叙述可以知道,只要证明在定理条件(1)和(2)之下,对满足方程(3.1.22)的所有解 u,这里 $t\in(0,1]$,始终有不等式(3.1.23)(当 $t=0$ 时,由前面叙述知道,方程(3.1.22) 只有零解). 实际上只要证明 u 是上、下有界的,以及 $|\nabla u|^2$ 是上有界的.

由于 $S^n(1)$紧致,有一点 $x_1\in S^n(1)$, 使得

$$u(x_1)=\max_{x\in S^n(1)}u(x). \tag{3.1.24}$$

下面证明

$$u(x_1)\leqslant\ln r_2. \tag{3.1.25}$$

用反证法,利用 $r_2\geqslant 1$, 设

$$u(x_1)>\ln r_2\geqslant 0,\text{即 } e^{u(x_1)}>r_2, \tag{3.1.26}$$

那么方程(3.1.22)的左端

$$\left\{\sum_{i,j=1}^{n}[(1+|\nabla u|^2)\delta_{ij}-u_iu_j]u_{ij}-u\right\}(x_1)\leqslant -u(x_1) \tag{3.1.27}$$

(利用对称矩阵 $((1+|\nabla u|^2)\delta_{ij}-u_iu_j)(x_1)$ 是正定的,上式左端第一大项在 u 的最大值点 x_1 小于等于零). (3.1.27)

由不等式(3.1.26)及定理 1 条件(1),有

$$[e^uH(e^ur)](x_1)<1. \tag{3.1.28}$$

方程(3.1.22)的右端

$$\begin{aligned}&t[n(1+|\nabla u|^2)-ne^u(1+|\nabla u|^2)^{\frac{3}{2}}H(e^ur)-u](x_1)\\=&t[n-ne^uH(e^ur)-u](x_1)\text{(利用 } |\nabla u|(x_1)=0)\\>&-tu(x_1)\text{(利用(3.1.28))}\end{aligned}$$

$$\geqslant -u(x_1)(\text{利用 } t\in(0,1] \text{ 及不等式(3.1.26)}). \tag{3.1.29}$$

利用方程(3.1.22)可知,不等式(3.1.27)和(3.1.29)是一对矛盾.所以不等式(3.1.25)成立.

完全类似地利用定理条件(1),可以证明

$$u(x_2)=\min_{x\in S^n(1)} u(x)\geqslant \ln r_1. \tag{3.1.30}$$

因而函数 u 是上、下有界的.

下面估计 $|\nabla u|^2$. $\forall x\in S^n(1)$,令

$$\psi(x)=\mathrm{e}^{2Cu(x)}|\nabla u|^2(x), \tag{3.1.31}$$

这里 C 是一个待定的大于等于 1 的正常数,ψ 是 $S^n(1)$上的可微分函数.

连续微分,有

$$\psi_i=2\mathrm{e}^{2Cu}\left(Cu_i|\nabla u|^2+\sum_{j=1}^n u_ju_{ji}\right), \tag{3.1.32}$$

$$\psi_{ij}=2\mathrm{e}^{2Cu}\Big[2Cu_j\left(Cu_i|\nabla u|^2+\sum_{l=1}^n u_lu_{li}\right)+Cu_{ij}|\nabla u|^2+ 2Cu_i\sum_{l=1}^n u_lu_{lj}+\sum_{l=1}^n u_{lj}u_{li}+\sum_{l=1}^n u_lu_{lij}\Big]. \tag{3.1.33}$$

由于 $S^n(1)$是紧致的,则 ψ 在某点 $x_0\in S^n(1)$ 上达到最大值.如果$|\nabla u|(x_0)\leqslant 1$,利用后面确定的正常数 C, $\forall x\in S^n(1)$, 有

$$\begin{aligned}(\mathrm{e}^{2Cu}|\nabla u|^2)(x)&=\psi(x)(\text{利用(3.1.31)})\\ &\leqslant\psi(x_0)\leqslant \mathrm{e}^{2Cu(x_0)}(\text{利用 }|\nabla u|(x_0)\leqslant 1)\\ &\leqslant r_2^{2C}(\text{利用不等式(3.1.25)}).\end{aligned} \tag{3.1.34}$$

利用不等式(3.1.30)和(3.1.34),有

$$\mathrm{e}^{2C\ln r_1}|\nabla u|^2(x)\leqslant r_2^{2C}. \tag{3.1.35}$$

由上式,有

$$|\nabla u|^2(x)\leqslant\left(\frac{r_2}{r_1}\right)^{2C}. \tag{3.1.36}$$

下面考虑 $|\nabla u|(x_0)>1$ 的情况.下面的计算全部都在点 x_0 进行,利用 $\psi_i(x_0)=0$ 及公式(3.1.32),在点 x_0,有

$$\sum_{j=1}^{n} u_j u_{ji} = -Cu_i \mid \nabla u \mid^2. \tag{3.1.37}$$

将上式两端乘以 u_i，且关于 i 从1到 n 求和，在点 x_0，有

$$\sum_{i,\,j=1}^{n} u_i u_j u_{ji} = -C \mid \nabla u \mid^4. \tag{3.1.38}$$

利用(3.1.37)，在点 x_0，立即有

$$\sum_{i,\,j,\,l=1}^{n} u_j u_{ji} u_l u_{li} = C^2 \mid \nabla u \mid^6. \tag{3.1.39}$$

显然有

$$\left\{\sum_{i,\,j=1}^{n} [(1+\mid \nabla u \mid^2)\delta_{ij} - u_i u_j]\psi_{ij}\right\}(x_0) \leqslant 0. \tag{3.1.40}$$

利用公式(3.1.33)，(3.1.37)，(3.1.38)，(3.1.39)和(3.1.40)，在点 x_0，有

$$\begin{aligned}
0 \geqslant & \sum_{i,\,j=1}^{n} [(1+\mid \nabla u \mid^2)\delta_{ij} - u_i u_j]\Big[Cu_{ij} \mid \nabla u \mid^2 + 2Cu_i(-Cu_j \mid \nabla u \mid^2) + \\
& \sum_{l=1}^{n} u_{lj} u_{li} + \sum_{l=1}^{n} u_l u_{lij}\Big] \\
= & (1+\mid \nabla u \mid^2) \mid \nabla u \mid^2 C \sum_{j=1}^{n} u_{jj} + C^2 \mid \nabla u \mid^6 - 2C^2(1+\mid \nabla u \mid^2) \mid \nabla u \mid^4 + \\
& 2C^2 \mid \nabla u \mid^6 + (1+\mid \nabla u \mid^2) \sum_{i,\,j=1}^{n} u_{ij}^2 - C^2 \mid \nabla u \mid^6 + (1+\mid \nabla u \mid^2) \sum_{i,\,l=1}^{n} u_l u_{lii} - \\
& \sum_{i,\,j,\,l=1}^{n} u_l u_{lij} u_i u_j \\
= & (1+\mid \nabla u \mid^2) \sum_{i,\,j=1}^{n} u_{ij}^2 + C \mid \nabla u \mid^2 (1+\mid \nabla u \mid^2) \sum_{j=1}^{n} u_{jj} + (1+\mid \nabla u \mid^2) \sum_{i,\,j=1}^{n} u_j u_{jii} - \\
& \sum_{i,\,j,\,l=1}^{n} u_i u_j u_l u_{lij} - 2C^2 \mid \nabla u \mid^4.
\end{aligned} \tag{3.1.41}$$

这里，第一个等式右端的第二大项与第六大项恰好抵消；第三大项与第四大项可合并.

在点 x_0，可选择 $e_1,\ e_2,\ \cdots,\ e_n$，使得

$$u_1 = \mid \nabla u \mid > 1,\ u_i = 0(2 \leqslant i \leqslant n). \tag{3.1.42}$$

利用公式(3.1.37)和(3.1.42)，在点 x_0，有

$$u_1 u_{11} = -Cu_1 \mid \nabla u \mid^2, \text{则 } u_{11} = -C \mid \nabla u \mid^2. \tag{3.1.43}$$

利用上式,在点 x_0,有

$$\sum_{i,j=1}^{n} u_{ij}^2 \geqslant u_{11}^2 = C^2 \mid \nabla u \mid^4. \tag{3.1.44}$$

记

$$B = t[n(1+\mid \nabla u \mid^2) - ne^u(1+\mid \nabla u \mid^2)^{\frac{3}{2}} H(e^u r)] + (1-t)u, \tag{3.1.45}$$

那么,方程(3.1.22)可以简写为

$$\sum_{i,j=1}^{n} [(1+\mid \nabla u \mid^2)\delta_{ij} - u_i u_j] u_{ij} = B. \tag{3.1.46}$$

利用公式(3.1.38)和上式,在点 x_0,有

$$(1+\mid \nabla u \mid^2) \sum_{j=1}^{n} u_{jj} = B - C \mid \nabla u \mid^4. \tag{3.1.47}$$

将公式(3.1.44)和(3.1.47)代入(3.1.41),在点 x_0,有

$$\begin{aligned} 0 &\geqslant (1+\mid \nabla u \mid^2) C^2 \mid \nabla u \mid^4 + C \mid \nabla u \mid^2 (B - C \mid \nabla u \mid^4) + (1+\mid \nabla u \mid^2) \sum_{i,j=1}^{n} u_j u_{jii} - \\ &\quad \sum_{i,j,l=1}^{n} u_i u_j u_l u_{lij} - 2C^2 \mid \nabla u \mid^4 \\ &= BC \mid \nabla u \mid^2 - C^2 \mid \nabla u \mid^4 + (1+\mid \nabla u \mid^2) \sum_{i,j=1}^{n} u_j u_{jii} - \sum_{i,j,l=1}^{n} u_i u_j u_l u_{lij}. \end{aligned} \tag{3.1.48}$$

上式不等式右端的第一大项、第二大项与最后一项可合并.

由公式(3.1.46),可以得到

$$\begin{aligned} \sum_{l=1}^{n} B_l u_l = \sum_{l=1}^{n} \Big\{ &\sum_{i,j=1}^{n} \Big[2 \sum_{k=1}^{n} u_k u_{kl} \delta_{ij} - u_{il} u_j - u_i u_{jl} \Big] u_{ij} + \\ &\sum_{i,j=1}^{n} [(1+\mid \nabla u \mid^2)\delta_{ij} - u_i u_j] u_{ijl} \Big\} u_l. \end{aligned} \tag{3.1.49}$$

将公式(3.1.37)和(3.1.39)代入上式,在点 x_0,有

$$\sum_{l=1}^{n} B_l u_l = \sum_{l=1}^{n} \Big\{ -2Cu_l \mid \nabla u \mid^2 \sum_{j=1}^{n} u_{jj} + C \mid \nabla u \mid^2 \sum_{i=1}^{n} u_{il} u_i + C \mid \nabla u \mid^2 \sum_{j=1}^{n} u_{jl} u_j \Big\} u_l +$$

$$\sum_{j,\,l=1}^{n}(1+|\nabla u|^2)u_{jjl}u_l-\sum_{i,\,j,\,l=1}^{n}u_iu_ju_lu_{ijl}$$
$$=-2C|\nabla u|^4\sum_{j=1}^{n}u_{jj}-2C^2|\nabla u|^6+(1+|\nabla u|^2)\sum_{j,\,l=1}^{n}u_{jjl}u_l-$$
$$\sum_{i,\,j,\,l=1}^{n}u_iu_ju_lu_{ijl}\text{（利用(3.1.38)）}. \tag{3.1.50}$$

利用上式，移项后，在点 x_0，有

$$(1+|\nabla u|^2)\sum_{j,\,l=1}^{n}u_{jjl}u_l-\sum_{i,\,j,\,l=1}^{n}u_iu_ju_lu_{ijl}$$
$$=\sum_{l=1}^{n}B_lu_l+2C|\nabla u|^4(1+|\nabla u|^2)^{-1}(B-C|\nabla u|^4)+$$
$$2C^2|\nabla u|^6\text{（利用(3.1.47)）}$$
$$=\sum_{l=1}^{n}B_lu_l+2C|\nabla u|^4(1+|\nabla u|^2)^{-1}B+2C^2(1+|\nabla u|^2)^{-1}|\nabla u|^6. \tag{3.1.51}$$

利用第 2 章第 5 讲公式(2.5.25)，即 Ricci 恒等式，有

$$\sum_{i,\,j=1}^{n}u_iu_{ijj}-\sum_{i,\,j=1}^{n}u_iu_{jji}=\sum_{i,\,j=1}^{n}u_i(u_{jij}-u_{jji})=\sum_{i,\,j,\,l=1}^{n}u_iu_lR_{jlij}$$
$$=\sum_{i,\,j,\,l=1}^{n}u_iu_l(\delta_{jj}\delta_{li}-\delta_{ji}\delta_{lj})=(n-1)|\nabla u|^2, \tag{3.1.52}$$

这里 R_{jlij} 是 $S^n(1)$ 上的曲率张量.

利用公式(3.1.51)和(3.1.52)，在点 x_0，有

$$(1+|\nabla u|^2)\sum_{i,\,j=1}^{n}u_iu_{ijj}-\sum_{i,\,j,\,l=1}^{n}u_iu_ju_lu_{ijl}$$
$$=\sum_{l=1}^{n}B_lu_l+2C|\nabla u|^4(1+|\nabla u|^2)^{-1}B+$$
$$2C^2(1+|\nabla u|^2)^{-1}|\nabla u|^6+$$
$$(n-1)|\nabla u|^2(1+|\nabla u|^2). \tag{3.1.53}$$

将上式代入不等式(3.1.48)，并且在不等式两端乘以 $1+|\nabla u|^2$，在点 x_0，有

$$0\geqslant(1+|\nabla u|^2)\sum_{l=1}^{n}B_lu_l+(n-1)|\nabla u|^2(1+|\nabla u|^2)^2+$$

$$C\mid\nabla u\mid^2(1+\mid\nabla u\mid^2)B+2C\mid\nabla u\mid^4B-$$
$$C^2\mid\nabla u\mid^4(1+\mid\nabla u\mid^2)+2C^2\mid\nabla u\mid^6$$
$$=(1+\mid\nabla u\mid^2)\sum_{l=1}^n B_lu_l+(n-1)\mid\nabla u\mid^2(1+\mid\nabla u\mid^2)^2+$$
$$C\mid\nabla u\mid^2(1+3\mid\nabla u\mid^2)B+C^2\mid\nabla u\mid^4(\mid\nabla u\mid^2-1).\qquad(3.1.54)$$

利用公式(3.1.45),在点 x_0,有

$$C\mid\nabla u\mid^2(1+3\mid\nabla u\mid^2)B+(1+\mid\nabla u\mid^2)\sum_{l=1}^n B_lu_l$$
$$=C\mid\nabla u\mid^2(1+3\mid\nabla u\mid^2)\{t[n(1+\mid\nabla u\mid^2)-ne^u(1+\mid\nabla u\mid^2)^{\frac{3}{2}}H(e^ur)]+$$
$$(1-t)u\}+(1+\mid\nabla u\mid^2)\Big\{2tn\sum_{i,l=1}^n u_iu_{il}u_l-tne^u\mid\nabla u\mid^2(1+\mid\nabla u\mid^2)^{\frac{3}{2}}H(e^ur)-$$
$$tne^u\frac{3}{2}(1+\mid\nabla u\mid^2)^{\frac{1}{2}}2\sum_{i,l=1}^n u_iu_{il}u_lH(e^ur)-$$
$$tne^u(1+\mid\nabla u\mid^2)^{\frac{3}{2}}\sum_{l=1}^n[H(e^ur)]_lu_l+(1-t)\mid\nabla u\mid^2\Big\}$$
$$\geqslant 3C\mid\nabla u\mid^4[tn\mid\nabla u\mid^2-tne^u(1+\mid\nabla u\mid^2)^{\frac{3}{2}}H(e^ur)]+\mid\nabla u\mid^2\Big\{-2tnC\mid\nabla u\mid^4-$$
$$tne^u\mid\nabla u\mid^2(1+\mid\nabla u\mid^2)^{\frac{3}{2}}H(e^ur)+3tnCe^u\mid\nabla u\mid^4(1+\mid\nabla u\mid^2)^{\frac{1}{2}}H(e^ur)-$$
$$tne^u(1+\mid\nabla u\mid^2)^{\frac{3}{2}}\sum_{l=1}^n[H(e^ur)]_lu_l\Big\}-C_1C\mid\nabla u\mid^5.\qquad(3.1.55)$$

这里不等式右端只保留 $|\nabla u|^6$ 以及以上次数的项,利用待定正常数 $C\geqslant1$,以及 $\mid\nabla u\mid(x_0)>1$ 可以知道,C_1 是一个正常数,与 C 及函数 u 无关,也与 t 无关.当然,这里利用了公式(3.1.38),(3.1.25)和(3.1.30).

不等式(3.1.55)的右端第一项与第三项可合并,第二项与第五项可合并.那么,在点 x_0,可以看到

$$C\mid\nabla u\mid^2(1+3\mid\nabla u\mid^2)B+(1+\mid\nabla u\mid^2)\sum_{l=1}^n B_lu_l$$
$$\geqslant tnC\mid\nabla u\mid^6-tne^u\mid\nabla u\mid^2(1+\mid\nabla u\mid^2)^{\frac{3}{2}}\Big\{\mid\nabla u\mid^2H(e^ur)+\sum_{l=1}^n[H(e^ur)]_lu_l\Big\}-$$
$$C_2C\mid\nabla u\mid^5,\qquad(3.1.56)$$

这里 C_2 是一个正常数,与 t 及函数 u 无关.

明显地,可以得到

$$-\left\{|\nabla u|^2 H(e^u r)+\sum_{l=1}^n [H(e^u r)]_l u_l\right\}$$

$$\geqslant -\left\{|\nabla u|^2 H(e^u r)+\frac{\partial H(\rho r)}{\partial \rho}\bigg|_{\rho=e^u} e^u |\nabla u|^2\right\}-C_3|\nabla u|$$（利用(3.1.25)和(3.1.30)，这里 C_3 是一个正常数，与函数 u, t 无关）

$$=-|\nabla u|^2\frac{\partial}{\partial\rho}[\rho H(\rho r)]\bigg|_{\rho=e^u}-C_3|\nabla u|$$

$$\geqslant -C_3|\nabla u| \text{（利用定理 1 的条件(2)）}. \tag{3.1.57}$$

将不等式(3.1.56)和(3.1.57)代入(3.1.54)，在点 x_0，有

$$0\geqslant (n-1)|\nabla u|^2(1+|\nabla u|^2)^2+C^2|\nabla u|^4(|\nabla u|^2-1)-C_4|\nabla u|^3\cdot(1+|\nabla u|^2)^{\frac{3}{2}}-C_2C|\nabla u|^5. \tag{3.1.58}$$

这里利用不等式(3.1.25)和(3.1.30)可知，C_4 是一个正常数，与函数 u, t 无关. 实际上，可取 $C_4=nr_2C_3$.

利用 $|\nabla u|(x_0)>0$，在点 x_0，有

$$(1+|\nabla u|^2)^{\frac{1}{2}}<\sqrt{2}|\nabla u|. \tag{3.1.59}$$

取大于等于 1 的正常数 C 满足

$$C^2-\sqrt{2}C_4>0. \tag{3.1.60}$$

利用不等式(3.1.58)和(3.1.60)，有

$$|\nabla u|^2(x_0)\leqslant C_5, \tag{3.1.61}$$

这里 C_5 是一个与 t 及函数 u 都无关的正常数.

利用公式(3.1.31)，可以看到 $\forall x\in S^n(1)$，有

$$(e^{2Cu}|\nabla u|^2)(x)\leqslant (e^{2Cu}|\nabla u|^2)(x_0)\leqslant e^{2C\ln r_2}C_5 \text{（兼顾(3.1.25)）} = C_5 r_2^{2C}. \tag{3.1.62}$$

利用不等式(3.1.30)和(3.1.62)，$\forall x\in S^n(1)$，有

$$|\nabla u|^2(x)\leqslant C_5\left(\frac{r_2}{r_1}\right)^{2C}. \tag{3.1.63}$$

于是定理 1 成立.

利用上述思想，可以解决一些类似的问题. 下面举一例([4]).

在 R^4 的单位球面 $S^3(1)$内，可以知道，Clifford 环面

$$M_{1,1}=S^1\left(\sqrt{\frac{1}{2}}\right)\times S^1\left(\sqrt{\frac{1}{2}}\right) \tag{3.1.64}$$

是 $S^3(1)$内一个极小曲面,这里及下面的 $S^1(b)$表示半径为 b 的圆周. $M_{1,1}$在 R^4 内的位置向量场可以写成

$$Y=\sqrt{\frac{1}{2}}r+\sqrt{\frac{1}{2}}\rho, \tag{3.1.65}$$

这里 $R^4=R^2\times R^2$, r 是前一个 $R^2\subset R^4$ 内 $S^1(1)$ 的位置向量场,ρ 是第二个 $R^2\subset R^4$ 内另一个 $S^1(1)$ 的位置向量场. $\langle,\rangle$ 表示 R^4 内两个向量的内积.

$$\langle r,\ \rho\rangle=0. \tag{3.1.66}$$

下面引入 $S^3(1)$内广义 Clifford 环面 M,它的位置向量场

$$X=\frac{\mathrm{e}^u}{\sqrt{1+\mathrm{e}^{2u}}}r+\frac{1}{\sqrt{1+\mathrm{e}^{2u}}}\rho. \tag{3.1.67}$$

在 $S^3(1)$内的 M 显然同胚于 $M_{1,1}$,这里 u 是 $M_{1,1}$上的一个可微分函数. 因为 $M_{1,1}$微分同胚于 $S^1(1)\times S^1(1)$,因而 u 可看作 $S^1(1)\times S^1(1)$ 上的一个可微分函数,可以写

$$M=X(S^1(1)\times S^1(1)). \tag{3.1.68}$$

在 R^4 内选择一个局部正交标架场 $\{e_1,\ e_2,\ e_3,\ e_4\}$,使得限制于前一个 R^2, e_1 切于第一个 $S^1(1)$, e_3 是这个 $S^1(1)\subset R^2$ 的径向,$e_3=r$;限制于第二个 $R^2\subset R^4$, e_2 切于另一个 $S^1(1)$, e_4 是这个 $S^1(1)$ 的径向,$e_4=\rho$. $\omega_1,\ \omega_2,\ \omega_3,\ \omega_4$ 是对偶基. 在 M 的一个固定点 $X(p)$($p\in S^1(1)\times S^1(1)$,向量的起点始终在原点,这里不区分向量与向量的终点),可选择局部坐标,使得

$$\begin{aligned}&r_1(p)=e_1(p),\ r_2(p)=0,\\&\rho_1(p)=0,\ \rho_2(p)=e_2(p),\end{aligned} \tag{3.1.69}$$

这里下标 1, 2 依次表示 $S^1(1)\times S^1(1)$ 上切向量 e_1, e_2 的协变导数. 在点 $X(p)$,利用公式(3.1.67) 和(3.1.69),有

$$\begin{aligned}X_1&=\frac{\mathrm{e}^u}{(1+\mathrm{e}^{2u})^{\frac{3}{2}}}[u_1r+(1+\mathrm{e}^{2u})r_1-\mathrm{e}^uu_1\rho],\\X_2&=\frac{1}{(1+\mathrm{e}^{2u})^{\frac{3}{2}}}[\mathrm{e}^uu_2(r-\mathrm{e}^u\rho)+(1+\mathrm{e}^{2u})\rho_2].\end{aligned} \tag{3.1.70}$$

M 的度量张量

$$g_{11}=\langle X_1,\ X_1\rangle=\frac{e^{2u}}{(1+e^{2u})^2}(u_1^2+1+e^{2u}),$$
$$g_{12}=\langle X_1,\ X_2\rangle=\frac{e^{2u}}{(1+e^{2u})^2}u_1u_2,$$
$$g_{22}=\langle X_2,\ X_2\rangle=\frac{e^{2u}}{(1+e^{2u})^2}(e^{2u}u_2^2+1+e^{2u}).\tag{3.1.71}$$

在点 $X(p)$，M 的度量张量矩阵的逆矩阵分量是

$$g^{11}=\frac{1+e^{2u}}{e^{2u}}\left(1-\frac{u_1^2}{1+e^{2u}+u_1^2+e^{2u}u_2^2}\right),$$
$$g^{12}=-\frac{(1+e^{2u})u_1u_2}{1+e^{2u}+u_1^2+e^{2u}u_2^2},$$
$$g^{22}=(1+e^{2u})\left(1-\frac{e^{2u}u_2^2}{1+e^{2u}+u_1^2+e^{2u}u_2^2}\right).\tag{3.1.72}$$

在 $S^3(1)$ 内，M 的单位法向量 $\boldsymbol{n}$ 满足

$$\langle \boldsymbol{n},\ X\rangle=0,\ \langle \boldsymbol{n},\ X_1\rangle=0,\ \langle \boldsymbol{n},\ X_2\rangle=0.\tag{3.1.73}$$

由计算，在允许相差一个符号的前提下，

$$\boldsymbol{n}=\frac{-r+e^u\rho+u_1r_1+e^uu_2\rho_2}{(1+e^{2u}+u_1^2+e^{2u}u_2^2)^{\frac{1}{2}}}.\tag{3.1.74}$$

下面先计算 M 在点 $X(p)$ 的平均曲率 H，下文中上、下标 $A,\ B,\ C,\ D$ 限值 1，2. 由 H 定义及 Weingarten 公式，有

$$2H=-\sum_{A,\ B=1}^{2}g^{AB}\langle d\boldsymbol{n}(e_A),\ X_B\rangle.\tag{3.1.75}$$

由一个直接的计算，在点 $X(p)$，可以看到

$$\begin{aligned}d\boldsymbol{n}=&-[d\ln(1+e^{2u}+u_1^2+e^{2u}u_2^2)^{\frac{1}{2}}]\boldsymbol{n}+(1+e^{2u}+u_1^2+e^{2u}u_2^2)^{-\frac{1}{2}}\cdot\\&[(e^u\rho-r)u_1\omega_1+(u_{11}\omega_1+u_{12}\omega_2-\omega_1)r_1+\\&e^u(\omega_2+u_1u_2\omega_1+u_2^2\omega_2+u_{21}\omega_1+u_{22}\omega_2)\rho_2],\end{aligned}\tag{3.1.76}$$

这里利用了 $r_{11}=-r,\ \rho_{22}=-\rho,\ \omega_{12}=0,\ r_{12}=0,\ \rho_{21}=0$. 那么，利用公式 (3.1.70) 和 (3.1.76)，有

$$\langle \mathrm{d}\boldsymbol{n}(e_1),\ X_1\rangle = \mathrm{e}^u[(1+\mathrm{e}^{2u})(1+\mathrm{e}^{2u}+u_1^2+\mathrm{e}^{2u}u_2^2)]^{-\frac{1}{2}}(u_{11}-u_1^2-1),$$
$$\langle \mathrm{d}\boldsymbol{n}(e_1),\ X_2\rangle = \mathrm{e}^u[(1+\mathrm{e}^{2u})(1+\mathrm{e}^{2u}+u_1^2+\mathrm{e}^{2u}u_2^2)]^{-\frac{1}{2}}u_{21},$$
$$\langle \mathrm{d}\boldsymbol{n}(e_2),\ X_2\rangle = \mathrm{e}^u[(1+\mathrm{e}^{2u})(1+\mathrm{e}^{2u}+u_1^2+\mathrm{e}^{2u}u_2^2)]^{-\frac{1}{2}}(u_{22}+u_2^2+1). \tag{3.1.77}$$

利用公式(3.1.72)和(3.1.77),有

$$\begin{aligned} -g^{11}\langle \mathrm{d}\boldsymbol{n}(e_1),\ X_1\rangle &= -(1+\mathrm{e}^{2u})^{\frac{1}{2}}\mathrm{e}^{-u}(1+\mathrm{e}^{2u}+u_1^2+\mathrm{e}^{2u}u_2^2)^{-\frac{3}{2}} \\ &\qquad (1+\mathrm{e}^{2u}+\mathrm{e}^{2u}u_2^2)(u_{11}-u_1^2-1), \\ -2g^{12}\langle \mathrm{d}\boldsymbol{n}(e_1),\ X_2\rangle &= 2\mathrm{e}^u(1+\mathrm{e}^{2u})^{\frac{1}{2}}(1+\mathrm{e}^{2u}+u_1^2+\mathrm{e}^{2u}u_2^2)^{-\frac{3}{2}}u_1u_2u_{12}, \\ -g^{22}\langle \mathrm{d}\boldsymbol{n}(e_2),\ X_2\rangle &= -\mathrm{e}^u(1+\mathrm{e}^{2u})^{\frac{1}{2}}(1+\mathrm{e}^{2u}+u_1^2+\mathrm{e}^{2u}u_2^2)^{-\frac{3}{2}} \\ &\qquad (1+\mathrm{e}^{2u}+u_1^2)(u_{22}+u_2^2+1). \end{aligned} \tag{3.1.78}$$

将公式(3.1.78)代入公式(3.1.75),有

$$\begin{aligned} &(1+\mathrm{e}^{2u}+\mathrm{e}^{2u}u_2^2)u_{11}-2\mathrm{e}^{2u}u_1u_2u_{12}+\mathrm{e}^{2u}(1+\mathrm{e}^{2u}+u_1^2)u_{22}+\mathrm{e}^{4u}(1+u_2^2)-(1+u_1^2)+ \\ &2\mathrm{e}^u(1+\mathrm{e}^{2u})^{-\frac{1}{2}}(1+\mathrm{e}^{2u}+u_1^2+\mathrm{e}^{2u}u_2^2)^{\frac{3}{2}}H\left(\frac{\mathrm{e}^u}{\sqrt{1+\mathrm{e}^{2u}}}r+\frac{1}{\sqrt{1+\mathrm{e}^{2u}}}\rho\right)=0. \end{aligned} \tag{3.1.79}$$

因为点 p 是 $S^1(1)\times S^1(1)$ 上的一个任意点,公式(3.1.79) 在整个 $S^1(1)\times S^1(1)$ 上成立. 这里函数 u 实际上是 $u(r,\ \rho)$.

记矩阵

$$(a_{AB}(x,\ u,\ \nabla u)) = \begin{pmatrix} 1+\mathrm{e}^{2u}+\mathrm{e}^{2u}u_2^2 & -\mathrm{e}^{2u}u_1u_2 \\ -\mathrm{e}^{2u}u_1u_2 & \mathrm{e}^{2u}(1+\mathrm{e}^{2u}+u_1^2) \end{pmatrix}. \tag{3.1.80}$$

明显地,矩阵 $(a_{AB}(x,\ u,\ \nabla u))$ 在 $S^1(1)\times S^1(1)$ 上对于任何可微分函数 u 是正定的. 当 H 是一个给定函数时,方程(3.1.79) 是一个拟线性椭圆型方程.

对于 $X=(x_1,\ x_2,\ x_3,\ x_4)\in S^3(1)\subset R^4$,当且仅当 $\sum_{j=1}^4 x_j^2=1$. 这里及下文的向量起点始终在原点,向量属于一个集合,表示此向量的终点在这集合内.

置

$$\begin{aligned} S_1^* &= \{X\in S^3(1)\mid x_1=x_2=0\}, \\ S_2^* &= \{X\in S^3(1)\mid x_3=x_4=0\}. \end{aligned} \tag{3.1.81}$$

又令

$$Q = S^3(1) - \{S_1^* \cup S_2^*\}. \tag{3.1.82}$$

当 $X \in Q$ 时，

$$X = (x_1,\, x_2,\, 0,\, 0) + (0,\, 0,\, x_3,\, x_4) = \sqrt{x_1^2 + x_2^2}\, r + \sqrt{x_3^2 + x_4^2}\, \rho. \tag{3.1.83}$$

那么,对任何 $X \in Q$, 一定能够写成

$$X = Sr + \sqrt{1 - S^2}\, \rho, \tag{3.1.84}$$

这里 $0 < S < 1$. 当 X 固定时,S 是唯一确定的. 在下文中,给定函数 $H(X) \in C^{k,\alpha}(Q)$,这里 k 是一个正整数,$\alpha \in (0, 1)$.

类似定理 1 的证明,引入一个新的线性方程, $\forall v \in C^{k,\alpha}(S^1(1) \times S^1(1))$, $\forall t \in [0, 1]$,

$$\sum_{A,\, B=1}^{2} a_{AB}(x,\, v,\, \nabla v) u_{AB} - u = t[B(x,\, v,\, \nabla v) - v]. \tag{3.1.85}$$

这里

$$B(x,\, v,\, \nabla v) = (1 + v_1^2) - e^{4v}(1 + v_2^2) - 2e^v(1 + e^{2v})^{-\frac{1}{2}} \cdot (1 + e^{2v} + v_1^2 + e^{2v} v_2^2)^{\frac{3}{2}} H\left(\frac{e^v}{\sqrt{1 + e^{2v}}} r + \frac{1}{\sqrt{1 + e^{2v}}} \rho\right). \tag{1.3.86}$$

考虑 $S^1(1) \times S^1(1)$ 上对应的齐次方程

$$\sum_{A,\, B=1}^{2} a_{AB}(x,\, v,\, \nabla v) u_{AB} - u = 0. \tag{1.3.87}$$

完全类似定理 1 的证明,在 $S^1(1) \times S^1(1)$ 上,方程(3.1.87)只有 u 是零函数这唯一解. 利用椭圆型方程的两择性定理和正则性定理,能够看到 $\forall v \in C^{k,\alpha}(S^1(1) \times S^1(1))$, $\forall t \in [0, 1]$, 方程(3.1.85)总有唯一解 $u \in C^{k+1,\alpha}(S^1(1) \times S^1(1))$.

完全类似定理 1 的证明,考虑一个映射 T: $C^{k,\alpha}(S^1(1) \times S^1(1)) \times [0, 1] \to C^{k,\alpha}(S^1(1) \times S^1(1))$. $T(v, t) = u$,这里 u 是线性椭圆型方程(3.1.85)的一个解. T 是一个紧映射,并且 $\forall v \in C^{k,\alpha}(S^1(1) \times S^1(1))$, $T(v, 0) = 0$(见方程(3.1.87)). 由于 $S^1(1) \times S^1(1)$ 是一个紧流形,可以利用 Leray-Schauder 不动点定理和单位分割,如果存在一个常数 C_1,使得对于满足 $u = T(u, t)$ 的所有 $(u, t) \in C^{k,\alpha}(S^1(1) \times S^1(1)) \times [0, 1]$,都有

$$\| u \|_{C^1(S^1(1)\times S^1(1))} \leqslant C_1, \tag{3.1.88}$$

那么,有一个解 u 满足

$$u = T(u, 1). \tag{3.1.89}$$

u 恰是方程(3.1.79)的一个解(利用(3.1.85)和(3.1.86)). 当然正常数 C_1 要与 t 无关.

现在,用 u 表示下述方程的一个解:

$$\sum_{A, B=1}^{2} a_{AB}(x, u, \nabla u)u_{AB} - u = t[B(x, u, \nabla u) - u], \tag{3.1.90}$$

这里常数 $t \in (0, 1]$(假设解存在).

类似定理1的证明,先证明一个引理.

引理1 如果 $C^{k,\alpha}(Q)$ 内 $H(X)$ 满足下述性质:有两个常数 S_1, S_2,这里 $1 > S_1 \geqslant \sqrt{\frac{1}{2}} \geqslant S_2 > 0$,当 $1 > S > S_1$ 时,$H(Sr + \sqrt{1-S^2}\rho) < \dfrac{1-2S^2}{2S\sqrt{1-S^2}}$;当 $S_2 > S > 0$ 时,$H(Sr + \sqrt{1-S^2}\rho) > \dfrac{1-2S^2}{2S\sqrt{1-S^2}}$. 那么,$\forall x \in S^1(1) \times S^1(1)$, $\ln\dfrac{S_2}{\sqrt{1-S_2^2}} \leqslant u(x) \leqslant \ln\dfrac{S_1}{\sqrt{1-S_1^2}}$,这里 u 是方程(3.1.90)的一个可微分解.

证明 设 u 是方程(3.1.90)的一个可微分解,因为 $S^1(1)\times S^1(1)$ 是紧致的,那么存在一点 $x_1 \in S^1(1)\times S^1(1)$,使得

$$u(x_1) = \max_{x\in S^1(1)\times S^1(1)} u(x), \tag{3.1.91}$$

以及

$$u_1(x_1) = 0,\ u_2(x_1) = 0, \tag{3.1.92}$$

而且

$$\left\{\sum_{A, B=1}^{2} a_{AB}(x, u, \nabla u)u_{AB}\right\}(x_1) \leqslant 0. \tag{3.1.93}$$

于是,利用公式(3.1.86)和(3.1.92),有

$$\begin{aligned} & t[B(x, u, \nabla u) - u](x_1) \\ &= t\left[1 - e^{4u} - 2e^u(1+e^{2u})H\left(\frac{e^u}{\sqrt{1+e^{2u}}}r + \frac{1}{\sqrt{1+e^{2u}}}\rho\right) - u\right](x_1). \end{aligned} \tag{3.1.94}$$

用反证法,如果

$$u(x_1) > \ln\frac{S_1}{\sqrt{1-S_1^2}} \geqslant 0\left(利用\ S_1 \geqslant \sqrt{\frac{1}{2}}\right), \tag{3.1.95}$$

那么,有

$$e^u(x_1) > \frac{S_1}{\sqrt{1-S_1^2}}, 以及 \frac{e^u}{\sqrt{1+e^{2u}}}(x_1) > S_1. \tag{3.1.96}$$

利用引理 1 的条件,可以得到

$$\begin{aligned} H\left(\frac{e^u}{\sqrt{1+e^{2u}}}r + \frac{1}{\sqrt{1+e^{2u}}}\rho\right)(x_1) &< \frac{1-\dfrac{2e^{2u}}{1+e^{2u}}}{2\dfrac{e^u}{\sqrt{1+e^{2u}}}\dfrac{1}{\sqrt{1+e^{2u}}}}(x_1) \\ &= \frac{1-e^{2u}}{2e^u}(x_1). \end{aligned} \tag{3.1.97}$$

将不等式(3. 1. 97)代入公式(3. 1. 94),有

$$t[B(x, u, \nabla u) - u](x_1) > -tu(x_1) \geqslant -u(x_1). \tag{3.1.98}$$

由方程(3. 1. 90)以及不等式(3. 1. 93),(3. 1. 98)可知,这是不可能的.

那么,对于 $\forall x \in S^1(1) \times S^1(1)$,有

$$u(x) \leqslant \ln\frac{S_1}{\sqrt{1-S_1^2}}. \tag{3.1.99}$$

类似上面的讨论,有

$$u(x_2) = \min_{x\in S^1(1)\times S^1(1)} u(x) \geqslant \ln\frac{S_2}{\sqrt{1-S_2^2}}. \tag{3.1.100}$$

其次,需要估计 $|\nabla u|^2 = u_1^2 + u_2^2$. 当然,假设引理 1 的条件是满足的.

引入一个辅助函数

$$\varphi = e^{2u}\ln(|\nabla u|^2 + 1). \tag{3.1.101}$$

连续微分可以得到

$$\varphi_A = 2e^{2u}\left[u_A\ln(|\nabla u|^2+1) + \frac{\sum_{B=1}^{2} u_B u_{BA}}{|\nabla u|^2+1}\right], \tag{3.1.102}$$

$$\varphi_{AB}=2e^{2u}\Big\{2u_Au_B\ln(|\nabla u|^2+1)+u_{AB}\ln(|\nabla u|^2+1)+\frac{2}{|\nabla u|^2+1}\cdot\Big(\sum_{D=1}^{2}u_Du_{DB}u_A+\sum_{D=1}^{2}u_Du_{DA}u_B\Big)+\frac{1}{|\nabla u|^2+1}\Big(\sum_{D=1}^{2}u_{DB}u_{DA}+\sum_{D=1}^{2}u_Du_{DAB}\Big)-\frac{2}{(|\nabla u|^2+1)^2}\Big(\sum_{C,D=1}^{2}u_Du_{DB}u_Cu_{CA}\Big)\Big\}. \tag{3.1.103}$$

在 φ 达到最大值的点 $x_0\in S^1(1)\times S^1(1)$ 上计算,有

$$\varphi_A(x_0)=0, \tag{3.1.104}$$

$$\Big\{\sum_{A,B=1}^{2}a_{AB}(x,u,\nabla u)\varphi_{AB}\Big\}(x_0)\leqslant 0. \tag{3.1.105}$$

不失一般性,假设 $|\nabla u|(x_0)>1$. 因为对于 $|\nabla u|(x_0)\leqslant 1$,立即有 $\forall x\in S^1(1)\times S^1(1)$,

$$|\nabla u|^2(x)\leqslant e^{C_2}-1, \tag{3.1.106}$$

这里常数

$$C_2=\frac{S_1^2(1-S_2^2)}{S_2^2(1-S_1^2)}\ln 2. \tag{3.1.107}$$

下面 $|\nabla u|(x_0)>1$,利用公式(3.1.102)和(3.1.104),在点 x_0,有

$$u_A(|\nabla u|^2+1)\ln(|\nabla u|^2+1)+\sum_{B=1}^{2}u_Bu_{BA}=0. \tag{3.1.108}$$

由上式,在点 x_0,可以推出

$$\sum_{B=1}^{2}u_Bu_{BA}u_C=-(|\nabla u|^2+1)\ln(|\nabla u|^2+1)u_Au_C,$$
$$\sum_{C,D=1}^{2}u_Cu_{CA}u_Du_{DB}=(|\nabla u|^2+1)^2[\ln(|\nabla u|^2+1)]^2u_Au_B. \tag{3.1.109}$$

由公式(3.1.80),(3.1.103)和(3.1.109),在点 x_0,有

$$a_{11}(x,u,\nabla u)\varphi_{11}=2e^{2u}(1+e^{2u}+e^{2u}u_2^2)\Big\{\ln(|\nabla u|^2+1)\Big[u_{11}-2u_1^2(1+\ln(|\nabla u|^2+1))\Big]+\frac{1}{|\nabla u|^2+1}\Big(\sum_{D=1}^{2}u_{D1}^2+\sum_{D=1}^{2}u_Du_{D11}\Big)\Big\},$$

$$2a_{12}(x,\ u,\ \nabla u)\varphi_{21}=4\mathrm{e}^{4u}u_1u_2\Big\{\ln(|\nabla u|^2+1)[2u_1u_2(1+\ln(|\nabla u|^2+1))-u_{12}]-$$

$$\frac{1}{|\nabla u|^2+1}\Big(\sum_{D=1}^{2}u_{D1}u_{D2}+\sum_{D=1}^{2}u_Du_{D21}\Big)\Big\},$$

$$a_{22}(x,\ u,\ \nabla u)\varphi_{22}=2\mathrm{e}^{4u}(1+\mathrm{e}^{2u}+\mathrm{e}^{2u}u_1^2)\Big\{\ln(|\nabla u|^2+1)\Big[u_{22}-2u_2^2(1+$$

$$\ln(|\nabla u|^2+1))\Big]+\frac{1}{|\nabla u|^2+1}\Big(\sum_{D=1}^{2}u_{D2}^2+\sum_{D=1}^{2}u_Du_{D22}\Big)\Big\}.\qquad(3.1.110)$$

将公式组(3.1.110)代入公式(3.1.105),在点 x_0,有

$$\begin{aligned}0\geqslant\ &(1+\mathrm{e}^{2u}+\mathrm{e}^{2u}u_2^2)u_{11}-2\mathrm{e}^{2u}u_1u_2u_{12}+\mathrm{e}^{2u}(1+\mathrm{e}^{2u}+u_1^2)u_{22}-\\&2(1+\mathrm{e}^{2u})(u_1^2+\mathrm{e}^{2u}u_2^2)(1+\ln(|\nabla u|^2+1))+\\&[(|\nabla u|^2+1)\ln(|\nabla u|^2+1)]^{-1}\Big[(1+\mathrm{e}^{2u}+\mathrm{e}^{2u}u_2^2)\Big(\sum_{D=1}^{2}u_{D1}^2+\sum_{D=1}^{2}u_Du_{D11}\Big)-\\&2\mathrm{e}^{2u}u_1u_2\Big(\sum_{D=1}^{2}u_{D1}u_{D2}+\sum_{D=1}^{2}u_Du_{D21}\Big)+\mathrm{e}^{2u}(1+\mathrm{e}^{2u}+u_1^2)\Big(\sum_{D=1}^{2}u_{D2}^2+\sum_{D=1}^{2}u_Du_{D22}\Big)\Big].\end{aligned}\qquad(3.1.111)$$

利用公式(3.1.79)和(3.1.90),有

$$\begin{aligned}&(1+\mathrm{e}^{2u}+\mathrm{e}^{2u}u_2^2)u_{11}-2\mathrm{e}^{2u}u_1u_2u_{12}+\mathrm{e}^{2u}(1+\mathrm{e}^{2u}+u_1^2)u_{22}\\&=tB(x,\ u,\ \nabla u)+(1-t)u,\end{aligned}\qquad(3.1.112)$$

这里 $t\in(0,\ 1]$.

对上述方程两端求导,有

$$\begin{aligned}&\sum_{D=1}^{2}[(1+\mathrm{e}^{2u}+\mathrm{e}^{2u}u_2^2)_Du_D]u_{11}+(1+\mathrm{e}^{2u}+\mathrm{e}^{2u}u_2^2)\sum_{D=1}^{2}u_{11D}u_D-\\&2\sum_{D=1}^{2}[(\mathrm{e}^{2u}u_1u_2)_Du_D]u_{12}-2\mathrm{e}^{2u}u_1u_2\sum_{D=1}^{2}u_{12D}u_D+\\&\sum_{D=1}^{2}[(\mathrm{e}^{2u}(1+\mathrm{e}^{2u}+u_1^2))_Du_D]u_{22}+\mathrm{e}^{2u}(1+\mathrm{e}^{2u}+u_1^2)\sum_{D=1}^{2}u_{22D}u_D\\&=t\sum_{D=1}^{2}[B(x,\ u,\ \nabla u)]_Du_D+(1-t)|\nabla u|^2.\end{aligned}\qquad(3.1.113)$$

由于 $S^1(1)\times S^1(1)$ 是平坦流形,上述公式中的一切导数都是普通导数.

利用公式(3.1.109),在点 x_0,可以看到

$$\sum_{D=1}^{2}[(1+e^{2u}+e^{2u}u_2^2)_D u_D]u_{11}-2\sum_{D=1}^{2}[(e^{2u}u_1u_2)_D u_D]u_{12}+$$
$$\sum_{D=1}^{2}[(e^{2u}(1+e^{2u}+u_1^2))_D u_D]u_{22}$$
$$=2e^{2u}\{[|\nabla u|^2(1+u_2^2)-u_2^2(|\nabla u|^2+1)\ln(|\nabla u|^2+1)]u_{11}+$$
$$2[(|\nabla u|^2+1)\ln(|\nabla u|^2+1)-|\nabla u|^2]u_1u_2u_{12}+$$
$$[(1+2e^{2u}+u_1^2)|\nabla u|^2-u_1^2(|\nabla u|^2+1)\ln(|\nabla u|^2+1)]u_{22}\}. \tag{3.1.114}$$

将公式(3.1.114)代入(3.1.113),并且利用公式(3.1.112),在点 x_0,有

$$(1+e^{2u}+e^{2u}u_2^2)\sum_{D=1}^{2}u_Du_{D11}-2e^{2u}u_1u_2\sum_{D=1}^{2}u_Du_{D21}+e^{2u}(1+e^{2u}+u_1^2)\sum_{D=1}^{2}u_Du_{D22}$$
$$=t\sum_{D=1}^{2}[B(x,u,\nabla u)]_D u_D+(1-t)|\nabla u|^2+2(|\nabla u|^2+1)\ln(|\nabla u|^2+1)\cdot$$
$$[tB(x,u,\nabla u)+(1-t)u]-2[(1+e^{2u})(|\nabla u|^2+1)\ln(|\nabla u|^2+1)+$$
$$e^{2u}(1+u_2^2)|\nabla u|^2]u_{11}+4e^{2u}|\nabla u|^2u_1u_2u_{12}-$$
$$2e^{2u}[(1+2e^{2u}+u_1^2)|\nabla u|^2+(1+e^{2u})(|\nabla u|^2+1)\ln(|\nabla u|^2+1)]u_{22}. \tag{3.1.115}$$

由公式(3.1.108)和(3.1.112),在点 x_0,有

$$u_2u_{21}=-u_1u_{11}-u_1(|\nabla u|^2+1)\ln(|\nabla u|^2+1),$$
$$u_1u_{12}=-u_2u_{22}-u_2(|\nabla u|^2+1)\ln(|\nabla u|^2+1), \tag{3.1.116}$$

以及

$$u_{11}=[1+(1+e^{2u})|\nabla u|^{-4}(u_1^2+e^{-2u}u_2^2)]^{-1}\{-(1+|\nabla u|^{-2})\ln(|\nabla u|^2+1)u_1^2+$$
$$e^{-2u}|\nabla u|^{-4}u_2^2[tB(x,u,\nabla u)+(1-t)u]+$$
$$(1+e^{2u})|\nabla u|^{-2}(u_2^2-u_1^2)(1+|\nabla u|^{-2})\ln(|\nabla u|^2+1)\},$$
$$u_{22}=[1+(1+e^{2u})|\nabla u|^{-4}(u_1^2+e^{-2u}u_2^2)]^{-1}\{-(1+|\nabla u|^{-2})\ln(|\nabla u|^2+1)u_2^2+$$
$$e^{-2u}|\nabla u|^{-4}u_1^2[tB(x,u,\nabla u)+(1-t)u]+$$
$$(1+e^{2u})|\nabla u|^{-2}(u_1^2-u_2^2)(1+|\nabla u|^{-2})\ln(|\nabla u|^2+1)\}. \tag{3.1.117}$$

将公式(3.1.116)两个公式两端平方,然后相加,在点 x_0,有

$$u_{12}^2=|\nabla u|^{-2}(u_1^2u_{11}^2+u_2^2u_{22}^2)+2(u_1^2u_{11}+u_2^2u_{22})(1+|\nabla u|^{-2})\ln(|\nabla u|^2+1)+$$
$$[(|\nabla u|^2+1)\ln(|\nabla u|^2+1)]^2. \tag{3.1.118}$$

利用公式(3.1.116)和(3.1.118),在点 x_0,有

$$(1+e^{2u}+e^{2u}u_2^2)\sum_{D=1}^{2}u_{D1}^2-2e^{2u}u_1u_2\sum_{D=1}^{2}u_{D1}u_{D2}+e^{2u}(1+e^{2u}+u_1^2)\sum_{D=1}^{2}u_{D2}^2$$
$$=[1+e^{2u}+e^{2u}|\nabla u|^2+e^{2u}u_1^2+(1+e^{2u})^2|\nabla u|^{-2}u_1^2]u_{11}^2+e^{2u}|\nabla u|^2u_{11}u_{22}+$$
$$[e^{2u}(1+e^{2u}+|\nabla u|^2+u_2^2)+(1+e^{2u})^2|\nabla u|^{-2}u_2^2]u_{22}^2+$$
$$[e^{2u}(|\nabla u|^2+1)(|\nabla u|^2+2u_1^2)+2(1+e^{2u})^2u_1^2(1+|\nabla u|^{-2})]u_{11}\ln(|\nabla u|^2+1)+$$
$$[e^{2u}(|\nabla u|^2+1)(|\nabla u|^2+2u_2^2)+2(1+e^{2u})^2u_2^2(1+|\nabla u|^{-2})]u_{22}\ln(|\nabla u|^2+1)+$$
$$[(1+e^{2u})^2+e^{2u}|\nabla u|^2][(|\nabla u|^2+1)\ln(|\nabla u|^2+1)]^2. \tag{3.1.119}$$

将公式(3.1.112),(3.1.115)和(3.1.119)代入(3.1.111),在点x_0,有

$$0\geqslant[(1+e^{2u})^2+e^{2u}|\nabla u|^2](|\nabla u|^2+1)\ln(|\nabla u|^2+1)-$$
$$2(1+e^{2u})(u_1^2+e^{2u}u_2^2)\ln(|\nabla u|^2+1)-$$
$$2e^{2u}|\nabla u|^4-C_3|\nabla u|^2+[(|\nabla u|^2+1)\ln(|\nabla u|^2+1)]^{-1}\cdot$$
$$\Big\{t\sum_{D=1}^{2}[B(x,u,\nabla u)]_Du_D+[1+e^{2u}+e^{2u}|\nabla u|^2+e^{2u}u_1^2+$$
$$(1+e^{2u})^2|\nabla u|^{-2}u_1^2]u_{11}^2+e^{2u}|\nabla u|^2u_{11}u_{22}+[e^{2u}(1+e^{2u}+$$
$$|\nabla u|^2+u_2^2)+(1+e^{2u})^2|\nabla u|^{-2}u_2^2]u_{22}^2+$$
$$[(|\nabla u|^2+1)\ln(|\nabla u|^2+1)(e^{2u}|\nabla u|^2+2e^{2u}u_1^2-2-2e^{2u})-$$
$$2e^{2u}|\nabla u|^2(1+|\nabla u|^2)+2(1+e^{2u})^2u_1^2(1+|\nabla u|^{-2})\ln(|\nabla u|^2+1)]u_{11}+$$
$$[e^{2u}(|\nabla u|^2+1)\ln(|\nabla u|^2+1)(|\nabla u|^2+2u_2^2-2-2e^{2u})-$$
$$2e^{2u}(1+2e^{2u}+|\nabla u|^2)|\nabla u|^2+2(1+e^{2u})^2u_2^2\cdot$$
$$(1+|\nabla u|^{-2})\ln(|\nabla u|^2+1)]u_{22}\Big\}+3tB(x,u,\nabla u), \tag{3.1.120}$$

这里C_3是一个只依赖S_1,S_2的常数(利用引理1).置

$$\overline{U}=\{X=Sr+\sqrt{1-S^2}\rho\in Q\mid S_2\leqslant S\leqslant S_1\}, \tag{3.1.121}$$

$\overline{U}$是Q内一个闭子集.

利用公式(3.1.117),在点x_0,有

$$[1+e^{2u}+e^{2u}|\nabla u|^2+e^{2u}u_1^2+(1+e^{2u})^2|\nabla u|^{-2}u_1^2]u_{11}^2$$
$$\geqslant[1+(1+e^{2u})|\nabla u|^{-4}(u_1^2+e^{-2u}u_2^2)]^{-2}\{[1+e^{2u}+e^{2u}|\nabla u|^2+$$
$$e^{2u}u_1^2+(1+e^{2u})^2|\nabla u|^{-2}u_1^2](1+2|\nabla u|^{-2})[\ln(|\nabla u|^2+1)]^2u_1^4-$$
$$2t(|\nabla u|^2+u_1^2)u_1^2u_2^2|\nabla u|^{-4}\ln(|\nabla u|^2+1)B(x,u,\nabla u)-$$
$$2e^{2u}(|\nabla u|^2+u_1^2)u_1^2|\nabla u|^{-2}(u_2^2-u_1^2)(1+e^{2u})[\ln(|\nabla u|^2+1)]^2\}-$$
$$C_4|\nabla u|^3[\ln(|\nabla u|^2+1)]^2. \tag{3.1.122}$$

$$e^{2u}|\nabla u|^2 u_{11}u_{22} \geqslant [1+(1+e^{2u})|\nabla u|^{-4}(u_1^2+e^{-2u}u_2^2)]^{-2}e^{2u}\{(|\nabla u|^2+2)u_1^2u_2^2\cdot [\ln(|\nabla u|^2+1)]^2 - te^{-2u}|\nabla u|^{-2}(u_1^4+u_2^4)\ln(|\nabla u|^2+1)\cdot B(x,u,\nabla u) - [\ln(|\nabla u|^2+1)]^2(u_1^2-u_2^2)(1+e^{-2u})u_1^2 - (1+e^{2u})u_2^2]\} - C_5|\nabla u|^3[\ln(|\nabla u|^2+1)]^2. \tag{3.1.123}$$

$$[e^{2u}(1+e^{2u}+|\nabla u|^2+u_2^2)+(1+e^{2u})^2|\nabla u|^{-2}u_2^2]u_{22} \geqslant [1+(1+e^{2u})|\nabla u|^{-4}(u_1^2+e^{-2u}u_2^2)]^{-2}\Big\{\Big[e^{2u}(1+e^{2u}+|\nabla u|^2+u_2^2)+ (1+e^{2u})^2|\nabla u|^{-2}u_2^2\Big](1+2|\nabla u|^{-2})[\ln(|\nabla u|^2+1)]^2u_2^4 - 2t(|\nabla u|^2+u_2^2)\ln(|\nabla u|^2+1)u_1^2u_2^2|\nabla u|^{-4}\cdot B(x,u,\nabla u) - 2(1+e^{2u})[\ln(|\nabla u|^2+1)]^2(|\nabla u|^2+u_2^2)u_2^2|\nabla u|^{-2}\cdot (u_1^2-u_2^2)\Big\} - C_6|\nabla u|^3[\ln(|\nabla u|^2+1)]^2. \tag{3.1.124}$$

$$[(|\nabla u|^2+1)\ln(|\nabla u|^2+1)(e^{2u}|\nabla u|^2+2e^{2u}u_1^2-2-2e^{2u}) - 2e^{2u}|\nabla u|^2(1+|\nabla u|^2)+2(1+e^{2u})^2u_1^2(1+|\nabla u|^{-2})\ln(|\nabla u|^2+1)]u_{11} \geqslant [1+(1+e^{2u})|\nabla u|^{-4}(u_1^2+e^{-2u}u_2^2)]^{-1}\{-[(|\nabla u|^2+1)\ln(|\nabla u|^2+1)\cdot (e^{2u}|\nabla u|^2+2e^{2u}u_1^2-2-2e^{2u}) - 2e^{2u}|\nabla u|^2(1+|\nabla u|^2)+2(1+e^{2u})^2u_1^2\cdot \ln(|\nabla u|^2+1)](1+|\nabla u|^{-2})\ln(|\nabla u|^2+1)u_1^2 + tu_2^2B(x,u,\nabla u)\cdot [\ln(|\nabla u|^2+1)|\nabla u|^{-2}(|\nabla u|^2+2u_1^2)-2] + e^{2u}(1+e^{2u})(u_2^2-u_1^2)\cdot [\ln(|\nabla u|^2+1)]^2(|\nabla u|^2+2u_1^2)\} - C_7|\nabla u|^3[\ln(|\nabla u|^2+1)]^2 - C_8|\nabla u|^4\ln(|\nabla u|^2+1). \tag{3.1.125}$$

$$[e^{2u}(|\nabla u|^2+1)\ln(|\nabla u|^2+1)(|\nabla u|^2+2u_2^2-2-2e^{2u}) - 2e^{2u}(1+2e^{2u}+|\nabla u|^2)|\nabla u|^2+2(1+e^{2u})^2u_2^2(1+|\nabla u|^{-2})\ln(|\nabla u|^2+1)]u_{22} \geqslant [1+(1+e^{2u})|\nabla u|^{-4}(u_1^2+e^{-2u}u_2^2)]^{-1}\{-[e^{2u}(|\nabla u|^2+1)\ln(|\nabla u|^2+1)\cdot (|\nabla u|^2+2u_2^2-2-2e^{2u}) - 2e^{2u}(1+2e^{2u}+|\nabla u|^2)|\nabla u|^2 + 2(1+e^{2u})^2u_2^2\ln(|\nabla u|^2+1)](1+|\nabla u|^{-2})\ln(|\nabla u|^2+1)u_2^2 + t|\nabla u|^{-4}u_1^2B(x,u,\nabla u)[(|\nabla u|^2+1)\ln(|\nabla u|^2+1)(|\nabla u|^2+ 2u_2^2-2-2e^{2u}) - 2(1+2e^{2u}+|\nabla u|^2)|\nabla u|^2] + (1+e^{2u})|\nabla u|^{-2}(u_1^2-u_2^2)(|\nabla u|^2+1)[\ln(|\nabla u|^2+1)]^2(|\nabla u|^2+2u_2^2)\} - C_9|\nabla u|^3[\ln(|\nabla u|^2+1)]^2 - C_{10}|\nabla u|^4\ln(|\nabla u|^2+1). \tag{3.1.126}$$

将不等式(3.1.22)—(3.1.26)代入(3.1.120),经过较长的但是完全直接的计算,在点 x_0,可以得到

$$0 \geqslant (1+e^{2u})\ln(|\nabla u|^2+1)(u_1^2+e^{2u}u_2^2)+3tB(x, u, \nabla u)+$$
$$t[(|\nabla u|^2+1)\ln(|\nabla u|^2+1)]^{-1}\Big\{\sum_{D=1}^{2}[B(x, u, \nabla u)]_D u_D-$$
$$2[1+(1+e^{2u})|\nabla u|^{-4}(u_1^2+e^{-2u}u_2^2)]^{-2}B(x, u, \nabla u)|\nabla u|^2\Big\}-$$
$$C_{11}|\nabla u|\ln(|\nabla u|^2+1)-C_{12}|\nabla u|^2. \tag{3.1.127}$$

上述一系列不等式中的所有 $C_i(4\leqslant i\leqslant 12)$ 都是正常数,它们只依赖常数 S_1, S_2 和$\max\limits_{X\in\overline{U}}|H(X)|$.

为简便,下文用 H 代替 $H\left(\dfrac{e^u}{\sqrt{1+e^{2u}}}r+\dfrac{1}{\sqrt{1+e^{2u}}}\rho\right)$. 利用公式(3.1.86)和引理 1,兼顾 $|\nabla u|(x_0)>1$,在 x_0 点能看到

$$3tB(x, u, \nabla u)\geqslant -6te^u(1+e^{2u})^{-\frac{1}{2}}(1+e^{2u}+u_1^2+e^{2u}u_2^2)^{\frac{3}{2}}H-C_{13}|\nabla u|^2. \tag{3.1.128}$$

$$\sum_{D=1}^{2}[B(x, u, \nabla u)]_D u_D\geqslant -2e^u(1+e^{2u})^{-\frac{3}{2}}|\nabla u|^2(1+e^{2u}+u_1^2+e^{2u}u_2^2)^{\frac{3}{2}}H+$$
$$6e^u(1+e^{2u})^{-\frac{1}{2}}(1+e^{2u}+u_1^2+e^{2u}u_2^2)^{\frac{1}{2}}[(u_1^2+e^{2u}u_2^2)\cdot$$
$$(|\nabla u|^2+1)\ln(|\nabla u|^2+1)-$$
$$e^{2u}|\nabla u|^2(1+u_2^2)]H-2e^{2u}(1+e^{2u})^{-\frac{1}{2}}(1+e^{2u}+$$
$$u_1^2+e^{2u}u_2^2)^{\frac{3}{2}}\sum_{D=1}^{2}H_D u_D-C_{14}|\nabla u|^4\ln(|\nabla u|^2+1), \tag{3.1.129}$$

这里利用了公式(3.1.108).

$$-2[1+(1+e^{2u})|\nabla u|^{-4}(u_1^2+e^{-2u}u_2^2)]^{-2}B(x, u, \nabla u)|\nabla u|^2$$
$$\geqslant 4e^u(1+e^{2u})^{-\frac{1}{2}}(1+e^{2u}+u_1^2+e^{2u}u_2^2)^{\frac{3}{2}}|\nabla u|^2H-C_{15}|\nabla u|^4. \tag{3.1.130}$$

利用上面三个不等式,在点 x_0,不等式(3.1.127)可变成下述不等式:

$$0\geqslant (1+e^{2u})\ln(|\nabla u|^2+1)(u_1^2+e^{2u}u_2^2)+2t[(|\nabla u|^2+1)\ln(|\nabla u|^2+1)]^{-1}\cdot$$
$$e^u(1+e^{2u})^{-\frac{1}{2}}(1+e^{2u}+u_1^2+e^{2u}u_2^2)^{\frac{1}{2}}\Big\{e^{2u}(1+e^{2u})^{-1}|\nabla u|^2H[(2+e^{-2u})u_1^2-$$
$$(2+e^{2u})u_2^2]-(1+e^{2u}+u_1^2+e^{2u}u_2^2)\sum_{D=1}^{2}H_D u_D\Big\}-C_{16}|\nabla u|\ln(|\nabla u|^2+1)-$$

$$C_{17}\mid\nabla u\mid^2. \tag{3.1.131}$$

利用 H 的表达式,可以得到

$$\sum_{D=1}^{2}H_Du_D\leqslant \mathrm{e}^u(1+\mathrm{e}^{2u})^{-\frac{3}{2}}\mid\nabla u\mid^2\frac{\partial}{\partial S}H(Sr+\sqrt{1-S^2}\rho)\mid_{S=\frac{\mathrm{e}^u}{\sqrt{1+\mathrm{e}^{2u}}}}+C_{18}\mid\nabla u\mid. \tag{3.1.132}$$

利用引理 1,可以看到

$$u_1^2+\mathrm{e}^{2u}u_2^2\geqslant S_2^2(1-S_2^2)^{-1}\mid\nabla u\mid^2. \tag{3.1.133}$$

将不等式(3.1.132)和(3.1.133)应用于(3.1.131),在点 x_0,有

$$\begin{aligned}0\geqslant{}& S_2^2(1-S_2^2)^{-1}\mid\nabla u\mid^2\ln(\mid\nabla u\mid^2+1)+2t[(\mid\nabla u\mid^2+1)\ln(\mid\nabla u\mid^2+\\&1)]^{-1}\mathrm{e}^{2u}(1+\mathrm{e}^{2u})^{-\frac{3}{2}}\mid\nabla u\mid^2(1+\mathrm{e}^{2u}+u_1^2+\mathrm{e}^{2u}u_2^2)^{\frac{1}{2}}\Big\{[(2+\mathrm{e}^{-2u})u_1^2-\\&(2+\mathrm{e}^{2u})u_2^2]\mathrm{e}^uH-(1+\mathrm{e}^{2u}+u_1^2+\mathrm{e}^{2u}u_2^2)(1+\mathrm{e}^{2u})^{-\frac{1}{2}}\frac{\partial}{\partial S}H(Sr+\\&\sqrt{1-S^2}\rho)\mid_{S=\frac{\mathrm{e}^u}{\sqrt{1+\mathrm{e}^{2u}}}}\Big\}-C_{16}\mid\nabla u\mid\ln(\mid\nabla u\mid^2+1)-C_{19}\mid\nabla u\mid^2.\end{aligned} \tag{3.1.134}$$

这里 $C_i(13\leqslant i\leqslant 17)$ 是常数,它们只依赖 S_1, S_2 和 $\max\limits_{X\in\overline{U}}\mid H(X)\mid$,而正常数 C_{18}, C_{19} 只依赖 S_1, S_2, $\max\limits_{X\in\overline{U}}\mid H(X)\mid$ 和 $\max\limits_{X\in\overline{U}}\mid\nabla H(X)\mid$. 公式(3.1.134)是一个重要的不等式,利用它,可以得到下述定理.

定理 2 $R^4=R^2\times R^2$, r 是第一个 $R^2\subset R^4$ 内单位圆周 $S^1(1)$ 的位置向量场, ρ 是第二个 $R^2\subset R^4$ 内单位圆周 $S^1(1)$ 的位置向量场. 在单位超球面 $S^3(1)\subset R^4$ 内,置 $Q=S^3(1)-\{S^1(1)\cup S^1(1)\}$(这里两个 $S^1(1)$ 即为上述的两个单位圆周). 假设给定函数 $H(X)\in C^{k,\alpha}(Q)$(k 是一个正常数, $\alpha\in(0,1)$)满足下述两个条件:

(1) 有两个常数 S_1, S_2,这里 $1>S_1\geqslant\sqrt{\frac{1}{2}}\geqslant S_2>0$,当 $1>S>S_1$ 时, $H(Sr+\sqrt{1-S^2}\rho)<\dfrac{1-2S^2}{2S\sqrt{1-S^2}}$;当 $S_2>S>0$ 时, $H(Sr+\sqrt{1-S^2}\rho)>\dfrac{1-2S^2}{2S\sqrt{1-S^2}}$.

(2) 令 $\overline{U}=\{X=Sr+\sqrt{1-S^2}\rho\in Q\mid S_2\leqslant S\leqslant S_1\}$,在 $\overline{U}$ 内,

$$-\frac{\partial}{\partial S}H(Sr+\sqrt{1-S^2}\rho)\geqslant\frac{2}{S(1-S^2)}\mid H(Sr+\sqrt{1-S^2}\rho)\mid.$$

那么,在 $S^3(1)$ 内有一个同胚于 Clifford 环面 $S^1\left(\sqrt{\frac{1}{2}}\right)\times S^1\left(\sqrt{\frac{1}{2}}\right)$的闭曲面,它的平均曲率由 $H(X)$ 给出.

证明　由公式(3.1.81)可以知道,S_1^*, S_2^* 分别是定理 2 中所述的两个单位圆周 $S^1(1)$,所以,定理 2 中的定义域 Q 恰是公式(3.1.82)内所述的区域 Q. 公式(3.1.82)开始的全部陈述皆有效. 因此,只须证明 $\mid\nabla u\mid^2$ 一致上有界即可. 当 $\mid\nabla u\mid(x_0)>1$ 时,不等式(3.1.134) 是有效的. 利用 定理 2 的条件(2),能看到

$$\begin{aligned}&-(1+e^{2u}+u_1^2+e^{2u}u_2^2)(1+e^{2u})^{-\frac{1}{2}}\frac{\partial}{\partial S}H(Sr+\sqrt{1-S^2}\rho)\mid_{S=\frac{e^u}{\sqrt{1+e^{2u}}}}\\&\geqslant 2e^{-u}(1+e^{2u})(1+e^{2u}+u_1^2+e^{2u}u_2^2)\mid H\mid.\end{aligned}\tag{3.1.135}$$

当 $H(x_0)\geqslant 0$ 时,在点 x_0,有

$$[(2+e^{2u})u_2^2-(2+e^{-2u})u_1^2]e^uH\leqslant(1+2e^{-2u})(1+e^u+u_1^2+e^{2u}u_2^2)e^uH.\tag{3.1.136}$$

当 $H(x_0)<0$ 时,在点 x_0,有

$$[(2+e^{2u})u_2^2-(2+e^{-2u})u_1^2]e^uH\leqslant(2+e^{-2u})(1+e^u+u_1^2+e^{2u}u_2^2)e^u\mid H\mid.\tag{3.1.137}$$

综合上面两式,且利用不等式(3.1.135),在点 x_0,有

$$\begin{aligned}&-(1+e^{2u}+u_1^2+e^{2u}u_2^2)(1+e^{2u})^{-\frac{1}{2}}\frac{\partial}{\partial S}H(Sr+\sqrt{1-S^2}\rho)\mid_{S=\frac{e^u}{\sqrt{1+e^{2u}}}}\\&\geqslant[(2+e^{2u})u_2^2-(2+e^{-2u})u_1^2]e^uH.\end{aligned}\tag{3.1.138}$$

将上式代入不等式(3.1.134),在点 x_0,有

$$\begin{aligned}0\geqslant\ &S_2^2(1-S_2^2)^{-1}\mid\nabla u\mid^2\ln(\mid\nabla u\mid^2+1)-C_{16}\mid\nabla u\mid\ln(\mid\nabla u\mid^2+1)-\\&C_{19}\mid\nabla u\mid^2.\end{aligned}\tag{3.1.139}$$

因此,有一个正常数 C_{20},它不依赖 t,使得

$$\ln(\mid\nabla u\mid^2+1)(x_0)\leqslant C_{20}.\tag{3.1.140}$$

那么,由公式(3.1.101)和引理 1, $\forall\, x\in S^1(1)\times S^1(1)$,

$$\ln(\mid\nabla u\mid^2+1)(x)\leqslant C_{20}\frac{S_1^2(1-S_2^2)}{S_2^2(1-S_1^2)}.\tag{3.1.141}$$

于是$|\nabla u|^2$是上有界的.

编者的话

满足定理 1 和定理 2 条件的函数 $H(\overrightarrow{X})$ 是不少的,请读者自己各写出一例.

从本讲,读者可以知道,给定平均曲率函数的闭超曲面或闭曲面的存在性问题与拟线性椭圆型方程紧密联系在一起. 将超曲面改为子流形,例如,考虑 R^{n+p} 内同胚于 $S^n(1)$的给定平均曲率向量场的子流形的存在性问题等,有兴趣的读者可以一试.

参考文献

[1] S. T. Yau. Problem section. *Seminar on Differential Geometry*, 1982: 669 - 706.

[2] Treibergs, A. E. and Wei, S. W.. Embedded hyperspheres with prescribed mean curvature. *J. Diff. Geom.*, Vol. 18(1983): 513 - 521.

[3] D. 吉耳巴格,N. S. 塔丁格. 二阶椭圆型偏微分方程. 上海科学技术出版社,1981.

[4] 黄宣国. S^3 内具规定平均曲率的广义 Clifford 环面. 数学年刊,9A(2)(1988): 119—129.

第 2 讲 欧氏空间内给定 Gauss 曲率的凸闭超曲面的存在性定理

设M是R^{n+1}(正整数$n\geqslant 2$)内一光滑闭(即可定向连通紧致无边界)严格凸(即处处具有正的截面曲率)的超曲面,h_{ij} 表示M沿R^{n+1} 内单位内法向量$\boldsymbol{n}$的第二基本形式分量.$\langle , \rangle$表示R^{n+1} 的内积. 用e_1^*, e_2^*, $\cdots$, e_n^* 表示M的局部正交标架场,ω_1^*, ω_2^*, $\cdots$, ω_n^* 表示其对偶基. 可以知道M的第一、第二基本形式

$$\mathrm{I} = \sum_{i=1}^{n}(\omega_i^*)^2, \mathrm{II} = -\langle \mathrm{d}\boldsymbol{n}, \mathrm{d}X\rangle = \sum_{i,j=1}^{n} h_{ij}\omega_i^*\omega_j^*, \tag{3.2.1}$$

这里

$$\mathrm{d}\boldsymbol{n} = -\sum_{i,j=1}^{n} h_{ij}\omega_j^* \mathrm{e}_i^*. \tag{3.2.2}$$

M的 Gauss 映射 φ: $M\rightarrow S^n(1)$,

$$\varphi(x) = -\boldsymbol{n}(x). \tag{3.2.3}$$

由于$\langle \boldsymbol{n}, \boldsymbol{n}\rangle = 1$,则$\langle \boldsymbol{n}, \mathrm{d}\boldsymbol{n}\rangle = 0$,因此可以写$-\mathrm{d}\boldsymbol{n} = \sum_{i=1}^{n}\omega_i \mathrm{e}_i^*$,比较此公式与(3.2.2),有

$$\omega_i = \sum_{j=1}^{n} h_{ij}\omega_j^*. \tag{3.2.4}$$

$\langle d\boldsymbol{n}, d\boldsymbol{n}\rangle$ 即是 M 的第三基本形式 Ⅲ，又是 Gauss 映射 φ 的第一基本形式. 利用公式(3.2.2)和(3.2.4)，有

$$\text{Ⅲ} = \sum_{i,\,j,\,l=1}^{n} h_{ij}h_{il}\omega_j^*\omega_l^* = \sum_{i=1}^{n}\omega_i^2. \tag{3.2.5}$$

M 的体积元素

$$dA_M = \omega_1^* \wedge \omega_2^* \wedge \cdots \wedge \omega_n^*. \tag{3.2.6}$$

对应的 Gauss 映射像的体积元素

$$\begin{aligned} dA &= \omega_1 \wedge \omega_2 \wedge \cdots \wedge \omega_n \\ &= \sum_{j_1,\,j_2,\,\cdots,\,j_n=1}^{n} h_{1j_1}h_{2j_2}\cdots h_{nj_n}\omega_{j_1}^* \wedge \omega_{j_2}^* \wedge \cdots \wedge \omega_{j_n}^* \text{（利用(3.2.4)）} \\ &= \sum_{\substack{j_1,\,j_2,\,\cdots,\,j_n \\ \text{是}1,\,2,\,\cdots,\,n \\ \text{的全部排列}}} (-1)^{\tau(j_1,\,j_2,\,\cdots,\,j_n)} h_{1j_1}h_{2j_2}\cdots h_{nj_n}\omega_1^* \wedge \omega_2^* \wedge \cdots \wedge \omega_n^* \end{aligned}$$

（这里当 $j_1, j_2, \cdots, j_n$ 是 $1, 2, \cdots, n$ 的偶排列时，$\tau(j_1, j_2, \cdots, j_n)$ 取偶数；当是奇排列时，$\tau(j_1, j_2, \cdots, j_n)$ 取奇数）$= \det h_{ij}\, dA_M$，

(3.2.7)

这里利用了行列式按行的展开式及公式(3.2.6).

由于超曲面 M 是严格凸的，$\det h_{ij}$ 是实对称矩阵 (h_{ij}) 的所有正的特征根的乘积，因而处处大于零，从而 Gauss 映射的局部 Jacobi 矩阵处处非退化，这表明 Gauss 映射 φ 是一个浸入. 在正交标架下，M 的第二基本形式张量矩阵的特征根的乘积称为 M 的 Gauss-Kronecker 曲率，简称为 Gauss 曲率.

利用伍鸿熙等教授编著的《黎曼几何初步》一书中§5的引理9([1])可以知道，φ 是一个覆盖映射，又由于 $S^n(1)(n \geqslant 2)$ 是单连通的，利用拓扑学中的覆盖空间理论可知，φ 是一个整体微分同胚.

如果 $S^n(1)$ 在 R^{n+1} 内的位置向量场 $r = (x_1, x_2, \cdots, x_{n+1})$，Minkowski 证明了下述公式：

$$\int_{S^n(1)} \frac{x_B}{K} dA = 0,\ \forall B \in \{1, 2, \cdots, n+1\}, \tag{3.2.8}$$

这里 K 是 M 的 Gauss-Kronecker 曲率. 由于 Gauss 映射是一个微分同胚，K 可

视为$S^n(1)$上一个正的可微分函数. 公式(3. 2. 8)的证明后文会附带给出.

更有意义的是其逆问题:

K是$S^n(1)$上定义的一个正的$C^{k,\alpha}$函数,这里正整数$k\geqslant 3$, $\alpha\in(0,1)$,如果满足上述公式(3. 2. 8)(注意K即$K(r)$),问是否存在R^{n+1}内一个严格凸的闭超曲面M,使得M的Gauss-Kronecker曲率在Gauss映射下恰由K确定?历史上称其为Minkowski问题.

在R^{n+1}内,给定一个严格凸的闭超曲面,对于$S^n(1)$上一点$r=(x_1, x_2, \cdots, x_{n+1})$,这里向量的起点始终在原点($S^n(1)$的球心),$r$的终点是$(x_1, x_2, \cdots, x_{n+1})$, $\sum_{B=1}^{n+1}x_B^2=1$. 为叙述方便,不区分向量及向量的终点,那么在M上有唯一点$Y=(y_1, y_2, \cdots, y_{n+1})$,由公式(3. 2. 3),有

$$\varphi(Y)=r(Y), \tag{3.2.9}$$

这里$r(Y)$是M在点Y的单位外法向量, $Y=\varphi^{-1}(r)$.

下面定义$S^n(1)$上一个光滑函数,称为M的支持函数. 令

$$H(r)=\langle r, \varphi^{-1}(r)\rangle=\langle r, Y\rangle=\sum_{B=1}^{n+1}x_By_B. \tag{3.2.10}$$

$\forall X\in R^{n+1}-\{O\}$,这里$O$是原点,也等同于起点为原点的零向量,记$X=(x_1^*, x_2^*, \cdots, x_{n+1}^*)$, 定义

$$\begin{aligned}H^*(X)&=|X|H\left(\frac{X}{|X|}\right)=|X|\left\langle\frac{X}{|X|}, \varphi^{-1}\left(\frac{X}{|X|}\right)\right\rangle\\&=\left\langle X, \varphi^{-1}\left(\frac{X}{|X|}\right)\right\rangle\end{aligned} \tag{3.2.11}$$

显然,函数H^*是H的延拓,记

$$\varphi^{-1}\left(\frac{X}{|X|}\right)=(y_1, y_2, \cdots, y_{n+1}), \tag{3.2.12}$$

则

$$H^*(X)=\sum_{B=1}^{n+1}x_B^*y_B\text{(利用(3. 2. 11))}. \tag{3.2.13}$$

由上式可以看到

$$\frac{\partial H^*(X)}{\partial x_B^*}=y_B+\sum_{C=1}^{n+1}x_C^*\frac{\partial y_C}{\partial x_B^*}=y_B, \tag{3.2.14}$$

这里利用了

$$\sum_{C=1}^{n+1} x_C^* \frac{\partial y_C}{\partial x_B^*} = \left\langle X, \frac{\partial Y}{\partial x_B^*} \right\rangle = |X| \left\langle \frac{X}{|X|}, \frac{\partial Y}{\partial x_B^*} \right\rangle = 0. \quad (3.2.15)$$

上式最后一个等号是由于 $\frac{X}{|X|}$ 是 M 在向量 Y 的终点处的单位法向量.

因此,在 R^{n+1} 内,M 的位置向量场

$$Y = (y_1, y_2, \cdots, y_{n+1}) = \left(\frac{\partial H^*(X)}{\partial x_1^*}, \frac{\partial H^*(X)}{\partial x_2^*}, \cdots, \frac{\partial H^*(X)}{\partial x_{n+1}^*}\right). \quad (3.2.16)$$

在 $S^n(1) \subset R^{n+1} - \{O\}$ 内取局部正交标架场 $e_1, e_2, \cdots, e_n, e_{n+1}$,使得 $e_1, e_2, \cdots, e_n$ 切于 $S^n(1)$, $e_{n+1} = r$. 由公式(3.2.16)可以知道,Y 等于函数 $H^*(X)$ 的梯度向量,从而有

$$Y = \sum_{B=1}^{n+1} H_B^* e_B = \sum_{i=1}^{n} H_i^* e_i + H_{n+1}^* e_{n+1}, \quad (3.2.17)$$

这里下标 $B(1 \leqslant B \leqslant n+1)$ 表示沿 e_B 方向的导数.

利用

$$e_{n+1} = r = (x_1, x_2, \cdots, x_{n+1}) \quad (3.2.18)$$

以及公式(3.2.16)和(3.2.17),有

$$H_{n+1}^* = \langle Y, e_{n+1} \rangle = \sum_{B=1}^{n+1} y_B x_B = H\left(\frac{X}{|X|}\right), \quad (3.2.19)$$

这里最后一个等式利用了公式(3.2.10)以及 $\frac{X}{|X|} = r$. 利用公式(3.2.17)和(3.2.19),以及 Y 只依赖 $\frac{X}{|X|} = r$,在公式(3.2.17)中,取 $|X| = 1$,利用 H^* 是 H 的延拓,有

$$Y = \sum_{i=1}^{n} H_i e_i + H e_{n+1}. \quad (3.2.20)$$

上式两端在 $S^n(1)$ 上微分,利用 R^{n+1} 内 $S^n(1)$ 的 Gauss 公式和 Weingarten 公式,有

$$\mathrm{d}Y = \sum_{i=1}^{n} \mathrm{d}H_i e_i + \sum_{i=1}^{n} H_i \mathrm{d}e_i + \mathrm{d}H e_{n+1} + H \mathrm{d}e_{n+1}$$

$$= \sum_{i=1}^{n}\Big(\sum_{j=1}^{n}H_{ij}\omega_j + \sum_{k=1}^{n}H_k\omega_{ik}\Big)e_i + \sum_{i=1}^{n}H_i\Big(\sum_{j=1}^{n}\omega_{ij}e_j - \omega_i e_{n+1}\Big) +$$

$$\sum_{k=1}^{n}H_k\omega_k e_{n+1} + H\sum_{j=1}^{n}\omega_j e_j (\text{注意 } e_{n+1} = r)$$

$$= \sum_{i,\,j=1}^{n}H_{ij}\omega_j e_i + H\sum_{j=1}^{n}\omega_j e_j$$（将上式右端第二大项中的下标 k 换成 i，下标 i 换成 j，恰与第三大项之和是零. 上式右端第四大项与第五大项的代数和也为零）

$$= \sum_{j=1}^{n}\Big(\sum_{i=1}^{n}(H_{ij} + H\delta_{ij})e_i\Big)\omega_j. \tag{3.2.21}$$

利用 $\mathrm{d}Y = \sum_{j=1}^{n}Y_j\omega_j$ 及上式，有

$$Y_j = \sum_{i=1}^{n}(H_{ij} + H\delta_{ij})e_i. \tag{3.2.22}$$

在 R^{n+1} 内，沿 M 的单位内法向量 $-r$，M 的第二基本形式分量 h_{ij} 可由下式确定：

$$h_{ij} = \langle -r,\, Y_{ij}\rangle = \langle e_i,\, Y_j\rangle. \tag{3.2.23}$$

这里利用 $\langle r,\, Y_j\rangle = 0$，两端微分，导出

$$0 = \langle \mathrm{d}r,\, Y_j\rangle + \langle r,\, \mathrm{d}Y_j\rangle = \Big\langle \sum_{i=1}^{n}\omega_i e_i,\, Y_j\Big\rangle + \Big\langle r,\, \sum_{i=1}^{n}Y_{ji}\omega_i + \sum_{k=1}^{n}Y_k\omega_{jk}\Big\rangle$$

$$= \sum_{i=1}^{n}(\langle e_i,\, Y_j\rangle + \langle r,\, Y_{ji}\rangle)\omega_i, \tag{3.2.24}$$

这里再一次利用了 $\langle r,\, Y_k\rangle = 0,\ 1 \leqslant k \leqslant n$. 利用(3.2.24)，导出(3.2.23)的最后一个等式. 由公式(3.2.22)和(3.2.23)，有

$$h_{ij} = H_{ij} + H\delta_{ij},\ 1 \leqslant i,\, j \leqslant n. \tag{3.2.25}$$

利用公式(3.2.22)，M 的度量张量

$$g_{ij} = \langle Y_i,\, Y_j\rangle = \sum_{k=1}^{n}H_{ki}H_{kj} + 2HH_{ji} + H^2\delta_{ij}$$

$$= \sum_{k=1}^{n}(H_{ki} + H\delta_{ki})(H_{kj} + H\delta_{kj}), \tag{3.2.26}$$

这里 $i,\, j \in \{1,\, 2,\, \cdots,\, n\}$.

而 M 在向量 Y 的终点处（向量起点始终在原点）的 Gauss-Kronecker 曲率

$$K=\frac{\det h_{ij}}{\det g_{ij}}=\frac{\det(H_{ij}+h\delta_{ij})}{\det(H_{ki}+H\delta_{ki})\det(H_{kj}+H\delta_{kj})}=\frac{1}{\det(H_{ij}+H\delta_{ij})}. \tag{3.2.27}$$

这里利用了公式(3.2.25)和(3.2.26),并且考虑到 λ 的 n 次方程 $\det(h_{ij}-\lambda g_{ij})=0$ 的 n 个实根的乘积是 K,故有公式(3.2.27)的第一个等式.

由上式,有

$$\det(H_{ij}+H\delta_{ij})=\frac{1}{K}. \tag{3.2.28}$$

反之,如果能够找到一个 $S^n(1)$上的可微正函数 H,使得对称矩阵$(H_{ij}+H\delta_{ij})$是正定的,且满足公式(3.2.28),那么,从函数 H 出发,可以定义一个闭超曲面 M,其位置向量场由公式(3.2.20)确定. 有了公式(3.2.20),公式(3.2.21)—(3.2.28)成立. 由于对称矩阵$(H_{ij}+H\delta_{ij})$是正定的,M 是严格凸超曲面.

下面解 $S^n(1)$上的方程(3.2.28),利用连续法,令

$$\frac{1}{K_t}=\frac{t}{K}+(1-t), \tag{3.2.29}$$

这里 $t\in[0,1]$. 由于 K 处处大于零,可以知道 K_t 是 $S^n(1)$ 上一个正的函数,并且满足

$$\int_{S^n(1)}\frac{r}{K_t}\mathrm{d}A=t\int_{S^n(1)}\frac{r}{K}\mathrm{d}A+(1-t)\int_{S^n(1)}r\mathrm{d}A=0, \tag{3.2.30}$$

这里 $r=(x_1,x_2,\cdots,x_{n+1})$,并且利用了公式(3.2.8).

令

$$S=\Big\{t\in[0,1]\mid \text{方程}\det(h_{ij}+H\delta_{ij})=\frac{1}{K_t}\text{在}S^n(1)\text{上有一个}C^{k+2,\alpha}\text{的正解}H^t,\text{而且矩阵}(H^t_{ij}+H^t\delta_{ij})\text{是正定矩阵}\Big\}, \tag{3.2.31}$$

这里正整数 $k\geqslant 3$. 正解的意思是解函数处处大于零. 由于 $K_0=1$,可令 H^0 恒等于1,因此 S 是非空的集合. 如果能证明:(1)S 在$[0,1]$内是闭集;(2)S 在$[0,1]$内是开集,利用闭区间$[0,1]$是连通的,则 S 就是整个闭区间$[0,1]$. 令 $t=1$,则方程(3.2.28)是可解的.

先证明(1). 设 $\{t_m\mid m\in\mathbf{N}\}$ 是 S 内一个序列,这里 $\mathbf{N}$ 是全体正整数组成的集合,它在$[0,1]$内收敛于一点 t_0. 要证明 $t_0\in S$,H^{t_m} 是定义在 $S^n(1)$ 上的一列

$C^{k+2,\alpha}$ 函数,满足

$$\det(H^{t_m}_{ij}+H^{t_m}\delta_{ij})=\frac{1}{K_{t_m}}. \tag{3.2.32}$$

对于每个 t_m,实对称矩阵 $(H^{t_m}_{ij}+H^{t_m}\delta_{ij})$ 都是正定的,且每个函数 H^{t_m} 都是正的函数,即处处大于零.

对于每个函数 H^{t_m},类似公式(3.2.20),定义

$$Y^{t_m}=\sum_{i=1}^{n}H^{t_m}_{i}e_i+H^{t_m}e_{n+1}. \tag{3.2.33}$$

上式确定了 R^{n+1} 内凸闭超曲面 M^{t_m},它的支持函数由 H^{t_m} 给出,Gauss-Kronecker 曲率是 K_{t_m}.

接着,证明一些引理.

引理 1 设 M 是 R^{n+1} 内一个闭 C^4 严格凸闭超曲面,K 是 $S^n(1)$ 上定义的 M 的 Gauss-Kronecker 曲率,那么,M 的外部直径 L 满足下述不等式:

$$L\leqslant C_n\left(\int_{S^n(1)}\frac{1}{K(W)}\mathrm{d}A\right)^{\frac{n+1}{n}}\Bigg/\inf_{u\in S^n(1)}\int_{S^n(1)}\frac{\max(0,\langle u,W\rangle)}{K(W)}\mathrm{d}A,$$

这里 $\mathrm{d}A$ 是 $S^n(1)$ 在 W 处的面积元素(向量起点全在原点,这里不区分向量 W 与 W 的终点),C_n 是仅与 n 有关的一个正常数.

证明 用 $d(x,y)$ 表示两点 x, y 的连线段的距离,$L=\max\limits_{\forall x,y\in M}d(x,y)$. 由于 M 是紧致的,必在 M 上有两点 p, q,使得

$$L=d(p,q). \tag{3.2.34}$$

不失一般性,设 R^{n+1} 的原点 O 是线段 pq 的中点. 那么,在任何单位向量 $W\in S^n(1)$ 处,M 的支持函数

$$H(W)=\langle W,\varphi^{-1}(W)\rangle=\langle W,Y\rangle. \tag{3.2.35}$$

下面证明

$$H(W)=\max_{Y^*\in M}\langle W,Y^*\rangle. \tag{3.2.36}$$

令

$$f(Y^*)=\langle W,Y^*\rangle,\ \forall Y^*\in M, \tag{3.2.37}$$

这里 W 是固定的单位向量,且是点 $Y\in M$ 处的单位外法向量(见公式

(3.2.35)).

$$\mathrm{d}f(Y^*) = \langle W, \mathrm{d}Y^* \rangle = \langle W, \sum_{j=1}^{n} Y_{j^*}^* \omega_j^* \rangle. \tag{3.2.38}$$

在 $Y^* = Y$ 处, $f_{j^*} = \langle W, Y_{j^*}^* \rangle = 0$, $f_{j^*i^*} = \langle W, Y_{j^*i^*}^* \rangle = \langle W, h_{ji}^* W \rangle$(利用 Gauss 公式) $= h_{ji}^*$. 由于 M 是严格凸闭超曲面, M 沿单位外法向量 W(即公式(3.2.3)中 $-\boldsymbol{n}$)的矩阵(h_{ji}^*)是严格负定的,这里下标 j^* 表示沿 M 的单位切向量 e_j^* 的协变导数. 实际上, $h_{ji}^* = -h_{ji}$. 于是,在 $Y^* = Y$ 处, $f(Y^*)$ 有最大值. 从而公式(3.2.36)成立.

顺便提及,因为与向量 W 垂直的 M 上点的切空间只有两个,即以 W, $-W$ 为单位外法向量的 M 的点只有两点,垂直于向量 W 的 M 上的点切空间只有两个,一个是 f 的最大值点,一个是 f 的最小值点.

由于前面提及, R^{n+1} 内原点 O 是线段 pq 的中点,则

$$\overrightarrow{Op} = \frac{1}{2} L u, \tag{3.2.39}$$

这里 u 是平行向量 $\overrightarrow{qp}$ 的单位向量. 利用公式(3.2.36)可以知道, $H(W) > 0$, 以及 $H(W) \geqslant \langle W, \overrightarrow{Op} \rangle$(由于点 $p \in M$). 于是,再利用公式(3.2.39),有

$$H(W) \geqslant \max\left(0, \frac{1}{2} L \langle W, u \rangle\right). \tag{3.2.40}$$

由上式及 $K(W)$ 是一个正的函数,立即有

$$\int_{S^n(1)} \frac{H(W)}{K(W)} \mathrm{d}A \geqslant \frac{1}{2} L \int_{S^n(1)} \frac{\max(0, \langle W, u \rangle)}{K(W)} \mathrm{d}A, \tag{3.2.41}$$

这里 $\mathrm{d}A$ 是 $S^n(1)$ 在向量 W 的终点处的面积元素(注意所有向量的起点都在原点). 由上式,可以得到

$$L \leqslant 2 \int_{S^n(1)} \frac{H(W)}{K(W)} \mathrm{d}A \Big/ \int_{S^n(1)} \frac{\max(0, \langle W, u \rangle)}{K(W)} \mathrm{d}A. \tag{3.2.42}$$

用 $\mathrm{d}A_M$ 表示 M 的面积元素(也可以称为 M 的体积元素),利用公式(3.2.26)和(3.2.28),对凸闭超曲面 M, M 的度量 g_{ij} 的行列式,有

$$\deg g_{ij} = [\det(H_{ij} + H\delta_{ij})]^2 = \frac{1}{K^2}. \tag{3.2.43}$$

从而

$$dA_M = \sqrt{\det g_{ij}}\, dA = \frac{1}{K} dA. \tag{3.2.44}$$

利用上式,有

$$\int_{S^n(1)} \frac{H(W)}{K(W)} dA = \int_M H\, dA_M. \tag{3.2.45}$$

这里 $H = H(W)$,只不过利用 Gauss 映射,函数 H 的定义域在 M 上.

在 R^{n+1} 内,记 $X = (x_1,\, x_2,\, \cdots,\, x_{n+1})$,可以知道

$$\langle X,\, X\rangle = \sum_{B=1}^{n+1} x_B^2,\ \overline{\Delta}\Big(\sum_{B=1}^{n+1} x_B^2\Big) = 2(n+1), \tag{3.2.46}$$

这里 $\overline{\Delta}$ 表示 R^{n+1} 内 Laplace 算子,$\overline{\Delta} = \sum_{B=1}^{n+1} \frac{\partial^2}{\partial x_B^2}$.

用 M^* 表示闭超曲面 M 所包围的 R^{n+1} 内区域,即 M 是 M^* 的边界. 利用 Green 公式,有

$$\begin{aligned}
\mathrm{vol}(M^*) &= \frac{1}{2(n+1)}\int_{M^*} \overline{\Delta}\langle X,\, X\rangle dV(\text{利用(3.2.46)的第二式}) \\
&= \frac{1}{2(n+1)}\int_M \frac{\partial}{\partial \upsilon}\langle X,\, X\rangle dA_M(\text{利用Green公式,以及}\frac{\partial}{\partial \upsilon}\text{表示沿}M\text{的单位外法向量的方向导数}) \\
&= \frac{1}{n+1}\int_M \langle e_{n+1},\, X\rangle dA_M(\text{这里 } e_{n+1} \text{ 恰是 } M \text{ 上向量 } X \text{ 的终点处的单位外法向量}) \\
&= \frac{1}{n+1}\int_M H\, dA_M(\text{在 } M \text{ 上, } X \text{ 就是前述 } Y\text{,再利用(3.2.20)}).
\end{aligned} \tag{3.2.47}$$

将上式代入公式(3.2.45),有

$$\int_{S^n(1)} \frac{H(W)}{K(W)} dA = (n+1)\mathrm{vol}(M^*), \tag{3.2.48}$$

这里 $\mathrm{vol}(M^*)$是 M^* 的体积.

用 $A(M)$ 表示闭超曲面 M 的面积(或称为 M 的体积),利用公式(3.2.44),有

$$A(M)=\int_{S^n(1)}\frac{1}{K}\mathrm{d}A. \tag{3.2.49}$$

很多人知道,在 R^{n+1} 内,具有同一体积的区域,以球的表面积为最小. 这导出下面 R^{n+1} 内著名的等周不等式:

$$\mathrm{vol}(M^*)\leqslant C_n^*(A(M))^{\frac{n+1}{n}}. \tag{3.2.50}$$

上式成立的理由是 $\mathrm{vol}(M^*)$等于具有相同体积的实心球体 D 的体积,对于此实心球体 D,应有

$$\mathrm{vol}(D)=C_n^*(A(\partial D))^{\frac{n+1}{n}}, \tag{3.2.51}$$

这里∂D 是 D 的边界 n 维超球面,C_n^* 是仅与 n 有关的正常数. 而 $A(\partial D)\leqslant A(M)$,因而有等周不等式(3.2.50).

注: 不等式(3.2.50)在一些专门叙述等周不等式的书籍中有证明.

将公式(3.2.48),(3.2.49)和(3.2.50)代入(3.2.42),可以看到

$$\begin{aligned}L&\leqslant 2(n+1)\mathrm{vol}(M^*)/\int_{S^n(1)}\frac{\max(0,\langle W,u\rangle)}{K(W)}\mathrm{d}A\\&\leqslant 2(n+1)C_n^*\left(\int_{S^n(1)}\frac{1}{K}\mathrm{d}A\right)^{\frac{n+1}{n}}/\inf_{u\in S^n(1)}\int_{S^n(1)}\frac{\max(0,\langle W,u\rangle)}{K(W)}\mathrm{d}A.\end{aligned} \tag{3.2.52}$$

记 $C_n=2(n+1)C_n^*$,则引理 1 成立.

由引理 1,以及 $K_{t_m}\to K_{t_0}$ 可以知道,严格凸闭超曲面族 M^{t_m} 的外部直径有一致的上界. 只须将引理 1 中的 M 理解为 M^{t_m},然后在不等式(3.2.52)两端取极限即可.

下面再证明一个引理.

引理 2　在引理 1 中,一定能找到一个正常数 r^*,它只依赖 $\int_{S^n(1)}\frac{1}{K}\mathrm{d}A$ 的一个上界估计和 $\inf_{u\in S^n(1)}\int_{S^n(1)}\frac{\max(0,\langle W,u\rangle)}{K(W)}\mathrm{d}A$ 的一个下界估计,使得在严格凸闭超曲面 M 的内部总能放入一个半径为 r^* 的球.

证明　首先,寻找超曲面 M 在所有可能的超平面上的射影面积的一个下界.

设沿一个单位向量 u,在垂直于 u 的一个超平面上,射影此超曲面 M,那么

以 M 为边界的区域 M^* 的体积必小于 M 的外部直径 L 与射影面积 $A(P_u)$ 之积,这是由于 M^* 的体积必小于以 $A(P_u)$ 为底面面积、以 u 方向为直母线方向的外切超柱面的体积.

利用公式(3.2.52)的第一个不等式,有

$$\mathrm{vol}(M^*) \geqslant \frac{L}{2(n+1)} \inf_{u \in S^n(1)} \int_{S^n(1)} \frac{\max(0, \langle W, u\rangle)}{K(W)} \mathrm{d}A. \tag{3.2.53}$$

利用前面的叙述,有

$$\mathrm{vol}(M^*) < LA(P_u). \tag{3.2.54}$$

将(3.2.54)代入(3.2.53),有

$$A(P_u) > \frac{L}{2(n+1)} \inf_{u \in S^n(1)} \int_{S^n(1)} \frac{\max(0, \langle W, u\rangle)}{K(W)} \mathrm{d}A. \tag{3.2.55}$$

由于 M^* 必落在以 L 为半径的闭球面内(利用(3.2.39)),则

$$\mathrm{vol}(M^*) \leqslant C_n L^{n+1}, \tag{3.2.56}$$

这里 $C_n = \dfrac{2\pi^{\frac{1}{2}(n+1)}}{(n+1)\Gamma\left(\frac{1}{2}(n+1)\right)}$ 是一个仅依赖 n 的正常数.

由(3.2.53)和(3.2.56),有

$$L^n \geqslant \frac{1}{2(n+1)C_n} \inf_{u \in S^n(1)} \int_{S^n(1)} \frac{\max(0, \langle W, u\rangle)}{K(W)} \mathrm{d}A, \tag{3.2.57}$$

从而 L 有一个正的一致的下界(将 M 换成 M^{t_m},相对于凸闭超曲面族 M^{t_m} 而言).

因此,在 M 上能够找到两点 P_1 和 P_2,它们之间的直线段距离有正的下界.

考虑 M 在一个超平面上的射影,此超平面包含直线段 P_1P_2,因为 M 的外部直径是上有界的(见不等式(3.2.52)),并且射影面积 $A(P_u)$ 是下有界的(见不等式(3.2.55),这里 u 是此超平面的单位法向量),在此超平面上,能够找一点 $\overline{P_3}$,使得 $\triangle P_1P_2\overline{P_3}$ 的三内角均在 ε_1 和 $\pi-\varepsilon_1$ 之间,这里 ε_1 是一个小正常数(当然小于 $\frac{\pi}{2}$). 于是,沿平行于 u 的直线,提升点 $\overline{P_3}$ 到 M 内一点 P_3,得到一个 $\triangle P_1P_2P_3$,使得 $\triangle P_1P_2P_3$ 的全部三个内角均在 ε_2 和 $\pi-\varepsilon_2$ 之间,这里 ε_2 也是一个小正常数(当然小于 $\frac{\pi}{2}$). 注意 $\triangle P_1P_2\overline{P_3}$ 的任意两条边的长度之比有正的上、

下界,类似$\triangle P_1P_2P_3$也有此性质.射影M到一个包含$\triangle P_1P_2P_3$的超平面上,类似上面的方法,能够找到M内一点P_4,使得从点P_4到$P_i(1\leqslant i\leqslant 3)$的所有线段之间的夹角和包含$\triangle P_1P_2P_3$的二维平面之间的夹角在$\varepsilon_3$和$\pi-\varepsilon_3$之间,这里$\varepsilon_3$也是一个小正常数(当然小于$\frac{\pi}{2}$).

不断运用这个方法,能够找到M内$n+2$个点$P_1, P_2, P_3, \cdots, P_{n+2}$,使得从点$P_i(3\leqslant i\leqslant n+2)$到$P_j(1\leqslant j\leqslant i-1)$的所有线段与包含点$P_1, P_2, \cdots, P_{i-1}$的$i-2$维超平面之间的夹角在$\varepsilon^*$与$\pi-\varepsilon^*$之间,这里$\varepsilon^*$也是一个小正常数(当然小于$\frac{\pi}{2}$).由于$M$是凸的,单形$P_1P_2P_3\cdots P_{n+2}$必位于$M^*$内.于是,确信在此单形$P_1P_2P_3\cdots P_{n+2}$内有一个半径为$r^*$的$n$维小球面$S^n(r^*)$,这里正常数$r^*$有一个正的下界(相对于$M$换成$M^{t_m}$而言).于是引理 2 成立.

由引理 1 和引理 2,可以平移M^{t_m}(将引理 1 和引理 2 中的M换成M^{t_m}),使得R^{n+1}的原点在所有M^{t_m}的内部,半径为r^*的小球的球心是此原点.对应这些平移,由线性函数改变支持函数H^{t_m},则新的H^{t_m}满足

$$\inf_{m\in\mathbf{N}}\inf_{r\in S^n(1)} H^{t_m}(r)>0,\text{以及}\sup_{m\in\mathbf{N}}\sup_{r\in S^n(1)} H^{t_m}(r)<\infty. \tag{3.2.58}$$

因为由H^{t_m}的定义,参考公式(3.2.35)和(3.2.36),可以知道$H^{t_m}\leqslant M^{t_m}$的外部直径.接着在公式(3.2.36)中取Y^*与r同方向,利用向量Y^*的长度大于等于r^*,导出$H^{t_m}(r)\geqslant r^*$,从而不等式(3.2.58)成立.

注: 公式(3.2.25)和(3.2.26)中向量W应改为这里的r.

下面证明

引理 3　设Ω是R^n内一个n维区域,$F\in C^2(\overline{\Omega})$,且$F>0$.设$u\in C^4(\overline{\Omega})$是$\Omega$上方程$\det(u_{ij}(x))=F(x)$的一个严格凸函数解,满足$u|_{\partial\overline{\Omega}}=a$,这里$a$是一个实常数,那么,有一个常数$\alpha$,只依赖于$n$, $\max\limits_{\Omega}|\nabla u|$, $\max\limits_{\Omega}|u-a|$, $\max\limits_{x\in\Omega}\left(F(x), \frac{1}{F(x)}, |\nabla F(x)|, |\nabla\nabla F(x)|\right)$,在$\Omega$内部,满足$\max\limits_{1\leqslant i\leqslant n}|u_{ii}(x)|\leqslant\alpha\cdot|u(x)-a|^{-1}$.这里下标$i$是对变元$x_i$的普通导数,$\Omega$的内点$x=(x_1, x_2, \cdots, x_n)$, $\overline{\Omega}$表示Ω的闭包.

证明　由于函数u是Ω内严格凸函数,则矩阵$(u_{ij}(x))(\forall x\in\Omega)$是严格正定的.函数$u$在$\Omega$内无最大值,最大值只能在$\overline{\Omega}$的边界$\partial\overline{\Omega}$上达到.由于$u|_{\partial\overline{\Omega}}=a$,因而

$$\max_{\overline{\Omega}} u=a;\text{在 }\Omega\text{ 内部},u<a. \tag{3.2.59}$$

在$\overline{\Omega}$上定义一个函数：

$$\phi(x)=(a-u(x))e^{\frac{1}{2}u_i^2(x)}u_{ii}(x), \tag{3.2.60}$$

这里$i\in\{1,2,\cdots,n\}$.

由引理3的条件可以知道，$\phi|_{\partial\overline{\Omega}}=0$. $\overline{\Omega}$是R^n内的有界闭集.可设ϕ在Ω内某点Q达到它的正的最大值(利用在Ω内，$u_{ii}(x)>0$及(3.2.59)的第二式).将公式(3.2.60)两端对x_j求导，有

$$\phi_j=-u_je^{\frac{1}{2}u_i^2}u_{ii}+(a-u)e^{\frac{1}{2}u_i^2}u_iu_{ij}u_{ii}+(a-u)e^{\frac{1}{2}u_i^2}u_{iij}. \tag{3.2.61}$$

由于在Ω内部$\phi>0$，利用上式及公式(3.2.60)，有

$$\frac{\phi_j}{\phi}=-\frac{u_j}{a-u}+u_iu_{ij}+\frac{u_{iij}}{u_{ii}}. \tag{3.2.62}$$

上式两端再对x_j求导，有

$$\frac{\phi_{jj}}{\phi}-\frac{\phi_j^2}{\phi^2}=\frac{u_{iijj}}{u_{ii}}-\frac{u_{iij}^2}{u_{ii}^2}+u_{ij}^2+u_iu_{ijj}-\frac{u_{jj}}{a-u}-\frac{u_j^2}{(a-u)^2}. \tag{3.2.63}$$

在点Q，旋转坐标轴，使得当下标$i\neq j$时，$u_{ij}=0$.如果当矩阵(u_{ij})对角化时，已证明引理3，则可以知道，对于非对角化正定矩阵$(u_{ij}(x))$，也必有引理3.

由于在点Q，$\phi_j=0$，利用公式(3.2.62)，在点Q，有

$$\frac{u_j}{a-u}=u_iu_{ij}+\frac{u_{iij}}{u_{ii}}. \tag{3.2.64}$$

用$\dfrac{u_{ii}}{u_{jj}}$乘公式(3.2.63)的两端，并且关于j从1到n求和，那么，在点Q，有

$$\begin{aligned}\frac{u_{ii}}{\phi}\sum_{j=1}^n\frac{\phi_{jj}}{u_{jj}}=&\sum_{j=1}^n\frac{u_{iijj}}{u_{jj}}-\frac{1}{u_{ii}}\sum_{j=1}^n\frac{u_{iij}^2}{u_{jj}}+\sum_{j=1}^nu_{ij}^2\frac{u_{ii}}{u_{jj}}+u_iu_{ii}\sum_{j=1}^n\frac{u_{ijj}}{u_{jj}}-\\&\frac{nu_{ii}}{a-u}-\frac{u_{ii}}{(a-u)^2}\sum_{j=1}^n\frac{u_j^2}{u_{jj}}.\end{aligned} \tag{3.2.65}$$

由于在点Q，当下标$j\neq i$时，$u_{ij}=0$，那么在点Q，有

$$\sum_{j=1}^nu_{ij}^2\frac{u_{ii}}{u_{jj}}=u_{ii}^2. \tag{3.2.66}$$

利用公式(3.2.64)，在点Q，当下标$i\neq j$时，有

$$\frac{u_j}{a-u}=\frac{u_{iij}}{u_{ii}}. \tag{3.2.67}$$

利用上式,在点 Q,有

$$\frac{u_{ii}}{(a-u)^2}\sum_{j=1}^{n}\frac{u_j^2}{u_{jj}}=\frac{u_i^2}{(a-u)^2}+\frac{u_{ii}}{(a-u)^2}\sum_{\substack{j\neq i\\(i\text{固定})}}\frac{u_j^2}{u_{jj}}=\frac{u_i^2}{(a-u)^2}+u_{ii}\sum_{\substack{j\neq i\\(i\text{固定})}}\frac{1}{u_{jj}}\left(\frac{u_{iij}}{u_{ii}}\right)^2$$

$$=\frac{u_i^2}{(a-u)^2}+\frac{1}{u_{ii}}\sum_{\substack{j\neq i\\(i\text{固定})}}\frac{u_{iij}^2}{u_{jj}}. \tag{3.2.68}$$

将公式(3.2.66)和(3.2.68)代入公式(3.2.65),在点 Q,有

$$\frac{u_{ii}}{\phi}\sum_{j=1}^{n}\frac{\phi_{jj}}{u_{jj}}=\sum_{j=1}^{n}\frac{u_{iijj}}{u_{jj}}-\frac{1}{u_{ii}}\sum_{j=1}^{n}\frac{u_{iij}^2}{u_{jj}}+u_{ii}^2+u_iu_{ii}\sum_{j=1}^{n}\frac{u_{ijj}}{u_{jj}}-\frac{nu_{ii}}{a-u}-$$

$$\frac{u_i^2}{(a-u)^2}-\frac{1}{u_{ii}}\sum_{\substack{j\neq i\\(i\text{固定})}}\frac{u_{iij}^2}{u_{jj}}. \tag{3.2.69}$$

在 Ω 内,方程 $\det(u_{jk})=F$ 两端关于 x_i 连续求导,用矩阵 (u^{jk}) 表示矩阵 (u_{jk}) 的逆矩阵,有

$$F\sum_{j,\,k=1}^{n}u^{jk}u_{jki}=F_i. \tag{3.2.70}$$

由上式,有

$$\sum_{j,\,k=1}^{n}u^{jk}u_{jki}=(\ln F)_i. \tag{3.2.71}$$

上式再求导一次,有

$$\sum_{j,\,k=1}^{n}(u^{jk})_iu_{jki}+\sum_{j,\,k=1}^{n}u^{jk}u_{jkii}=(\ln F)_{ii}. \tag{3.2.72}$$

利用

$$\sum_{k=1}^{n}u^{jk}u_{kl}=\delta_{jl}, \tag{3.2.73}$$

两端对 x_i 求导,有

$$\sum_{k=1}^{n}(u^{jk})_iu_{kl}+\sum_{k=1}^{n}u^{jk}u_{kli}=0. \tag{3.2.74}$$

上式两端乘以 u^{ls},并且关于 l 从 1 到 n 求和,利用(3.2.73),有

$$(u^{js})_i=-\sum_{k,\,l=1}^{n}u^{jk}u^{ls}u_{kli}. \tag{3.2.75}$$

在点 Q,可以知道

$$u^{jk}=\frac{1}{u_{jj}}\delta_{jk}. \tag{3.2.76}$$

将上式代入公式(3.2.70)和(3.2.75),在点 Q,有

$$\sum_{j=1}^{n}\frac{u_{jji}}{u_{jj}}=\frac{F_i}{F},\ (u^{js})_i=-\frac{u_{jsi}}{u_{jj}u_{ss}}. \tag{3.2.77}$$

将公式(3.2.76)和(3.2.77)代入公式(3.2.72),在点 Q,有

$$\sum_{j=1}^{n}\frac{u_{jjii}}{u_{jj}}-\sum_{j,k=1}^{n}\frac{u_{jki}^2}{u_{jj}u_{kk}}=\left(\frac{F_i}{F}\right)_i=\frac{F_{ii}}{F}-\left(\frac{F_i}{F}\right)^2=\frac{F_{ii}}{F}-\left(\sum_{j=1}^{n}\frac{u_{jji}}{u_{jj}}\right)^2. \tag{3.2.78}$$

上式经过移项后,在点 Q,可以看到

$$\sum_{j=1}^{n}\frac{u_{jjii}}{u_{jj}}+\sum_{j,k=1}^{n}\left(\frac{u_{jji}}{u_{jj}}\frac{u_{kki}}{u_{kk}}-\frac{u_{jki}^2}{u_{jj}u_{kk}}\right)=\frac{F_{ii}}{F}=(\ln F)_{ii}+\left(\frac{F_i}{F}\right)^2, \tag{3.2.79}$$

这里最后一个等式利用了公式(3.2.78)的中间等式.

公式(3.2.69)减去(3.2.79),且移项,利用(3.2.77)的第一式,在点 Q,有

$$\begin{aligned}\frac{u_{ii}}{\phi}\sum_{j=1}^{n}\frac{\phi_{jj}}{u_{jj}}-(\ln F)_{ii}=&-\frac{1}{u_{ii}}\sum_{j=1}^{n}\frac{u_{iij}^2}{u_{jj}}+u_{ii}^2+u_iu_{ii}\sum_{j=1}^{n}\frac{u_{jjj}}{u_{jj}}-\frac{nu_{ii}}{a-u}-\frac{u_i^2}{(a-u)^2}-\\&\frac{1}{u_{ii}}\sum_{\substack{j\neq i\\(i\text{固定})}}\frac{u_{iij}^2}{u_{jj}}-\sum_{j,k=1}^{n}\frac{u_{jji}u_{kki}-u_{jki}^2}{u_{jj}u_{kk}}+\sum_{j,k=1}^{n}\frac{u_{jji}u_{kki}}{u_{jj}u_{kk}}.\end{aligned} \tag{3.2.80}$$

观察上式右端第一大项及最后三大项,在点 Q,可以看到

$$\begin{aligned}&-\frac{1}{u_{ii}}\sum_{j=1}^{n}\frac{u_{iij}^2}{u_{jj}}-\frac{1}{u_{ii}}\sum_{\substack{j\neq i\\(i\text{固定})}}\frac{u_{iij}^2}{u_{jj}}-\sum_{j,k=1}^{n}\frac{u_{jji}u_{kki}-u_{jki}^2}{u_{jj}u_{kk}}+\sum_{j,k=1}^{n}\frac{u_{jji}u_{kki}}{u_{jj}u_{kk}}\\&=\sum_{j,k=1}^{n}\frac{u_{jki}^2}{u_{jj}u_{kk}}-\frac{1}{u_{ii}}\sum_{j=1}^{n}\frac{u_{iij}^2}{u_{jj}}-\frac{1}{u_{ii}}\sum_{\substack{j\neq i\\(i\text{固定})}}\frac{u_{iij}^2}{u_{jj}}\\&=\frac{1}{u_{ii}}\sum_{j=1}^{n}\frac{u_{jii}^2}{u_{jj}}+\sum_{j=1}^{n}\sum_{\substack{k\neq i\\(i\text{固定})}}\frac{u_{jki}^2}{u_{jj}u_{kk}}-\frac{1}{u_{ii}}\sum_{j=1}^{n}\frac{u_{iij}^2}{u_{jj}}-\frac{1}{u_{ii}}\sum_{\substack{j\neq i\\(i\text{固定})}}\frac{u_{iij}^2}{u_{jj}}\geqslant 0.\end{aligned} \tag{3.2.81}$$

上式最后一个等式右端的第二大项中只保留下标 $j=i$ 的项,然后将下标 k 改成

j,恰与最后一大项抵消,从而可知最后的不等式.

将不等式(3.2.81)应用于公式(3.2.80),在点 Q,有

$$\frac{u_{ii}}{\phi}\sum_{j=1}^{n}\frac{\phi_{jj}}{u_{jj}}-(\ln F)_{ii}\geqslant u_{ii}^{2}+u_{i}u_{ii}\sum_{j=1}^{n}\frac{u_{ijj}}{u_{jj}}-\frac{nu_{ii}}{a-u}-\frac{u_{i}^{2}}{(a-u)^{2}}. \tag{3.2.82}$$

由于 $u_{ii}>0$,在点 Q, $\phi_{jj}\leqslant 0$,再利用上式和(3.2.77)的第一式,在点 Q, 有

$$u_{ii}^{2}+u_{i}u_{ii}\frac{F_{i}}{F}-\frac{nu_{ii}}{a-u}-\frac{u_{i}^{2}}{(a-u)^{2}}+(\ln F)_{ii}\leqslant 0. \tag{3.2.83}$$

将上式两端乘以 $(a-u)^{2}\mathrm{e}^{u_{i}^{2}}$,并注意到公式(3.2.60),在点 Q,可以得到

$$\phi^{2}+(a-u)^{2}\mathrm{e}^{u_{i}^{2}}(\ln F)_{ii}-\mathrm{e}^{u_{i}^{2}}u_{i}^{2}+(a-u)\mathrm{e}^{\frac{1}{2}u_{i}^{2}}u_{i}\phi\frac{F_{i}}{F}-(a-u)\mathrm{e}^{u_{i}^{2}}nu_{ii}\leqslant 0. \tag{3.2.84}$$

再利用公式(3.2.60),改写上式,在点 Q,有

$$\phi^{2}+\mathrm{e}^{\frac{1}{2}u_{i}^{2}}\left[(a-u)u_{i}\frac{F_{i}}{F}-n\right]\phi+(a-u)^{2}\mathrm{e}^{u_{i}^{2}}(\ln F)_{ii}-\mathrm{e}^{u_{i}^{2}}u_{i}^{2}\leqslant 0. \tag{3.2.85}$$

将上式左端视作含变元 ϕ 的首项系数是 1 的一元二次三项式,在点 Q,立即有

$$\phi\leqslant\beta, \tag{3.2.86}$$

这里 β 是一个正常数,由引理 3 中提及的量来估计. 利用公式(3.2.60)的 ϕ 的定义, $\forall x\in\Omega$, 有

$$0<u_{ii}(x)\leqslant\alpha_{i}\mid u(x)-a\mid^{-1}, \tag{3.2.87}$$

这里 α_{i} 是一个正常数,当然与 β 有关.

令

$$\alpha=\max(\alpha_{1},\alpha_{2},\cdots,\alpha_{n}). \tag{3.2.88}$$

于是,引理 3 成立,这里 α 是一个正常数,依赖引理 3 中提及的量.

下面 Ω 是 R^{n} 内一个凸区域.

利用 u 是 Ω 上严格凸函数,而 Ω 又是 R^{n} 内一个凸区域,对于 Ω 内任何紧集 Ω^{*},可设 $d(\Omega^{*},\partial\overline{\Omega})=a^{*}$,这里 a^{*} 是一个正常数. 设

$$u(x_0) = \inf_{x \in \overline{\Omega}} u(x). \tag{3.2.89}$$

不妨设 $x_0 \in \Omega^*$，任取 Ω^* 内不同于点 x_0 的一点 x，从点 x_0 出发，用射线段连接点 x_0 与 x，交 $\partial \overline{\Omega}$ 于点 x^*，$u(x^*) = a$. 不妨旋转坐标轴，设从点 x_0 到 x^* 的方向是 x_1 轴的正方向，于是可以写

$$x^* = (x^*, 0, \cdots, 0),\ x = (x, 0, \cdots, 0),\ x_0 = (x_0, 0, \cdots, 0). \tag{3.2.90}$$

这里为了简洁，就将点 x^* 的第一分量写成 x^*（实数）等. 由 x_1 轴正方向的选择，有

$$x^* > x > x_0. \tag{3.2.91}$$

利用(3.2.59)及上式，有

$$\frac{a - u(x)}{d(x, \partial \overline{\Omega})} - \frac{a - u(x_0)}{d(x^*, x_0)} \geqslant \frac{a - u(x)}{x^* - x} - \frac{a - u(x_0)}{x^* - x_0}, \tag{3.2.92}$$

这里利用了 $d(x, \partial \overline{\Omega}) \leqslant x^* - x$ 及 $d(x^*, x_0) = x^* - x_0$.

由于 u 是 Ω 内一个严格凸函数，沿着从点 x_0 到 x^* 的直线段，u 的导数是严格单调增加的. 利用一个初等不等式，当正数 a, b, c, d 满足 $\frac{a}{b} < \frac{c}{d}$ 时，明显地，有 $\frac{a+c}{b+d} < \frac{c}{d}$.

利用 Lagrange 中值定理及上面叙述，可以知道

$$\frac{u(x) - u(x_0)}{x - x_0} < \frac{a - u(x)}{x^* - x}. \tag{3.2.93}$$

再利用上述初等不等式，立即有

$$\frac{(u(x) - u(x_0)) + (a - u(x))}{(x - x_0) + (x^* - x)} < \frac{a - u(x)}{x^* - x}. \tag{3.2.94}$$

化简上式左端，有

$$\frac{a - u(x_0)}{x^* - x_0} < \frac{a - u(x)}{x^* - x}. \tag{3.2.95}$$

由不等式(3.2.92)和(3.2.95)，有

$$\frac{a - u(x)}{d(x, \partial \overline{\Omega})} > \frac{a - u(x_0)}{d(x^*, x_0)}. \tag{3.2.96}$$

于是，$\forall x \in \Omega^*$（点 x 可以取点 x_0），由上式，有

$$\frac{a-u(x)}{d(x,\,\partial\,\overline{\Omega})} \geqslant \frac{a-\inf u}{d}, \tag{3.2.97}$$

这里 d 是 $\overline{\Omega}$ 的直径（$\overline{\Omega}$ 内任意不同两点直线段距离的最大值）. $d \geqslant d(x^*,\,x_0)$.

由上式，$\forall x \in \Omega^*$，有

$$\frac{1}{a-u(x)} \leqslant \frac{d}{(a-\inf u)d(x,\,\partial\,\overline{\Omega})} \leqslant \frac{d}{(a-\inf u)a^*}, \tag{3.2.98}$$

这里利用了 $d(x,\,\partial\,\overline{\Omega}) \geqslant a^*$.

利用上述不等式于引理 3，有

$$\max_{1\leqslant i\leqslant n}\max_{x\in\Omega^*} |\, u_{ii}(x) \,| \leqslant C, \tag{3.2.99}$$

这里 C 是一个正常数.

下面证明：$\forall x \in \Omega^*$，有

$$|\, \nabla u \,|\,(x) \leqslant \frac{\sup u - u(x)}{d(x,\,\partial\,\overline{\Omega})}. \tag{3.2.100}$$

对于 Ω^* 内任意一个固定点 $x=(x_1,\,x_2,\,\cdots,\,x_n)$，旋转坐标轴，使得 u 的梯度向量方向就是 x_1 轴的正方向. 于是，有

$$|\, \nabla u \,|\,(x) = u_1(x). \tag{3.2.101}$$

过点 x 作平行于 x_1 轴正方向的射影直线，交 $\partial\,\overline{\Omega}$ 于点 x^*，记 $x^*=(x_1^*,\,x_2,\,\cdots,\,x_n)$，这里 $x_1^* > x_1$. 由于 u 是一个凸函数，依照 Taylor 余项公式，有

$$u(x^*) \geqslant u(x) + u_1(x)(x_1^* - x_1). \tag{3.2.102}$$

而

$$x_1^* - x_1 = d(x^*,\,x) \geqslant d(x,\,\partial\,\overline{\Omega}), \tag{3.2.103}$$

$$u(x^*) \leqslant \sup u. \tag{3.2.104}$$

利用(3.2.101)，(3.2.103)和(3.2.104)于不等式(3.2.102)可以知道，不等式(3.2.100)成立.

注： 不等式(3.2.100)不需要 $u\,|_{\partial\overline{\Omega}} = a$ 这一条件.

下面来估计 u 的三阶导数.

引理 4　设 u 是 R^n 内 n 维凸区域 Ω 内方程 $\det u_{ij}(x) = F(x)$，$u\,|_{\partial\overline{\Omega}} = a(a$

是一个实常数)的一个 C^5 严格凸函数解,则 $\sum_{i,j,k=1}^{n} u_{ijk}^2(x) \leqslant C$,这里 x 是 Ω 的内点,C 是一个正常数,C 依赖于 $\max_{x\in\overline{\Omega}}\left(F(x), \frac{1}{F(x)}, \mid \nabla F \mid (x), \mid \nabla\nabla F \mid (x), \mid \nabla\nabla\nabla F \mid (x)\right)$ 和点 x 到 $\partial\,\overline{\Omega}$ 的距离的倒数.

证明 引理 4 的证明首先由 Calabi 在 1958 年给出. 下面的证明是 L. Caffarelli, L. Nirenberg 和 J. Spruck 在 1984 年联合作出的,它是在 Calabi 证明基础上的一个改进. 微分 $\det u_{ij} = F$,有公式(3.2.71). 于是,可以看到

$$\sum_{i,j=1}^{n} u^{ij} u_{ijk} = (\ln F)_k,\ \sum_{i,j=1}^{n} u^{ij} u_{ijkl} + \sum_{i,j=1}^{n} (u^{ij})_l u_{ijk} = (\ln F)_{kl}. \tag{3.2.105}$$

将公式(3.2.75)代入上式的第二式,有

$$\sum_{i,j=1}^{n} u^{ij} u_{ijkl} = (\ln F)_{kl} + \sum_{i,j,s,t=1}^{n} u^{is} u^{jt} u_{stl} u_{ijk}. \tag{3.2.106}$$

为简略,这里及下文省略自变量 $x = (x_1, x_2, \cdots, x_n)$. 上式两端再对 x_q 求导,有

$$\begin{aligned}\sum_{i,j=1}^{n} (u^{ij})_q u_{ijkl} + \sum_{i,j=1}^{n} u^{ij} u_{ijklq} = {} & (\ln F)_{klq} + \sum_{i,j,s,t=1}^{n} (u^{is})_q u^{jt} u_{stl} u_{ijk} + \\ & \sum_{i,j,s,t=1}^{n} u^{is} (u^{jt})_q u_{stl} u_{ijk} + \sum_{i,j,s,t=1}^{n} u^{is} u^{jt} u_{stlq} u_{ijk} + \\ & \sum_{i,j,s,t=1}^{n} u^{is} u^{jt} u_{stl} u_{ijkq}.\end{aligned} \tag{3.2.107}$$

将公式(3.2.75)代入上式,可以看到

$$\begin{aligned}\sum_{i,j=1}^{n} u^{ij} u_{ijklq} = {} & (\ln F)_{klq} + \sum_{i,j,s,t=1}^{n} u^{is} u^{jt} u_{stq} u_{ijkl} - \sum_{i,j,s,t,g,h=1}^{n} u^{ig} u^{sh} u_{ghq} u^{jt} u_{ijk} u_{stl} - \\ & \sum_{i,j,s,t,g,h=1}^{n} u^{is} u^{jg} u^{th} u_{ghq} u_{ijk} u_{stl} + \sum_{i,j,s,t=1}^{n} u^{is} u^{jt} u_{ijkq} u_{stl} + \sum_{i,j,s,t=1}^{n} u^{is} u^{jt} u_{ijk} u_{stlq} \\ = {} & (\ln F)_{klq} - 2 \sum_{i,j,s,t,g,h=1}^{n} u^{is} u^{jg} u^{th} u_{ghq} u_{stl} u_{ijk} + \sum_{i,j,s,t=1}^{n} u^{is} u^{jt} u_{stq} u_{ijkl} + \\ & \sum_{i,j,s,t=1}^{n} u^{is} u^{jt} u_{ijkq} u_{stl} + \sum_{i,j,s,t=1}^{n} u^{is} u^{jt} u_{ijk} u_{stlq}.\end{aligned} \tag{3.2.108}$$

将上式右端第四大项中的下标 i 与 j 互换,下标 s 与 t 互换,可以看到这一大项与上式右端第三大项相等.

将上式两端乘以 $u^{ks}u^{lt}u^{pq}u_{stp}$，并且关于下标 k, l, p, q, s, t 全部从 1 到 n 求和. 为书写简便，用$\sum$表示对全部相同指标求和(除非有另外说明). 于是，可以得到

$$
\begin{aligned}
&\sum u^{ks}u^{lt}u^{pq}u_{stp}u^{ij}u_{ijklq} \\
&= \sum u^{ks}u^{lt}u^{pq}u_{stp}(\ln F)_{klq} - 2\sum u^{ks}u^{lt}u^{pq}u_{stp}u^{is^*}u^{jg}u^{t^*h}u_{ghq}u_{s^*t^*l}u_{ijk} + \\
&\quad 3\sum u^{ks}u^{lt}u^{pq}u_{stp}u^{is^*}u^{jt^*}u_{s^*t^*lq}u_{ijk}.
\end{aligned}
\tag{3.2.109}
$$

这里交换下标 i 与 s^*, j 与 t^*, q 与 k, p 与 s，可以得到

$$
\sum u^{ks}u^{lt}u^{pq}u_{stp}u^{is^*}u^{jt^*}u_{s^*t^*q}u_{ijkl} = \sum u^{pq}u^{lt}u^{ks}u^{s^*i}u^{t^*j}u_{ijk}u_{s^*t^*ql}u_{pts}.
\tag{3.2.110}
$$

类似地，交换下标 i 与 s^*, j 与 t^*, l 与 k, s 与 t，可以得到

$$
\sum u^{ks}u^{lt}u^{pq}u_{stp}u^{is^*}u^{jt^*}u_{ijkq}u_{s^*t^*l} = \sum u^{lt}u^{ks}u^{pq}u_{tsp}u^{s^*i}u^{t^*j}u_{s^*t^*lq}u_{ijk}.
\tag{3.2.111}
$$

利用以上两式，可以看到(3.2.108)右端的最后三大项在乘以 $u^{ks}u^{lt}u^{pq}u_{stp}$，且关于全部相同下标作和后，都是互相相等的，从而得到公式(3.2.109).

令

$$
S = \sum u^{il}u^{js}u^{kt}u_{ijk}u_{lst}.
\tag{3.2.112}
$$

将上式两端分别连续求导，且通过适当互换下标，有

$$
S_p = 3\sum (u^{il})_p u^{js}u^{kt}u_{ijk}u_{lst} + 2\sum u^{il}u^{js}u^{kt}u_{ijkp}u_{lst},
\tag{3.2.113}
$$

以及

$$
\begin{aligned}
S_{pq} = {} & 3\sum (u^{il})_{pq}u^{js}u^{kt}u_{ijk}u_{lst} + 3\sum (u^{il})_p(u^{js})_q u^{kt}u_{ijk}u_{lst} + 3\sum (u^{il})_p u^{js}(u^{kt})_q u_{ijk}u_{lst} + \\
& 3\sum (u^{il})_p u^{js}u^{kt}u_{ijkq}u_{lst} + 3\sum (u^{il})_p u^{js}u^{kt}u_{ijk}u_{lstq} + 2\sum (u^{il})_q u^{js}u^{kt}u_{ijkp}u_{lst} + \\
& 2\sum u^{il}(u^{js})_q u^{kt}u_{ijkp}u_{lst} + 2\sum u^{il}u^{js}(u^{kt})_q u_{ijkp}u_{lst} + 2\sum u^{il}u^{js}u^{kt}u_{ijkpq}u_{lst} + \\
& 2\sum u^{il}u^{js}u^{kt}u_{ijkp}u_{lstq}.
\end{aligned}
\tag{3.2.114}
$$

在上式右端第三大项中互换下标 s 与 t, j 与 k，可以看到这一大项等于上式右端第二大项. 在上式右端第五大项中互换下标 l 与 i, j 与 s, k 与 t，可以看到这一大项等于上式右端第四大项. 在上式右端第七大项中互换下标 i 与 j, l 与

s,可以看到这一大项等于上式右端第六大项. 在上式右端第八大项中互换下标 s 与 t, j 与 k,可以看到这一大项等于第七大项,也即等于第六大项. 于是,利用上面叙述,公式(3. 2. 114)可简化为

$$\begin{aligned} S_{pg} = {} & 3\sum (u^{il})_{pq} u^{js} u^{kt} u_{ijk} u_{lst} + 6\sum (u^{il})_p (u^{js})_q u^{kt} u_{ijk} u_{lst} + 6\sum (u^{il})_p u^{js} u^{kt} u_{ijkq} u_{lst} + \\ & 6\sum (u^{il})_q u^{js} u^{kt} u_{ijkp} u_{lst} + 2\sum u^{il} u^{js} u^{kt} u_{ijkpq} u_{lst} + 2\sum u^{il} u^{js} u^{kt} u_{ijkp} u_{lstq}. \end{aligned} \tag{3.2.115}$$

将上式两端乘以 u^{pq},并且关于 p, q 求和(从 1 到 n),再利用公式(3. 2. 75),可以看到

$$\begin{aligned} \sum u^{pq} S_{pq} = {} & 2\sum u^{pq} u^{il} u^{js} u^{kt} u_{ijkpq} u_{lst} + 2\sum u^{pq} u^{il} u^{js} u^{kt} u_{ijkp} u_{lstq} - \\ & 6\sum u^{pq} u^{ia} u^{lb} u_{abp} u^{js} u^{kt} u_{ijkq} u_{lst} - 6\sum u^{pq} u^{ia} u^{lb} u_{abq} u^{js} u^{kt} u_{ijkp} u_{lst} + \\ & 6\sum u^{pq} u^{ia} u^{lb} u_{abp} u^{je} u^{sf} u_{efq} u^{kt} u_{ijk} u_{lst} - \\ & 3\sum u^{pq} [(u^{ia})_q u^{lb} u_{abp} + u^{ia} (u^{lb})_q u_{abp} + u^{ia} u^{lb} u_{abpq}] u^{js} u^{kt} u_{ijk} u_{lst} \\ = {} & 2\sum u^{pq} u^{il} u^{js} u^{kt} u_{ijkpq} u_{lst} + 2\sum u^{pq} u^{il} u^{js} u^{kt} u_{ijkp} u_{lstq} - \\ & 12\sum u^{pq} u^{ia} u^{lb} u^{js} u^{kt} u_{abp} u_{ijkq} u_{lst} + 6\sum u^{pq} u^{ia} u^{lb} u^{je} u^{sf} u^{kt} u_{abp} u_{efq} u_{ijk} u_{lst} - \\ & 3\sum u^{pq} u^{ia} u^{lb} u^{js} u^{kt} u_{abpq} u_{ijk} u_{lst} + 3\sum u^{pq} u^{ie} u^{af} u_{efq} u^{lb} u_{abp} u^{js} u^{kt} u_{ijk} u_{lst} + \\ & 3\sum u^{pq} u^{ia} u^{le} u^{bf} u_{efq} u_{abp} u^{js} u^{kt} u_{ijk} u_{lst}. \end{aligned} \tag{3.2.116}$$

交换下标 p, q,可以看到上式第一个等式右端的第三大项与第四大项相等. 另外,交换下标 j 与 s, k 与 t, i 与 l, a 与 b,可以看到上式第一个等式右端的最后一大项等于倒数第二大项,这一点下面将要用.

类似公式(3. 2. 63)后面的叙述,在任一固定点 $x \in \Omega$,作一个直角坐标轴的旋转,使得对称正定矩阵(u_{ij})对角化. 利用公式(3. 2. 109)和(3. 2. 116),注意这里的导数皆为普通导数,可以得到在点 x 处,

$$\begin{aligned} \sum u^{pq} S_{pq} = {} & 2\sum \frac{(\ln F)_{ijk} u_{ijk}}{u_{ii} u_{jj} u_{kk}} - 4\sum \frac{u_{klq} u_{jhq} u_{ihl} u_{ijk}}{u_{ii} u_{jj} u_{kk} u_{ll} u_{hh} u_{qq}} + 6\sum \frac{u_{klq} u_{ijlq} u_{ijk}}{u_{ii} u_{jj} u_{kk} u_{ll} u_{qq}} + \\ & 2\sum \frac{u_{ijkp}^2}{u_{ii} u_{jj} u_{kk} u_{pp}} - 12\sum \frac{u_{ilp} u_{ijkp} u_{ljk}}{u_{ii} u_{jj} u_{kk} u_{ll} u_{pp}} + 6\sum \frac{u_{ilp} u_{jsp} u_{ijk} u_{lsk}}{u_{ii} u_{jj} u_{kk} u_{ll} u_{ss} u_{pp}} - \\ & 3\sum \frac{u_{ilpp} u_{ijk} u_{ljk}}{u_{ii} u_{jj} u_{kk} u_{ll} u_{pp}} + 6\sum \frac{u_{iap} u_{alp} u_{ijk} u_{ljk}}{u_{ii} u_{jj} u_{kk} u_{aa} u_{ll} u_{pp}}. \end{aligned} \tag{3.2.117}$$

在上式右端第六大项中交换下标 p 与 h, s 与 q,可以与上式右端第二大项合并.

在上式右端第三大项中将下标 p, q 互换,另外将下标 k 换成 l, l 换成 i, i 换成 k,与上式右端第五大项可合并. 于是,在点 x,有

$$\sum u^{pq}S_{pq}=2\sum\frac{u_{ijk}(\ln F)_{ijk}}{u_{ii}u_{jj}u_{kk}}+2\sum\frac{u_{ijkp}^2}{u_{ii}u_{jj}u_{kk}u_{pp}}-3\sum\frac{u_{ilpp}u_{ijk}u_{ljk}}{u_{ii}u_{jj}u_{kk}u_{ll}u_{pp}}+$$
$$6\sum\frac{u_{iap}u_{ijk}u_{ljk}u_{alp}}{u_{ii}u_{jj}u_{kk}u_{ll}u_{aa}u_{pp}}-6\sum\frac{u_{ilp}u_{ijkp}u_{ljk}}{u_{ii}u_{jj}u_{kk}u_{ll}u_{pp}}+2\sum\frac{u_{ijk}u_{lhi}u_{qhj}u_{klq}}{u_{ii}u_{jj}u_{kk}u_{hh}u_{ll}u_{qq}}. \tag{3.2.118}$$

利用公式(3.2.106),在点 x,有

$$\sum_{i=1}^{n}\frac{u_{iikl}}{u_{ii}}=(\ln F)_{kl}+\sum_{i,j=1}^{n}\frac{u_{ijk}u_{ijl}}{u_{ii}u_{jj}}. \tag{3.2.119}$$

将公式(3.2.119)代入(3.2.118),在点 x,有

$$\begin{aligned}\sum u^{pq}S_{pq}&=2\sum\frac{u_{ijk}(\ln F)_{ijk}}{u_{ii}u_{jj}u_{kk}}+2\sum\frac{u_{ijkp}^2}{u_{ii}u_{jj}u_{kk}u_{pp}}-3\sum\frac{u_{ijk}u_{ljk}}{u_{ii}u_{jj}u_{kk}u_{ll}}\Big[(\ln F)_{il}+\\&\quad\sum_{p,q=1}^{n}\frac{u_{pqi}u_{pql}}{u_{pp}u_{qq}}\Big]+6\sum\frac{u_{iap}u_{ijk}u_{ljk}u_{alp}}{u_{ii}u_{jj}u_{kk}u_{ll}u_{aa}u_{pp}}-6\sum\frac{u_{ilp}u_{ijkp}u_{ljk}}{u_{ii}u_{jj}u_{kk}u_{ll}u_{pp}}+\\&\quad 2\sum\frac{u_{ijk}u_{lhi}u_{qhj}u_{klq}}{u_{ii}u_{jj}u_{kk}u_{hh}u_{ll}u_{qq}}\\&=2\sum\frac{u_{ijk}(\ln F)_{ijk}}{u_{ii}u_{jj}u_{kk}}+2\sum\frac{u_{ijkp}^2}{u_{ii}u_{jj}u_{kk}u_{pp}}-6\sum\frac{u_{ilp}u_{ijkp}u_{ljk}}{u_{ii}u_{jj}u_{kk}u_{ll}u_{pp}}-\\&\quad 3\sum\frac{u_{ijk}u_{ljk}(\ln F)_{il}}{u_{ii}u_{jj}u_{kk}u_{ll}}+2A+3B.\end{aligned} \tag{3.2.120}$$

这里

$$A=\sum\frac{u_{ijk}u_{lhi}u_{qhj}u_{klq}}{u_{ii}u_{jj}u_{kk}u_{hh}u_{ll}u_{qq}}, \tag{3.2.121}$$

$$B=\sum\frac{u_{iap}u_{ijk}u_{ljk}u_{alp}}{u_{ii}u_{jj}u_{kk}u_{ll}u_{aa}u_{pp}}. \tag{3.2.122}$$

注意公式(3.2.120)第一个等式右端的第四大项(即中括号内第二项乘相关项组成)与第五大项可合并,从而导出公式(3.2.120).

观察公式(3.2.120)的右端第二大项与第三大项,可以得到

$$\begin{aligned}&2\sum\frac{u_{ijkp}^2}{u_{ii}u_{jj}u_{kk}u_{pp}}-6\sum\frac{u_{ilp}u_{ijkp}u_{ljk}}{u_{ii}u_{jj}u_{kk}u_{ll}u_{pp}}\\&=2\sum\frac{1}{u_{ii}u_{jj}u_{kk}u_{pp}}\Big[u_{ijkp}-\frac{1}{2}\sum_{l=1}^{n}\frac{1}{u_{ll}}(u_{ilp}u_{ljk}+u_{ilj}u_{lkp}+u_{ilk}u_{ljp})\Big]^2-\end{aligned}$$

$$\frac{1}{2}\sum \frac{1}{u_{ii}u_{jj}u_{kk}u_{pp}u_{ll}u_{ss}}(u_{ilp}u_{ljk}+u_{ilj}u_{lkp}+u_{ilk}u_{ljp})(u_{isp}u_{sjk}+u_{isj}u_{skp}+u_{isk}u_{sjp})$$

(将中括号内第二大项圆括号内第二项中的下标 p, j 互换,第三项中的下标 k, p 互换)

$$\geqslant -\frac{1}{2}\sum \frac{1}{u_{ii}u_{jj}u_{kk}u_{ll}u_{pp}u_{ss}}(u_{ilp}u_{ljk}u_{isp}u_{sjk}+u_{ilj}u_{lkp}u_{isp}u_{sjk}+u_{ilk}u_{ljp}u_{isp}u_{sjk}+$$
$$u_{ilp}u_{ljk}u_{isj}u_{skp}+u_{ilj}u_{lkp}u_{isj}u_{skp}+u_{ilk}u_{ljp}u_{isj}u_{skp}+u_{ilp}u_{ljk}u_{isk}u_{sjp}+u_{ilj}u_{lkp}u_{isk}u_{sjp}+$$
$$u_{ilk}u_{ljp}u_{isk}u_{sjp})$$
$$=-\frac{1}{2}(6A+3B). \tag{3.2.123}$$

这里不等式右端第一大项等于 B. 将第二大项的下标 s 换成 i, i 换成 l, l 换成 q, p 换成 h, j, k 互换,可以看出这一大项恰等于 A. 将第三大项的下标 j, k 互换,恰等于 A. 将第四大项的下标 k, i 互换,也恰等于 A. 第五大项等于 B. 将第六大项的下标 k, p 互换,恰等于 A. 将第七大项的下标 j, k 互换,恰与第四项相等,等于 A. 将第八大项的下标 j, k 互换,恰与第六大项相等,也等于 A. 第九大项等于 B. 从而公式(3.2.123)最后一个等式成立.

由引理 3, $\forall x\in\Omega^*\subset\Omega$,对于开区域 Ω 内任一点 x,总有 Ω 内(与点 x 相关) 紧集 Ω^* 存在,使得 $x\in\Omega^*$. 有 $0<u_{ii}(x)<C$,这里 $1\leqslant i\leqslant n$. 由于矩阵 $(u_{ij}(x))$ 已对角化(当点 x 固定时),由方程 $\det(u_{ij}(x))=F(x)$ 可导出

$$u_{11}(x)u_{22}(x)\cdots u_{nn}(x)=F(x)>0, \tag{3.2.124}$$

从而得到

$$u_{ii}(x)>\frac{F(x)}{C^{n-1}},\ 1\leqslant i\leqslant n,\ \frac{1}{C}<\frac{1}{u_{ii}(x)}<\frac{C^{n-1}}{F(x)}. \tag{3.2.125}$$

这表明 $u_{ii}(x)$有正的下确界.

利用公式(3.2.120)—(3.2.123),在点 x,有

$$\sum u^{pq}S_{pq}\geqslant 2\sum \frac{u_{ijk}(\ln F)_{ijk}}{u_{ii}u_{jj}u_{kk}}-3\sum \frac{u_{ijk}u_{ljk}(\ln F)_{il}}{u_{ii}u_{jj}u_{kk}u_{ll}}+\frac{3}{2}B-A. \tag{3.2.126}$$

于是, $\forall x\in\Omega^*\subset\Omega$,利用不等式(3.2.125),可以看到

$$2\sum \frac{u_{ijk}(\ln F)_{ijk}}{u_{ii}u_{jj}u_{kk}}(x)\geqslant -2\sum \frac{|(\ln F)_{ijk}|}{\sqrt{u_{ii}u_{jj}u_{kk}}}\frac{|u_{ijk}|}{\sqrt{u_{ii}u_{jj}u_{kk}}}(x)$$
$$\geqslant -2\max_{x\in\overline{\Omega}}|\nabla\nabla\nabla(\ln F)|(x)\frac{C^{\frac{3}{2}(n-1)}}{(F(x))^{\frac{3}{2}}}\sum_{i,j,k=1}^{n}\frac{|u_{ijk}|}{\sqrt{u_{ii}u_{jj}u_{kk}}}(x)$$

$$\geqslant -\max_{x\in\bar{\Omega}} |\nabla\nabla\nabla(\ln F)|(x)\frac{C^{\frac{3}{2}(n-1)}}{(F(x))^{\frac{3}{2}}}\left[\sum_{i,j,k=1}^{n}\frac{u_{ijk}^2}{u_{ii}u_{jj}u_{kk}}(x)+n^3\right]$$

(利用初等不等式 $-2a\geqslant-(a^2+1)$,这里 a 是实数)

$$\geqslant -C_1(S(x)+n^3). \tag{3.2.127}$$

这里利用了公式(3.2.112)及对角化矩阵$(u_{ij}(x))$.

类似上式,有

$$-3\sum\frac{u_{ijk}u_{ljk}(\ln F)_{il}}{u_{ii}u_{jj}u_{kk}u_{ll}}(x)\geqslant -3\max_{x\in\bar{\Omega}}|\nabla\nabla(\ln F)|(x)\sum_{i,j,k,l=1}^{n}\frac{|u_{ijk}u_{ljk}|}{u_{ii}u_{jj}u_{kk}u_{ll}}(x)$$

$$\geqslant -\frac{3}{2}n\max_{x\in\bar{\Omega}}|\nabla\nabla(\ln F)|(x)\left[\sum_{i,j,k=1}^{n}\frac{u_{ijk}^2}{(u_{ii}\sqrt{u_{jj}u_{kk}})^2}+\sum_{j,k,l=1}^{n}\frac{u_{ljk}^2}{(u_{ll}\sqrt{u_{jj}u_{kk}})^2}\right](x)$$

$$\geqslant -3n\max_{x\in\bar{\Omega}}|\nabla\nabla(\ln F)|(x)\frac{C^{n-1}}{F(x)}S(x)\geqslant -C_2S(x). \tag{3.2.128}$$

公式(3.2.127)中 C_1 与公式(3.2.128)中 C_2 都是正常数.

利用(3.2.126),(3.2.127)和(3.2.128),在点 x,有

$$\sum u^{pq}S_{pq}\geqslant -C_1(S+n^3)-C_2S+\frac{3}{2}B-A$$

$$=-C_3S-C_4+\frac{3}{2}B-A, \tag{3.2.129}$$

这里 $C_3=C_1+C_2$, $C_4=n^3C_1$, C_3, C_4 都是正常数.

下面证明

$$B\geqslant A \text{ 及 } B\geqslant\frac{1}{n}S^2. \tag{3.2.130}$$

令

$$v_{ijk}=\frac{u_{ijk}}{\sqrt{u_{ii}u_{jj}u_{kk}}},\ 1\leqslant i,\ j,\ k\leqslant n. \tag{3.2.131}$$

利用公式(3.2.121)和(3.2.131),有

$$A=\sum\frac{u_{ijk}}{\sqrt{u_{ii}u_{jj}u_{kk}}}\frac{u_{lhi}}{\sqrt{u_{ll}u_{hh}u_{ii}}}\frac{u_{qhj}}{\sqrt{u_{qq}u_{hh}u_{jj}}}\frac{u_{klq}}{\sqrt{u_{kk}u_{ll}u_{qq}}}=\sum v_{ijt}v_{kst}v_{ikp}v_{jsp}. \tag{3.2.132}$$

这里将下标 l 换成 k, k 换成 t, q 换成 s, h 换成 p,得上式第二个等式.

类似上式,利用公式(3.2.122)和(3.2.131),有

$$B = \sum v_{ijk} v_{ijl} v_{stk} v_{stl}. \tag{3.2.133}$$

由于

$$\begin{aligned}
&\sum_{i,j,k,l=1}^{n}\left[\sum_{s=1}^{n}(v_{ijs}v_{kls}+v_{iks}v_{jls}-2v_{ils}v_{jks})\right]^2\\
&= \sum (v_{ijs}v_{kls}+v_{iks}v_{jls}-2v_{ils}v_{jks})(v_{ijt}v_{klt}+v_{ikt}v_{jlt}-2v_{ilt}v_{jkt})\\
&= \sum v_{ijs}v_{kls}v_{ijt}v_{klt}+\sum v_{iks}v_{jls}v_{ijt}v_{klt}-2\sum v_{ils}v_{jks}v_{ijt}v_{klt}+\sum v_{ijs}v_{kls}v_{ikt}v_{jlt}+\\
&\quad \sum v_{iks}v_{jls}v_{ikt}v_{jlt}-2\sum v_{ils}v_{jks}v_{ikt}v_{jlt}-2\sum v_{ijs}v_{kls}v_{ilt}v_{jkt}-2\sum v_{iks}v_{jls}v_{ilt}v_{jkt}+\\
&\quad 4\sum v_{ils}v_{jks}v_{ilt}v_{jkt}=6(B-A),
\end{aligned} \tag{3.2.134}$$

这里上式第二个等式右端第一大项等于 B,第二大项等于 A,第三大项等于 $-2A$,第四大项等于 A,第五大项等于 B,第六大项等于 $-2A$,第七大项等于 $-2A$,第八大项等于 $-2A$,第九大项等于 $4B$,利用(3.2.134)的左端大于等于零,则(3.2.130)的第一个不等式成立.

利用(3.2.112),对于 Ω 内任一固定点 x,对角化矩阵 $(u_{ij}(x))$,再利用公式(3.2.131),有

$$S(x) = \sum_{i,j,k=1}^{n} \frac{u_{ijk}^2}{u_{ii}u_{jj}u_{kk}}(x) = \sum_{i,j,k=1}^{n} v_{ijk}^2(x). \tag{3.2.135}$$

利用(3.2.133),有

$$\begin{aligned}
B(x) &= \sum_{k,l=1}^{n}\left(\sum_{i,j=1}^{n} v_{ijk}v_{ijl}\right)^2(x) \geqslant \sum_{k=1}^{n}\left(\sum_{i,j=1}^{n} v_{ijk}^2\right)^2(x)\\
&\geqslant \frac{1}{n}\left(\sum_{i,j,k=1}^{n} v_{ijk}^2\right)^2(x)(\text{利用 Cauchy 不等式}) = \frac{1}{n}(S(x))^2.
\end{aligned} \tag{3.2.136}$$

于是,(3.2.130)的第二个不等式成立.

利用(3.2.129)和(3.2.130),在点 x,有

$$\sum u^{pq}S_{pq} \geqslant \frac{1}{2n}S^2 - C_3 S - C_4. \tag{3.2.137}$$

由于在点 x,有

$$0 \leqslant \frac{1}{4n}(S-2nC_3)^2 = \frac{1}{4n}S^2 - C_3 S + nC_3^2, \tag{3.2.138}$$

利用(3.2.137)和(3.2.138),在点 x,有

$$\sum u^{pq}S_{pq} \geqslant \frac{1}{4n}S^2 - C_5, \tag{3.2.139}$$

这里 $C_5 = C_4 + nC_3^2$, C_5 是一个正常数.

对于 Ω 内任何点 y,固定这点 y,为简便,不妨设是 R^n 的原点,设此原点离 $\partial\overline{\Omega}$ 的距离是正常数 R.

令

$$h(x) = \begin{cases} R^2 - |x|^2, & \text{当 } |x| < R \text{ 时}, \\ 0, & \text{当 } |x| \geqslant R. \end{cases} \tag{3.2.140}$$

又令

$$f = h^2 S. \tag{3.2.141}$$

利用公式(3.2.140)和(3.2.141),在 $|x| \leqslant R$ 内,必有一点 x^*,使得 f 取最大值. 显然有 $|x^*| < R$, $h(x^*) > 0$,在点 x^*,有

$$f_i = 0,\ 1 \leqslant i \leqslant n,\ \sum u^{ij} f_{ij} \leqslant 0. \tag{3.2.142}$$

利用公式(3.2.141),有

$$\begin{aligned} f_i &= 2hh_iS + h^2S_i, \\ f_{ij} &= 2h_jh_iS + 2hh_{ij}S + 2hh_iS_j + 2hh_jS_i + h^2S_{ij}. \end{aligned} \tag{3.2.143}$$

利用公式(3.2.142)和(3.2.143),在点 x^*,兼顾公式(3.2.141),有

$$2h_iS + hS_i = 0,\ S_i = -\frac{2S}{h}h_i, \tag{3.2.144}$$

$$\begin{aligned} 0 &\geqslant 2S\sum u^{ij}h_ih_j + 2hS\sum u^{ij}h_{ij} + 4h\sum u^{ij}h_iS_j + h^2\sum u^{ij}S_{ij} \ (\text{利用 } u^{ji} = u^{ij}) \\ &= 2hS\sum u^{ij}h_{ij} - 6S\sum u^{ij}h_ih_j + h^2\sum u^{ij}S_{ij}. \end{aligned} \tag{3.2.145}$$

上式移项,在点 x^*,有

$$6S\sum u^{ij}h_ih_j - 2hS\sum u^{ij}h_{ij} \geqslant h^2\sum u^{ij}S_{ij} \geqslant \left(\frac{1}{4n}S^2 - C_5\right)h^2, \tag{3.2.146}$$

这里最后一个不等式利用了不等式(3.2.139).

由上式,在点 x^*,可以看到

$$\frac{1}{4n}h^2S^2+(2h\sum u^{ij}h_{ij}-6\sum u^{ij}h_ih_j)S-C_5h^2\leqslant 0. \tag{3.2.147}$$

记 $x^*=(x_1^*,x_2^*,\cdots,x_n^*)$，利用 $h(x)$ 的定义，可以知道，在点 x^*，

$$h_i=-2x_i^*,\ h_{ij}=-2\delta_{ij}, \tag{3.2.148}$$

这里 h 的下标 i 表示 h 对 x_i 的求导，且在点 x^* 取值. 将(3.2.148)代入(3.2.147)，并且在此不等式两端乘以正数 $h^2(x^*)$，于是再利用公式(3.2.141)，可以看到在点 x^*，有

$$\frac{1}{4n}f^2+[2h^3\sum u^{ij}(-2\delta_{ij})-6h^2\sum u^{ij}(2x_i^*)(2x_j^*)]S-C_5h^4\leqslant 0. \tag{3.2.149}$$

整理上式左端，在点 x^*，有

$$\frac{1}{4n}f^2-4\Big(h\sum_{i=1}^n u^{ii}+6\sum_{i,j=1}^n u^{ij}x_i^*x_j^*\Big)f-C_5h^4\leqslant 0. \tag{3.2.150}$$

由上式，立即有

$$f(x^*)\leqslant C_6, \tag{3.2.151}$$

这里 C_6 是一个正常数.

利用(3.2.140)和(3.2.141)，以及在点 x^*，f 取最大值，再利用上式，有

$$R^2S(0)=f(0)\leqslant f(x^*)\leqslant C_6. \tag{3.2.152}$$

注意原点 O 就是 Ω 内点 y，由上式及公式(3.2.135)的第一个等式(将点 x 改为点 y)、(3.2.125)的第二个不等式(将点 x 改为点 y)，有

$$\sum_{i,j,k=1}^n u_{ijk}^2(y)\leqslant\frac{C_7}{R^2}, \tag{3.2.153}$$

这里 C_7 也是一个正常数.

现在回到 Minkowski 问题的证明上来，先要建立一个普通直角坐标系与 $S^n(1)$ 的局部正交标架公式之间的一些关系式，然后才能应用上述的一些结论.

在 R^{n+1} 内，由于凸闭超曲面 M 的位置向量场满足公式(3.2.16)，利用公式(3.2.9)前面的叙述，有 $\sum\limits_{A=1}^{n+1}x_A^2=1$. 在局部，不妨设 $x_{n+1}\neq 0$，则

$$x_{n+1}=\pm\sqrt{1-\sum_{j=1}^n x_j^2}. \tag{3.2.154}$$

将$(x_1, x_2, \cdots, x_n)$作为$S^n(1)$的这个局部区域的坐标.

利用公式(3.2.9),沿超曲面M的单位内法向量$-r$, M的第二基本形式分量在普通直角坐标系下是下式(参考(3.2.23)):

$$h_{ij}^* = \left\langle -r, \frac{\partial^2 Y}{\partial x_i \partial x_j} \right\rangle, i, j \in \{1, 2, \cdots, n\}. \tag{3.2.155}$$

由于$\frac{\partial Y}{\partial x_i}$是$M$的一个切向量,有$\left\langle r, \frac{\partial Y}{\partial x_i} \right\rangle = 0$,对此公式两端求导,有

$$\left\langle r, \frac{\partial^2 Y}{\partial x_i \partial x_j} \right\rangle + \left\langle \frac{\partial r}{\partial x_j}, \frac{\partial Y}{\partial x_i} \right\rangle = 0,$$

以及

$$\left\langle r, \frac{\partial^2 Y}{\partial x_j \partial x_i} \right\rangle + \left\langle \frac{\partial r}{\partial x_i}, \frac{\partial Y}{\partial x_j} \right\rangle = 0 (\text{在上式中变换下标 } i \text{ 与 } j). \tag{3.2.156}$$

利用公式(3.2.155)和(3.2.156),有

$$h_{ij}^* = \left\langle \frac{\partial r}{\partial x_j}, \frac{\partial Y}{\partial x_i} \right\rangle = \left\langle \frac{\partial r}{\partial x_i}, \frac{\partial Y}{\partial x_j} \right\rangle, \tag{3.2.157}$$

这里$r = (x_1, x_2, \cdots, x_{n+1})$. 利用公式(3.2.9)后面的叙述,可以知道$Y$依赖$r$,也可写$Y$为$Y(r)$,明显地,有

$$\frac{\partial x_{n+1}}{\partial x_j} = \pm \frac{(-2x_j)}{2\sqrt{1 - \sum_{k=1}^n x_k^2}} = -\frac{x_j}{x_{n+1}} (\text{利用}(3.2.154)), \tag{3.2.158}$$

以及

$$\begin{aligned} \frac{\partial r}{\partial x_j} &= \left(0, \cdots, 0, 1, 0, \cdots, 0, \frac{\partial x_{n+1}}{\partial x_j}\right) (\text{第 } j \text{ 个位置是 } 1) \\ &= \left(0, \cdots, 0, 1, 0, \cdots, 0, -\frac{x_j}{x_{n+1}}\right) (\text{利用}(3.2.158)). \end{aligned} \tag{3.2.159}$$

利用公式(3.2.16),有

$$\frac{\partial Y}{\partial x_i} = \left(\frac{\partial^2 H^*(X)}{\partial x_1^* \partial x_i}, \frac{\partial^2 H^*(X)}{\partial x_2^* \partial x_i}, \cdots, \frac{\partial^2 H^*(X)}{\partial x_{n+1}^* \partial x_i}\right). \tag{3.2.160}$$

将公式(3.2.159)和(3.2.160)代入(3.2.157)的第一个等式,利用h_{ij}^*依赖r,有

$$h_{ij}^*(r)=\left[\frac{\partial^2 H^*(X)}{\partial x_j^*\partial x_i}-\frac{\partial^2 H^*(X)}{\partial x_{n+1}^*\partial x_i}\frac{x_j}{x_{n+1}}\right]\bigg|_{X=r}. \tag{3.2.161}$$

由于公式(3.2.160)的左端向量垂直于 r, Y 当然也依赖单位外法向量 r,因而有

$$\sum_{A=1}^{n+1}x_A\frac{\partial^2 H^*(X)}{\partial x_A^*\partial x_i}\bigg|_{X=r}=0. \tag{3.2.162}$$

由上式,有

$$x_{n+1}\frac{\partial^2 H^*(X)}{\partial x_{n+1}^*\partial x_i}\bigg|_{X=r}=-\sum_{k=1}^{n}x_k\frac{\partial^2 H^*(X)}{\partial x_k^*\partial x_i}\bigg|_{X=r}. \tag{3.2.163}$$

将上式代入公式(3.2.161),有

$$h_{ij}^*(r)=\sum_{k=1}^{n}\left(\delta_{jk}+\frac{x_jx_k}{x_{n+1}^2}\right)\frac{\partial^2 H^*(X)}{\partial x_k^*\partial x_i}\bigg|_{X=r}. \tag{3.2.164}$$

利用公式(3.2.160)和(3.2.163),在普通直角坐标系下,M 的度量张量

$$\begin{aligned}g_{ij}^*(r)&=\left\langle\frac{\partial Y}{\partial x_i},\frac{\partial Y}{\partial x_j}\right\rangle=\sum_{k=1}^{n}\left[\frac{\partial^2 H^*(X)}{\partial x_k^*\partial x_i}\frac{\partial^2 H^*(X)}{\partial x_k^*\partial x_j}\right]\bigg|_{X=r}+\\&\quad\left[\frac{\partial^2 H^*(X)}{\partial x_{n+1}^*\partial x_i}\frac{\partial^2 H^*(X)}{\partial x_{n+1}^*\partial x_j}\right]\bigg|_{X=r}\\&=\sum_{l=1}^{n}\left[\sum_{k=1}^{n}\left(\delta_{kl}+\frac{x_kx_l}{x_{n+1}^2}\right)\frac{\partial^2 H^*(X)}{\partial x_k^*\partial x_i}\right]\frac{\partial^2 H^*(X)}{\partial x_l^*\partial x_j}\bigg|_{X=r}\\&=\sum_{l=1}^{n}\left[h_{il}^*(r)\frac{\partial^2 H^*(X)}{\partial x_l^*\partial x_j}\right]\bigg|_{X=r}\ (\text{利用}(3.2.164)).\end{aligned} \tag{3.2.165}$$

当 $X=r=(x_1, x_2, \cdots, x_n)$ 时,可以将上式右端最后一项中的 x_l^* 改写为 $x_l(1\leqslant l\leqslant n)$,所以,在普通直角坐标系下,当 $x_{n+1}\neq 0$ 时,利用公式(3.2.165),M 的 Gauss-Kronecker 曲率

$$K(r)=\frac{\det h_{ij}^*(r)}{\det g_{ij}^*(r)}=\frac{1}{\det\left(\frac{\partial^2 H^2(X)}{\partial x_i\partial x_j}\bigg|_{X=r}\right)}. \tag{3.2.166}$$

由上式,有

$$\det\left(\frac{\partial^2 H^2(X)}{\partial x_i\partial x_j}\bigg|_{X=r}\right)=\frac{1}{K(r)}. \tag{3.2.167}$$

由公式(3.2.11)和上式,上式左端中的 H^* 完全可以被 M 的支持函数 H 代

替.

由于 M 是严格凸的,可以知道 $(g_{ij}^*(r))$ 和矩阵 $(h_{ij}^*(r))$ 都是对称正定矩阵,从而矩阵 $\left(\frac{\partial^2 H^*(X)}{\partial x_i \partial x_j}\bigg|_{X=r}\right)$ 也是对称正定矩阵.

在超平面 $x_{n+1}^* = -1$ 上的点 $P(x_1^*, \cdots, x_n^*, -1)$,从原点 O 出发的射线 OP 与 $S^n(1)$ 交于一点 $Q(x_1, \cdots, x_n, x_{n+1})$,这里点 O, P, Q 一直线,因而有正实数 t,使得

$$\frac{x_1}{x_1^*} = \cdots = \frac{x_n}{x_n^*} = \frac{x_{n+1}}{-1} = t. \tag{3.2.168}$$

由上式,有

$$x_k = t x_k^*,\ 1 \leqslant k \leqslant n,\ x_{n+1} = -t. \tag{3.2.169}$$

由于 $\sum_{A=1}^{n+1} x_A^2 = 1$,再由上式,有

$$t^2\left(1 + \sum_{k=1}^n x_k^{*2}\right) = 1,\ t = \frac{1}{\sqrt{1 + \sum_{k=1}^n x_k^{*2}}}. \tag{3.2.170}$$

将公式(3.2.170)的第二式代入(3.2.169),有

$$x_A = \frac{x_A^*}{\sqrt{1 + \sum_{k=1}^n x_k^{*2}}},\text{这里 } x_{n+1}^* = -1,\ 1 \leqslant A \leqslant n+1. \tag{3.2.171}$$

对于 $j \in \{1, 2, \cdots, n\}$,有

$$\frac{\partial x_A}{\partial x_j^*} = \frac{\delta_{Aj}}{\sqrt{1 + \sum_{k=1}^n x_k^{*2}}} - \frac{x_j^* x_A^*}{\left(1 + \sum_{k=1}^n x_k^{*2}\right)^{\frac{3}{2}}}. \tag{3.2.172}$$

利用(3.2.11)的第一个等式和(3.2.171),可以看到

$$H^*(x_1^*, \cdots, x_n^*, -1) = \sqrt{1 + \sum_{k=1}^n x_k^{*2}}\, H^*(x_1, \cdots, x_n, x_{n+1}). \tag{3.2.173}$$

由上式,有

$$\begin{aligned}
\frac{\partial H^*(x_1^*, \cdots, x_n^*, -1)}{\partial x_j^*} &= \frac{x_j^*}{\sqrt{1+\sum_{k=1}^n x_k^{*2}}} H^*(x_1, \cdots, x_n, x_{n+1}) + \\
&\quad \sqrt{1+\sum_{k=1}^n x_k^{*2}} \sum_{A=1}^{n+1} \frac{\partial H^*(x_1, \cdots, x_n, x_{n+1})}{\partial x_A} \frac{\partial x_A}{\partial x_j^*} \\
&= \frac{x_j^*}{\sqrt{1+\sum_{k=1}^n x_k^{*2}}} H^*(x_1, \cdots, x_n, x_{n+1}) + \\
&\quad \sqrt{1+\sum_{k=1}^n x_k^{*2}} \sum_{A=1}^{n+1} \frac{\partial H^*(x_1, \cdots, x_n, x_{n+1})}{\partial x_A} \\
&\quad \left(\frac{\delta_{Aj}}{\sqrt{1+\sum_{k=1}^n x_k^{*2}}} - \frac{x_j^* x_A^*}{\left(1+\sum_{k=1}^n x_k^{*2}\right)^{\frac{3}{2}}} \right) (\text{利用}(3.2.172)) \\
&= \frac{x_j^*}{\sqrt{1+\sum_{k=1}^n x_k^{*2}}} H^*(x_1, \cdots, x_n, x_{n+1}) + \\
&\quad \frac{\partial H^*(x_1, \cdots, x_n, x_{n+1})}{\partial x_j} - \\
&\quad \frac{x_j^*}{1+\sum_{k=1}^n x_k^{*2}} \sum_{A=1}^{n+1} x_A^* \frac{\partial H^*(x_1, \cdots, x_n, x_{n+1})}{\partial x_A} \\
&= \frac{x_j^*}{\sqrt{1+\sum_{k=1}^n x_k^{*2}}} [H^*(x_1, \cdots, x_n, x_{n+1}) - \langle r, Y(r) \rangle] + \\
&\quad \frac{\partial H^*(x_1, \cdots, x_n, x_{n+1})}{\partial x_j}.
\end{aligned} \tag{3.2.174}$$

这里利用了 $r = \left(\frac{x_1^*}{\sqrt{1+\sum_{k=1}^n x_k^{*2}}}, \cdots, \frac{x_n^*}{\sqrt{1+\sum_{k=1}^n x_k^{*2}}}, -\frac{1}{\sqrt{1+\sum_{k=1}^n x_k^{*2}}} \right)$，并且注意到 $\frac{\partial H^*(x_1, \cdots, x_n, x_{n+1})}{\partial x_A}$ 中每一个变元作独立变元考虑(见公式(3.2.174) 第一个等式右端第二大项)，公式(3.2.174) 最后一个等式要用到公式 (3.2.16)．在独立变元前提下，$\frac{\partial H^*(x_1, \cdots, x_n, x_{n+1})}{\partial x_A}$ 等于 $\left.\frac{\partial H^*(x_1^*, \cdots, x_n^*, x_{n+1}^*)}{\partial x_A^*}\right|_{X=r}$，这里 $r = (x_1, \cdots, x_n, x_{n+1})$．

利用支持函数定义(3.2.11),有

$$H^*(x_1,\cdots,x_n,x_{n+1})=H(x_1,\cdots,x_n,x_{n+1})\Big(\text{利用}\sum_{A=1}^{n+1}x_A^2=1\Big)$$
$$=\langle r,Y(r)\rangle(\text{利用}(3.2.10)).\qquad(3.2.175)$$

利用公式(3.2.174)和(3.2.175),有

$$\frac{\partial H^*(x_1^*,\cdots,x_n^*,-1)}{\partial x_j^*}=\frac{\partial H^*(x_1,\cdots,x_n,x_{n+1})}{\partial x_j}.\qquad(3.2.176)$$

将上式两端再对 x_i^* 求导,有

$$\frac{\partial^2 H^*(x_1^*,\cdots,x_n^*,-1)}{\partial x_j^*\partial x_i^*}=\sum_{A=1}^{n+1}\frac{\partial^2 H^*(x_1,\cdots,x_n,x_{n+1})}{\partial x_j\partial x_A}\frac{\partial x_A}{\partial x_i^*}$$
$$=\sum_{A=1}^{n+1}\frac{\partial^2 H^*(x_1,\cdots,x_n,x_{n+1})}{\partial x_j\partial x_A}\left[\frac{\delta_{Ai}}{\sqrt{1+\sum_{k=1}^n x_k^{*2}}}-\frac{x_i^*x_A^*}{\left(1+\sum_{k=1}^n x_k^{*2}\right)^{\frac{3}{2}}}\right]$$
(利用(3.2.172))
$$=\frac{1}{\sqrt{1+\sum_{k=1}^n x_k^{*2}}}\frac{\partial^2 H^*(x_1,\cdots,x_n,x_{n+1})}{\partial x_j\partial x_i}-\frac{x_i^*}{1+\sum_{k=1}^n x_k^{*2}}\left\langle r,\frac{\partial Y(r)}{\partial x_j}\right\rangle$$
(利用(3.2.16)及(3.2.174)后面的叙述)
$$=\frac{1}{\sqrt{1+\sum_{k=1}^n x_k^{*2}}}\frac{\partial^2 H^*(x_1,\cdots,x_n,x_{n+1})}{\partial x_j\partial x_i}.\qquad(3.2.177)$$

这里利用了 r 是 M 的单位法向量, $\frac{\partial Y(r)}{\partial x_j}$ 是 M 的切向量,两者互相垂直.

令

$$K(x_1^*,\cdots,x_n^*,-1)=\sqrt{1+\sum_{k=1}^n x_k^{*2}}K(r),\qquad(3.2.178)$$

这里 $r=\frac{1}{\sqrt{1+\sum_{k=1}^n x_k^{*2}}}(x_1^*,\cdots,x_n^*,-1)$.

利用公式(3.2.167),(3.2.177)和(3.2.178),有

$$\left(1+\sum_{k=1}^n x_k^{*2}\right)^{\frac{n-1}{2}}\det\frac{\partial^2 H^*(x_1^2,\cdots,x_n^*,-1)}{\partial x_j^*\partial x_i^*}=\frac{1}{K(x_1^*,\cdots,x_n^*,-1)}.$$
$$(3.2.179)$$

类似地,当其他 $x_A \neq 0$ 时($1 \leqslant A \leqslant n+1$),也导出类似(3.2.167)的方程,只不过此方程中下标 i, j 取的 n 个值中无 A,即 $i, j \in \{1, 2, \cdots, A-1, A+1, \cdots, n+1\}$. $S^n(1)$ 是紧致无边界的,可以取 $S^n(1)$ 上有限个连通开凸集 $\{U_\alpha \mid 1 \leqslant \alpha \leqslant m\}$, $S^n(1) = \bigcup_{\alpha=1}^{m} U_\alpha$,在每个连通开凸集 U_α 上,有类似(3.2.167)的方程. 设 $H^{t_m *}$ 表示函数 H^{t_m} 的延拓, K^{t_m} 代替类似(3.2.167)中的函数 K, $H^{t_m *}$ 代替函数 H^*. 在每个 U_α 上,可以认为 $H^{t_m *}(\overrightarrow{X}) = H^{t_m *}(x_1, \cdots, x_{A-1}, x_{A+1}, \cdots, x_{n+1})$. 为方便,就直接将 $H^{t_m *}$ 的定义域看作 R^n 内一个(连通)凸区域 U_α^*. 又由于 $H^{t_m *}$ 是一个严格凸函数,则可以设 $H^{t_m *}$ 在 ∂U_α^* 上是一个正常数 a,用 $H^{t_m *}$ 代替函数 u,利用引理 3 和引理 4 的结论,当 $x_{n+1} \neq 0$ 时,方程(3.2.179)就是形式 $\det H_{ij}^* = F$,变元 $x_1, \cdots, x_{A-1}, x_{A+1}, \cdots, x_{n+1}$ 依次代替 $x_1, \cdots, x_n$,其余情况的结论是一样的. 并且可以知道,在这些(连通)凸区域 U_α^* 内部的(连通)开区域 V_α 上,当 $V_\alpha \subset \overline{V}_\alpha \subset U_\alpha$ 时,函数 $H^{t_m *}$ 在 $\overline{V}_\alpha$ 内部是 C^3 一致有界的,这里 $\overline{V}_\alpha$ 是 V_α 的闭包. 由于 $S^n(1)$ 是仿紧空间,对有限开覆盖 $\{U_\alpha \mid 1 \leqslant \alpha \leqslant m\}$,存在 $S^n(1)$ 上的另一有限开覆盖 $\{V_\alpha \mid 1 \leqslant \alpha \leqslant m\}$,满足 $V_\alpha \subset \overline{V}_\alpha \subset U_\alpha$,于是 $S^n(1)$ 上的函数序列 $\{H^{t_m} \mid m \in \mathbf{N}\}$ 在 $S^n(1)$ 上是 C^3 一致有界的,于是有一个子(函数)序列,收敛于 $C^{2,\alpha}(S^n(1))$ 内一个正函数 H^{t_0},这里 $t_m \to t_0$,所以正函数 H^{t_0} 满足方程

$$\det(H_{ij}^{t_0} + H^{t_0}\delta_{ij}) = \frac{1}{K_{t_0}}, \tag{3.2.180}$$

而且矩阵 $(H_{ij}^{t_0} + H^{t_0}\delta_{ij})$ 是正定的. 由椭圆型方程的正则性定理,由于 $K_{t_0} \in C^{k,\alpha}(S^n(1))$(这里正整数 $k \geqslant 3$),可以知道 $H^{t_0} \in C^{k+2,\alpha}(S^n(1))$,因此 $t_0 \in S$(见(3.2.31)),S 是闭集.

(2) 下面证明 S 是[0, 1]内开集. 设 H 是正函数, $H \in C^{k+2,\alpha}(S^n(1))$,可以知道 $(H_{ij} + H\delta_{ij})$ 是正定矩阵,且满足

$$\det(H_{ij} + H\delta_{ij}) = \frac{1}{K_t}. \tag{3.2.181}$$

实际上,为方便,可用函数 H 代替 H^t, $t \in S$. 用矩阵 $(C(H_{ij} + H\delta_{ij}))$ 表示矩阵 $(H_{ij} + H\delta_{ij})$ 的余因子矩阵,它也是一个对称正定矩阵. 显然,有

$$\sum_{l=1}^{n} C(H_{il} + H\delta_{il})(H_{lj} + H\delta_{lj}) = \det(H_{st} + H\delta_{st})\delta_{ij}. \tag{3.2.182}$$

引入一个与 H 有关的线性算子 L_H,这里 H 不一定满足方程(3.2.181),对于 $S^n(1)$ 上任一光滑函数(至少 C^2)u,定义

$$L_H(u)=\sum_{i,j=1}^{n}C(H_{ij}+H\delta_{ij})(u_{ij}+u\delta_{ij}). \tag{3.2.183}$$

首先证明,当 $u, v\in C^2(S^n(1))$,有

$$\int_{S^n(1)}uL_H(v)\mathrm{d}A=\int_{S^n(1)}vL_H(u)\mathrm{d}A. \tag{3.2.184}$$

利用(3.2.183),可以看到

$$\begin{aligned}&uL_H(v)-vL_H(u)\\&=u\sum_{i,j=1}^{n}C(H_{ij}+H\delta_{ij})(v_{ij}+v\delta_{ij})-\\&\quad v\sum_{i,j=1}^{n}C(H_{ij}+H\delta_{ij})(u_{ij}+u\delta_{ij})\\&=\sum_{i,j=1}^{n}C(H_{ij}+H\delta_{ij})(uv_{ij}-vu_{ij})\\&=\sum_{i,j=1}^{n}C(H_{ij}+H\delta_{ij})(uv_i-vu_i)_j(\text{利用 }C(H_{ij}+H\delta_{ij})=C(H_{ji}+H\delta_{ji})).\end{aligned} \tag{3.2.185}$$

在 $S^n(1)$上积分上式两端,有

$$\begin{aligned}\int_{S^n(1)}uL_H(v)\mathrm{d}A-\int_{S^n(1)}vL_H(u)\mathrm{d}A&=\int_{S^n(1)}\sum_{i,j=1}^{n}C(H_{ij}+H\delta_{ij})(uv_i-vu_i)_j\mathrm{d}A\\&=-\int_{S^n(1)}\sum_{i,j=1}^{n}[C(H_{ij}+H\delta_{ij})]_j(uv_i-vu_i)\mathrm{d}A.\end{aligned} \tag{3.2.186}$$

这里上式最后一个等式是利用 Green 公式或 Stokes 公式,以及利用 $S^n(1)$是无边界的流形.

下面要对公式(3.2.182)两端求导,先做些准备工作. 利用行列式的求导法则,有

$$\mathrm{d}[\det(H_{jk}+H\delta_{jk})]=\sum_{j,k=1}^{n}C(H_{jk}+H\delta_{jk})(\mathrm{d}H_{jk}+\mathrm{d}H\delta_{jk}). \tag{3.2.187}$$

由上式,有

$$\sum_{s=1}^{n}[\det(H_{jk}+H\delta_{jk})]_s\omega_s$$
$$=\sum_{j,k=1}^{n}C(H_{jk}+H\delta_{jk})\Big(\sum_{s=1}^{n}H_{jks}\omega_s+\sum_{l=1}^{n}H_{lk}\omega_{jl}+\sum_{l=1}^{n}H_{jl}\omega_{kl}+\sum_{s=1}^{n}H_s\omega_s\delta_{jk}\Big)$$
$$=\sum_{j,k=1}^{n}C(H_{jk}+H\delta_{jk})\Big(\sum_{s=1}^{n}H_{jks}\omega_s+2\sum_{l=1}^{n}H_{lk}\omega_{jl}+\sum_{s=1}^{n}H_s\omega_s\delta_{jk}\Big)$$

(将上式右端圆括号内第三大项下标 j 与 k 互换,并且利用 $C(H_{jk}+H\delta_{jk})=C(H_{kj}+H\delta_{kj})$). (3.2.188)

记

$$\omega_{jl}=\sum_{s=1}^{n}\Gamma_{jl}^{s}\omega_s,\ \Gamma_{jl}^{s}=-\Gamma_{lj}^{s}. \tag{3.2.189}$$

利用公式(3.2.188)和(3.2.189),有

$$[\det(H_{jk}+H\delta_{jk})]_s=\sum_{j,k=1}^{n}C(H_{jk}+H\delta_{jk})\Big(H_{jks}+2\sum_{l=1}^{n}H_{lk}\Gamma_{jl}^{s}+H_s\delta_{jk}\Big). \tag{3.2.190}$$

由于

$$\sum_{j,k,l=1}^{n}C(H_{jk}+H\delta_{jk})(H_{kl}+H\delta_{kl})\Gamma_{jl}^{s}$$
$$=\sum_{j,l=1}^{n}\det(H_{st}+H\delta_{st})\delta_{jl}\Gamma_{jl}^{s}\text{(利用(3.2.182))}$$
$$=\det(H_{st}+H\delta_{st})\sum_{j=1}^{n}\Gamma_{jj}^{s}=0\text{(利用(3.2.189) 的第二式知 }\Gamma_{jj}^{s}=0\text{)}. \tag{3.2.191}$$

利用上式,有

$$\sum_{j,k,l=1}^{n}C(H_{jk}+H\delta_{jk})H_{kl}\Gamma_{jl}^{s}=-H\sum_{j,k,l=1}^{n}C(H_{jk}+H\delta_{jk})\delta_{kl}\Gamma_{jl}^{s}$$
$$=-H\sum_{j,k=1}^{n}C(H_{jk}+H\delta_{jk})\Gamma_{jk}^{s}$$
$$=-\frac{1}{2}H\sum_{j,k=1}^{n}C(H_{jk}+H\delta_{jk})(\Gamma_{jk}^{s}+\Gamma_{kj}^{s})$$

(利用 $C(H_{jk}+H\delta_{jk})=C(H_{kj}+H\delta_{kj})$) $=0$, (3.2.192)

这里最后一个等式利用了(3.2.189)的第二式.

将上式代入公式(3.2.190),有

$$[\det(H_{jk}+H\delta_{jk})]_s=\sum_{j,\,k=1}^{n}C(H_{jk}+H\delta_{jk})(H_{jks}+H_s\delta_{jk}).\tag{3.2.193}$$

微分公式(3.2.182)的两端,有

$$\begin{aligned}&\sum_{l=1}^{n}\mathrm{d}[C(H_{il}+H\delta_{il})](H_{lj}+H\delta_{lj})+\sum_{l=1}^{n}C(H_{il}+H\delta_{il})(\mathrm{d}H_{lj}+\mathrm{d}H\delta_{lj})\\&=\mathrm{d}[\det(H_{st}+H\delta_{st})]\delta_{ij}.\end{aligned}\tag{3.2.194}$$

上式两端同乘以 $C(H_{jp}+H\delta_{jp})$,并且关于 j 从 1 到 n 求和,利用(3.2.182),有

$$\begin{aligned}&\mathrm{d}[C(H_{ip}+H\delta_{ip})]\det(H_{st}+H\delta_{st})+\sum_{j,\,l=1}^{n}C(H_{il}+H\delta_{il})(\mathrm{d}H_{lj}+\\&\mathrm{d}H\delta_{lj})C(H_{jp}+H\delta_{jp})\\&=\mathrm{d}[\det(H_{st}+H\delta_{st})]C(H_{ip}+H\delta_{ip}).\end{aligned}\tag{3.2.195}$$

下面证明在 $S^n(1)$上,

$$\sum_{j=1}^{n}[C(H_{ij}+H\delta_{ij})]_j=0,\ \forall i\in\{1,2,\cdots,n\}.\tag{3.2.196}$$

如果上式成立,再利用公式(3.2.186),有公式(3.2.184).

怎样才能既快又正确地证明(3.2.196)呢?由于公式(3.2.196)的左端关于 j 已作和,整体上是一个一阶张量,因而在 $S^n(1)$的每一点上,只依赖单位切向量 $e_1,\cdots,e_n$ 的选择,与局部坐标选择无关.因此,在 $S^n(1)$的任意一个固定点上,取这点为中心的局部法坐标系.利用公式(3.2.193)和(3.2.195),在此固定点上,有

$$\begin{aligned}&[C(H_{ip}+H\delta_{ip})]_k\det(H_{st}+H\delta_{st})+\sum_{j,\,l=1}^{n}C(H_{il}+H\delta_{il})(H_{ljk}+\\&H_k\delta_{lj})C(H_{jp}+H\delta_{jp})\\&=[\det(H_{st}+H\delta_{st})]_kC(H_{ip}+H\delta_{ip})\\&=\sum_{j,\,l=1}^{n}C(H_{jl}+H\delta_{jl})(H_{jlk}+H_k\delta_{jl})C(H_{ip}+H\delta_{ip}).\end{aligned}\tag{3.2.197}$$

由上式,在此固定点上,有

$$\det(H_{st}+H\delta_{st})[C(H_{ip}+H\delta_{ip})]_k$$

$$= \sum_{j,\, l=1}^{n} C(H_{jl} + H\delta_{jl}) C(H_{ip} + H\delta_{ip})(H_{jlk} + H_k\delta_{jl}) -$$

$$\sum_{j,\, l=1}^{n} C(H_{il} + H\delta_{il}) C(H_{jp} + H\delta_{jp})(H_{ljk} + H_k\delta_{lj}). \tag{3.2.198}$$

在上式中，令 $p=k$，并且关于 k 从 1 到 n 求和，在此固定点上，有

$$\det(H_{st} + H\delta_{st}) \sum_{k=1}^{n} [C(H_{ik} + H\delta_{ik})]_k$$

$$= \sum_{j,\, k,\, l=1}^{n} C(H_{jl} + H\delta_{jl}) C(H_{ik} + H\delta_{ik})[(H_{jlk} + H_k\delta_{jl}) - (H_{kjl} + H_l\delta_{kj})]$$

(将第一个等式右端第二大项中的下标 k 与 l 交换). (3.2.199)

利用 $S^n(1)$上可微函数的 Ricci 恒等式，可以看到

$$H_{jlk} - H_{kjl} = H_{jlk} - H_{jkl} = \sum_{s=1}^{n} H_s R_{jslk} = \sum_{s=1}^{n} H_s(\delta_{jk}\delta_{sl} - \delta_{jl}\delta_{sk})$$

$$= H_l\delta_{jk} - H_k\delta_{jl}. \tag{3.2.200}$$

利用公式(3.2.200)可以知道，公式(3.2.199)的右端是零. 又利用 $\det(H_{st} + H\delta_{st}) > 0$，可以知道，(3.2.196) 在此固定点上成立. 又由于此固定点是任选的，因而在整个 $S^n(1)$ 上，公式(3.2.196) 成立. 从而公式(3.2.184) 成立，这里利用了公式(3.2.186).

现在证明：对于 $C^{5,\alpha}(S^n(1))$内任何严格凸函数 u，即矩阵 $(u_{ij} + u\delta_{ij})$ 是正定的，有

$$\int_{S^n(1)} r\det(u_{ij} + u\delta_{ij})(r)\mathrm{d}A = 0, \tag{3.2.201}$$

这里 $r = (x_1, \cdots, x_{n+1})$ 是 $S^n(1) \subset R^{n+1}$ 的位置向量场.

如果上述公式是成立的，那么，利用公式 $\det(u_{ij} + u\delta_{ij}) = \frac{1}{K}$，有

$$\int_{S^n(1)} \frac{r}{K}\mathrm{d}A = 0. \tag{3.2.202}$$

这就是 Minkowski 公式的向量形式，u 是 R^{n+1} 内凸闭超曲面 M 的支持函数.

下面为方便，省略函数后面的自变量向量.

记

$$L_B(u) = \int_{S^n(1)} x_B \det(u_{ij} + u\delta_{ij}) \mathrm{d}A, \tag{3.2.203}$$

这里 $B \in \{1, 2, \cdots, n+1\}$.

$\forall v \in C^{5,\alpha}(S^n(1))$,定义 Frechet 导数

$$\mathrm{D}L_B(u)v = \lim_{t \to 0} \frac{1}{t}[L_B(u+tv) - L_B(u)]. \tag{3.2.204}$$

那么,

$$\begin{aligned}\mathrm{D}L_B(u)v &= \lim_{t\to 0}\frac{1}{t}\left\{\int_{S^n(1)} x_B \det(u_{ij} + tv_{ij} + (u+tv)\delta_{ij})\mathrm{d}A - \int_{S^n(1)} x_B \det(u_{ij} + u\delta_{ij})\mathrm{d}A\right\} \\ &= \lim_{t\to 0}\frac{1}{t}\left\{\int_{S^n(1)} x_B[\det(u_{ij} + u\delta_{ij} + t(v_{ij} + v\delta_{ij})) - \det(u_{ij} + u\delta_{ij})]\mathrm{d}A\right\}.\end{aligned} \tag{3.2.205}$$

由 Taylor 展开公式,有

$$\begin{aligned}\det(u_{ij} + u\delta_{ij} + t(v_{ij} + v\delta_{ij})) &= \det(u_{ij} + u\delta_{ij}) + t\sum_{i,j=1}^{n} C(u_{ij} + u\delta_{ij})(v_{ij} + v\delta_{ij}) + O(t^2) \\ &= \det(u_{ij} + u\delta_{ij}) + tL_u(v) + O(t^2),\end{aligned} \tag{3.2.206}$$

这里 $\lim_{t\to 0}\frac{1}{t}O(t^2) = 0$.

将(3.2.206)代入(2.3.205),有

$$\mathrm{D}L_B(u)v = \int_{S^n(1)} x_B L_u(v)\mathrm{d}A = \int_{S^n(1)} vL_u x_B \mathrm{d}A, \tag{3.2.207}$$

上式最后一个等式利用了公式(3.2.184).

对于 $S^n(1)$上的位置向量场 $r = (x_1, \cdots, x_{n+1})$, 利用 $S^n(1)$上的 Gauss 公式,有

$$r_{ij} = -\delta_{ij}r, \text{即} (x_B)_{ij} + x_B\delta_{ij} = 0, \tag{3.2.208}$$

这里 $B \in \{1, 2, \cdots, n+1\}$.

利用公式(3.2.183)和上式,有

$$L_u x_B = \sum_{i,j=1}^{n} C(u_{ij} + u\delta_{ij})[(x_B)_{ij} + x_B\delta_{ij}] = 0. \tag{3.2.209}$$

从而有

$$\mathrm{D}L_B(u)v=0. \tag{3.2.210}$$

Frechet 导数具有与普通导数一样的性质,例如有

$$L_B(u+v)-L_B(u)=\int_0^1 \mathrm{D}L_B(u+tv)v\mathrm{d}t. \tag{3.2.211}$$

当函数 u, v 给定时,令

$$F(t)=L_B(u+tv). \tag{3.2.212}$$

于是,有

$$\begin{aligned}\frac{\mathrm{d}F(t)}{\mathrm{d}t}&=\lim_{s\to 0}\frac{1}{s}[F(t+s)-F(t)]=\lim_{s\to 0}\frac{1}{s}[L_B(u+(t+s)v)-L_B(u+tv)]\\&=\mathrm{D}L_B(u+tv)v(\text{利用}(3.2.204)).\end{aligned} \tag{3.2.213}$$

显然,有

$$F(1)-F(0)=\int_0^1 \frac{\mathrm{d}F(t)}{\mathrm{d}t}\mathrm{d}t. \tag{3.2.214}$$

将公式(3.2.212)和(3.2.213)代入上式,有公式(3.2.211).

令

$$v=x_B-u, \tag{3.2.215}$$

则

$$u+tv=(1-t)u+tx_B. \tag{3.2.216}$$

于是,可以看到

$$\begin{aligned}&[(1-t)u+tx_B]_{ij}+[(1-t)u+tx_B]\delta_{ij}\\&=(1-t)(u_{ij}+u\delta_{ij})(\text{利用}(3.2.208)).\end{aligned} \tag{3.2.217}$$

当 $t\in[0,1)$ 时,上式右端矩阵是对称正定矩阵(利用矩阵 $(u_{ij}+u\delta_{ij})$ 是对称正定的),在公式(3.2.210)左端用 $u+tv$ 代替 u,这里 v 满足(3.2.215),有

$$\mathrm{D}L_B(u+tv)v=0. \tag{3.2.218}$$

再利用公式(3.2.203),(3.2.208),(3.2.211),(3.2.212),(3.2.215)和(3.2.218),有

$$F(1)=F(0),\ 0=L_B(x_B)=L_B(u+v)=L_B(u). \tag{3.2.219}$$

从而公式(3.2.201)成立.

注: 关于 Frechet 导数的知识可参考文章[2]的开始部分.

现在可以证明 S 是[0, 1]内的开集了.

令

$$B^* = \left\{f \in C^{k,\alpha}(S^n(1)) \,\middle|\, \int_{S^n(1)} rf\,\mathrm{d}A = 0\right\}. \tag{3.2.220}$$

定义一个映射 F: $C^{k+2,\alpha}(S^n(1)) \to B^*$.

$$F(u) = \det(u_{ij} + u\delta_{ij}). \tag{3.2.221}$$

引理 5　设 u 是 $C^3(S^n(1))$ 内一个函数, 满足 $L_H(u) = 0$, 这里 H 是 $C^3(S^n(1))$ 内一个正函数, 而且矩阵 $(H_{ij} + H\delta_{ij})$ 是正定矩阵, 那么 $u = \sum_{A=1}^{n+1} a_A x_A$,这里 a_A 是实常数,$r = (x_1, \cdots, x_{n+1})$ 是 $S^n(1)$ 的位置向量场.

证明　令

$$Z = \sum_{i=1}^n u_i e_i + u e_{n+1},\ X = \sum_{i=1}^n H_i e_i + H e_{n+1}, \tag{3.2.222}$$

这里 $e_1, \cdots, e_n$ 是 $S^n(1)$上的局部正交标架场, $e_{n+1} = r$. 那么,有

$$u = \langle Z, e_{n+1}\rangle, \tag{3.2.223}$$

这里$\langle\,,\,\rangle$是 R^{n+1} 内向量的内积.

明显地,类似公式(3.2.21),有

$$\mathrm{d}Z = \sum_{i=1}^n \mathrm{d}u_i e_i + \sum_{i=1}^n u_i \mathrm{d}e_i + \mathrm{d}u e_{n+1} + u\mathrm{d}e_{n+1} = \sum_{i,j=1}^n (u_{ij} + u\delta_{ij})\omega_j e_i. \tag{3.2.224}$$

同理,有

$$\mathrm{d}X = \sum_{i,j=1}^n (H_{ij} + H\delta_{ij})\omega_j e_i. \tag{3.2.225}$$

引入 $S^n(1)$上一个 $n-1$ 次形式(向量的微分形式)

$$\omega = X \wedge Z \wedge \mathrm{d}Z \wedge \mathrm{d}X \wedge \cdots \wedge \mathrm{d}X(n-2\text{ 个 }\mathrm{d}X), \tag{3.2.226}$$

这里 $e_{n+1} \wedge e_1 \wedge e_2 \wedge \cdots \wedge e_n = 1$,等式左端表示由 $e_1, e_2, \cdots, e_n, e_{n+1}$ 张成的 $n+1$ 维单位立方体的体积.

由(3.2.226),有

$$\begin{aligned} d\omega &= dX \wedge Z \wedge dZ \wedge dX \wedge \cdots \wedge dX(n-2\text{个 } dX) + \\ &\quad X \wedge dZ \wedge dZ \wedge dX \wedge \cdots \wedge dX(n-2\text{个 } dX) \\ &= -Z \wedge dZ \wedge dX \wedge \cdots \wedge dX(n-1\text{个 } dX) + \\ &\quad X \wedge dZ \wedge dZ \wedge dX \wedge \cdots \wedge dX(n-2\text{个 } dX), \end{aligned} \tag{3.2.227}$$

这里利用了 $dX \wedge dZ = dZ \wedge dX$, $dX \wedge Z = -Z \wedge dX$.

而

$$\begin{aligned} & dZ \wedge dX \wedge \cdots \wedge dX(n-1\text{个 } dX) \\ &= \sum_{i_1, j_1=1}^{n} (u_{i_1j_1} + u\delta_{i_1j_1}) e_{i_1}\omega_{j_1} \wedge \sum_{i_2, j_2=1}^{n} (H_{i_2j_2} + H\delta_{i_2j_2}) e_{i_2}\omega_{j_2} \wedge \cdots \\ &\quad \wedge \sum_{i_n, j_n=1}^{n} (H_{i_nj_n} + H\delta_{i_nj_n}) e_{i_n}\omega_{j_n} \\ &= \sum_{\substack{i_1, j_1, i_2, j_2, \\ \cdots, i_n, j_n=1}}^{n} (u_{i_1j_1} + u\delta_{i_1j_1})(H_{i_2j_2} + H\delta_{i_2j_2}) \cdots (H_{i_nj_n} + H\delta_{i_nj_n})(e_{i_1} \wedge e_{i_2} \\ &\quad \wedge \cdots \wedge e_{i_n})(\omega_{j_1} \wedge \omega_{j_2} \wedge \cdots \wedge \omega_{j_n}) \\ &= \sum_{\substack{i_1, i_2, \cdots, i_n\text{和} \\ j_1, j_2, \cdots, j_n\text{都} \\ \text{是}1, 2, \cdots, n\text{的排列}}} (-1)^{\tau(i_1, i_2, \cdots, i_n) + \tau(j_1, j_2, \cdots, j_n)} (u_{i_1j_1} + u\delta_{i_1j_1})(H_{i_2j_2} + H\delta_{i_2j_2}) \cdots \\ &\quad (H_{i_nj_n} + H\delta_{i_nj_n})(e_1 \wedge e_2 \wedge \cdots \wedge e_n)(\omega_1 \wedge \omega_2 \wedge \cdots \wedge \omega_n)\text{(这里当} \\ &\quad (i_1, i_2, \cdots, i_n)\text{(或}(j_1, j_2, \cdots, j_n)\text{)是}(1, 2, \cdots, n)\text{的偶排列时,} \\ &\quad \tau(i_1, i_2, \cdots, i_n)\text{(或} \tau(j_1, j_2, \cdots, j_n)\text{)是 2,当是奇排列时,取 1)} \\ &= \sum_{i, j=1}^{n} C(H_{ij} + H\delta_{ij})(u_{ij} + u\delta_{ij})(e_1 \wedge e_2 \wedge \cdots \wedge e_n)(\omega_1 \wedge \omega_2 \wedge \cdots \wedge \omega_n) \\ &= L_H(u)(e_1 \wedge e_2 \wedge \cdots \wedge e_n)(\omega_1 \wedge \omega_2 \wedge \cdots \wedge \omega_n) \\ &= 0\text{(利用引理 5 条件)}. \end{aligned} \tag{3.2.228}$$

再利用 $\int_{S^n(1)} d\omega = 0$,以及公式(3.2.227)和(3.2.228),有

$$\int_{S^n(1)} X \wedge dZ \wedge dZ \wedge dX \wedge \cdots \wedge dX(n-2\text{个 } dX) = 0. \tag{3.2.229}$$

令

$$v_{jk} = \sum_{i=1}^{n} C(H_{ki} + H\delta_{ki})(u_{ij} + u\delta_{ij}), \tag{3.2.230}$$

这里 $j, k \in \{1, 2, \cdots, n\}$.

由上式，有

$$\begin{aligned}
&\frac{1}{\det(H_{st}+H\delta_{st})}\sum_{j,k,l=1}^{n} v_{jk}(H_{lk}+H\delta_{lk})e_l\omega_j \\
&=\frac{1}{\det(H_{st}+H\delta_{st})}\sum_{i,j,k,l=1}^{n} C(H_{ki}+H\delta_{ki})(u_{ij}+u\delta_{ij})(H_{lk}+H\delta_{lk})e_l\omega_j \\
&=\sum_{i,j=1}^{n}(u_{ij}+u\delta_{ij})e_i\omega_j=\mathrm{d}Z(\text{利用}(3.2.224)). \qquad (3.2.231)
\end{aligned}$$

利用公式(3.2.225)和(3.2.231)，可以看到

$$\begin{aligned}
&X\wedge \mathrm{d}Z\wedge \mathrm{d}Z\wedge \mathrm{d}X\wedge\cdots\wedge \mathrm{d}X(n-2\text{ 个 }\mathrm{d}X) \\
&=X\wedge\frac{1}{[\det(H_{st}+H\delta_{st})]^2}\Big(\sum_{i_1,j_1,i_{n+1}=1}^{n} v_{j_1i_1}(H_{i_{n+1}i_1}+H\delta_{i_{n+1}i_1})e_{i_{n+1}}\omega_{j_1}\Big) \\
&\wedge\Big(\sum_{i_2,j_2,i_{n+2}=1}^{n} v_{j_2i_2}(H_{i_{n+2}i_2}+H\delta_{i_{n+2}i_2})e_{i_{n+2}}\omega_{j_2}\Big)\wedge\Big(\sum_{i_3,j_3=1}^{n}(H_{i_3j_3}+H\delta_{i_3j_3})e_{i_3}\omega_{j_3}\Big) \\
&\wedge\cdots\wedge\Big(\sum_{i_n,j_n=1}^{n}(H_{i_nj_n}+H\delta_{i_nj_n})e_{i_n}\omega_{j_n}\Big) \\
&=\frac{1}{[\det(H_{st}+H\delta_{st})]^2}\sum_{\substack{i_1,i_2,\cdots,\\ i_{n+2}=1}}^{n}\sum_{\substack{j_1,j_2,\cdots,\\ j_n=1}}^{n} v_{j_1i_1}v_{j_2i_2}(H_{i_3j_3}+H\delta_{i_3j_3})\cdots(H_{i_nj_n}+H\delta_{i_nj_n})\cdot \\
&(H_{i_{n+1}i_1}+H\delta_{i_{n+1}i_1})(H_{i_{n+2}i_2}+H\delta_{i_{n+2}i_2})(X\wedge e_{i_{n+1}}\wedge e_{i_{n+2}}\wedge e_{i_3}\wedge\cdots\wedge e_{i_n})\cdot \\
&(\omega_{j_1}\wedge\omega_{j_2}\wedge\cdots\wedge\omega_{j_n}). \qquad (3.2.232)
\end{aligned}$$

在 $S^n(1)$ 的任意固定一点上，对角化矩阵 $(H_{ij}+H\delta_{ij})$，即在公式(3.2.232)的右端，只须考虑 $i_{n+1}=i_1$, $i_{n+2}=i_2$, $i_3=j_3$, $\cdots$, $i_n=j_n$ 的情况.

于是，有

$$\begin{aligned}
&X\wedge \mathrm{d}Z\wedge \mathrm{d}Z\wedge \mathrm{d}X\wedge\cdots\wedge \mathrm{d}X(n-2\text{ 个 }\mathrm{d}X) \\
&=\frac{1}{[\det(H_{st}+H\delta_{st})]^2}\sum_{\substack{i_1,i_2,\cdots,i_n\\ \text{是}1,2,\cdots,n\\ \text{的排列}}}\ \sum_{\substack{j_1,j_2\\ \text{是}i_1,i_2\\ \text{的排列}}} v_{j_1i_1}v_{j_2i_2}(-1)^{\tau(i_1,i_2,\cdots,i_n)+\tau(j_1,j_2,i_3,\cdots,i_n)}\cdot \\
&(X\wedge e_1\wedge e_2\wedge\cdots\wedge e_n)(\omega_1\wedge\omega_2\wedge\cdots\wedge\omega_n)(H_{i_1i_1}+H)\cdot \\
&(H_{i_2i_2}+H)\cdots(H_{i_ni_n}+H), \qquad (3.2.233)
\end{aligned}$$

这里 j_1, j_2, i_3, $\cdots$, i_n 也是 1, 2, $\cdots$, n 的排列.

由于

$$X=\sum_{B=1}^{n+1}\langle X,e_B\rangle e_B, \qquad (3.2.234)$$

则

$$X \wedge e_1 \wedge \cdots \wedge e_n = \langle X,\ e_{n+1}\rangle e_{n+1} \wedge e_1 \wedge \cdots \wedge e_n = \langle X,\ e_{n+1}\rangle. \tag{3.2.235}$$

关于 $\sum\limits_{\substack{j_1,\, j_2\text{是}\\ i_1,\, i_2\text{的排列}}} (-1)^{\tau(j_1,\, j_2,\, i_3,\, \cdots,\, i_n)} v_{j_1 i_1} v_{j_2 i_2}$ 的计算,只须考虑 $j_1 = i_1$, $j_2 = i_2$ 以及 $j_1 = i_2$, $j_2 = i_1$ 两种情况,于是,有

$$\begin{aligned}&\sum_{\substack{j_1,\, j_2\text{是}\\ i_1,\, i_2\text{的排列}}} (-1)^{\tau(j_1,\, j_2,\, i_3,\, \cdots,\, i_n)} v_{j_1 i_1} v_{j_2 i_2}\\ &= (-1)^{\tau(i_1,\, i_2,\, i_3,\, \cdots,\, i_n)} v_{i_1 i_1} v_{i_2 i_2} + (-1)^{\tau(i_2,\, i_1,\, i_3,\, \cdots,\, i_n)} v_{i_2 i_1} v_{i_1 i_2}\\ &= (-1)^{\tau(i_1,\, i_2,\, \cdots,\, i_n)} (v_{i_1 i_1} v_{i_2 i_2} - v_{i_1 i_2} v_{i_2 i_1}).\end{aligned} \tag{3.2.236}$$

因而有

$$\begin{aligned}&X \wedge \mathrm{d}Z \wedge \mathrm{d}Z \wedge \mathrm{d}X \wedge \cdots \wedge \mathrm{d}X (n-2\text{ 个 }\mathrm{d}X)\\ &= \frac{1}{[\det(H_{st} + H\delta_{st})]^2} \sum_{\substack{i_1,\, i_2,\, \cdots,\, i_n\\ \text{是}1,\, 2,\, \cdots,\, n\\ \text{的排列}}} (-1)^{2\tau(i_1,\, i_2,\, \cdots,\, i_n)} (v_{i_1 i_1} v_{i_2 i_2} - v_{i_1 i_2} v_{i_2 i_1}) \langle X,\ e_{n+1}\rangle \cdot\\ &\quad (H_{i_1 i_1} + H)(H_{i_2 i_2} + H) \cdots (H_{i_n i_n} + H)(\omega_1 \wedge \omega_2 \wedge \cdots \wedge \omega_n)\text{(注意在}\\ &\quad\text{(3.2.233) 右端中已有}(-1)^{\tau(i_1,\, i_2,\, \cdots,\, i_n)}\text{,再利用(3.2.235) 和(3.2.236))}\\ &= \frac{(n-2)!}{\det(H_{st} + H\delta_{st})} \sum_{i_1 \neq i_2} (v_{i_1 i_1} v_{i_2 i_2} - v_{i_1 i_2} v_{i_2 i_1}) \langle X,\ e_{n+1}\rangle \omega_1 \wedge \omega_2 \wedge \cdots \wedge \omega_n\end{aligned}$$

(对固定的 $i_1 \neq i_2$, i_1, i_2, i_3, $\cdots$, i_n 是 $1, 2, \cdots, n$ 的排列,这样的排列有 $(n-2)!$ 个). (3.2.237)

利用公式(3.2.229)和(3.2.237),有

$$\int_{S^n(1)} \frac{< X,\ e_{n+1} >}{\det(H_{st} + H\delta_{st})} \sum_{i \neq j} (v_{ii} v_{jj} - v_{ij} v_{ji}) \mathrm{d}A = 0, \tag{3.2.238}$$

这里 $\mathrm{d}A = \omega_1 \wedge \omega_2 \wedge \cdots \wedge \omega_n$.

由引理 5 条件,可以知道

$$\begin{aligned}\sum_{j=1}^n v_{jj} &= \sum_{i,\, j=1}^n C(H_{ji} + H\delta_{ji})(u_{ij} + u\delta_{ij})\text{(利用(3.2.230))}\\ &= L_H(u)\text{(利用引理条件)} = 0.\end{aligned} \tag{3.2.239}$$

因此,利用上式,有

$$\sum_{i\neq j}(v_{ii}v_{jj}-v_{ij}v_{ji})=\Big[\big(\sum_{i=1}^{n}v_{ii}\big)^2-\sum_{i=1}^{n}v_{ii}^2\Big]-\sum_{i\neq j}v_{ij}v_{ji}=-\sum_{i=1}^{n}v_{ii}^2-\sum_{i\neq j}v_{ij}v_{ji}. \tag{3.2.240}$$

而在 $S^n(1)$ 上任意取定的一点正定矩阵 $(H_{ij}+H\delta_{ij})$ 对角化时,可以看到矩阵 $(C(H_{ij}+H\delta_{ij}))$ 也是对角化正定矩阵,再利用公式(3.2.230),在这点上,有

$$\begin{aligned} v_{jk}&=C(H_{kk}+H)(u_{kj}+u\delta_{kj}),\\ v_{kj}&=C(H_{jj}+H)(u_{jk}+u\delta_{jk})=\frac{C(H_{jj}+H)}{C(H_{kk}+H)}v_{jk}. \end{aligned} \tag{3.2.241}$$

利用公式组(3.2.241),兼顾公式(3.2.240),有

$$\sum_{i\neq j}(v_{ii}v_{jj}-v_{ij}v_{ji})=-\sum_{i=1}^{n}v_{ii}^2-\sum_{i\neq j}\frac{C(H_{ii}+H)}{C(H_{jj}+H)}v_{ij}^2\leqslant 0. \tag{3.2.242}$$

另外,可以知道 $\det(H_{st}+H\delta_{st})>0$,利用公式(3.2.222),有 $\langle X, e_{n+1}\rangle=H>0$,因而公式(3.2.238)左端的被积函数处处小于等于零. 因此,公式(3.2.238)中被积函数处处等于零,从而在 $S^n(1)$ 上处处有

$$\sum_{i\neq j}(v_{ii}v_{jj}-v_{ij}v_{ji})=0,\text{即 } v_{ij}=0, \tag{3.2.243}$$

这里后一个等式是利用公式(3.2.242), $i, j\in\{1, 2, \cdots, n\}$. 利用公式(3.2.230)和矩阵 $(C(H_{ki}+H\delta_{ki}))$ 是可逆矩阵,有

$$u_{ij}+u\delta_{ij}=0. \tag{3.2.244}$$

利用公式(3.2.224)和上式,有

$$\mathrm{d}Z=0. \tag{3.2.245}$$

从而

$$Z=(a_1, a_2, \cdots, a_{n+1}). \tag{3.2.246}$$

Z 是 R^{n+1} 内一个常向量,这里 $a_A(1\leqslant A\leqslant n+1)$ 全是实常数,利用公式(3.2.222)的第一式,有

$$u=\langle Z, e_{n+1}\rangle=\langle Z, r\rangle=\sum_{A=1}^{n+1}a_Ax_A. \tag{3.2.247}$$

引理5结论成立.

从前面的叙述可以知道,在 $H\in C^{k+2,\alpha}(S^n(1))$ 时,由公式(3.2.221)定义的映射 $F(H)$ 的 Frechet 导数是 $L_H(u)$(利用(3.2.183), (3.2.205)和

(3.2.206)的相关部分),这里$u\in C^{k+2,\alpha}(S^n(1))$,正整数$k\geqslant 3$. 对于固定正整数$k$,选择很大的正整数$p$,由 Sobolev 嵌入定理,在$S^n(1)$上具有直到$p$阶导数的 Sobolev 空间$H^p(S^n(1))\subset C^{k,\alpha}(S^n(1))$,由公式(3.2.183)可以知道,$L_H$是 Sobolev 空间$H^{p+2}(S^n(1))$到$H^p(S^n(1))$内的自共轭算子. 由引理 5 又可以知道,$L_H$的核空间是$S^n(1)$上的线性函数空间,由标准的 Hilbert 空间理论可以知道,对于$H^p(S^n(1))$内满足$\int\limits_{S^n(1)} x_B f\,\mathrm{d}A=0$的函数$f$,这里$(x_1, x_2, \cdots, x_{n+1})=r$是$S^n(1)$上的在$R^{n+1}$内的位置向量场,必有一个解$u\in H^{p+2}(S^n(1))$,满足$L_H(u)=f$(这里利用Fredholm二择一性质). 由于$L_H$是一个自共轭算子,与$L_H$的零空间正交的任一元素(例如$f$就具有这样的一个性质),必属于$L_H$的值域空间,再利用线性椭圆型方程的正则性定理,有$u\in C^{k+2,\alpha}(S^n(1))$. 于是$L_H$是$C^{k+2,\alpha}(S^n(1))$到$B^*$(参见(3.2.220))上的一个满的线性映射,从而F在H的 Frechet 导数L_H是一个满映射. 由非线性泛函分析理论可以知道,一定存在B^*内包含$\frac{1}{K_t}$的一个开邻域U, $\forall f\in U$,方程

$$F(u)=\det(u_{ij}+u\delta_{ij})=f \tag{3.2.248}$$

是可解的,这里u是$C^{k+2,\alpha}(S^n(1))$内一个正函数,而且矩阵$(u_{ij}+u\delta_{ij})$正定,所以S是开集,$S=[0, 1]$,这样,就得到了下述定理.

定理 3(丘成桐和郑绍远) 设K是$C^{k,\alpha}(S^n(1))$内一个正函数,这里正整数$k\geqslant 3$, $\alpha\in(0, 1)$. 设对于$S^n(1)$上所有坐标函数$x_B(1\leqslant B\leqslant n+1)$, $\int\limits_{S^n(1)}\frac{x_B}{K}\mathrm{d}A=0$,则能够解方程$\det(H_{ij}+H\delta_{ij})=\frac{1}{K}$,这里解$H\in C^{k+2,\alpha}(S^n(1))$,并且能够在$R^{n+1}$内找到一个闭凸超曲面,它的支持函数由$H$给出,它的 Gauss-Kronecker 曲率由K给定.

编者的话

1953 年,Nirenberg 解决了$n=2$时的 Minkowski 问题([3]),当然,同时代还有一些著名数学家用不同的方法解决了$n=2$的 Minkowski 问题 . 1976 年,丘成桐和郑绍远两位教授合作,解决了高维的 Minkowski 问题([4]). 本讲主要内容就是利用他们合作的这篇文章编写的.

如果将本讲中的给定函数K推广到非负函数,是非常困难的. 林长寿教授在 1985 年解决了局部 Riemann 流形到R^3内的局部等距嵌入问题,此局部 Riemann 流形的度量导出的 Gauss 曲率除一点为零外,都是正的. 他采用的方法

主要是偏微分方程中的 Nash-Moser 迭代([5]). 在林长寿教授工作的基础上，中国数学家们在局部 Riemann 流形到 R^3 内的局部等距嵌入问题上有不少推广工作,有兴趣的读者可以阅读相关文章和专著.

参考文献

[1] 伍鸿熙,沈纯理,虞言林. 黎曼几何初步. 北京大学出版社,1989.

[2] R. S. Hamilton. The inverse function theorem of Nash and Moser. *Bull. Amer. Math. Soc.*, New Series. 7.1(1982): 65 - 222.

[3] L. Nirenberg. The Weyl and Minkowski problems in differential geometry in the large. *Comm. Pure Appl. Math.*, Vol. 6(1953): 337 - 394.

[4] S. Y. Cheng and S. T. Yau. On the regularity of the solution of the n-dimensional Minkowski problem. *Comm. Pure Appl. Math.*, Vol. 29(1976): 495 - 516.

[5] Chang Shou Lin. The local isometric embedding in R^3 of 2 - dimensional Riemannian manifolds with nonnegative curvature. *J. Diff. Geom.*, Vol. 21(1985): 213 - 230.

第 3 讲　欧氏空间内给定第 s 阶平均曲率的凸闭超曲面的存在性定理

设 M 是欧氏空间 R^{n+1} 内一个 n 维严格凸闭超曲面,在 M 的任意一个局部,同上一讲一样,用 $\boldsymbol{n}$ 表示 R^{n+1} 内 M 上点的单位内法向量,沿 $\boldsymbol{n}$,设 $k_1, k_2, \cdots, k_n$ 是 M 的全部正的主曲率,定义 M 在一点的 s 阶 $(s=1, 2, \cdots, n)$ 平均曲率 $H_s(x)$,利用 Gauss 映射是一个微分同胚,设 x 在 $S^n(1)$ 上,

$$H_s(x)=\frac{1}{C_n^s}\sum k_{i_1}(x)k_{i_2}(x)\cdots k_{i_s}(x), \tag{3.3.1}$$

上式右端$\sum$是关于集合$\{1, 2, \cdots, n\}$的所有 s 元子集$\{i_1, i_2, \cdots, i_s\}$求和.

由公式(3.3.1)可以看到

$$H_1(x)=\frac{1}{n}\sum_{j=1}^{n}k_j(x),\ H_2(x)=\frac{2}{n(n-1)}\sum_{1\leqslant i<j\leqslant n}k_i(x)k_j(x),$$
$$H_n(x)=k_1(x)k_2(x)\cdots k_n(x). \tag{3.3.2}$$

这里 $H_1(x)$就是 M 沿方向 $\boldsymbol{n}$ 的平均曲率,由第 1 章知识可以知道,$n(n-1)\cdot H_2(x)$ 就是 M 的数量曲率,$H_n(x)$ 就是 M(沿 $\boldsymbol{n}$ 方向) 的 Gauss-Kronecker 曲率.

由公式(3.3.1)和(3.3.2)可以看到,当 M 是球面 $S^n(1)$时,所有 $H_s(x)$恒等于 1.

由上一讲公式(3.2.25)和(3.2.26)可以知道,如果用 u 表示 M 的支持函数,则 u 是 $S^n(1)$上的光滑函数. 在 M 的(任意)一点处,对角化对称正定矩阵

$(u_{ij}(x)+u(x)\delta_{ij})$,这里 x 是 M 的这点的 Gauss 映射像. 沿 $\boldsymbol{n}$ 的 M 的主曲率,有

$$k_j(x)=\frac{h_{jj}(x)}{g_{jj}(x)}=\frac{1}{u_{jj}(x)+u(x)}. \tag{3.3.3}$$

由上式可以看到,在 M 的一点处,对称正定矩阵 $(u_{ij}(x)+u(x)\delta_{ij})$ 的特征值是这点沿 $\boldsymbol{n}$ 的主曲率半径 $\frac{1}{k_1(x)}, \frac{1}{k_2(x)}, \cdots, \frac{1}{k_n(x)}$.

类似公式(3.3.1),定义

$$S_j\left(\frac{1}{k_1(x)}, \frac{1}{k_2(x)}, \cdots, \frac{1}{k_n(x)}\right)=\frac{1}{C_n^j}\sum\frac{1}{k_{i_1}(x)}\frac{1}{k_{i_2}(x)}\cdots\frac{1}{k_{i_j}(x)}. \tag{3.3.4}$$

上式右端 $\sum$ 是关于 $\{1, 2, \cdots, n\}$ 的所有 j 元子集 $\{i_1, i_2, \cdots, i_j\}$ 求和, $j\in\{1, 2, \cdots, n\}$. 规定 $S_0\left(\frac{1}{k_1(x)}, \frac{1}{k_2(x)}, \cdots, \frac{1}{k_n(x)}\right)$ 恒等于 1.

又定义

$$\begin{aligned}S_{n,n-j}\left(\frac{1}{k_1(x)}\frac{1}{k_2(x)}\cdots\frac{1}{k_n(x)}\right)&=\frac{S_n\left(\frac{1}{k_1(x)}, \frac{1}{k_2(x)}, \cdots, \frac{1}{k_n(x)}\right)}{S_{n-j}\left(\frac{1}{k_1(x)}, \frac{1}{k_2(x)}, \cdots, \frac{1}{k_n(x)}\right)}\\&=C_n^{n-j}\frac{\frac{1}{k_1(x)}\frac{1}{k_2(x)}\cdots\frac{1}{k_n(x)}}{\sum\frac{1}{k_{i_1}(x)}\frac{1}{k_{i_2}(x)}\cdots\frac{1}{k_{i_{n-j}}(x)}}=C_n^j\frac{1}{\sum k_{i_1}(x)k_{i_2}(x)\cdots k_{i_j}(x)}\\&=(H_j(x))^{-1}\text{(利用(3.3.1))}.\end{aligned} \tag{3.3.5}$$

上式右端的第一个 $\sum$ 是关于集合 $\{1, 2, \cdots, n\}$ 的所有 $n-j$ 元子集 $\{i_1, i_2, \cdots, i_{n-j}\}$ 求和,第二个 $\sum$ 是关于集合 $\{1, 2, \cdots, n\}$ 的所有 j 元子集 $\{i_1, i_2, \cdots, i_j\}$ 求和.

记矩阵

$$A=(u_{ij}+u\delta_{ij}). \tag{3.3.6}$$

对固定的下标 $j\in\{1, 2, \cdots, n\}$,当 R^{n+1} 内凸闭超曲面 M 的某个 H_j 等于已知函数时,称 M 是给定第 j 阶平均曲率的(严格)凸闭超曲面.

定义

$$F(A(x))=[S_{n,n-j}(u_{11}(x)+u(x), u_{22}(x)+u(x), \cdots, u_{nn}(x)+u(x))]^{\frac{1}{j}}$$

$$= (H_j(x))^{-\frac{1}{j}} \text{（利用(3.3.5)）}. \tag{3.3.7}$$

可以提一个问题：在 $S^n(1)$ 上给定一个已知正光滑函数 $\psi(x)$，是否存在 R^{n+1} 内一个具有第 j 阶平均曲率 $H_j(x)$ 的(严格)凸闭超曲面 M，使得 $H_j(x)$ 恰等于给定函数 $\psi(x)$？

利用公式(3.3.7)，需要求解下述 $S^n(1)$ 上的偏微分方程

$$F(A) = \varphi, \tag{3.3.8}$$

这里 $\varphi = \psi^{-\frac{1}{j}} = (H_j)^{-\frac{1}{j}}$.

令

$$w_{ij} = u_{ij} + u\delta_{ij}, \tag{3.3.9}$$

这里 $i,\ j \in \{1,\ 2,\ \cdots,\ n\}$. 在下文，当出现函数 H_j 时，下标 j 是固定的. 用 H 表示对称正定矩阵 (w_{ij}) 的追迹，由公式(3.3.9)，有

$$H = \Delta u + nu,\ H > 0, \tag{3.3.10}$$

这里 Δ 是 $S^n(1)$ 上的 Laplace 算子. 设 u 是 $S^n(1)$ 上的一个光滑函数，可以知道

$$\mathrm{d}u_{ij} = \sum_{k=1}^n u_{ijk}\omega_k + \sum_{l=1}^n u_{lj}\omega_{il} + \sum_{l=1}^n u_{il}\omega_{jl}. \tag{3.3.11}$$

将上式两端再外微分一次，有

$$0 = \sum_{k=1}^n \mathrm{d}u_{ijk} \wedge \omega_k + \sum_{k=1}^n u_{ijk}\,\mathrm{d}\omega_k + \sum_{l=1}^n \mathrm{d}u_{lj} \wedge \omega_{il} + \sum_{l=1}^n u_{lj}\,\mathrm{d}\omega_{il} + \sum_{l=1}^n \mathrm{d}u_{il} \wedge \omega_{jl} + \sum_{l=1}^n u_{il}\,\mathrm{d}\omega_{jl}. \tag{3.3.12}$$

定义 u_{ijk} 沿 e_l 方向的协变导数 u_{ijkl} 如下：

$$\mathrm{d}u_{ijk} = \sum_{l=1}^n u_{ijkl}\omega_l + \sum_{l=1}^n u_{ljk}\omega_{il} + \sum_{l=1}^n u_{ilk}\omega_{jl} + \sum_{l=1}^n u_{ijl}\omega_{kl}. \tag{3.3.13}$$

将公式(3.3.11)，(3.3.13)和 Cartan 的结构方程代入公式(3.3.12)，有

$$0 = \sum_{k=1}^n \left(\sum_{l=1}^n u_{ijkl}\omega_l + \sum_{l=1}^n u_{ljk}\omega_{il} + \sum_{l=1}^n u_{ilk}\omega_{jl} + \sum_{l=1}^n u_{ijl}\omega_{kl} \right) \wedge \omega_k +$$
$$\sum_{k=1}^n u_{ijk} \sum_{l=1}^n \omega_l \wedge \omega_{lk} + \sum_{l=1}^n \left(\sum_{s=1}^n u_{ljs}\omega_s + \sum_{s=1}^n u_{sj}\omega_{ls} + \sum_{s=1}^n u_{ls}\omega_{js} \right) \wedge \omega_{il} +$$
$$\sum_{l=1}^n u_{lj} \left(\sum_{s=1}^n \omega_{is} \wedge \omega_{sl} + \frac{1}{2} \sum_{s,\ t=1}^n R_{ilst}\omega_s \wedge \omega_t \right) +$$

$$\sum_{l=1}^{n}\Big(\sum_{s=1}^{n}u_{ils}\omega_s+\sum_{s=1}^{n}u_{sl}\omega_{is}+\sum_{s=1}^{n}u_{is}\omega_{ls}\Big)\wedge\omega_{jl}+$$

$$\sum_{l=1}^{n}u_{il}\Big(\sum_{s=1}^{n}\omega_{js}\wedge\omega_{sl}+\frac{1}{2}\sum_{s,\,t=1}^{n}R_{jlst}\omega_s\wedge\omega_t\Big). \tag{3.3.14}$$

将上式右端第二大项中的下标 k 与 s 互换,恰与第六大项之和是零. 将第三大项中的下标 k 与 s 互换,恰与第十一大项之和是零. 将第四大项中的下标 k 与 l 互换,恰与第五大项之和是零. 将第七大项中的下标 l 与 s 互换,恰与第九大项之和是零. 将第八大项中的下标 l 与 s 互换,恰与倒数第四大项之和是零. 将倒数第三大项中的下标 l 与 s 互换,恰与倒数第二大项之和是零. 于是,公式(3.3.14)可简化为下述公式:

$$\begin{aligned}0&=\sum_{k,l=1}^{n}u_{ijkl}\omega_l\wedge\omega_k+\frac{1}{2}\sum_{l,s,t=1}^{n}u_{lj}R_{ilst}\omega_s\wedge\omega_t+\frac{1}{2}\sum_{l,s,t=1}^{n}u_{il}R_{jlst}\omega_s\wedge\omega_t\\&=\frac{1}{2}\sum_{s,t=1}^{n}\Big[(u_{ijts}-u_{ijst})+\sum_{l=1}^{n}u_{lj}R_{ilst}+\sum_{l=1}^{n}u_{il}R_{jlst}\Big]\omega_s\wedge\omega_t.\end{aligned} \tag{3.3.15}$$

利用上式,有

$$u_{ijts}-u_{ijst}=-\sum_{l=1}^{n}u_{lj}R_{ilst}-\sum_{l=1}^{n}u_{il}R_{jlst}. \tag{3.3.16}$$

这里 R_{ilst} 是 $S^n(1)$上的曲率张量,有

$$R_{ilst}=\delta_{it}\delta_{ls}-\delta_{is}\delta_{lt}. \tag{3.3.17}$$

将(3.3.17)代入(3.3.16),有

$$u_{ijts}-u_{ijst}=u_{tj}\delta_{is}-u_{sj}\delta_{it}+u_{it}\delta_{js}-u_{is}\delta_{jt}. \tag{3.3.18}$$

公式(3.3.18)称为 Ricci 恒等式.

由第 2 章第 5 讲公式(2.5.25),有另一 Ricci 恒等式

$$u_{ils}-u_{isl}=\sum_{k=1}^{n}u_kR_{ikls}. \tag{3.3.19}$$

利用公式(3.3.18)和(3.3.19),有

$$\begin{aligned}u_{ijss}&=u_{isjs}+\sum_{k=1}^{n}u_{ks}R_{ikjs}\,(\text{(3.3.19) 两端微分,利用(3.3.17) 很容易}\\&\qquad\text{导出此公式})=u_{sijs}+u_{js}\delta_{is}-u_{ss}\delta_{ij}\\&=(u_{sisj}+u_{ij}\delta_{ss}-u_{si}\delta_{sj}+u_{sj}\delta_{is}-u_{ss}\delta_{ij})+u_{js}\delta_{is}-u_{ss}\delta_{ij}\end{aligned}$$

$$= \left(u_{ssij} + \sum_{k=1}^{n} u_{kj} R_{skis}\right) + u_{ij}\delta_{ss} - u_{si}\delta_{sj} + 2u_{js}\delta_{is} - 2u_{ss}\delta_{ij}$$

$$(\text{再一次利用第一等式}) = u_{ssij} + 2u_{ij}\delta_{ss} - u_{si}\delta_{sj} + u_{js}\delta_{is} - 2u_{ss}\delta_{ij}. \tag{3.3.20}$$

利用上式，有

$$u_{jjss} = u_{ssjj} + 2u_{jj} - 2u_{ss}. \tag{3.3.21}$$

将公式(3.3.10)两端求导两次，有

$$H_{ii} = nu_{ii} + \sum_{s=1}^{n} u_{ssii}. \tag{3.3.22}$$

将公式(3.3.21)两端关于 s 从 1 到 n 求和，并且将下标 j 改成 i，有

$$\sum_{s=1}^{n} u_{ssii} = \sum_{s=1}^{n} u_{iiss} + 2\Delta u - 2nu_{ii} = \Delta u_{ii} + 2\Delta u - 2nu_{ii}. \tag{3.3.23}$$

将公式(3.3.23)代入(3.3.22)，有

$$\begin{aligned} H_{ii} &= \Delta u_{ii} + 2\Delta u - nu_{ii} = \Delta(w_{ii} - u) + 2\Delta u - nu_{ii}(\text{利用}(3.3.9)) \\ &= \Delta w_{ii} + \Delta u - nu_{ii} \\ &= \Delta w_{ii} - nw_{ii} + H(\text{利用}(3.3.9)\text{ 和}(3.3.10)). \end{aligned} \tag{3.3.24}$$

利用公式(3.3.7)，(3.3.8)和(3.3.9)，令

$$F^{ij}(A) = \frac{\partial F(A)}{\partial w_{ij}}. \tag{3.3.25}$$

H 是闭流形 $S^n(1)$ 上一个光滑函数，必存在 $S^n(1)$ 上一个点 x_0，H 在点 x_0 达到最大值. 由于对称矩阵(w_{ij})是正定的，则矩阵(F^{ij})也是对称正定的. 在点 x_0，选择 $S^n(1)$ 的一组基 $e_1, e_2, \cdots, e_n$，使得对称矩阵(w_{ij})在点 x_0 对角化，则矩阵$(F^{ij}(A))$在点 x_0 也对角化(请读者给出理由)，从而在点 x_0，有

$$0 \geqslant \sum_{i=1}^{n} F^{ii} H_{ii} = \sum_{i=1}^{n} F^{ii}\Delta w_{ii} - n\sum_{i=1}^{n} F^{ii} w_{ii} + H\sum_{i=1}^{n} F^{ii}, \tag{3.3.26}$$

这里利用了公式(3.3.24).

利用公式(3.3.5)，(3.3.6)和(3.3.7)可以知道，$F(A(x))$是正一次齐次的，即对于任意正实数 λ，有 $F(\lambda A(x)) = \lambda F(A(x))$，此公式两端对 λ 在 $\lambda = 1$ 处求导，再利用公式(3.3.8)和(3.3.25)，在点 x_0，当矩阵 $A = (w_{ij})$ 对角化时，有

$$\sum_{i=1}^{n} F^{ii}\omega_{ii} = \varphi. \tag{3.3.27}$$

在公式(3.3.8)两端作用 $S^n(1)$上的 Laplace 算子 Δ,可以得到

$$\begin{aligned}\Delta\varphi = \Delta F(A) &= \sum_{k=1}^{n}(F(A))_{kk} = \sum_{i,\,j,\,k=1}^{n}\left(\frac{\partial F(A)}{\partial w_{ij}}(w_{ij})_k\right)_k \\ &= \sum_{i,\,j,\,k,\,s,\,t=1}^{n}\frac{\partial^2 F(A)}{\partial w_{ij}\partial w_{st}}(w_{ij})_k(w_{st})_k + \sum_{i,\,j=1}^{n}\frac{\partial F(A)}{\partial w_{ij}}\Delta w_{ij}.\end{aligned} \tag{3.3.28}$$

利用公式(3.3.5)—(3.3.7)可以知道,$F(A)$是一个凹函数,即满足(见本讲编者的话)

$$\sum_{i,\,j,\,k,\,s,\,t=1}^{n}\frac{\partial^2 F(A)}{\partial w_{ij}\partial w_{st}}(w_{ij})_k(w_{st})_k \leqslant 0. \tag{3.3.29}$$

将公式(3.3.25), (3.3.29)代入公式(3.3.28),在点 x_0,有

$$\Delta\varphi \leqslant \sum_{i,\,j=1}^{n} F^{ij}\Delta w_{ij} = \sum_{i=1}^{n} F^{ii}\Delta w_{ii}. \tag{3.3.30}$$

最后一个等式是由于在点 x_0 对角化矩阵(F^{ij}).

将公式(3.3.27)和(3.3.30)代入(3.3.26),在点 x_0,有

$$0 \geqslant \Delta\varphi - n\varphi + H\sum_{i=1}^{n} F^{ii}. \tag{3.3.31}$$

利用公式(3.3.1), (3.3.3), (3,3,7), (3.3.9)和(3.3.25),在点 x_0,对角化矩阵(F^{ij})后,可以看到在点 x_0,有

$$\sum_{i=1}^{n} F^{ii} = \frac{1}{j}(H_j)^{-\frac{1}{j}-1}\ \frac{1}{C_n^j}\sum k_{i_1}k_{i_2}\cdots k_{i_j}(k_{i_1}+k_{i_2}+\cdots+k_{i_j}), \tag{3.3.32}$$

这里Σ是关于集合$\{1, 2, \cdots, n\}$的所有 j 元子集$\{i_1, i_2, \cdots, i_j\}$求和.

由于 k_i 全是正的,$1\leqslant i\leqslant n$,利用j 个正实数的算术平均值大于等于这j 个正实数的几何平均值,在点 x_0,有

$$\begin{aligned}k_{i_1}k_{i_2}\cdots k_{i_j}(k_{i_1}+k_{i_2}+\cdots+k_{i_j}) &\geqslant (k_{i_1}k_{i_2}\cdots k_{i_j})(j\sqrt[j]{k_{i_1}k_{i_2}\cdots k_{i_j}}) \\ &= j(k_{i_1}k_{i_2}\cdots k_{i_j})^{\frac{j+1}{j}}.\end{aligned} \tag{3.3.33}$$

将不等式(3.3.33)代入公式(3.3.32),在点 x_0,有

$$\sum_{i=1}^{n} F^{ii} \geqslant (H_j)^{-\frac{1}{j}-1} \frac{1}{C_n^j} \sum (k_{i_1} k_{i_2} \cdots k_{i_j})^{\frac{j+1}{j}}. \tag{3.3.34}$$

利用幂平均不等式,有

$$\left[\frac{1}{C_n^j} \sum (k_{i_1} k_{i_2} \cdots k_{i_j})^{\frac{j+1}{j}}\right]^{\frac{j}{j+1}} \geqslant \frac{1}{C_n^j} \sum k_{i_1} k_{i_2} \cdots k_{i_j} = H_j (\text{利用}(3.3.1)), \tag{3.3.35}$$

上式两端的$\sum$是关于集合$\{1, 2, \cdots, n\}$的所有 j 元子集$\{i_1, i_2, \cdots, i_j\}$求和.

将不等式(3.3.35)代入(3.3.34),在点 x_0,有

$$\sum_{i=1}^{n} F^{ii} \geqslant (H_j)^{-\frac{1}{j}-1} (H_j)^{\frac{j+1}{j}} = 1. \tag{3.3.36}$$

利用不等式(3.3.31)和(3.3.36),并且利用 φ 是 $S^n(1)$上一个已知光滑函数,在点 x_0,有

$$H \leqslant C_1 \left(\sum_{i=1}^{n} F^{ii}\right)^{-1} \leqslant C_1, \tag{3.3.37}$$

这里 C_1 是个正常数. 由于在点 x_0,函数 H 取到最大值,则 $\forall x \in S^n(1)$,有 $H(x) \leqslant C_1$.

$\forall x \in S^n(1)$, 当对角化实对称正定矩阵$(u_{ij} + u\delta_{ij})(x)$ 时, 利用公式(3.3.3) 和(3.3.5), 有

$$\begin{aligned} &[(u_{11}+u)(u_{22}+u)\cdots(u_{nn}+u)](x) \\ &= \frac{1}{C_n^{n-j}} (H_j(x))^{-1} \sum [(u_{i_1 i_1}+u)(u_{i_2 i_2}+u)\cdots(u_{i_{n-j} i_{n-j}}+u)](x) \\ &\geqslant (H_j(x))^{-1} \{[(u_{11}+u)(u_{22}+u)\cdots(u_{nn}+u)](x)\}^{\frac{n-j}{n}}, \end{aligned} \tag{3.3.38}$$

这里利用了 $H_j(x) > 0$,以及 C_n^{n-j} 项正实数的算术平均值大于等于其几何平均值.

由上式,有

$$[(u_{11}+u)(u_{22}+u)\cdots(u_{nn}+u)](x) \geqslant (H_j(x))^{-\frac{n}{j}} = (\varphi(x))^n, \tag{3.3.39}$$

这里最后一个等式利用了公式(3.3.8)后面的解释.

由不等式(3.3.37)后面的文字说明,以及公式(3.3.10)给出的函数 H 的定义,可以知道,在 $S^n(1)$ 的任意一点 x 处,实对称正定矩阵$((u_{ij} + u\delta_{ij})(x))$ 的每

个特征值都有正的一致的上界,再由不等式(3.3.39)又可以知道,每个特征值都有正的一致的下界.

因此,有

引理1　存在两个正常数 C_2, $C_3(C_2 < C_3)$,对于 $S^n(1)$ 上任意一点 x,以及对于任意下标 $j \in \{1, 2, \cdots, n\}$,

$$C_2 \leqslant (u_{jj} + u)(x) \leqslant C_3.$$

下面设 G 是 $S^n(1)$上一个自同构群.

设 G 在 $S^n(1)$上有一个不动点 a,即 $\forall g \in G$, 有

$$g(a) = a. \tag{3.3.40}$$

用$\langle\,,\,\rangle$表示 R^{n+1} 的内积. $S^n(1) \subset R^{n+1}$. 利用上式,对于所有 $g \in G$, $\forall x \in S^n(1)$, 有

$$\langle a, g(x)\rangle = \langle g(a), g(x)\rangle = \langle a, x\rangle, \tag{3.3.41}$$

这里最后一个等式利用了 G 是 $S^n(1)$上的自同构群,必为 R^{n+1} 内的一个等距映射.

设 R^{n+1} 内坐标是$(x_1, x_2, \cdots, x_n)$,令

$$v(x) = \langle a, x\rangle, \ \forall x \in S^{n+1}(1), \tag{3.3.42}$$

这里点 $x = (x_1, x_2, \cdots, x_{n+1})$, $\sum_{B=1}^{n+1} x_B^2 = 1$.

利用公式(3.3.41)和(3.3.42),可以知道

$$v(x) = v(g(x)), \ \forall x \in S^n(1). \tag{3.3.43}$$

反之,设在 R^{n+1} 内有一个非零向量 C,使得 $\forall g \in G$, $\forall x \in S^{n+1}(1)$, 有

$$\langle C, g(x)\rangle = \langle C, x\rangle. \tag{3.3.44}$$

取

$$a = \frac{C}{\langle C, C\rangle^{\frac{1}{2}}}, a \in S^n(1). \tag{3.3.45}$$

由以上两式, $\forall g \in G$,有 $g(a) \in S^n(1)$, 以及

$$\langle a, g(a)\rangle = \frac{1}{\langle C, C\rangle^{\frac{1}{2}}}\langle C, g(a)\rangle = \frac{1}{\langle C, C\rangle^{\frac{1}{2}}}\langle C, a\rangle = 1. \tag{3.3.46}$$

由上式，并且利用向量 a, $g(a)$ 的长度都是 1，有

$$g(a)=a,\ \forall g\in G. \tag{3.3.47}$$

因此，有下述引理的第一个结果.

引理 2　设 G 是 $S^n(1)$ 上一个自同构群，那么，有

(1) G 无不动点，当且仅当无非平凡的在 G 作用下不变的 $S^n(1)$ 由 R^{n+1} 的坐标 x_1, x_2, $\cdots$, x_{n+1} 张成的线性函数；

(2) 在 $S^n(1)$ 上，G 无不动点，那么，任何在 G 作用下不变的 $S^n(1)$ 的光滑函数正交于由 $S^n(1)$ 的坐标函数 x_1, x_2, $\cdots$, x_{n+1} 张成的某线性函数空间 K_1；

(3) G 内无轨道被严格包含在开半球面内，在此开半球面内，G 无不动点.

证明　(2) 设 u 是在 G 作用下不变的 $S^n(1)$ 上的一个函数，Δ 是 $S^n(1)$ 上的 Laplace 算子. 利用自共轭算子的谱理论，$S^n(1)$ 上的光滑函数 u 一定可以写成可列个互相正交的 Δ 的特征函数的实线性组合之和. 用 K_0 表示实常数组成的一维实线性空间；用 K_1 表示 Δ 的第一特征函数张成的实线性函数空间，即 K_1 是 $S^n(1)$ 的坐标函数 x_1, x_2, $\cdots$, x_{n+1} 组成的实线性空间；用 $K_j(j=2,3,\cdots)$ 表示 Δ 的第 j 个特征函数全体张成的实线性空间. 由于不同的特征函数空间 K_j 与 $K_l(j\neq l)$ 是互相正交的，以及 G 是等距映射，明显地，在每个 K_j 上 $(j=1,2,\cdots)$，函数 u 也是 G 不变的. 由于结论(1)，u 的分解式在 K_1 的部分必为零. 因此，u 与 K_1 正交.

(3) 设有一个点 $x_0\in S^n(1)$，使得点 x_0 的轨道

$$G(x_0)=\{x\in S^n(1)\mid x=g(x_0),\ \forall g\in G\} \tag{3.3.48}$$

被包含在 $S^n(1)$ 的一个开半球面内. 不失一般性，设在上半开球面内. 注意对于 G 内单位元 e, $e(x_0)=x_0$，即 $x_0\in G(x_0)$. 设 C 是包含 $G(x_0)$ 的最小的闭球冠之一，通过旋转，可以假设 C 的边界 ∂C 在一个水平超平面之上，$S^n(1)$ 的球心(原点) 在此水平超平面之下. 下面证明 $S^n(1)$ 的北极点 p 是 G 的一个不动点. 用反证法，设存在 G 内某个元素 g，使得 $g(p)\neq p$. 由于 $G(x_0)\subset C$，则 $G(x_0)=g(G(x_0))\subset g(C)$，因而 $G(x_0)$ 在两个闭球冠 C 与 $g(C)$ 的交集内，$\forall q\in\partial C$，利用 $g(p)$, $g(q)$ 在 $S^n(1)$ 上的距离等于 p, q 在 $S^n(1)$ 上的距离，可以知道，$g(C)$ 也必是一个闭球冠. $\forall q\in C$，利用 $g(p)$, $g(q)$ 之间在 $S^n(1)$ 上的距离等于 p, q 在 $S^n(1)$ 上的距离可以知道，$g(C)$ 与 C 是全等的，但 g 不是恒等变换(由于 $g(p)\neq p$)，因此 $G(x_0)$ 必定被包含在比 C 更小一些的闭球冠内，矛盾.

再建立一些引理.

引理 3　设 γ 是 $S^n(1)$ 上一条测地线，具有弧长参数 s，用 $u(s)$ 代替 $u(\gamma(s))$，则对所有 $s\in\left[0,\dfrac{\pi}{2}\right]$，

$$C_2(1-\cos s)\leqslant u(s)-u(0)\cos s-\frac{\mathrm{d}u(s)}{\mathrm{d}s}\bigg|_{s=0}\sin s\leqslant C_3(1-\cos s).$$

这里函数 u 及正常数 C_2, C_3 取自引理 1.

证明 对于 $\forall s\in\left[0,\ \frac{\pi}{2}\right)$, 令

$$h(s)=\frac{u(s)}{\cos s}. \tag{3.3.49}$$

利用上式,有

$$\frac{\mathrm{d}h(s)}{\mathrm{d}s}=\frac{1}{\cos^2 s}\left[\frac{\mathrm{d}u(s)}{\mathrm{d}s}\cos s+\sin s u(s)\right]. \tag{3.3.50}$$

利用公式(3.3.50),有

$$\begin{aligned}&\frac{\mathrm{d}}{\mathrm{d}s}\left(\frac{\mathrm{d}h(s)}{\mathrm{d}s}\cos^2 s\right)\\&=\frac{\mathrm{d}}{\mathrm{d}s}\left(\frac{\mathrm{d}u(s)}{\mathrm{d}s}\cos s+\sin s u(s)\right)=\left(\frac{\mathrm{d}^2u(s)}{\mathrm{d}s^2}+u(s)\right)\cos s.\end{aligned} \tag{3.3.51}$$

利用引理 1 及 $\cos s>0$, 兼顾上式,有

$$C_2\cos s\leqslant\frac{\mathrm{d}}{\mathrm{d}s}\left(\frac{\mathrm{d}h(s)}{\mathrm{d}s}\cos^2 s\right)\leqslant C_3\cos s, \tag{3.3.52}$$

这里 $\forall s\in\left[0,\ \frac{\pi}{2}\right)$.

上式两端从 0 到 s 积分,这里 $s\in\left(0,\ \frac{\pi}{2}\right)$, 有

$$C_2\sin s\leqslant\frac{\mathrm{d}h(s)}{\mathrm{d}s}\cos^2 s-\frac{\mathrm{d}h(s)}{\mathrm{d}s}\bigg|_{s=0}\leqslant C_3\sin s. \tag{3.3.53}$$

显然,上式对 $s=0$ 也成立.

将公式(3.3.50)代入(3.3.53),有

$$C_2\sin s\leqslant\frac{\mathrm{d}u(s)}{\mathrm{d}s}\cos s+u(s)\sin s-\frac{\mathrm{d}u(s)}{\mathrm{d}s}\bigg|_{s=0}\leqslant C_3\sin s. \tag{3.3.54}$$

令

$$\begin{aligned}F(s)&=\frac{\mathrm{d}u(s)}{\mathrm{d}s}\cos s+u(s)\sin s-\frac{\mathrm{d}u(s)}{\mathrm{d}s}\bigg|_{s=0},\\G(s)&=u(s)-u(0)\cos s-\frac{\mathrm{d}u(s)}{\mathrm{d}s}\bigg|_{s=0}\sin s,\end{aligned} \tag{3.3.55}$$

这里 $s \in \left[0, \frac{\pi}{2}\right)$. 显然,有

$$F(0)=0,\ G(0)=0,\ F(s)=\frac{dG(s)}{ds}\cos s+G(s)\sin s. \tag{3.3.56}$$

将(3.3.55)和(3.3.56)的第三式代入(3.3.54),有

$$C_2\sin s\leqslant\frac{dG(s)}{ds}\cos s+G(s)\sin s\leqslant C_3\sin s. \tag{3.3.57}$$

由于 $\cos s>0$,这里 $s \in \left[0, \frac{\pi}{2}\right)$. 将上式两端除以 $\cos s$, 可以看到

$$(C_2-G(s))\tan s\leqslant\frac{dG(s)}{ds}\leqslant(C_3-G(s))\tan s. \tag{3.3.58}$$

由公式(3.3.56)的第二式,利用 $G(s)$ 对 s 的连续性,设有一点 $s_0 \in \left(0, \frac{\pi}{2}\right)$,使得在 $[0, s_0)$ 内,$G(s)<C_3$. 不失一般性,设 $ds>0$,利用(3.3.58)的第二个不等式,在 $[0, s_0)$ 内, 有

$$\frac{dG(s)}{C_3-G(s)}\leqslant\tan s ds. \tag{3.3.59}$$

从 0 到 s_0 积分上式两端,有

$$-\ln(C_3-G(s))\mid_{s=0}^{s=s_0}\leqslant-\ln\cos s\mid_{s=0}^{s=s_0}. \tag{3.3.60}$$

由上式,立即有

$$\ln C_3-\ln(C_3-G(s))\leqslant-\ln\cos s_0. \tag{3.3.61}$$

利用不等式(3.3.61),有

$$G(s_0)\leqslant C_3(1-\cos s_0). \tag{3.3.62}$$

于是,很容易明白, $\forall s \in \left[0, \frac{\pi}{2}\right)$, 有

$$G(s)\leqslant C_3(1-\cos s). \tag{3.3.63}$$

再利用 $G(s)$ 的连续性,以及(3.3.56)的第二式,设有一点 $s_0 \in \left(0, \frac{\pi}{2}\right)$,在 $[0, s_0)$ 内,$G(s)<C_2$. 仍不失一般性,设 $ds>0$,利用(3.3.58)的第一个不等式,在 $[0, s_0)$ 内, 有

$$\tan s\mathrm{d}s \leqslant \frac{\mathrm{d}G(s)}{C_2 - G(s)}. \tag{3.3.64}$$

即

$$-\tan s\mathrm{d}s \geqslant -\frac{\mathrm{d}G(s)}{C_2 - G(s)}. \tag{3.3.65}$$

上式两端从 0 到 s_0 积分,有

$$\ln\cos s\,\big|_{s=0}^{s=s_0} \geqslant \ln(C_2 - G(s))\,\big|_{s=0}^{s=s_0}. \tag{3.3.66}$$

于是,有

$$\ln\cos s_0 \geqslant \ln(C_2 - G(s_0)) - \ln C_2, \tag{3.3.67}$$

这里利用了(3.3.56)的第二式.

由上式,有

$$G(s_0) \geqslant C_2(1 - \cos s_0). \tag{3.3.68}$$

于是,容易明白, $\forall s \in \left[0, \frac{\pi}{2}\right)$, 有

$$G(s) \geqslant C_2(1 - \cos s). \tag{3.3.69}$$

利用不等式(3.3.63)与上式可以知道,引理 3 的结论成立(注意(3.3.55)的第二式).

下面设函数 u 在 $S^n(1)$的自同构群 G 作用下不变,而 G 在 $S^n(1)$上无不动点.

引理 4 设函数 u 在 $S^n(1)$的自同构群 G 作用下不变,而且 G 在 $S^n(1)$上无不动点,则 $C_2 \leqslant u(x) \leqslant C_3$, $\forall x \in S^n(1)$,这里函数 u 及正常数 C_2, C_3 来自引理 1.

证明 由于 $S^n(1)$是闭流形,设函数 u 在 $S^n(1)$内某点 x_0 达到最小值,在 $S^n(1)$ 内某点 y_0 达到最大值. 可以知道函数 u 的一阶导数在点 x_0 及点 y_0 皆为零,利用矩阵$(u_{ij}(x_0))$ 是半正定的及矩阵$(u_{ij}(y_0))$ 是半负定的,在 $S^n(1)$ 上用一条极小测地线 γ 连接此两点 x_0 和 y_0,设 γ 的长度是 s_0. 因为 u 在 G 的作用下不变,由引理 2 的结论(3) 可以知道,$S^n(1)$ 的任何点的轨道不包含在 $S^n(1)$ 的开半球面上. 如果必要,用点 $g(x_0)$ 代替 x_0,这里 g 是 G 内某个元素,可设 $s_0 \leqslant \frac{\pi}{2}$,当然 $s_0 > 0$. 设点 x_0 对应弧长 $s = s_0$,点 y_0 对应弧长 $s = 0$. 由引理 3,利用 $u(s)$ 即 $u(\gamma(s))$,以及 $\left.\frac{\mathrm{d}u(s)}{\mathrm{d}s}\right|_{s=0} = 0$, 有

$$C_2(1-\cos s_0) \leqslant u(x_0) - u(y_0)\cos s_0. \tag{3.3.70}$$

又可设点 x_0 对应弧长 $s=0$，点 y_0 对应弧长 $s=s_0$，利用引理 3，有

$$u(y_0) - u(x_0)\cos s_0 \leqslant C_3(1-\cos s_0). \tag{3.3.71}$$

由 $\cos s_0 \in [0, 1)$, $u(y_0) > u(x_0) > 0$，以及不等式(3.3.70)，有

$$C_2(1-\cos s_0) \leqslant u(x_0)(1-\cos s_0). \tag{3.3.72}$$

由上式，有

$$C_2 \leqslant u(x_0). \tag{3.3.73}$$

类似地，利用不等式(3.3.71)，有

$$u(y_0)(1-\cos s_0) \leqslant C_3(1-\cos s_0). \tag{3.3.74}$$

由上式，有

$$u(y_0) \leqslant C_3.$$

下面来建立存在性定理.

首先考虑在 $S^n(1)$ 上的下述形式辅助方程(参考(3.3.6)，(3.3.7)和(3.3.8))，令矩阵

$$A = (u_{ij} + v\delta_{ij}), \tag{3.3.75}$$

$$F(A) = \frac{u}{v}\varphi. \tag{3.3.76}$$

这里 v 是 $S^n(1)$ 上的 C^2 的正函数，即正函数 $v \in C^2(S^n(1))$，并置集合

$$A(v) = \{u \in C^2(S^n(1)) \mid \text{对称矩阵}(u_{ij} + v\delta_{ij})\text{是正定矩阵}\}. \tag{3.3.77}$$

首要的目的是在集合 $A(v)$ 内寻找方程(3.3.76)的解.

令

$$u^*(x) = u(x) - \min_{y \in S^n(1)} u(y),\ \forall x \in S^n(1). \tag{3.3.78}$$

u^* 是 $S^n(1)$ 上一个非负函数. 由于 $S^n(1)$ 是一个闭流形，设在 $S^n(1)$ 的某点 p，取到 u^* 的梯度的长度 $|\nabla u^*|$ 的正的最大值. 在点 p 旋转 $S^n(1)$ 的正交标架场，使得

$$\max_{x \in S^n(1)} |\nabla u^*|(x) = |\nabla u^*|(p) = (e_1 u^*)(p), \tag{3.3.79}$$

这里 e_1 是 $S^n(1)$ 上点 p 的一个单位切向量. 记 γ 是 $S^n(1)$ 上的弧长 s 的一条测地

线,以点 p 为起始点,即 $\gamma(0)=p$, e_1 为起始点的单位切向量. 类似写 $u^*(s)=u^*(\gamma(s))$.

由 Taylor 展开式,沿测地线 γ,有

$$
\begin{aligned}
0 &\leqslant u^*(s)(\text{利用}(3.3.78)) \\
&\leqslant u^*(0)+\left.\frac{\mathrm{d}u^*(s)}{\mathrm{d}s}\right|_{s=0}s+\max_{\gamma}\frac{\mathrm{d}^2u^*(s)}{\mathrm{d}s^2}\left(\frac{1}{2}s^2\right).
\end{aligned}
\tag{3.3.80}
$$

由于 u^* 是非负的函数,而且在点 p(即 $s=0$ 处),$|\nabla u^*|$ 达到正的最大值,因此必有 $u^*(0)>0$(如果 $u^*(0)=0$,则 u^* 在点 p 达到最小值,在点 p,必有 $|\nabla u^*|$ 等于零,矛盾).

取

$$
s=-\frac{2u^*(0)}{\left.\frac{\mathrm{d}u^*(s)}{\mathrm{d}s}\right|_{s=0}}. \tag{3.3.81}
$$

(**注:** 在测地线 γ 上,从点 p“向前”s 为正,“向后”s 为负.)

将(3.3.81)代入不等式(3.3.80),有

$$
0\leqslant -u^*(0)+2\left(\frac{u^*(0)}{\left.\frac{\mathrm{d}u^*(s)}{\mathrm{d}s}\right|_{s=0}}\right)^2\max_{\gamma}\frac{\mathrm{d}^2u^*(s)}{\mathrm{d}s^2}. \tag{3.3.82}
$$

由上式,有

$$
\left(\left.\frac{\mathrm{d}u^*(s)}{\mathrm{d}s}\right|_{s=0}\right)^2\leqslant 2u^*(0)\max_{\gamma}\frac{\mathrm{d}^2u^*(s)}{\mathrm{d}s^2}. \tag{3.3.83}
$$

$\forall x\in S^n(1)$,利用公式(3.3.78),有

$$
|u^*(x)|\leqslant|u(x)|+\left|\min_{y\in S^n(1)}u(y)\right|\leqslant 2\max_{y\in S^n(1)}|u(y)|. \tag{3.3.84}
$$

利用不等式(3.3.83)和(3.3.84),有

引理 5 对于 $C^2(S^n(1))$ 上任何函数 u,有

$$
\max_{x\in S^n(1)}|\nabla u|^2(x)\leqslant 4\max_{y\in S^n(1)}|u(x)|\max_{x\in S^n(1)}|\nabla^2u(x)|.
$$

下面设 $u\in C^4(S^n(1))\cap A(v)$,且 u 是方程(3.3.76)的一个解.

引理 6 存在一个只依赖 $\min\limits_{x\in S^n(1)}v(x)$, $\max\limits_{x\in S^n(1)}v(x)$, $\min\limits_{x\in S^n(1)}\varphi(x)$, $\max\limits_{x\in S^n(1)}\varphi(x)$, $\|v\|_{C^2(S^n(1))}$ 和 $\|\varphi\|_{C^2(S^n(1))}$ 的正常数 C_4,使得在 $S^n(1)$ 上,有 $\frac{1}{C_4}\leqslant u\leqslant C_4$,并且

$|\nabla^2 u| \leqslant C_4$.

证明　由于 $S^n(1)$ 是闭流形,因此存在一点 $p \in S^n(1)$,使得函数 u 在点 p 达到最大值,于是矩阵 (u_{ij}) 在点 p 是半负定的. 在点 p,选择 $S^n(1)$ 的切空间的基 $e_1, e_2, \cdots, e_n$,使得对称矩阵 $(u_{ij}(p))$ 对角化,于是有 $u_{ii}(p) \leqslant 0$, $i = 1, 2, \cdots, n$. 那么,利用公式(3.3.1), (3.3.7), (3.3.75) 和方程(3.3.76),在点 p, 有

$$\frac{u}{v}\varphi = F(A) \leqslant v. \tag{3.3.85}$$

$\forall x \in S^n(1)$,利用上式, 有

$$u(x) \leqslant u(p) \leqslant \frac{v^2}{\varphi}(p) \leqslant \frac{\left(\max\limits_{x\in S^n(1)} v(x)\right)^2}{\min\limits_{x\in S^n(1)} \varphi(x)}. \tag{3.3.86}$$

因此,u 的最大值被 $\max\limits_{x\in S^n(1)} v(x)$, $\min\limits_{x\in S^n(1)} \varphi(x)$ 所控制.

类似地,在 $S^n(1)$ 的一点 q,u 取到最小值. 对角化矩阵 $(u_{ij}(q))$ 后,有 $u_{ii}(q) \geqslant 0$. 那么,利用方程(3.3.76),在点 q, 有

$$v \leqslant F(A) = \frac{u}{v}\varphi. \tag{3.3.87}$$

$\forall x \in S^n(1)$,利用上式, 有

$$u(x) \geqslant u(q) \geqslant \frac{v^2}{\varphi}(q) \geqslant \frac{\left(\min\limits_{x\in S^n(1)} v(x)\right)^2}{\max\limits_{x\in S^n(1)} \varphi(x)}. \tag{3.3.88}$$

由于 $S^n(1)$ 是闭流形,因此在 $S^n(1)$ 的一点 x_0,函数 Δu 取到最大值. 在点 x_0,选择 $S^n(1)$ 的切空间的基 $e_1, e_2, \cdots, e_n$,使得实对称矩阵 $(u_{ij}(x_0))$ 对角化. 又类似公式(3.3.25),有 F^{ij},这里 $w_{ij} = u_{ij} + v\delta_{ij}$. 在点 x_0,当矩阵 $(u_{ij}(x_0))$ 对角化时,实对称矩阵 $(F^{ij}(x_0))$ 也对角化. 由于矩阵 $((\Delta u)_{ij})$ 在点 x_0 半负定,利用矩阵 $(u_{ij} + v\delta_{ij})$ 始终是正定的(见(3.3.77)),因而实对称矩阵 $(F^{ij}(x_0))$ 也是正定的. 在点 x_0, 可以看到

$$\begin{aligned} 0 &\geqslant \sum_{i=1}^n F^{ii}(\Delta u)_{ii} = \sum_{i=1}^n F^{ii}(\Delta u_{ii} + 2\Delta u - 2nu_{ii}) \text{(利用(3.3.23))} \\ &= \sum_{i=1}^n F^{ii}\Delta(u_{ii} + v) - 2n\sum_{i=1}^n F^{ii}(u_{ii} + v) + (2\Delta u + 2nv - \Delta v)\sum_{i=1}^n F^{ii}. \end{aligned} \tag{3.3.89}$$

类似公式(3.3.28),(3.3.29),(3.3.30),兼顾方程(3.3.76),在点 x_0,有

$$\Delta\left(\frac{u}{v}\varphi\right)=\Delta F(A)\leqslant\sum_{i=1}^{n}F^{ii}\Delta(u_{ii}+v).\tag{3.3.90}$$

类似公式(3.3.27),兼顾方程(3.3.76),在点 x_0,有

$$\sum_{i=1}^{n}F^{ii}(u_{ii}+v)=\frac{u}{v}\varphi.\tag{3.3.91}$$

将不等式(3.3.90)和公式(3.3.91)代入不等式(3.3.89),在点 x_0,有

$$\begin{aligned}0&\geqslant\Delta\left(\frac{u}{v}\varphi\right)-2n\frac{u}{v}\varphi+(2\Delta u+2nv-\Delta v)\sum_{i=1}^{n}F^{ii}\\&=\frac{\varphi}{v}\Delta u+2\sum_{i=1}^{n}u_i\left(\frac{\varphi}{v}\right)_i+u\Delta\frac{\varphi}{v}-2n\frac{u}{v}\varphi+(2\Delta u+2nv-\Delta v)\sum_{i=1}^{n}F^{ii}.\end{aligned}\tag{3.3.92}$$

利用引理 5,特别注意不等式(3.3.83)和(3.3.84),$\forall\varepsilon>0$,可以看到

$$\begin{aligned}&2\left|\sum_{i=1}^{n}u_i\left(\frac{\varphi}{v}\right)_i\right|(x_0)\leqslant\varepsilon\,|\nabla u|^2(x_0)+\frac{1}{\varepsilon}\left|\nabla\left(\frac{\varphi}{v}\right)\right|^2(x_0)\\&\leqslant 4\varepsilon\max_{x\in S^n(1)}|u(x)|\max_{\gamma}\frac{\mathrm{d}^2u(s)}{\mathrm{d}s^2}+\frac{1}{\varepsilon}\left|\nabla\left(\frac{\varphi}{v}\right)\right|^2(x_0)\\&<4\varepsilon\max_{x\in S^n(1)}|u(x)|\max_{\gamma}\left|\sum_{j=1}^{n}(u_{jj}+v)(s)\right|+\frac{1}{\varepsilon}\left|\nabla\left(\frac{\varphi}{v}\right)\right|^2(x_0)\end{aligned}$$

(在闭曲线 γ 上,$\frac{\mathrm{d}^2u(s)}{\mathrm{d}s^2}$ 在某点达到最大值,取含这点的局部法坐标系(以这点为中心),在这点,有 $\frac{\mathrm{d}^2u(s)}{\mathrm{d}s^2}=u_{11}$,这里 e_1 是此测地线的单位切向量,并且利用对称矩阵 $(u_{ij}+v\delta_{ij})$ 是正定的)

$$\leqslant 4\varepsilon\max_{x\in S^n(1)}|u(x)|\left[\Delta u(x_0)+n\max_{x\in S^n(1)}v(x)\right]+\frac{1}{\varepsilon}\left|\nabla\left(\frac{\varphi}{v}\right)\right|^2(x_0).\tag{3.3.93}$$

利用不等式(3.3.86),(3.3.88)和(3.3.93),以及 φ, v 是给定的正的 C^2 函数,再利用对称矩阵 $(u_{ij}+v\delta_{ij})$ 是正定的,可以知道 $\Delta u+nv>0$. 将这些结果应用于不等式(3.3.92),记住矩阵 $(F^{ij}(x_0))$ 是正定的,可以看到 $\Delta u(x_0)$ 是有上界的. 因而,$\forall x\in S^n(1)$,

$$\Delta u(x) \leqslant C_5, \tag{3.3.94}$$

这里 C_5 是一个正常数. 在 $S^n(1)$ 上,由于对称矩阵 $(u_{ij} + v\delta_{ij})$ 是正定的,兼顾不等式(3.3.94),因而存在正常数 C_6, $\forall x \in S^n(1)$, 有

$$|\nabla^2 u(x)| \leqslant C_6. \tag{3.3.95}$$

因而有引理 6.

引理 7　设 $u \in C^4(S^n(1)) \cap A(v)$ 是方程(3.3.76)的一个解,那么,存在一个正常数 C_7,在 $S^n(1)$ 的任意一点处,当对称矩阵 $(u_{ij} + v\delta_{ij})$ 对角化时,满足 $\frac{1}{C_7} \leqslant u_{jj} + v \leqslant C_7$.

证明　由不等式(3.3.95),只要证明引理 7 的第一个不等式即可. 由引理 4 可以知道,$F(A)$有正的下界(兼顾方程(3.3.76)),这里矩阵 $A = (u_{ij} + v\delta_{ij})$. 在 $S^n(1)$ 的任意一点 x 处,选择 $S^n(1)$ 的切空间的基 e_1, e_2, $\cdots$, e_n,使得对称正定矩阵 $(u_{ij} + v\delta_{ij})$ 在点 x 对角化,类似引理 1 的证明可以知道,在点 x,对称正定矩阵 A 的特征值的乘积有正的下界. 由于这些特征值有正的上界,因而在点 x,对称正定矩阵 A 的特征值在点 x 有正的下界,从而有引理 7.

引理 8　设 v, $\varphi \in C^4(S^n(1))$, 且 v 和 φ 都是正的函数, 则存在方程(3.3.76)的唯一解 $u \in C^{5,\alpha}(S^n(1)) \cap A(v)$,这里 $\alpha \in (0, 1)$. 另外,存在正常数 C_8,满足 $\|u\|_{C^{5,\alpha}(S^n(1))} \leqslant C_8$.

证明　$\forall t \in [0, 1]$, 令

$$v_t = tv + (1-t),\ \varphi_t = t\varphi + (1-t), \tag{3.3.96}$$

$$\text{矩阵 } A_t = (u_{ij} + v_t\delta_{ij}). \tag{3.3.97}$$

先证明对于 $\forall t \in [0, 1]$,在 $S^n(1)$ 上, 下述方程

$$F(A_t) = \frac{u}{v_t}\varphi_t \tag{3.3.98}$$

在 $A(v_t)$内有唯一的光滑解 u_t,这里 $A(v_t)$的意义参见公式(3.3.77).

利用 D. Gilbarg 和 N. S. Trudinger 的著作[1]内定理 17.1 的证明,可以看到在 $A(v_t)$内,如果解 u_t 存在,则必定是唯一的.

置

$$T = \{s \in [0, 1] \mid \text{方程(3.3.98) 在 } C^{5,\alpha}(S^n(1)) \cap A(v_t) \text{ 内对所有 } t \in [0, s] \text{ 是可解的}\}. \tag{3.3.99}$$

首先 $0\in T$,因为令 u_0 等于常数 1, u_0 是对应的一个解,于是 T 是一个非空的集合. 对于 $t\in T$,取 $u_t\in C^{5,\alpha}(S^n(1))\cap A(v_t)$ 是方程(3.3.98)的一个解,利用引理6和引理7,将引理6和引理7中的 v, φ 依次用 v_t, φ_t 代替,可以知道方程(3.3.98)是一致椭圆的,因而有

$$\|u_t\|_{C^2(S^n(1))}\leqslant C_9, \tag{3.3.100}$$

这里常数 C_9 不依赖 t.

利用经典的椭圆型方程理论,有

$$\|u_t\|_{C^{5,\alpha}(S^n(1))}\leqslant C_{10}, \tag{3.3.101}$$

这里正常数 C_{10} 不依赖 t. 因而很容易明白集合 T 在[0, 1]内是闭集.

定义一个映射

$$G_t(u)=F(A_t)-\frac{u}{v_t}\varphi_t, \tag{3.3.102}$$

这里矩阵 $A_t=(u_{ij}+v_t\delta_{ij})$.

依照 Frechet 导数的定义,对于任何 $\rho\in C^2(S^n(1))$,

$$DG_t(u_t)\rho=\lim_{s\to 0}\frac{1}{s}[G_t(u_t+s\rho)-G_t(u_t)]. \tag{3.3.103}$$

记矩阵 $A_t^*=((u_t+s\rho)_{ij}+v_t\delta_{ij})$, 利用公式(3.3.102)和(3.3.103),有

$$\begin{aligned}DG_t(u_t)\rho&=\lim_{s\to 0}\frac{1}{s}\left\{\left[F(A_t^*)-\frac{u_t+s\rho}{v_t}\varphi_t\right]-\left[F(A_t)-\frac{u_t}{v_t}\varphi_t\right]\right\}\\&\quad(\text{这里矩阵 }A_t=((u_t)_{ij}+v_t\delta_{ij}))\\&=\lim_{s\to 0}\frac{1}{s}[F(A_t^*)-F(A_t)]-\frac{\rho}{v_t}\varphi_t\\&=\sum_{i,j=1}^n F^{ij}(A_t)\rho_{ij}-\frac{\rho}{v_t}\varphi_t.\end{aligned} \tag{3.3.104}$$

特别要指出的是,这里 $t\in T$, u_t 是对应这个 t 的方程(3.3.98)的一个解.

显然,$DG_t(u_t)\rho$ 关于 ρ 是线性算子. 由于对称矩阵 $(F^{ij}(A_t))$ 是正定矩阵, φ_t, v_t 都是正的可微函数,因此由最大值原理可知,方程 $DG_t(u_t)\rho=0$ 只有零解 $\rho=0$. 换句话讲,$DG_t(u_t)$ 是单射(即一对一的映射). 当 $t=0$ 时, 利用公式(3.3.96),φ_0, v_0 都是常值函数 1,矩阵 A_0 是单位矩阵(由于解 u_0 是常值函数 1),对应的矩阵$(F^{ij}(A_0))$也是单位矩阵,于是,利用公式(3.3.104),在 $t=0$ 时,有

$$DG_0(u_0)\rho = \Delta\rho - \rho. \tag{3.3.105}$$

$DG_0(u_0)$是一个自共轭算子,又 $DG_0(u_0)$是一个单射,因而利用 Fredholm 两择性定理和椭圆型方程的正则性定理,可知 $DG_0(u_0)$ 是 $C^{5,\alpha}(S^n(1))$ 到 $C^{3,\alpha}(S^n(1))$ 的一个满映射,从而 $DG_0(u_0)$ 是一个可逆映射.

一个定向微分流形到另一个定向微分流形的光滑映射的局部坐标在一点的一阶偏导数矩阵的行列式的符号(sgn)称为此映射在这一点的映射度,它不依赖这点的局部坐标的选择,而且是同伦不变量(见[2]第 103 页至 104 页).此映射的核空间的维数(零的逆像空间的维数),称为此映射的指标.由上面叙述可以知道,$DG_0(u_0)$ 的指标是零.而这一指标也是同伦不变量,因而 $DG_t(u_t)$ 也是可逆映射.利用隐函数存在定理可以知道,T 是$[0, 1]$内的开集,由于$[0, 1]$是连通的,则 $T=[0, 1]$.引理 8 成立.特别取 $t=1$,方程(3.3.98)就是方程(3.3.76),可以知道方程(3.3.76)有一个解(想要较深入且系统地了解映射度及指标的读者可阅读[3]).

现在开始解方程(3.3.8).

设 G 是 $S^n(1)$上一个自同构群,且无不动点,考虑 Banach 空间

$B=\{w\in C^4(S^n(1))\mid$ 对于所有 $g\in G$ 和 $x\in S^n(1)$,满足 $w(g(x))=w(x)\}$. (3.3.106)

设 $\varphi\in B$,并且在 $S^n(1)$ 上,$\varphi>0$.对于 $w\in B$ 和 $0\leqslant t\leqslant 1$,置 $v=e^w$,在引理 8 的证明中,用 u_t 表示在 $A(v_t)$ 内方程(3.3.98)的一个解.利用唯一性,有 $\ln u_t\in B$.由引理 8,映射

$$T_t: B\rightarrow B,\ T_t(w)=\ln u_t, \tag{3.3.107}$$

这里 $w=\ln v$. T_t 是一个紧映射(有界集的像的闭包紧).此外,利用引理 1 和引理 4,以及上一讲的知识可以知道,设 u 是 R^{n+1} 内一个严格凸闭超曲面的支持函数,这里 u 的定义域在 $S^n(1)$上,通过一个适当的平移,存在一个正常数 C_{11},满足 $\|u\|_{C^2(S^n(1))}\leqslant C_{11}$.同样,如果 $\varphi\in C^{l,\alpha}(S^n(1))$,这里正整数 $l\geqslant 3$, $\alpha\in(0, 1)$,则 $\|u\|_{C^{l+2,\alpha}(S^n(1))}\leqslant C_{12}$,这里 C_{12} 也是一个正常数(例如见上一讲或书[1]的第 17 章).

令

$$B_R=\{w\in B\mid \|w\|_{C^5(S^n(1))}<R\}, \tag{3.3.108}$$

这里正常数 R 充分大.

利用上面的叙述,可以知道方程

$$w-T_tw=0 \tag{3.3.109}$$

在 B_R 的边界 ∂B_R 上无解.

B_R 到 0 的映射 $I-T_t$ 的映射度 $\deg(I-T_t,\ B_R,\ 0)$ 是不依赖 t 的. 当 $t=0$ 时,设 w 满足 $T_0 w = w$,由(3.3.107)可以知道 $u_0 = \mathrm{e}^w$,由于 u_0 是常值函数 1,则 w 恒等于零,因此映射 T_0 的不动点是孤立的(只有常值零函数是不动点). 因而对任何正小数 δ,有

$$\deg(I-T_0) = \deg(I-T_0,\ B_\delta(0),\ 0). \tag{3.3.110}$$

令

$$\widetilde{T}_0 v = \mathrm{e}^{T_0(\ln v)}. \tag{3.3.111}$$

明显地, $\widetilde{T}_0 v = v$,当且仅当 $T_0(\ln v) = \ln v$,这里 $w = \ln v$. 因此, 有

$$\deg(I-T_0,\ B_\delta(0),\ 0) = \deg(I-\widetilde{T}_0,\ B_\delta(1),\ 0). \tag{3.3.112}$$

利用公式(3.3.107)和(3.3.111),有

$$\widetilde{T}_0 v = \mathrm{e}^{\ln u_0} = u_0. \tag{3.3.113}$$

此外,考虑映射 $I-\widetilde{T}_0$ 的导数,记矩阵

$$\widetilde{A} = (\widetilde{T}_0 v)_{ij} + v\delta_{ij}. \tag{3.3.114}$$

当 $\widetilde{T}_0 v$ 满足

$$F(\widetilde{A}) = \frac{\widetilde{T}_0 v}{v}, \tag{3.3.115}$$

依照 Frechet 导数的定义,对于任何 $\rho \in C^2(S^n(1))$, 有

$$\mathrm{D}\widetilde{T}_0(v)\rho = \lim_{s\to 0}\frac{1}{s}[\widetilde{T}_0(v+s\rho) - \widetilde{T}_0 v]. \tag{3.3.116}$$

记矩阵

$$A^* = (\widetilde{T}_0(v+s\rho))_{ij} + (v+s\rho)\delta_{ij}. \tag{3.3.117}$$

利用上面三个公式,有

$$\lim_{s\to 0}\frac{1}{s}[F(A^*) - F(\widetilde{A})] = \lim_{s\to 0}\frac{1}{s}\left[\frac{\widetilde{T}_0(v+s\rho)}{v+s\rho} - \frac{\widetilde{T}_0 v}{v}\right]. \tag{3.3.118}$$

由上式,有

$$\sum_{i,j=1}^{n} F^{ij}(\widetilde{A})((D\widetilde{T}_0(v)\rho)_{ij}+\rho\delta_{ij})=\frac{D\widetilde{T}_0(v)\rho}{v}-\frac{\rho\widetilde{T}_0 v}{v^2}. \quad (3.3.119)$$

在 v 等于常值函数 1 时,利用公式(3.3.111),以及 T_0 映零函数为零函数,这时,有 $\widetilde{T}_0 v=1$, 以及

$$(\widetilde{T}_0 v)_{ij}+v\delta_{ij}=\delta_{ij},\ F^{ij}(\widetilde{A})=\delta_{ij}. \quad (3.3.120)$$

利用公式(3.3.119)和(3.3.120),可以得到

$$\Delta(D\widetilde{T}(1)\rho)+n\rho=D\widetilde{T}_0(1)\rho-\rho, \quad (3.3.121)$$

上式右端中的 1 表示常值函数 1.

上式移项后,有

$$(\Delta-I)(D\widetilde{T}_0(1)\rho)=-(n+1)\rho, \quad (3.3.122)$$

这里 I 表示恒等映射. 记映射 $(I-\Delta)$ 的逆映射为$(I-\Delta)^{-1}$,利用上式, 有

$$D\widetilde{T}_0(1)\rho=(n+1)(I-\Delta)^{-1}\rho. \quad (3.3.123)$$

如果

$$(I-D\widetilde{T}(1))\rho=0, \quad (3.3.124)$$

利用公式(3.3.122)和(3.3.124),有

$$\Delta\rho=-n\rho. \quad (3.3.125)$$

由于 Δ 是 $S^n(1)$ 上的 Laplace 算子,由上式,可以知道 ρ 是 $S^n(1)$ 的坐标函数 $x_1, x_2, \cdots, x_{n+1}$ 的线性组合. 由于 G 无不动点,利用引理 2 的结论(2),如果 $\rho\in B$, ρ 正交于 $x_1, x_2, \cdots, x_{n+1}$ 张成的线性函数空间,因而必有 ρ 是零函数. 因此,线性映射 $I-D\widetilde{T}_0(1)$ 在 B 内是单射.

利用非线性泛函分析理论中的经典的映射度知识(例如,参考[3]中的第十四章),有

$$\deg(I-\widetilde{T}_0,\ B_\delta(1),\ 0)=(-1)^\beta, \quad (3.3.126)$$

这里 β 是线性映射 $D\widetilde{T}_0(1)$的所有大于 1 的特征值的数目,相同的特征值的重数

要一并计算.

下面计算 β. 设常数 $\gamma>1$,满足

$$\mathrm{D}\widetilde{T}_0(1)\rho=\gamma\rho, \tag{3.3.127}$$

即 γ 是 $\mathrm{D}\widetilde{T}_0(1)$的一特征值,且大于 1.

利用公式(3.3.123)和(3.3.127),有

$$\Delta\rho=\left(1-\frac{n+1}{\gamma}\right)\rho. \tag{3.3.128}$$

由于球面 $S^n(1)$上的 Laplace 算子 Δ 的第一正特征值是 n,如果 $\frac{n+1}{\gamma}-1>0$, 必有

$$\frac{n+1}{\gamma}-1\geqslant n. \tag{3.3.129}$$

由于常数 $\gamma>1$, 上式是不可能成立的,因而必有

$$\frac{n+1}{\gamma}-1=0. \tag{3.3.130}$$

由上式,必有

$$\gamma=n+1. \tag{3.3.131}$$

将(3.3.131)代入(3.3.128),在 $S^n(1)$上,有

$$\Delta\rho=0. \tag{3.3.132}$$

由于 $S^n(1)$是闭流形,上述公式中的 ρ 必为常值,即对应的特征函数空间仅是一维,于是,对应 $\gamma=n+1$ 的特征值只有一个,因而有

$$\beta=1. \tag{3.3.133}$$

利用公式(3.3.110), (3.3.112), (3.3.126)和(3.3.133),有

$$\deg(I-T_0)=-1. \tag{3.3.134}$$

利用映射度的同伦不变性,方程(3.3.109)对每个 $t\in[0,1]$ 都有一个解. 特别地,对于 $t=1$,有函数 $w\in B$,满足

$$T_1w=w. \tag{3.3.135}$$

利用公式(3.3.107)及上式,有

$$\ln u_1 = w, \text{即 } u_1 = \mathrm{e}^w = v = v_1 (\text{利用}(3.3.96)). \tag{3.3.136}$$

再由方程(3.3.98)及 $t=1$,兼顾(3.3.96)的第二式,可以推出函数 u_1 满足方程(3.3.8),即方程(3.3.8)有一个可允许解.

于是,有

定理 4(管鹏飞和关波)　设 $\psi \in C^{l,\alpha}(S^n(1))$,这里正整数 $l \geqslant 3$, $\alpha \in (0, 1)$,且 ψ 是一个正的函数. 设 ψ 在 $S^n(1)$ 的一个自同构群 G 作用下不变,G 在 $S^n(1)$ 上无不动点,且对所有 $g \in G$ 及 $x \in S^n(1)$,有 $\psi(g(x)) = \psi(x)$,那么,存在 R^{n+1} 内一个闭的严格凸的超曲面 M,满足第 j 阶平均曲率在 Gauss 映射下等于已知函数 ψ.

编者的话

关于不等式(3.3.29),在这一讲没有给出证明. 实际上,对于 $S^n(1)$ 上任意一点,对角化矩阵 (w_{ij}) 后,只要证明在这一点,对称矩阵 $\left(\dfrac{\partial^2 F(A)}{\partial w_{ii} \partial w_{ss}}\right)$ 是半负定的,这里,下标 $i, s \in \{1, 2, \cdots, n\}$. 利用公式(3.3.1),(3.3.3)和(3.3.9)可以知道,对于给定的 j,

$$\frac{\partial F(A)}{\partial w_{ii}} = \frac{1}{j} H_j^{-\frac{1}{j}-1} \frac{1}{C_n^j} \left(\sum\nolimits_1 k_{i_1} k_{i_2} \cdots k_{i_{j-1}}\right) k_i^2, \tag{3.3.137}$$

这里 $k_{i_t} = \dfrac{1}{w_{i_t i_t}}$, $i_1, i_2, \cdots, i_{j-1}$ 是集合 $\{1, 2, \cdots, i-1, i+1, \cdots, n\}$ ($n-1$ 元)的 $j-1$ 元子集,$\sum_1$ 是关于所有这样的 $j-1$ 元子集求和.

在这点,有

$$\begin{aligned} \frac{\partial^2 F(A)}{\partial w_{ii}^2} = {} & \frac{1}{j}\left(\frac{1}{j}+1\right) H_j^{-\frac{1}{j}-2} \frac{1}{(C_n^j)^2} \left(\sum\nolimits_1 k_{i_1} k_{i_2} \cdots k_{i_{j-1}}\right)^2 k_i^4 - \\ & \frac{2}{j} H_j^{-\frac{1}{j}-1} \frac{1}{C_n^j} \left(\sum\nolimits_1 k_{i_1} k_{i_2} \cdots k_{i_{j-1}}\right) k_i^3. \end{aligned} \tag{3.3.138}$$

由上式,有

$$\begin{aligned} j(C_n^j)^2 H_j^{\frac{1}{j}+2} \frac{\partial^2 F(A)}{\partial w_{ii}^2} &= \left(\sum\nolimits_1 k_{i_1} k_{i_2} \cdots k_{i_{j-1}}\right) k_i^3 \left[\left(\frac{1}{j}+1\right)\left(\sum\nolimits_1 k_{i_1} k_{i_2} \cdots k_{i_{j-1}}\right) k_i - 2 C_n^j H_j\right] \\ &= \left(\sum\nolimits_1 k_{i_1} k_{i_2} \cdots k_{i_{j-1}}\right) k_i^3 \left[\left(\frac{1}{j}+1\right)\left(\sum\nolimits_1 k_{i_1} k_{i_2} \cdots k_{i_{j-1}}\right) k_i - \right. \\ & \qquad \left. 2 \sum k_{i_1} k_{i_2} \cdots k_{i_j}\right], \end{aligned} \tag{3.3.139}$$

这里上式右端的$\sum$是关于集合$\{1, 2, \cdots, n\}$(n元)的所有j元子集$\{i_1, i_2, \cdots, i_j\}$求和. 由于$j$是一个正整数,$\frac{1}{j}+1\leqslant 2$,明显地,上式右端小于等于零.

利用公式(3.3.137),当下标$s\neq i$时,有

$$\frac{\partial^2 F(A)}{\partial w_{ii}\partial w_{ss}}=\frac{1}{j}\Big(\frac{1}{j}+1\Big)\frac{1}{(C_n^j)^2}H_j^{\frac{1}{j}-2}\Big(\sum\nolimits_1 k_{i_1}k_{i_2}\cdots k_{i_{j-1}}\Big)\Big(\sum\nolimits_2 k_{l_1}k_{l_2}\cdots k_{l_{j-1}}\Big)k_i^2k_s^2-\frac{1}{j}\frac{1}{C_n^j}H_j^{\frac{1}{j}-1}\Big(\sum\nolimits_3 k_{t_1}k_{t_2}\cdots k_{t_{j-2}}\Big)k_i^2k_s^2, \tag{3.3.140}$$

这里$\sum_2$是关于$n-1$元集合$\{1, 2, \cdots, s-1, s+1, \cdots, n\}$的所有$j-1$元子集$\{l_1, l_2, \cdots, l_{j-1}\}$求和,$\sum_3$是关于$n-2$元集合$\{(1, 2, \cdots, n)-(i, s)\}$的所有$j-2$元子集$\{t_1, t_2, \cdots, t_{j-2}\}$求和.

利用公式(3.3.140)可以看到,当下标$s\neq i$时,有

$$j(C_n^j)^2H_j^{\frac{1}{j}+2}\frac{\partial^2 F(A)}{\partial w_{ii}\partial w_{ss}}=\Big[\Big(\frac{1}{j}+1\Big)\Big(\sum\nolimits_1 k_{i_1}k_{i_2}\cdots k_{i_{j-1}}\Big)\Big(\sum\nolimits_2 k_{l_1}k_{l_2}\cdots k_{l_{j-1}}\Big)-\Big(\sum k_{i_1}k_{i_2}\cdots k_{i_j}\Big)\Big(\sum\nolimits_3 k_{t_1}k_{t_2}\cdots k_{t_{j-2}}\Big)\Big]k_i^2k_s^2. \tag{3.3.141}$$

以上只是一个提示,利用公式(3.3.139)和(3.3.141),$n\times n$对称矩阵$\Big(j(C_n^j)^2H_j^{\frac{1}{j}+2}\frac{\partial^2 F(A)}{\partial w_{ii}\partial w_{ss}}\Big)$是半负定的证明留给读者思考、讨论,或者查阅相关文献去解决它([4]).

本讲最后部分的叙述用到了非线性泛函分析中的映射度的一些专门知识,读者需要自己查阅一些相关文章和书籍.

本讲内容取自管鹏飞和关波两位教授2002年合作发表的一篇文章([5]).

参考文献

[1] D. Gilbarg and N. S. Trudinger. *Elliptic Partial Differential Equations of Second Order*. Springer-Verlag, 1998.

[2] B. A. Dubrovin, A. T. Fomenko, S. P. Novikov. *Modern Geometry-Methods and Applications, Part 2: The Geometry and Topology of Manifolds*. Springer-Verlag, 1985.

[3] Eberhard Zeidler. *Nonlinear Functional Analysis and its Applications 1 Fixed-Point Theorems*. Springer-Verlag, 1992.

[4] Caffarelli, L., Nirenberg, Li., and Spruck. J.. The Dirichlet problem for nonlinear second-order elliptic equations, Ⅲ: functions of the eigenvalues of the Hessian. *Acta*.

Math., 155(1985): 261 - 301.

[5] Bo Guan and Pengfei Guan. Convex hypersurfaces of prescribed curvature. *Annals of Mathematics*, 156(2002): 655 - 673.

图书在版编目(CIP)数据

微分几何十六讲/黄宣国编著. —上海：复旦大学出版社,2017.8
21世纪复旦大学研究生教学用书. 复旦大学数学研究生教学用书
ISBN 978-7-309-12987-8

Ⅰ. 微… Ⅱ. 黄… Ⅲ. 微分几何-研究生-教材 Ⅳ. 0186.1

中国版本图书馆CIP数据核字(2017)第126054号

微分几何十六讲
黄宣国 编著
责任编辑/陆俊杰

复旦大学出版社有限公司出版发行
上海市国权路579号 邮编：200433
网址：fupnet@fudanpress.com http://www.fudanpress.com
门市零售：86-21-65642857 团体订购：86-21-65118853
外埠邮购：86-21-65109143 出版部电话：86-21-65642845
上海春秋印刷厂

开本 787×960 1/16 印张 18.5 字数 325 千
2017年8月第1版第1次印刷

ISBN 978-7-309-12987-8/O·631
定价：36.00元